国家科学技术学术著作出版基金资助

糖组学研究技术

李 铮 编著

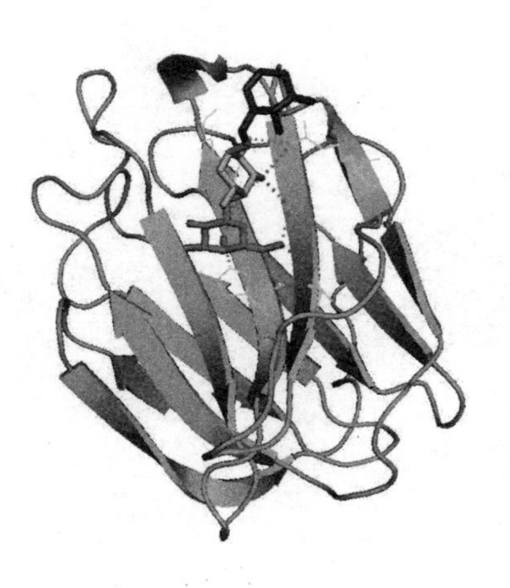

高等教育出版社·北京

TANGZUXUE YANJIU JISHU

内容简介

本书集实验教学的实用性和科学研究的前瞻性于一体，是国内第一部糖组学研究技术专著，因其权威性和创新性获得2013年度国家科学技术学术著作出版基金资助。本书共分为16章，介绍了糖组学研究常用技术和近年来编者实验室发明的新的研究技术（部分已经申请发明专利）。本书第一章重点叙述糖组学研究内容和技术应用，第二章至第十三章分别讲述各类糖组学实验技术，第十四章讲述糖组学数据统计分析方法，第十五章讲述用于糖组学研究的生物信息学技术，第十六章列举了国际上糖组学研究常用的数据库。本书既适合研究生教学，也可作为参考书籍供生命科学研究各领域的相关人员使用。

图书在版编目（CIP）数据

糖组学研究技术 / 李铮编著. -- 北京：高等教育出版社，2015.1

ISBN 978-7-04-037676-0

Ⅰ. ①糖… Ⅱ. ①李… Ⅲ. ①碳水化合物-研究 Ⅳ. ①Q53

中国版本图书馆CIP数据核字(2014)第024086号

策划编辑 孟 丽　责任编辑 单冉东　封面设计 张 楠　责任印制 张泽业

出版发行 高等教育出版社
社 址 北京市西城区德外大街4号
邮政编码 100120
印 刷 中国农业出版社印刷厂
开 本 787mm×1092mm 1/16
印 张 19.75
插 页 14
字 数 398千字
购书热线 010-58581118
咨询电话 400-810-0598
网 址 http://www.hep.edu.cn
http://www.hep.com.cn
网上订购 http://www.landraco.com
http://www.landraco.com.cn
版 次 2015年1月第1版
印 次 2015年1月第1次印刷
定 价 48.00元

物 料 号 37676-00

作者简介

李铮，1967 年 12 月出生。1991 年毕业于陕西师范大学化学系，获理学学士学位。1996 年毕业于陕西师范大学化学系分析化学专业，获理学硕士学位。2000 年毕业于西安交通大学生命科学与技术工程系，获博士学位。2001 年获德国学术交流中心（DAAD）特别生物科学计划奖学金，在德国癌症研究中心（DKFZ）从事博士后工作。2004 年就职于西北大学生命科学学院，开始从事糖组学相关技术的研究工作，目前已建立了一套进行糖组学研究的技术和方法；近三年在 *Journal of Proteome Research*、*Journal of Proteomics*、*Proteomics* 和 *PLoS ONE* 等期刊以通讯作者发表论文 22 篇；申请发明专利 16 项，其中已授权 9 项，获得计算机软件著作权 2 项；主持科技部国际科技合作计划、国家“863 计划”和国家自然科学基金等 11 项国家级和省部级科研项目。

序

现代仪器分析技术的快速发展促进了各种组学技术的发展和广泛应用，糖组学正在成为现代生命科学的前沿研究领域之一。糖类物质同核酸一样是重要的生物信息分子，而且是基因信息的延续。目前，我国糖组学研究总体发展较慢，主要原因是相关研究技术和方法落后，涉及此领域的科研人员较少。基于这种情况，有必要编纂一部能用于糖组学研究的实验技术教材。

本书以糖组学科研和教学实践为基础，融入了近年来编者发明的糖组学新技术和已经使用的方法。主要特点是每个实验都融入了编者在实践中的自身体会和经验，详细阐明了每个实验的影响因素，在不同条件下如何改进实验方法，提出了可能出现的问题和解决策略。本书还列举了许多具体实例，同时提供了大量可供参考的图片资料，具有较强的指导性。

科学技术的发展是建立在知识积累的基础之上，《糖组学研究技术》一书的出版为读者面临现代生命科学前沿研究领域的机遇与挑战提供了重要的技术指导，必将促进我国糖生物学研究的发展，也是培养我国糖组学研究青年学者的良好教材。

杨福全

中国科学院生物物理研究所

蛋白质组学技术实验室主任

质谱首席技术专家、研究员

前　言

随着基因组学、蛋白质组学技术的迅猛发展以及现代仪器分析技术的突飞猛进和广泛应用，糖组学正在成为现代生命科学的前沿研究领域之一，并逐步渗透到生命科学研究的每一个领域。

糖组学是从分析和破解一个生物或一个细胞全部糖类所含信息的角度入手，研究糖类的分子结构、微观不均一性、表达调控、与识别分子的相互作用和功能多样性以及与疾病之间关系的科学。糖类物质同核酸一样是重要的生物信息分子，而且是基因信息的延续，在基因组学和蛋白质组学发展的同时，对糖组学的研究也显得非常迫切。随着分子生物学及细胞生物学的发展，糖类物质的其他诸多生物功能不断被认识，糖类物质不仅可以以多糖或游离寡糖的形式直接参与生命过程，而且可以作为糖复合物，如糖蛋白、蛋白多糖及糖脂等参与许多重要的生命活动。此外，糖复合物还与许多疾病，如癌症、细菌和病毒感染等有着密切的关系。糖组学的研究工作与蛋白质和核酸的研究工作相比，在我国总体发展速度较慢，研究技术及方法手段与美国、欧洲、日本等发达国家和地区相比差距较大。基于这种情况，有必要编纂一部能用于糖组学研究的实验技术专著。

由于糖组学技术的快速发展，人们很难在短时间内灵活掌握和应用这些技术，因此研究者急需一本既简单明了又具有指导性的参考书。一本好的实验技术书既不能单纯介绍理论知识，也不能仅仅介绍实验操作步骤，而应该具有举一反三的实用性和指导性，不仅能让读者知道采用哪些实验方法解决哪些实验问题，更重要的是知道在实验中出现了问题如何去解决。本书作为一部研究生用糖组学实验技术专著，编写宗旨立足于既注重研究生糖组学基本技能点培训的需要，又兼顾广大科研工作者研究的需要，力求简明和实用。本书编者为本书涉及的糖组学研究技术发明者或使用者，在介绍实验方法时从研究实际出发，提出研究中常见的问题和解决问题的手段，尽可能使初学者减少实验选择失误和操作失误。

本书的主要特点是每个实验都融入了编者在实践中的自身体会和经验，详细阐明了每个实验的影响因素，在不同条件下如何改进实验方法，提出了实验中可能出现的问题和解决策略。同时还列举了具体实验实例，并给出了大量可供参考的图片，使每个实验具有可操作性及指导性。

在本书编写过程中，有很多同仁无私地参与其中，他们是：于汉杰、刘晨和秦椟楠（第二章）；秦椟楠、朱珉之和简强（第三章）；秦椟楠、钟耀刚和于汉杰（第四章）；杨刚龙、马恬然、王晔、王婷和陈巧玲（第五章）；杨刚龙和王晔（第六章）；杨刚龙和马恬然（第七章）；孙士生和王秦哲（第八章）；赵菲（第九章）；杨刚龙和马恬然（第十章）；党刘毅和南刚（第十一章）；孙秀璇、储玮和陈卓（第十二章）；兀瑞（第十三章）；颜桦（第十四章）；王秦哲和王然（第十五章）；陈闻天（第十六章）。陈卓做了大量的稿件整理和校对工作。美国约翰霍普金斯大学病理系副教授张会博士给予了相应的技术指导。在此一并表示最衷心的感谢。

本书为我国第一部糖组学研究技术专著，由于糖组学涉及的科学和技术问题众多，相关学科交叉广泛，编者在语言表述和见解上都存在一定的差异，疏漏之处在所难免，希望广大读者在使用、实践中提出宝贵意见，并对不足之处给予批评指正。

李 铮

2014 年 2 月

目　录

第一章　糖组学技术应用策略

随着基因组计划的提出和实施以及后基因组时代的到来，人们发现在复杂的细胞生物学过程中，除核酸与蛋白质扮演了绝对关键的角色外，糖类物质同样起着相当重要的作用。糖类物质与蛋白质、脂质和核酸一样，是组成细胞的重要成分之一，其不但是细胞能量的主要来源，而且在细胞的构建、细胞的生物合成和细胞生命活动的调控中均扮演着重要的角色。2000 年以来，现代糖生物学研究，尤其是糖组学的出现，成为继核酸、蛋白质之后探索生命奥秘的第三个里程碑[1-5]。与基因组学和蛋白质组学的研究相比，糖组学的研究还处于起步阶段，阻碍糖组学迅速发展的主要原因是研究技术的限制和糖类物质本身结构的复杂性。在糖组学发展过程中，分析技术的进步始终是直接的推动力。正是由于现代仪器分析技术的突飞猛进和广泛应用最终导致了糖组学研究的出现，为包括糖组学在内的许多学科的发展注入了新的活力。

第一节　糖组学研究概述

一、糖组学和糖组概念

糖组学(glycomics)是研究细胞或生物体内糖类物质的分子结构、微观不均一性、表达调控、与识别分子的相互作用、功能多样性以及与疾病之间关系的科学[6-8]；糖组(glycome)则是指细胞或生物体在某一时期或某一情况下所具有的整套糖链。为什么在这种情况下产生这样一套糖组？在这种情况下，生物体是怎样产生这样一套糖组的？这套糖组又有什么功能？这些功能又是怎样得以完成的？糖组学研究的内容正是为了回答这些问题。细胞中存在着多种糖复合物，包括糖蛋白、糖脂和蛋白聚糖等，这些糖复合物上的糖链发挥着至关重要的生物学功能。在细胞中，组成聚糖的单糖组分包括甘露糖、半乳糖和 *N* - 乙酰葡萄糖胺等十几种，然而就是这些为数不多的单糖组分，由于糖苷键、分支结构以及单糖数目的不同，组成了种类为天文数字的糖链。这些糖链包含了庞大的重要生物信息。可以认为，蛋白质 - 糖类是基因信息传递的延续和放大。在基因及编码的蛋白质被鉴定后,糖组学的研究将揭示蛋白质如何发挥它们在细胞或生物体中的各种重要的生物学功能。

在真核生物中,蛋白质糖基化通常是指将糖链共价连接于丝氨酸、苏氨酸或天冬酰胺残基上。糖基化蛋白几乎存在于所有的细胞内组分中。复杂型糖链主要连接在分泌蛋白和细胞表面蛋白上,但并不与多肽随意连接或解离。相反地,*O* – 连接的 *N* – 乙酰葡糖胺(*O*-GlcNAc)则快速地与很多核蛋白和细胞质基质蛋白上的丝氨酸或苏氨酸残基连接或解离。通过细胞生物学鉴定糖链数量、结构和功能曾是一项令人望而却步的工作,但近几年随着新技术发展以及对糖链结构认识的加深,这一任务已经逐渐变得简单[9]。

一般认为超过 50% 的蛋白质被糖链共价修饰,共价连接到蛋白质和脂质上的糖链代表的不仅是一种常见的翻译后修饰,也是目前为止最多样和最复杂的结构[10,11]。虽然术语"糖基化"常被认为与其它翻译后修饰如磷酸化、乙酰化、泛素化和甲基化一样,仅为划分蛋白翻译后修饰的一种糖链修饰,但这一观点并不准确,因为如果仅仅考虑原核和真核生物中连接在多肽上的第一个糖残基,就有至少 13 种不同的单糖和 8 种不同的氨基酸涉及糖 – 蛋白的连接,总共至少 41 种不同的化学键可以将糖链连接到蛋白质上[12]。更为重要的是,糖 – 蛋白连接不论是在结构上还是功能上都与蛋白质的甲基化和乙酰化明显不同。当然,这种修饰也不仅仅关系到单独的连键。当把多个寡糖组成的分支结构多样性和糖链复杂的末端结构多样性,如岩藻糖或唾液酸(已知大约有 50 种不同的唾液酸[13,14])考虑进去,蛋白质连接糖链的分子多样性和功能多样性就立刻以指数增加。

二、蛋白质糖基化类型与特点

蛋白质的糖基化是一种最常见的蛋白质翻译后修饰,是在糖基转移酶作用下将糖类物质转移至蛋白质,使之与蛋白质上特殊的氨基酸残基形成糖苷键的过程。研究表明,70% 的人类蛋白质包含一个或多个糖链,1% 的人类基因组参与了糖链的合成和修饰。哺乳动物中蛋白质的糖基化类型主要可分为三种:*N* – 糖基化、*O* – 糖基化和 GPI 糖基磷脂酰肌醇锚[15,16]。

(1) *N* – 糖基化:糖链通过与蛋白质的天冬酰胺的自由 NH_2 基共价连接。*N* – 连接的糖链合成起始于内质网(ER),完成于高尔基体。*N* – 糖链合成的第一步是将一个 14 糖的核心寡聚糖添加到新形成多肽链的特征序列为 Asn-X-Ser/Thr(X 代表任何一种氨基酸)的天冬酰胺上。核心寡聚糖是由两分子 *N* – 乙酰葡萄糖胺、九分子甘露糖和三分子葡萄糖依次组成,第一位 *N* – 乙酰葡萄糖胺与 ER 双脂层膜上的磷酸多萜醇的磷酸基结合,当 ER 膜上有新多肽合成时,整个糖链一起转移。寡聚糖转移到新生肽以后，在 ER 中进一步加工，依次切除三分子葡萄糖和一分子甘露糖。在 ER 形成的糖蛋白具有相似的糖链，由顺面进入高尔基体后，在各膜囊之间的转运过程中，原来糖链上的大部分甘露糖被切除，但又由多种糖基转移酶依次加上了不同类型的糖分子，形成了结构各异的寡糖链。

(2) *O* – 糖基化：糖链与蛋白质的丝氨酸或苏氨酸的自由 OH 基共价连接。*O* – 糖基化位点没有保守序列，糖链也没有固定的核心结构，组成既可以是一个单糖，也可以是巨大的磺酸化多糖，因此与 *N* – 糖基化相比，*O* – 糖基化分析会更加复杂。*O* – 连接的糖基化在高尔基体中进行，通常第一个连接上去的糖单元是 *N* – 乙酰半乳糖，连接的部位为 Ser、Thr 或 Hyp 的羟基，然后逐次将糖残基转移上去形成寡糖链，糖的供体同样为核苷糖，如 UDP – 半乳糖。

(3) GPI 糖基磷脂酰肌醇锚：是蛋白与细胞膜结合的唯一方式，不同于一般的脂质修饰成分，其结构极其复杂。许多受体、分化抗原以及一些具有生物活性的蛋白都被证实是通过 GPI 结构与细胞膜结合的。GPI 的核心结构由乙醇胺磷酸盐、三个甘露糖苷、葡糖胺以及纤维醇磷脂组成[17]。GPI 锚定蛋白质的 C 末端是通过乙醇胺磷酸盐桥接于核心聚糖上的，该结构高度保守，另有一个磷脂结构将 GPI 锚连接在细胞膜上。核心聚糖可以被多种侧链所修饰，例如乙醇胺磷酸盐基团，甘露糖，半乳糖，唾液酸或者其他糖基。

糖基化修饰使不同的蛋白质打上不同的标记，导致糖链的功能多种多样，如：改变多肽的构象，从空间上调节蛋白质的空间结构和正确折叠，保护多肽链不被蛋白酶水解，增加蛋白质的稳定性；屏蔽抗原表位，防止其与抗体识别；细胞内定位；细胞 – 细胞黏附和结合病原体等。在糖脂相关研究中已经证明了血型的决定物质是糖链，在神经组织及大脑中更是存在大量的糖脂，但对其生理意义仍了解不多。细胞表面糖蛋白和糖脂上的糖链是功能信息的承担者，发挥着细胞 – 细胞和细胞 – 胞外基质信息传递的作用。近年来的研究表明：糖链在人类疾病中发挥着重要作用，直接参与几乎所有的生物学过程[18]。组织培养细胞的遗传研究结果发现，特殊的复杂糖链结构并不是单个细胞生长必不可少的，表明复杂糖链的大多数功能是在多细胞水平上。然而，存在于哺乳动物核蛋白和细胞质基质蛋白上的 *O*-GlcNAc 在单个细胞水平上发挥着不可替代的功能[12]。

三、糖基因和糖酶

糖链的结构具有多样性、复杂性和微观不均一性，其一级结构的内容不仅包括糖基的排列顺序，还包括各糖基的环化形式、各糖基本身异头体的构型、各糖基间的连接方式以及分支结构的位点和分支糖链的结构。糖链结构的复杂性给其结构表征带来了巨大的困难,目前要解决的问题仍然以方法学研究为主。另外,人们已经认识到,生物体内的糖链、特别是功能性糖链的合成过程,往往在蛋白质合成的同时在内质网上进行,其合成速度不仅与糖基因(指编码糖基转移酶、糖苷酶和磺基转移酶的糖类物质相关基因)表达有关,也与催化糖链形成的糖酶(糖基转移酶、糖苷酶和磺基转移酶)的活性有关,由此合成的糖链存在着明显的种间特异性、组织特异性和发育特异性,因此催化天然糖链结构形成的糖酶和编码糖酶的糖基因是糖组学研究的内容之一。糖蛋白的空间结构决定了可以和哪一种糖基转移酶结合,从而发生特定的糖基化修饰。在参与糖基化形成的过程中,糖基转移酶和糖苷酶扮演了重要的角色。糖基转移酶是一类负责合成二糖、寡聚糖和多聚糖的酶,它们催化核苷酸糖(糖基供体)上的单糖基团转移到糖基受体分子上形成糖苷键。目前已研究清楚多种糖基转移酶的结构以及编码它们的糖基因,并认为糖链的合成没有特定的模板,而是通过糖基转移酶将糖基由其供体转移到受体上。尽管如此,糖基转移酶具有严格的底物和受体专一性,如 α-1,6 岩藻糖转移酶只催化二磷酸鸟苷-岩藻糖,将 *L*-岩藻糖残基转移至 *N*-糖链五糖核心的第一个 *N*-乙酰葡糖胺上形成 α-1,6 糖苷键。一个寡糖结构可以被一个或几个糖基转移酶识别,不同比例的糖基转移酶竞争的结果就形成不同的糖苷键[19]。糖苷酶是作用于各种糖苷或寡糖使其糖苷键水解的酶的总称,又称糖苷水解酶。磺基转移酶是一类可以将供体分子的硫酸根基团转移到醇或胺等分子的转移酶。

四、糖结合蛋白

近十年来,人们已经认识到细胞表面糖链与蛋白质的相互作用促进了细胞与细胞间的黏附,参与了脊椎动物胚胎发育。这种与糖链相互作用的蛋白质被称为糖结合蛋白(glycan-binding proteins,GBPs)。GBPs 通过和糖蛋白糖链或糖脂糖链的相互作用调控细胞识别、信号传递、细胞内吞以及细胞生长、分化和凋亡等生物学过程[20]。从糖链的生物合成,糖链行使它们的生物功能,到最终被生物降解,每一个环节都离不开糖链和蛋白质的相互作用。广义地说,GBPs 的范围包括:①糖基转移酶,与其作用的底物即为糖链;②糖苷酶,可以降解糖链;③以糖链为抗原诱导产生的抗糖类抗体;④转运糖蛋白和糖脂的蛋白质等。狭义的 GBPs 通常和凝集素是同一概念。凝集素是自然界广泛存在的一大类非免疫来源的无糖酶活性的多价 GBPs。凝集素在 100 多年前就已经在植物中首次被发现,但到现在才知道它们也存在于动物和微生物中。动物 GBPs 按同源性可分为 5 类:①C 类:识别糖链时需要 Ca^{2+},包括选凝素(L-选凝素、E-选凝素、P-选凝素)和胶原凝素;②S 类:在稳定其结构时需要"游离的"硫醇,主要是半乳凝素;③P 类:识别 Man-6-P;④I 类:专一识别唾液酸

(Siglec),包括 Siglec 家族;⑤正五角蛋白类。

目前已经解析出了100多个糖-蛋白质复合物的晶体结构,这些复合物的共同特点是:糖结合位点小(跨越~2.5糖残基);糖与蛋白质的相互作用包括与羟基形成氢键和疏水性相互作用;糖链在水溶液中以最低能量或接近最低能量的构象与蛋白质结合。对蛋白质与糖链分子相互作用细节上认识的进展,有可能有助于合成一些能模拟糖链的结合位点化合物,因此可能研制出新型药物,这些重要的信息都来源于糖链和 GBPs 相互作用的研究。近年来对于 GBPs 的研究和对 GBPs 与糖蛋白糖链或糖脂糖链相互作用机理的解析已成为蛋白质组学、糖组学研究的又一热点[21-24]。在肝细胞 GBPs 的研究方面已发现了一些有重要意义的 GBPs,其中有代表性的是位于肝细胞表面的去唾液酸糖蛋白受体和肝的 Gal/GalNAc 受体,通过该受体蛋白与糖链的相互识别和特异性结合,将去唾液酸糖蛋白运入细胞内[25]。肿瘤发生时,蛋白质和脂分子糖基化的异常导致糖链发生了结构和数量的改变,相应地和这些糖链相互作用的 GBPs 的表达也发生异常改变。目前对多数肿瘤发生和发展过程中发生异常的相关 GBPs 种类和数量还了解不多,主要原因是现有的常规研究 GBPs 与糖相互作用的技术和方法缺乏系统化、规模化的研究能力,无法对蛋白质与糖链之间相互识别、相互作用进行系统地研究。因此,利用新技术和新方法开展肿瘤相关 GBPs 的研究,寻找和发现新的肿瘤标志物和靶点,对于阐明肿瘤发生和发展的分子机制,开展肿瘤早期诊断和分子靶向治疗都具有非常重要的意义。

五、糖链生物标志物

糖链肿瘤标志物是一类诊断并刻画人类肿瘤细胞特征的重要标志物。许多已经存在的癌症生物标志物都是糖蛋白,比如人类绒膜促肾上腺激素-β、甲胎蛋白、癌胚抗原(CEA)、前列腺特异抗原(PSA)等。糖类抗原唾液酸化路易斯 a(SLea)作为一种诊断和预后跟踪的血清肿瘤标志物,在多种人类癌症中都可被检测出来。这种抗原的过表达常常与预后不良和肿瘤复发密切相关。血清蛋白 Apo-J 上(β1-4)三天线 N-糖链的减少可作为肝癌诊断的潜在依据。另有研究表明唾液酸化和岩藻糖化的增加与结肠癌和腺癌的发生关系密切[26,27]。

虽然癌症临床诊断标志物多数是糖蛋白,但现行的诊断方法仍是检测多肽的表达。显而易见,既然人们早认识到糖基化的变化与癌症密切相关,检测某个蛋白的特殊糖型将使早期诊断癌症具有更高地灵敏性和特异性[28]。因此,糖组学和糖蛋白质组学的融合是发现癌症早期诊断标志物的关键[9]。2005年美国食品药物管理局已同意 α-岩藻糖化甲胎蛋白作为原发性肝癌的诊断标志物。另外,岩藻糖化触珠蛋白也可能成为更好的胰腺癌标志物,这比简单地检测触珠蛋白多肽的表达要准确得多。美国国家癌症研究中心已经开始主动发现、发展并临床验证癌症糖链标志物[29]。

六、糖组学研究展望

历年来人们一直重视细胞表面糖链变化导致肿瘤细胞的产生和迁移这一重大课题[30]。很多疾病相关受体通过它们的糖链来调控功能，例如 Notch 受体通过特殊的糖基转移酶调控其功能[31]。糖基转移酶通过糖链配体调控 Notch 受体活化，从而影响众多发育过程。选择素(selectins)，一类特异结合岩藻糖化和唾液酸化糖链的蛋白，在白血球迁往炎症部位过程中发挥着关键作用。目前一种用于针对血管闭塞镰刀细胞病的选择素抑制剂已经进入临床二期实验[32]。唾液酸结合性免疫球蛋白样凝集素(siglecs)是一类结合细胞表面唾液酸的凝集素家族，在调控淋巴细胞功能和活力方面发挥着根本作用。半乳凝素(galectins)是一类结合 β-半乳糖苷的凝集素。最近研究表明，半乳凝素在细胞表面受体组装、免疫、感染、发育和炎症等多个生物学过程中发挥重要作用[33]。蛋白聚糖和糖胺聚糖也在生长因子调控、微生物结合、组织形态发生和心血管疾病的病理学研究等方面起到关键作用。蛋白聚糖可能是生物中是最复杂，信息最丰富的分子，蛋白聚糖组学也开始加速发展[34]。几乎所有的微生物和病毒都是靠附着于细胞表面的糖链而感染人类。糖组学将对未来研究传染性疾病的诊断和预防产生极大的影响。

目前，市场上一些重要的药物也是糖组学研究的产物。抗流感病毒药物瑞乐沙(Relenza)和特敏福(Tamiflu)是唾液酸的结构类似物，通过抑制流感病毒神经氨酸酶和病毒的传递发挥作用。天然肝素(硫酸化糖胺聚糖)和化学合成的肝素寡糖链已经被广泛用于临床抗凝血剂和其它用途。透明质酸(非硫酸化糖胺聚糖)被用于治疗关节炎。很多重组药物，包括用于治疗的单克隆抗体都是糖蛋白，它们特殊的糖型对其在体内的生物活性和半衰期都非常关键，如果糖型不正确则有可能导致有害的免疫反应。基于这样的前景，制药企业和美国食品药物管理局都迅速认识到糖类药物应用于治疗的生物活性和安全性问题，并予以重视。目前为止，几乎所有研究蛋白质组和糖生物学的各种方法都可以用于糖组学的研究。例如，质谱技术和生物信息学，在糖组学的研究中，显得越来越重要。但是，糖组学中的一种特殊的技术则是蛋白质组/蛋白质组学中所没有的，这就是凝集素的应用。对糖类而言，凝集素与其的相互作用，和蛋白质研究中抗原与抗体的相互作用非常类似。可以将此作为糖链研究的突破点结合分子生物学与细胞生物学技术，发明新技术并尽快应用于糖组学的研究。

虽然相比于基因组学和蛋白质组学等主流领域而言，人们对糖生物学和糖组学的认识还有所滞后，但随着糖组学技术的进步和创新，最近几年里糖组学已经快速整合进生物医学研究的多个领域。糖基化作为生物体中最丰富,结构最复杂多样的翻译后修饰,几乎所有疾病的病理学机制都会涉及对糖链功能的理解。因此进行糖组学研究时,要考虑糖链产生和糖链作用的对象,即考虑同一生物体(细胞)中糖酶(糖基化转移酶、糖苷酶和磺基转移酶)和 GBPs 及与其相关基因在不同情况下的表达调控,要将糖组学研究与基因组学和蛋白质组学研究内容有机地结合起来。糖组学研究内容(图 1-1)涉及解析糖蛋白和糖脂上的糖组,了解哪些糖基因(glycogenes,包括糖基化转移酶、糖苷酶和磺基转移酶基因等)编码催化合成糖链的糖酶,以及如何调控糖链的合成以及糖基化通路,鉴定蛋白质的糖基化位点及每个位点上的糖链结构,研究与这些糖链相互作用的 GBPs,分析糖基因、糖链和与 GBPs 相互作用的关联性以及建立糖组学生物信息数据库。

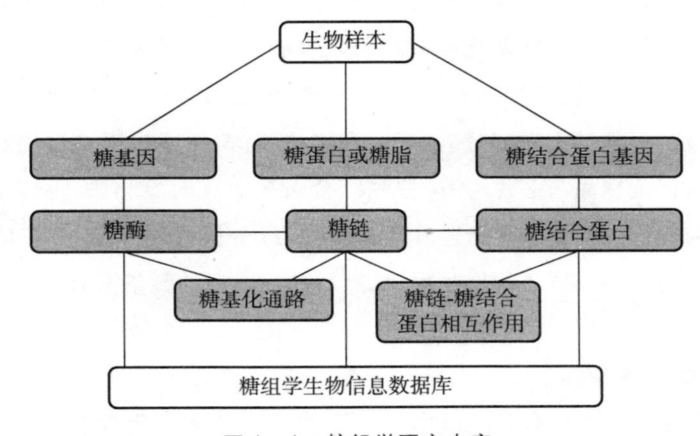

图 1-1 糖组学研究内容

第二节 糖组学研究技术

自 21 世纪初糖组学在国际上启动以来,糖组学研究已经取得了多项成果,尤其是在糖基因和动物 GBPs 的发现以及糖链新结构的阐明等方面。虽然糖组学研究在这些领域取得了显著的成绩,但在糖基因和糖链之间以及糖链与 GBPs 质之间还存在着大量的未知中间环节,且普遍缺少对其结构和功能之间关系的详尽研究。上述领域不仅涉及到糖组学本身的进展,而且直接关系到蛋白质组研究计划的进程,因而已成为生命科学发展的一大瓶颈。

本书主要涉及编者实验室发明和已经成功应用的以下糖组学技术和方法:

一、糖基因芯片技术

用于研究疾病相关糖基因(糖基化转移酶、糖苷酶和磺基转移酶基因)的表达和调控糖链的合成。糖链及其缀合物不仅参与生命活动的基本生理生化过程,而且在肿瘤的发生和发展中发挥着重要作用。肿瘤细胞中的糖链与正常细胞相比有明显变化,包括表达增多,减少或出现新的结构等。糖链的合成没有模板,而是通过一系列定位有序的糖基转移酶,糖苷酶以及磺基转移酶的作用完成的,这些酶的表达变化将直接导致糖链结构的变化。因此,从这些糖基因入手可以研究它们如何调控糖链的合成,寻找癌症相关糖基因,为筛选抗癌药物提供靶分子,为癌症的早期诊断和防治提供有效方法[35]。

二、凝集素芯片技术

凝集素芯片技术用于研究糖蛋白糖链谱的变化。蛋白质糖基化是一种重要的翻译后修饰,它在微生物感染、细胞分化、肿瘤转移、细胞癌变等生命活动中起着重要作用,因此近年来蛋白质的糖基化研究受到了广泛的重视,但由于缺乏一种能简便、快速、高通量的检测手段,蛋白质糖基化修饰的研究进展缓慢。凝集素芯片技术具有高覆盖率、简便快捷的特点,依据某种凝集素识别特定糖链结构的特点设计而成。根据凝集素芯片的制备方法,可将其大致划分为三类,直接检测法:将凝集素直接固定于修饰后的芯片表面,再将标记样品与芯片孵育,检测结合情况。反向检测法:将待检测样品点制成芯片,之后与标记的凝集素进行芯片孵育反应,以分析检测样品。"三明治"检测法:点制抗体芯片,与识别该抗体的样品反应,然后加入标记的凝集素对其进行检测[36]。

三、凝集素组织化学技术

凝集素组织化学技术不但可以作为凝集素芯片结果的重要验证手段,而且能定位各凝集素识别糖链在组织或细胞中的分布。凝集素组化技术的最基本原理是凝集素与对应糖链结构的相互特异性结合。通过针对标本上要研究的糖链结构选择适当凝集素并标记荧光或显色剂,使该凝集素在激光显微镜或光学显微镜下可发荧光或肉眼可见,以检测是否有对应糖链存在。凝集素可被荧光素、酶和生物素等所标记,染色法可分为以下三种:①直接法,标记物直接标记在凝集素上,使之直接与切片中的相应糖蛋白糖链或糖脂糖链相结合;②间接法,将凝集素直接与切片中的相应糖基结合,而将标记物结合在抗凝集素抗体上;③糖-凝集素-糖法,利用过量的凝集素与组织切片中特定的糖链相结合,经冲洗后,凝集素上还存在未被占用的结合部位,将这些部位与有过氧化物酶标记的特异性糖链相结合,形成一个三明治样的糖-凝集素-糖的结合物[37]。

四、基于凝集素磁性微粒复合物的糖蛋白及其糖链的分离纯化技术

该技术主要用于分离生物样品中的糖蛋白,并对其蛋白和糖链结构进行鉴定和

解析。基于凝集素磁性微粒分离纯化糖蛋白技术具有与多种凝集素兼容，便于操作和对糖蛋白糖链的特异性识别并保护糖链结构不受破坏的优势，被广泛地应用到糖蛋白质组学的研究。其基本原理是利用固定化于磁性微粒上的凝集素与生物样品中的糖蛋白特异性的识别并结合，然后通过不同的洗脱的方法对糖蛋白亚组分进行分离。基于凝集素磁性微粒的糖蛋白分离纯化技术主要分为三大步：凝集素磁性微粒复合物的制备；糖蛋白及其糖链的分离纯化；糖蛋白及其糖链结构的鉴定和解析[38,39]。

五、凝集素－磁性微粒复合物分离及非标记糖蛋白的质谱定量技术

蛋白质浓度是蛋白质组定量研究中一种最基本，最重要的研究参数，因为很多生物现象都需要通过蛋白质的浓度变化来进行阐明。质谱分析技术可以实现对蛋白质大规模、高通量的定量分析，现阶段基于质谱的蛋白质定量主要局限于相对定量研究，主要包括稳定同位素标记（stable isotopic labeling）和无标记（label-free）两种方法。相比之下，无标记定量方法对不同状态下的样本单独进行质谱分析，虽然对实验的可重复性要求较高，但克服了稳定同位素标记定量方法的实验复杂、昂贵，动态范围和覆盖率受到标记方法的限制等缺点，应用范围越来越广。蛋白丰度指数（em-PAI）作为一种质谱归一化的手段具有明显的优势，该方法通过每种蛋白质正常情况下的多肽的理论数目对鉴定到的多肽数目进行归一化处理，通过比较达到相对定量分析目的。本技术利用凝集素－磁性微粒复合物高通量分离纯化不同样品中的糖蛋白，酶解糖蛋白后应用液相色谱－质谱联用技术鉴定蛋白质，同时利用 emPAI 非标记蛋白质的质谱定量技术对不同样品中某种蛋白质进行相对定量[39]。

六、滤膜辅助凝集素分离糖肽及其糖基化位点分析技术

糖基化作为最重要的蛋白质翻译后修饰之一，影响着蛋白质结构，稳定性以及生物功能，特别是糖基化位点变化会严重改变糖蛋白的空间结构和构象，因此糖基化位点的鉴定是糖蛋白质研究中不可或缺的部分。现在质谱技术在分析糖蛋白方面发挥着巨大的作用，特别是在分析糖基化位点方面优势更为突出。目前，糖苷酶（如 PN-Gase F）已被广泛应用于糖基化位点的鉴定，利用这种糖苷酶可以使天冬酰胺残基脱氨基生成天冬氨酸，释放糖链并有一个 0.984 8 的相对分子质量转换，这个相对分子质量的变化可以通过串联质谱的鉴定而得以发现，从而可以确定糖基化位点。本技术首先是将蛋白质在 30×10^3 的滤膜上进行胰蛋白酶酶解，利用分子筛效应，通过离心收集酶解的多肽（包括糖肽和非糖肽）；然后将收集的多肽转移至新的滤膜中，糖肽通过糖链结构特异性与滤膜上的凝集素结合，使其保留在滤膜上，然后通过离心去

除没有结合的多肽;最后用 PNGase F 酶解释放糖肽上的多肽,通过离心收集获得去除糖链的糖肽,最后应用液相色谱 - 质谱联用技术鉴定并分析糖肽的糖基化位点[40]。

七、酰肼化学法糖蛋白/糖肽分离纯化技术

糖蛋白糖链上的邻 - 顺二羟基经高碘酸氧化变为醛基,醛基可以特异地与酰肼树脂(或酰肼磁粒)上的酰肼基团共价结合,清洗除去未结合或非共价结合到树脂上的蛋白,糖蛋白在树脂上得到富集。树脂上的 *N* - 糖蛋白可使用 PNGase F(或其他糖链内切酶和化学方法)直接从树脂上释放,之后对提取到的糖蛋白进行进一步分析;也可首先通过胰蛋白酶酶解(或其他蛋白内切酶),然后再次清洗除去糖蛋白的非糖基化多肽,最后使用 PNGase F 从树脂上仅释放 *N* - 糖基化多肽,便于对糖蛋白 *N* - 糖肽部分的分析和糖基化位点的鉴定。本技术可以一次性不选择地富集不同类型的糖蛋白/糖肽,然后使用不同方法依次洗脱,比如用 PNGase F 酶法释放 *N* - 糖蛋白/糖肽,β - 消除法释放 *O* - 糖蛋白/糖肽,且由于糖肽和树脂之间的共价结合较紧密,可以通过较剧烈的方式清洗树脂以更好的减少非特异性结合,因而该方法特异性较好。酰肼化学提取 *N* - 糖肽方法又可分为三种不同的提取途径:*N* - 糖蛋白提取途径,*N* - 糖肽提取途径和末端唾液酸化 *N* - 糖肽提取途径[41]。

八、亲水亲和分离纯化糖蛋白技术

亲水亲和分离技术的特点是利用亲水的固定相和疏水的流动相,分离主要利用固定相与溶质之间的亲水作用完成。亲水的固定相可以富集缓冲液中的水分子从而在固定相表面形成一个水层,亲水的溶质在这个水层和疏水洗脱液中进行分配。在亲水亲和分离中,流动相是含有少量的水成物/极性溶剂的有机溶剂,有机组分是弱洗脱剂,水相是强洗脱剂。最后的分离是通过洗脱液与固定相之间的静电作用或与固定相形成氢键竞争亲水性溶质与固定相的结合位点,从而使溶质被洗脱下来。亲水亲和分离纯化糖蛋白技术利用糖链与固相基质间的亲水相互作用富集糖肽,对糖型无选择性,可同时富集 *N* - 糖肽和 *O* - 糖肽,且操作简单,故在糖肽富集中得到了较广泛的应用。但亲水方法富集糖肽的特异性容易受到干扰,若非糖肽中含有较多亲水性氨基酸也可能通过亲水作用结合于固相载体表面得到富集。

九、滤膜辅助糖蛋白糖链的分离纯化及其结构质谱解析技术

该技术主要用于生物样品中糖蛋白糖链的分离,并利用串联质谱技术分析其结

构。其基本原理主要是利用糖蛋白与其糖链结构的相对分子质量差异，我们知道蛋白质的相对分子质量大于 10×10^3，而目前鉴定到的 *N*－连接糖链最多含有 28 个糖基，*O*－连接糖链则更少，因此糖链相对分子质量一般不会超过 6×10^3。在 10×10^3 超滤膜中糖蛋白的糖链通过酶解或者化学反应的方法从蛋白质中释放，然后通过合适的清洗液反复离心的方法可使糖链流出，而蛋白质仍保留于滤膜上，从而实现了糖链的分离。该技术的主要步骤是首先利用 10×10^3 的滤膜除去样品中小分子物质，如游离的糖类物质。然后借助滤膜和 PNGase F 酶释放样品中全糖蛋白的 *N*－连接糖链并与蛋白质分离；再借助滤膜采用 β－消除的方法分离样品中全糖蛋白的 *O*－连接糖链。最后利用基质辅助激光解吸电离－飞行时间质谱（MALDI-TOF/TOF-MS）技术检测和解析 *N/O*－连接糖链结构。该技术还可与凝集素联用，达到分离一类糖链结构的目的[40]。

十、糖芯片技术

糖芯片是研究糖结合蛋白与糖链相互作用的最有效的高通量分析工具，其潜在的应用范围非常广泛，例如筛选 GBPs、抗体特异性分析、细菌和病毒的粘附以及酶的特性分析等方面。糖芯片也能帮助研究者发展新的诊断方法和监测疾病状态以及发展治疗疾病的药物。糖芯片正在变成一种标准的研究方法用于大规模筛选糖链和阐明糖链在生物系统中所扮演的角色。本实验室发展了一种全新的大规模制备糖芯片的技术。糖链与载体的结合不再用物理吸附的方法，也不用对糖链进行化学修饰，而利用了糖链的还原末端（半缩醛 ROH），以糖苷键的形式共价偶联到羟基（－OH）衍生化的玻片上。已成功应用于肝癌 GBPs 表达谱的比较研究。经过实验验证，所建立的制备糖芯片的方法具有如下的优点：①固定化糖链的共价连接方式简单、快速、成本较低、实用；②利用了糖链的还原末端，以糖苷键的形式共价偶联其到羟基衍生化的玻片上，较好模拟了糖链在细胞表面的天然存在状态，生物活性稳定；③应用范围广泛，如把糖芯片这一技术应用于临床上，可以发展成对多种传染性与非传染性疾病同时进行快速诊断的新方法[42,43]。

十一、糖结合蛋白分离纯化技术

基于糖链磁性微粒复合物分离纯化 GBPs 技术对 GBPs 进行分离纯化及质谱鉴定。将磁性微粒与有机试剂进行复合，在微粒表面引入一些功能基团（如羟基或肼基），这些功能基团与引入物质上的基团进行结合就可以将这些物质固定于微粒的表面。利用类似制备糖芯片共价偶联糖链的方法，发展了基于磁性微粒分离纯化

GBPs 新技术,能高效率、快速、简便的对 GBPs 进行分离纯化[44,45]。

十二、糖结合蛋白基因芯片技术

用于检测 GBPs 基因表达的变化,分析与糖链分子变化的关联性。GBPs 基因芯片是利用基因芯片表达谱技术,从基因表达水平的层面通过人体内 GBPs 基因的选择、探针设计、芯片制备,最终实现样品杂交进行 GBPs 基因表达谱检测。经过扫描仪对基因芯片杂交结果的扫描和数据分析来确认某些基因发生的特异性变化,它的意义不止在于为某些疾病检测提供了分子标记,并且可以推测出所对应糖链分子发生的变化,进一步研究疾病的发生与糖链变化之间的关系。为疾病的诊断、治疗、及新药的研发提供技术支持。

十三、糖组学数据统计分析方法

糖组学研究领域产生的大量数据主要来自芯片数据分析以及质谱数据分析,因此用于糖组学研究的数据分析软件可分为两大部分。一是与基因芯片数据分析方法通用,主要涉及数据提取、归一化和差异分析。芯片数据涉及凝集素芯片、糖基因芯片、糖芯片、GBPs 基因芯片。芯片数据分析就是对从芯片高密度的点阵图中提取信号点荧光强度信号,进行半定量分析,通过有效数据的筛选和相关基因、蛋白质或糖链表达谱的聚类分析,最终整合信号点的生物学信息,发现生物分子的表达谱与功能可能存在的联系。

十四、用于糖组学研究的生物信息学技术

从蛋白质组学衍生发展而来的质谱数据分析平台,包括糖基化位点鉴定和糖链结构解析软件;目前,Mascot、Sequest、Trans-Proteomic Pipeline(TPP)、OMSSA、Scaffold 等数据库搜索软件均可结合质量标记糖基化位点的方法鉴定糖基化位点。糖基化位点预测一般分为 *N* - 糖基化位点预测与 *O* - 糖基化位点预测,其中 *N* - 糖基化位点预测可以借助本实验室开发的工具 Sequon Finder 1.0 实现。本实验室也应用数学建模的方法研究和处理 GBPs 的信息和数据,将相关生物信息抽象为数学模型,运用点阵法、集合求交模型、以及 Needleman-Wunsch 算法解决蛋白质一级序列的比对问题。通过计算机编程实现对于 GBPs 的查找和比对,以及对存在同源性序列的 GBPs 进行分类和特征描述[46,47]。

十五、建立糖组学数据库

毋庸置疑,随着糖组学技术的发展,相关数据库与信息学工具有待开发。糖组学

的研究推进必将产生大量的数据,因此想要研究糖链结构与生物学功能之间的关系并与其它科研工作者进行资源共享,就需要通过互联网来储存、整合和加工这些数据。当下有众多与糖组学相关的科学研究机构开设了互联网站点,将自己的研究内容或者某些研究领域进行整理并展现给来访者。在这些网站中,所提供的数据库与程序软件成为了糖组学研究的一个基础平台。

本章仅仅论述了糖组学研究技术的基本原理和应用范围,在实际研究中,往往需要几种手段结合使用。如对 GBPs 的筛选、纯化及结构鉴定,首先要用糖芯片技术研究 GBPs 与糖链之间的相互作用,实现对生物样品(如细胞、组织、体液等)中 GBPs 的筛选。然后,将表达差异较大的 GBPs 对应的糖链通过共价键偶联到含有功能基团的磁性微粒表面,制备出糖链 - 磁性微粒复合物。然后,利用此复合物分离纯化 GBPs,最后将分离纯化出的 GBPs 消化成肽段进行质谱鉴定,将质谱获得的信息利用各种生物信息学工具进行分析,预测和确定 GBPs 的功能。复杂样品中糖链结构解析一直是糖组学研究的难点之一,凝集素芯片技术在快速检测某一类型的糖链结构以及对糖链连键的区分(如区分 2→3/6 唾液酸连键)等方面都具有很大的优势。但是凝集素对糖链结构的识别并不是一一对应的关系,不是一种凝集素识别一种糖链结构,而是一种凝集素能够识别一类糖链结构,因此对于糖链结构的解析而言,凝集素得到的信息不够精确。另外,凝集素芯片结果得到的一般为糖链的部分结构信息而非糖链结构的完整信息,一般不容易判断该糖链结构存在于哪种聚糖中。对糖链结构的解析也需要其他技术,如质谱技术作为补充。每一种技术都具有自身的优势,也有局限性。因此研究者都应该根据自己的研究目的,合理地选择实验方法,才能取得最满意的研究结果。

■ 参考文献

1. Grunewald S, Matthijs G, Jaeken J. Congenital disorders of glycosylation: a review. Pediatr Res, 2002, 52(5): 618 - 624.
2. Topaz O, Shurman D L, Bergman R, *et al.* Mutations in GALNT3, encoding a protein involved in O-Linked glycosylation, cause familial tumoral calcinosis. Nat Genet, 2004, 36(6): 579 - 581.
3. Sáez-Valero J, Sberna G, McLean CA, *et al.* Glycosylation of acetyl-cholinesterase as diagnostic marker for Alzheimer's disease. Lancet, 1997, 350(9082): 929.
4. Hirabayashi J, Arata Y, Kasai K. Glycome project: concept, strategy and preliminary application to caenorhabditis elegans. Proteomics, 2001, 1(2): 295 - 303.

5. Feizi T. Progress in Deciphering the information content of the glycome-acrescendo in the closing years of the millennium. Glycoconjuate J,2000,17(7-9):553-565.

6. Gabius H J,André S,Jiménez-Barbero J,*et al.* From lectin structure to functional glycomics:principles of the sugar code. Trends Biochem Sci,2011,36(6):298-313.

7. Sun S S,Wang Q Z,Zhao F,*et al.* Glycosylation site alteration in the evolution of influenza A (H1N1) viruses. PLoS ONE,2011,6(7):e22844.

8. Hart GW,Copeland RJ. Glycomics hits the big time. Cell,2010,143(5):672-676.

9. Packer NH,von der Lieth CW,Aoki-Kinoshita KF,*et al.* Frontiers in glycomics:bioinformatics and biomarkers in disease. An NIH white paper prepared from discussions by the focus groups at a workshop on the NIH campus,Bethesda MD(September 11-13,2006). Proteomics,2008,8(1):8-20.

10. Varki A,Cummings R D,Esko J D,*et al.* Essentials of Glycobiology. 2nd ed. New York:Cold Spring Harbor Laboratory Press,2009:415-459.

11. Apweiler R,Hermjakob H,Sharon N. On the frequency of protein glycosylation,as deduced from analysis of the SWISS-PROT database. Biochim Biophys Acta,1999,1473(1):4-8.

12. Hart G W,Housley M P,Slawson C. Cycling of O-linked beta-N-acetylglucosamine on nucleocytoplasmic proteins. Nature,2007,446(7139):1017-1022.

13. Spiro R G. Protein glycosylation:nature,distribution,enzymatic formation,and disease implications of glycopeptide bonds. Glycobiology,2002,12(4):43R-56R.

14. Schauer R. Sialic Acids as Regulators of molecular and cellular interactions. Curr Opin Struc Biol,2009,19(5):507-514.

15. Ohtsubo K,Marth J D. Glycosylation in cellular mechanisms of health and disease. Cell,2006,126(5):855-867.

16. Raman R,Raguram S,Venkataraman G,*et al.* Glycomics:an integrated systems approach to structure-function relationships of glycans. Nat Methods,2005,2(11):817-824.

17. Ferguson M A J,Williams A F. Cell surface anchoring of proteins *via* glycosyl-phosphatidylinositol structures. Ann Rev Biochem,1988,57:285-320

18. Ratner D M,Adams E W,Disney M D *et al.* Tools for glycomics:mapping interactions of carbohydrates in biological systems. Chem BioChem,2004,5(10):1375-1383.

19. 王克夷．糖基转移酶的研究进展．生物化学与生物物理进展,1994,2l(1):9-13.

20. Alvarez R A,Blixt O. Identification of ligand specificities for glycan-binding proteins using glycan arrays. Method Enzymol,2006,415:292-310.

21. Xia B,Kawar Z S,Ju T,*et al.* Versatile fluorescent derivatization of glycans for glycomic analysis. Nat Methods,2005,2:845-850.

22. Blixt O,Head S,Mondala T,*et al.* Printed covalent glycan array for ligand profiling of diverse glycan binding proteins. Proc Natl Acad Sci,2004,101:17033-17038.

23. Mitoma J, Bao X, Petryanik B, *et al.* Critical functions of N-glycans in L-selectin-mediated lymphocyte homing and recruitment. Nat Immunol. 2007, 8:409 -418.

24. 周海君，刘银坤，崔杰峰，等．人肝癌细胞系的糖基化蛋白质组学研究．生物化学与生物物理进展. 2006, 33:59 ~64.

25. Owada T, Matsubayashi K, Sakata H, *et al.* Interaction between desialylated hepatitis B virus and asialoglycoprotein receptor on hepatocytes may be indispensable for viral binding and entry. J Viral Hepat. 2006, 13:11 -18.

26. Wiest I, Alexiou C, Mary D, *et al.* Expression of the carbohydrate tumor marker sialyl lewis a (Ca19 -9) in squamous cell carcinoma of the Larynx. Anticancer Res. 2010, 30(5):1849 -1853

27. Comunale M A, Wang M, Rodemich-Betesh L, *et al.* Novel changes in glycosylation of serum Apo-J in patients with hepatocellular carcinoma. Cancer Epidem Biomar Prev, 2011, 20(6): 1222 -1229

28. Qiu Y, Patwa T H, Xu L, *et al.* Plasma glycoprotein profiling for colorectal cancer biomarker identification by lectin glycoarray and Lectin Blot. J Proteome Res, 2008, 7(4):1693 -1703

29. http://glycomics. cancer. gov/

30. Taniguchi N. Human disease glycomics/proteome initiative (HGPI). Mol Cell Proteomics, 2008, 7(3):626 -627.

31. Moloney D J, Panin VM, Johnston S H, *et al.* Fringe is a glycosyltransferase that modifies notch. Nature, 2000, 406(6794):369 -375.

32. Chang J, Patton J T, Sarkar A, *et al.* GMI -1070, a novel pan-selectin antagonist, reverses acute vascular occlusions in sickle cell mice. Blood, 2010, 116(10):1779 -1786.

33. Lajoie P, Goetz J G, Dennis J W, *et al.* Lattices, rafts, and scaffolds: domain regulation of receptor signaling at the plasma membrane. J Cell Biol, 2009, 185(3):381 -385.

34. Ly M, Laremore TN, Linhardt RJ. Proteoglycomics: recent progress and future challenges. OMICS, 2010, 14(4):389 -399.

35. 陈闻天，刘晨，于汉杰，等．糖类相关基因芯片的设计与制备．中国科学(B辑), 2010, 40(5): 538 -545.

36. 简强，于汉杰，陈超，等．凝集素芯片技术检测糖蛋白方法的建立及初步应用．生物化学与生物物理进展, 2009, 36(2):254 -259.

37. Qin YN, Zhong YG, Dang LY, *et al.* Alteration of protein glycosylation in human hepatic stellate cells activated with transforming growth factor-β1. Journal of Proteomics, 2012, 75(13): 4114 -4123.

38. 李铮，陈超，杨刚龙，等．富集和纯化糖基化蛋白的方法．专利号:ZL200510096270. 8.

39. Yang GL, Cui T, Wang Y, *et al.* Selective isolation and analysis of glycoprotein fractions and their glycomes from hepatocellular carcinoma sera. Proteomics, 2013, 13, 1481 -1498.

40. Yang GL, Ma T, Li Z. Enrichment and characterization of total N-linked glycans from glycoproteins by ultrafiltration units and mass spectrometry. Prog Biochem Biophys, 2014, 41(4): 403-408.
41. Sun S S, Yang G L, Wang T, *et al.* Isolation of N-linked glycopeptides by hydrazine-functionalized magnetic particles. Anal Bioanal Chem, 2010, 396(8): 3071-3078.
42. Nan G, Yan H, Yang G L, *et al.* The hydroxyl-modified surfaces on glass support for fabrication of carbohydrate microarrays. Curr Pharm Biotechno, 2009, 10(1): 138-146.
43. 李铮,陈超,南刚,等. 糖生物芯片的制备方法. 专利号:ZL200610071357.4.
44. Sun X X, Yang G L, Sun S S, *et al.* The hydroxyl-functionalized magnetic particles for purification of glycan-binding proteins. Curr Pharm Biotechno, 2009, 10(8): 753-760.
45. 李铮,陈超,杨刚龙,崔亚丽,等. 富集和纯化糖结合蛋白的方法. 专利号:ZL200510096271.2.
46. 王秦哲,秦子实,孙士生,等. 计算机软件名称:Sequon Finder 软件 V1.0 登记号:2010SR014428
47. 王然,田小玉,孟飞,等. 计算机软件名称:糖结合蛋白发现者软件 V1.0,登记号:2010R11L059623

第二章　糖基因芯片技术

糖链主要分布于细胞膜表面和细胞分泌的蛋白质表面。糖链的作用不仅可通过糖基化改变影响蛋白质功能，还通过与糖结合蛋白的相互作用调控细胞识别、信号传递以及细胞生长、分化和凋亡等生物学行为。糖链的合成是由基因编码的糖基化转移酶等催化的，据估计在人体细胞内的基因组中约有 0.5% ~1.0% 的基因参与糖链的合成与代谢。

参与糖链结构形成与修饰的基因主要包括糖基转移酶、糖苷酶和磺基转移酶基因。糖基转移酶(glycosyltransferase)是指具有将活性糖类分子基团转移连接到不同受体分子(例如二糖、寡糖、多糖和蛋白质以及脂质)上的数百种酶类分子。国际生物化学联合会(IUBMB)将糖基转移酶根据反应底物与产物的立体化学性质进行分类，其编号为 EC 2.4。目前 CAZY(carbohydrate-active enzymes)数据库已经建议了一种依照糖基转移酶氨基酸序列同源性等进行分类的方法，并将糖基转移酶分为 92 个亚家族。糖苷酶亦称糖苷水解酶(glycoside hydrolases)，是作用各种糖苷或寡糖使糖苷键水解的酶类。IUBMB 对其编号为 EC 3.2.1，并根据糖苷水解酶作用底物分子对其分类。磺基转移酶(EC 2.8)是一类可以将供体分子的硫酸根基团转移到醇或胺等分子的转移酶。

某些疾病例如肿瘤发生时，蛋白质和脂分子糖基化的异常会导致糖链发生结构和数量的改变。对特定时期生物体内的参与形成 *N* - 糖链和 *O* - 糖链的一整套酶系统来进行基因表达谱研究，有助于揭示糖类相关基因与糖链形成的关系，具有生物学和诊断学上的重要意义。例如肝癌发生时，甲胎蛋白出现了高度的岩藻糖化，在导致甲胎蛋白异常变化的过程中，*Mgat3*、*Mgat5* 与 *FUT8* 等基因均出现了异常的表达。

为了对影响糖链结构形成的众多基因表达状况进行检测，需要一种高通量、快速高效的检测方法。目前基因芯片已经应用于特征表达谱检测：通过将整个基因组或者一部分基因的 DNA 片段或寡核苷酸固定在一定的载体基质上制备成基因芯片与荧光标记待测样品进行杂交。随后对载体进行激光共聚焦扫描，读取芯片上各点的荧光强度值，通过专用软件分析出各基因在不同样本中的相对表达水平，以揭示疾病的发生与基因变化的关系。

本章利用表达谱基因芯片技术，从基因表达水平的层面通过对参与形成糖链分子的糖基转移酶、糖苷酶以及磺基转移酶等基因的选择，探针设计和芯片制备，最终实现糖基因表达谱的检测。经过扫描仪对基因芯片杂交结果的检测和数据分析来确认某些基因发生的特异性变化，为疾病检测提供分子标记，并且可以推测糖链分子发生的变化，进一步研究疾病的发生与糖链变化之间的关系。经过探针设计、实验条件优化和实验方案的确定，本实验中设计与制备的糖基因芯片可以为疾病发生时糖酶基因表达谱研究提供一个高通量快速检测平台。

第一节　糖基因芯片的制备

一、实验原理

糖基因是指糖基转移酶、磺基转移酶和糖苷酶这 3 种参与聚糖合成代谢的主要酶类，这些糖类相关基因表达的改变将直接导致糖链结构的变化。利用芯片作为载体，指将数量众多检测糖相关基因的探针固定在固相载体上制备出芯片。通过对待测样品的 mRNA 进行逆转录及线性扩增，获得足够量的荧光标记 cRNA。在一定的温度条件下经过 6 ~ 14 h 的芯片杂交反应，随后对芯片进行清洗及扫描，测定芯片上各点的荧光发光强度，通过计算得到糖基因在不同的样本中的相对表达情况（图 2 – 1）。

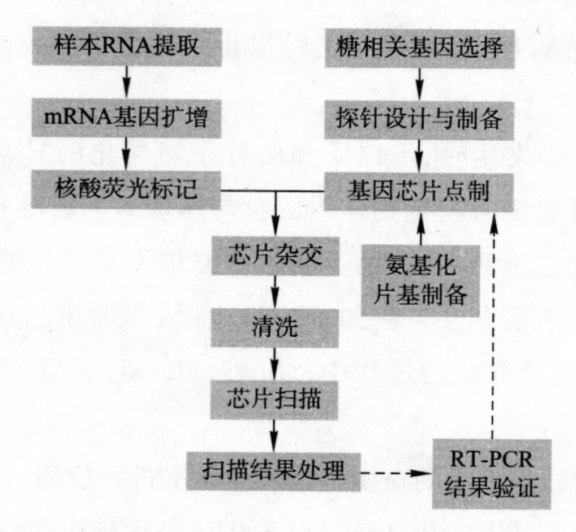

图 2 – 1　糖基因芯片技术路线图

二、试剂、材料和仪器

1. APTS 氨基硅烷化试剂（美国 Sigma 公司）。

2. Trizol 试剂（美国 Invitrogen 公司）。

3. 芯片点样液：3 mol/L betaine，6 × SSC，与 40 μmol/L 的探针溶液按 1∶1 混合。

4. Cy3，Cy5 荧光染料（美国 GE 公司）。

5. RNA 纯化试剂盒（德国 Qiagen 公司）。

6. 20 × SSC：称取 NaCl 175.3 g，柠檬酸钠 88.2 g 溶于 800 mL 去离子水，10 mol/L NaOH 调 pH 至 7.0，定容到 1 L。

7. 封闭缓冲液：称取 61.83 g 硼酸倒入 900 mL 超纯水中，加入 8 g NaOH，pH 调到 8.0，定容至 1 L。

8. 2 × 杂交缓冲液：50% 甲酰胺，8 × SSC，0.2% SDS，0.02% Tween-20。

9. 384 孔板（英国 Genetix 公司），玻璃片基（Gold Seal 公司），0.2 μm/0.45 μm 滤膜（Sartorius 公司）。

10. 生物芯片点样仪（博奥晶芯 SmartArrayer 48 点样仪）、芯片杂交盒、芯片杂交仪（Robbins 公司）、生物芯片扫描仪（美国 Axon 公司）、真空干燥器、酶标仪、微量核酸蛋白分析仪（Implen 公司）、高速冷冻离心机和低速离心机。

三、主要技术条件

（一）探针的选取

结合 KEGG（http：//www.genome.jp/kegg/），CFG（http：//www.functionalglycomics.org/static/index.shtml）这两个数据库，筛选出与糖链合成代谢相关的糖基转移酶基因 130 个，磺基转移酶基因 48 个，糖苷酶基因 12 个，并选择 10 个管家基因作为阳性质控，1 个非同源性的猪细小病毒基因作为阴性质控。登录 NCBI 网站并进入“nucleotide”（http：//www.ncbi.nlm.nih.gov/sites/entrez）数据库，将所选择基因名称进行搜索，选择属于人种（homo sapiens）的基因，并记录该基因的总 mRNA 序列信息。

（二）探针的设计

通常影响探针效果的因素包括了序列影响因素，如长度、互补序列长度和序列碱基成分，此外还有非序列影响因素，如探针和靶序列浓度、杂交时间和温度、阳离子浓度、pH、等电点、缓冲液、固相支持物性质和玻片表面探针的密度等。寡核苷酸芯片的探针需要具备有高度的专一性并且尽可能保持低能量状态，此外探针必须维持其一级结构与二级结构稳定性。应用 Arraydesigner 4.2 和 Oligo 6.0 软件对 mRNA 序列进行 60 mer 寡核苷酸探针设计并应用 NCBI 网站的 BLAST 工具进行同源性比对。

在探针设计时应遵循以下原则：

1. 探针方向与 mRNA 序列相一致。

2. 探针长度为 60 个碱基，退火温度在(75.0 ± 5.0) ℃之间。

3. 连续重复碱基不超过 6 个。

4. 探针内部茎环结构部分不超过 6 个碱基。

5. 探针分子最稳定二级结构配对碱基长度少于 6 个碱基。

6. 在 BLAST 数据库中进行比对分析，Score 值须大于 60，保证其连续同源片段长度不超过 20 个碱基。

(三) 芯片矩阵设计(见彩图 2-1)

芯片上每个点的编排会直接影响到最后数据的归一化和分析。芯片中的控制系统包括定性控制系统和定量控制系统。定性控制主要指对实验过程的控制，包括从芯片制备、样本处理到杂交扫描各环节的监控，目前主要的控制系统有：空白点(目的是监控芯片制备过程的污染情况)、阳性质控和阴性质控。在实际实验中可以设计不同的阳性与阴性质控，针对实验的每一个环节如样本处理、扩增、标记和杂交等步骤进行监控。

对糖基因芯片的点样阵列设计遵循以下原则：

1. 确定荧光质控位置，荧光质控的功能为指示杂交区方向与位置。此外，荧光质控的功能与阳性质控类似，可以作为芯片检测系统稳定性的指标。

2. 实验中选择的 10 个管家基因集中在参与人体内正常代谢必不可缺的酶系统中。阴形质控包括与人基因组序列远源的猪病毒基因与拟南芥植物基因，并经过 Blast 比较，确认其作为阴性质控的可靠性。

3. 将随机排列的糖基转移酶探针、糖苷酶探针、磺基转移酶探针、管家基因探针、阴性质控探针位置记录成电子文件，用来保证 Gal 文件中的位置来源与基因名称的对应。

(四) Gal 文件的制作

Gal 文件(Gene Pix Array List file)，是属于 Axon 公司生产的一系列基因芯片扫描仪所使用的一种文件阅读格式。它包含了基因位置，名称与编号三种信息。通过导入 Gal 文件，基因芯片扫描仪可以将扫描结果的样点通过套索工具与该位置处基因信息建立联系。在后期的数据处理工作中可以将荧光数值与基因名称建立对应关系。因此 Gal 文件是设计一款基因芯片必不可少的基础工作之一。具体操作如下：

1. 在电脑中新建立一个 Excel 文件，命名为“糖基因芯片 384 孔板信息”。打开文件后在第一行输入：“row”、“column”、“ID”、“Name”，按照 384 孔板中各项信息填写完毕。(若少于 384 个样品加样点，只保留位置信息，“ID”与“Name”处为空)。

2. 将 Excel 所有信息复制至一新的文本文件中，命名为“糖基因芯片 384 孔板信息”，即“糖基因芯片 384 孔板信息 . TXT”（图 2－2）。

G芯片384孔板信息 - 记事本

Row	Column	ID	Name
1	1	HK1	GAA ABLL V-ABL
1	2	GT001	A3GALT2
1	3	GT002	B3GALT3
1	4	YIN1	
1	5	GT003	B4GALT2
1	6	GT004	FUT8
1	7	GT005	gcnt
1	8	GT006	PIGC
1	9	GT007	PIGL
1	10	GT008	St6gal2
1	11	GT009	XYLT1
1	12	GT010	HNK-1ST
1	13	GT011	HS3ST3A1
1	14	GT012	HMCS
1	15	GT013	A4GALT
1	16	GT014	B3GALT4
1	17	GT015	B4GALT3
1	18	GT016	FUT9
1	19	YIN2	
1	20	GT017	GCNT1
1	21	GT018	PIGF
1	22	GT019	PIGN
1	23	GT020	ST6GalNAcI
1	24	GT021	XYLT2

图 2－2 糖基因芯片 384 孔板信息 . TXT

3. 使用 Axon 公司的 GENEPIX PRO 3.0 软件包中的“Array List Generator”程序，导入糖类相关基因芯片 384 孔板信息 . TXT，按照设计的点样区域调整“Array List Generator”中各项参数。确认信息无误后，点击软件右上的“Create Array List”（图 2－3），最终生成用于后续基因芯片数据分析的“糖类相关基因芯片 . gal”文件，保存，备用。

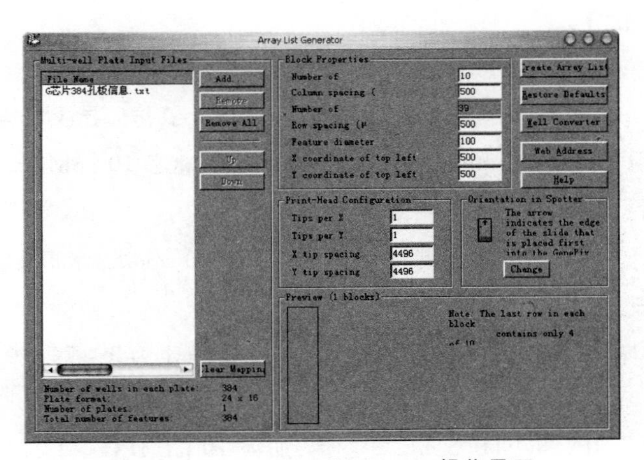

图 2－3 Array List Generator 操作界面

（五）芯片矩阵设计及点制

将所有设计的工作探针和质控点（包括阳性质控点、阴性质控点、空白点和荧光点）用无菌水溶解稀释成统一浓度后，与点样缓冲液 1 ∶ 1 混合，按照一定的阵列分布排序,按顺序加入 384 孔板,4 ℃保存,备用。

四、实验流程

(一)总 RNA 的提取

1. 从细胞中抽提总 RNA

(1)向长至成熟(约 5×10^6个)的细胞中直接加入 1 mL Trizol 进行消化,常温作用 15 min,将裂解液转入 1.5 mL 离心管中。

(2)4 ℃,12 000 r/min,离心 10 min。

(3)取上清,转入一新的离心管中,加入 200 μL 氯仿抽提 RNA,剧烈振荡 30 s(不能用涡旋振荡器,避免基因组 DNA 断裂)。室温静置 15 min 以上。

(4)4 ℃,12 000 r/min,离心 15 min。

(5)取上清,注意不要吸入中层蛋白层,转入新离心管中,加入 500 μL 异丙醇,轻轻混匀,室温静置 10 min。

(6)4 ℃,12 000 r/min,离心 10 min。

(7)小心倒掉异丙醇,加入 1 mL 75% 乙醇,洗涤沉淀。

(8)4 ℃,8 000 r/min,离心 5 min,弃乙醇。

(9)用 DEPC 水溶解 RNA,取 4 μL 检测总 RNA 质量,其余于 -80 ℃保存。

2. 从血液中抽提总 RNA

(1)取 4 mL 血液(含 75% RNA preserver)加入离心管中 4 ℃离心 3 min,转速 11 000 r/min,弃上清。

(2)加入 4 mL lysis buffer 及 40 μL β-巯基乙醇吹打混匀。

(3)加入 6 mL 酚/氯仿/异戊醇混合物(其中酚∶氯仿∶异戊醇 = 25∶24∶1)剧烈振荡 30 s,室温下静置 15 min。4 ℃,11 000 r/min,离心 10 min。

(4)取上清,加入上清 1/2 体积的无水乙醇,混匀。

(5)取 600 μL 加入结合柱,离心 15 s,转速 10 000 r/min,弃滤液。重复利用结合柱,直至混合液滤完。

(6)加入 600 μL 溶液Ⅰ与无水乙醇混合液(体积比为 3∶7),10 000 r/min,离心 15 min,弃滤液。

(7)取一个无 RNase 的 0.5 mL 离心管,加入 10 μL DNase Ⅰ,10 μL 10 × buffer,80 μL 水,混匀后加入柱膜中央,放置 10 min。

(8)加入 500 μL 溶液Ⅰ与无水乙醇混合物,离心 15 s,转速 10 000 r/min,弃滤液。

(9)加入 500 μL 溶液Ⅱ与无水醇混合物(体积比为 1∶4),10 000 r/min,离心 15 s,弃滤液。重复一次,离心 1 min,转速 12 000 r/min。

（10）在结合柱上加入 30 μL 洗脱液，室温下静置 3 min，10 000 r/min，离心 30 s，将滤液倒回结合柱，室温下静置 3 min，10 000 r/min，离心 1 min。最终得到 30 μL RNA 溶液。

3. 组织中总 RNA 的提取

（1）将组织块直接放入研钵中，加入少量液氮，迅速研磨，待组织变软，再加少量液氮，再研磨，如此三次，按照每 50 ~ 100 mg 组织加入 1 mL Trizol，转入离心管。

（2）用电动匀浆器充分匀浆 1 ~ 2 min。注意，组织样品体积不能超过 Trizol 体积的 10%。

（3）以下步骤同细胞 RNA 提取方法。

（二）cRNA 线性扩增

1. mRNA 逆转录合成 cDNA 及 cRNA 线性扩增

（1）取 3 ~ 5 μg total RNA 参加反应，加入 5 μL T7 promotor primer 与其混合，并置于 66 ℃ 水浴，10 min，随后在冰上骤冷 5 min。配制 cDNA 合成缓冲液（表 2 – 1）。

表 2 – 1 cDNA 合成反应体系

组分	用量
0.1 mol/L DTT	2.0 μL
5 × first strand buffer	4.0 μL
随机引物	1.0 μL
dNTPs 混合物	1.0 μL
RNase out	0.5 μL
MMLV RT	1.0 μL
总体积	9.5 μL

（2）将 9.5 μL 的 cDNA 反应 buffer 与上述 10.5 μL 样品引物混合物均匀混合（反转录体系为 20 μL），在 40 ℃ 水浴反应 2 h。

（3）将反应液在 66 ℃ 作用 15 min，冰上骤冷 5 min。短暂离心将管壁及管盖上的样品甩下。

（4）配制 cRNA 合成缓冲液。

（5）向每份反应管中加入 cRNA 合成缓冲液 60 μL，用移液器轻微混匀，此时反应总体积达到 80 μL，40 ℃ 作用 2 h。

2. 线性扩增产物纯化

（1）将 cRNA 样品的体积用无核酸酶超纯水补足至 100 μL。

(2) 加入 350 μL buffer RLT 与其充分混合。

(3) 加入 250 μL 无水乙醇,用移液器充分混合。注意不要离心。

(4) 将 700 μL cRNA 样品转入一只插在 2 mL 收集管的 RNeasy column 中。13 000 r/min 离心样品 30 s,弃去洗脱液与收集管。

(5) 将 RNesay column 转入一只新的收集管。加入 500 μL buffer RPE 于柱子中,13 000 r/min 离心样品 30 s,弃去收集管中的洗脱液。重复使用收集管,重复此步骤一次,用 13 000 r/min 离心样品 60 s。

(6) 将 RNeasy column 转入另一只新的 1.5 mL 收集管,洗脱纯化后的 cRNA 样品。

(7) 加入 30 μL(提前经过 60 ℃温浴过)Rnase-free 超纯水于 RNeasy column 的滤膜上,静置 90 s。13 000 r/min 离心样品 30 s,保留洗脱液与收集管。重复此步骤,但是离心时间为 60 s。

(8) 得到 60 μL 纯化后的 cRNA 样品,使两次离心的样品混匀,紫外检测后,对获得的 cRNA 样品标记,置于 -80 ℃保存。

(三) 荧光标记及纯化

1. 荧光标记

(1) 将事先分配好的荧光染料加入 5 μL DMSO 吹打混匀 40 ~ 50 次,短暂涡旋,并用铝箔纸包好放入抽屉内,室温孵育 1 h。

(2) 计算 cRNA 用量 5 ~ 8 μg 的体积,加入 1.5 mL 的离心管中,真空干燥。

(3) 干燥后加入(3.5 μL 的 0.3 mol/L 的 $NaHCO_3$ 与 2 μL ddH_2O)充分混匀,再将 cRNA 溶液转入已孵育 1 h 的荧光染料中,充分混匀后,短暂涡旋。铝箔纸包好后,放入避光抽屉,室温作用 2 h。

(4) 将 cRNA 样品的体积用 DEPC 水补足至 100 μL。

2. 荧光标记产物纯化

同线性扩增产物纯化步骤,最终得到 60 μL 纯化后的 cRNA 样品,使两次离心的样品混匀。对获得的 cRNA 样品标记,紫外检测后,置于 -80 ℃保存。

(四) 片基制备

1. 氨基化片基的制备

(1) 将玻片(20 片)放到提洗架上,用无水乙醇(约 400 mL)提洗三次(第一次用回收无水乙醇,第二、三次用新鲜无水乙醇,第三次可回收),每次提洗 10 min。

(2) 将玻片架放到 400 mL 10% NaOH 的方缸内,浸泡 1 h 后,摇床上摇洗 10 min (110 r/min)。

(3) 把方缸放入超声清洗仪中,超声 15 min。

(4) 取出方缸,倒掉 NaOH 溶液,倒入超纯水(约 400 mL)清洗四次,每次 2 min,无水乙醇中清洗两次,每次 2 min。

(5) 配制 200 mL APTES(5%)溶液:190 mL 无水乙醇,加入 10 mL APTES。

(6) 1 000 r/min,1 min 甩干经上述反应的玻片后,将其放入 GPTS 溶液中(玻片必须在液面下),锡纸封口,摇床上反应 3 h(110 r/min)。

(7) 把方缸放入超声清洗仪中,超声 15 min(功率 90%)。

(8) 用无水乙醇彻底摇洗(110 r/min)三次,每次 10 min。

(9) 室温下,离心机中干燥玻片,1 500 r/min,1 min。

(10) 放置玻片于 80 ℃烘箱中(抽真空)3 h。

(11) 放置玻片于干燥器中室温保存,备用。

(12) 记录:随机抽取氨基衍生化玻片 1 ~ 2 张,用芯片仪扫描,检测片基表面的均匀性。用以下方法进行质量控制。

2. 质量检测

将一管 Cy3 或 Cy5(干粉)用 1 × PBS(pH7.5 ~ 9.3)稀释至 5 万倍,点样(0.1 μL,重复 5 次)于随机抽取的氨基衍生化玻片,80 ℃下烘烤 1 h,用芯片仪扫描,检测荧光值 F1。用 2 × SSC,1% SDS 缓冲液清洗玻片 10 min,再次用芯片仪扫描,检测荧光值 F2,如 F2/F1 大于 0.5,即为质量合格。

(五) 芯片点样

向含有作为杂交探针的(20 μg/mL)(1OD)[①]单链 DNA 的离心管中加入约 40 μL无菌水,并调整其浓度统一为 40 μmol/L。根据对糖结合蛋白基因芯片矩阵设计的方案加于 384 孔板上对应的位置,以 1 : 1 的体积加入点样缓冲液(1.5 mol/L betaine,3 × SSC),使每个孔中含有约 40 μL 点样液。根据点样矩阵要求,在加入探针溶液的同时,将空白样品(2 × 点样缓冲液)、荧光质控(稀释 1 万倍的等比例 Cy3 和 Cy5 溶液)等按照要求加入相应位置。384 孔板经过短暂涡旋振荡,离心后进行芯片点制。本实验点样系统采用北京博奥的晶芯 SmartArrayer 48 微阵列芯片点样系统,完成芯片的点制。随后 2 500 mJ 进行紫外交联,转入湿盒中孵育过夜,80 ℃真空干燥3 h,放于干燥盒内避光保存。

(六) 芯片杂交

以双色标记为例,按荧光掺入量 30 pmol 取标记的 Cy3-cRNA,Cy5-cRNA 混合,加入 25 μL 100 mmol/L $ZnCl_2$,并用水补足体积至 250 μL。60 ℃水浴 30 min,进行片段化,随后与 250 μL 的 2 × 杂交缓冲液混合,55 ℃杂交 6 h。

---

① 1OD 为俗称,即为 260 nm 下吸光度 $A_{260} = 1$。

（七）数据处理

用 GenePix Pro3.0 软件从芯片上获取数据得到 Cy3 和 Cy5 各自的信号值，去除实验中的坏点、没有信号的点，以及前景和背景值之比小于 1.4 的点，用管家基因标准化的方法对数据进行归一化处理，用 Cy5 比 Cy3 得到表达倍数，表达倍数大于 2 的为上调基因；表达倍数小于 0.5 的为下调基因。

五、注意事项

1. 在芯片点制过程中注意保持 55% 的湿度，有利于保持点的形态。

2. 在芯片清洗过程中应注意减少芯片单独暴露在溶液外的时间，过多的暴露时间将导致芯片背景值增高及信号杂点的产生。

3. 在芯片杂交前需要对扩增的 cRNA 进行片段化，可根据自己设计探针的长度选择合适的片段化试剂。

第二节　应用实例

实例一　糖基因芯片在肝癌细胞中的应用研究

一、实验目的

在肝癌细胞表面含有大量异常的糖链结构，这些糖链都由一系列参与糖链合成、修饰与代谢相关的糖基因表达调控。本研究将制备出的糖基因芯片应用于人肝癌细胞系和正常人肝细胞系的研究并筛选差异表达的糖相关基因。

二、实验材料

SMMC-7721 肝癌细胞系和 chang's liver 肝细胞系。

三、操作流程

1. 样品准备：从细胞中抽提总 RNA（参照第一节）。

按上述细胞总 RNA 提取方法分别对 SMMC-7721 肝癌细胞系和 chang's liver 肝细胞系进行 RNA 提取，并进行 1% 的琼脂糖电泳。

2. 靶标制备（参照第一节）。

四、芯片杂交清洗和扫描

杂交反应结束后芯片经过清洗用芯片扫描仪进行激光共聚焦扫描得到芯片结果（见

彩图2-2)。由芯片杂交结果可以看到,与设计矩阵相比,10个管家基因出现阳性质控信号,而阴性质控和空白位点没有杂交信号出现,说明整个芯片质量控制体系良好。

五、数据分析

通过 Axon 4000B 芯片扫描仪对杂交后的芯片进行数据读取,去除无效点后应用管家基因归一化法对芯片数据进行归一化处理。随后对肝癌细胞 SMMC-7721(Cy5)与 chang's liver 肝细胞系(Cy3)进行比较得到表达倍数,表达倍数大于2的为上调基因;表达倍数小于0.5的为下调基因。通过 Spotfire 8.0 软件分析,最终确认共有34种基因出现特异表达的情况(见彩图2-3与表2-2)。

表2-2 以SMMC7721为研究对象筛选出的差异表达糖基因

上调基因	上调倍数	标准偏差	下调基因	下调倍数	标准偏差
A4Gnt	2.6700	3.40E-01	HMCS	0.4300	5.65E-02
GCS1	3.6793	5.80E-01	ST6GalNAcI	0.4480	1.13E-01
Fut8	4.5357	6.20E-01	HS2St1	0.1308	4.05E-02
St6GalNAc2	5.3948	8.22E-01	CHST3	0.3338	1.06E-01
TST	4.0352	6.95E-01	GYS1	0.2724	5.10E-02
alg3	2.7508	3.15E-01	HS6ST2	0.0837	4.90E-02
B3Galnt1	2.3551	3.43E-01	NDST4	0.4427	1.18E-02
PIGZ	2.6198	2.95E-01	PIGT	0.0394	3.43E-03
B3GNT2	3.1645	1.32E-01	Alg8	0.4208	7.89E-02
DPM2	4.3238	5.65E-01	MGAT3	0.4394	9.20E-02
DPM3	2.8744	3.87E-01	POMT1	0.2272	7.21E-02
Galnt8	4.6127	5.82E-01	ABCC8	0.0982	1.12E-02
Alg10	2.4494	4.04E-01	Galnt12	0.2792	3.35E-02
Galnt11	3.2273	4.40E-01	B3Gnt8	0.1584	2.01E-02
B3GNT7	4.6977	5.44E-01	ST3Gal4	0.2531	4.00E-02
ST6Gal1	3.5538	4.10E-01			
GBE1	4.7218	4.95E-01			
SLC21A14	2.0635	3.01E-01			
SULT1A3	4.2686	7.35E-01			

六、结果验证

验证实验选取未曾在肝癌研究中报道的上调和下调基因各2个。它们分别是在 SMMC-7721 肝癌细胞系中出现上调的 GCS1,B3GNT2 和下调的 MGAT3 与 HMCS。

由图2-4可以看出:实时荧光定量 PCR(realtime-PCR)检测和基因芯片结果一致,与 chang's liver 正常肝细胞系相比在 SMMC-7721 肝癌细胞系中 Alg10 和 Galnt11

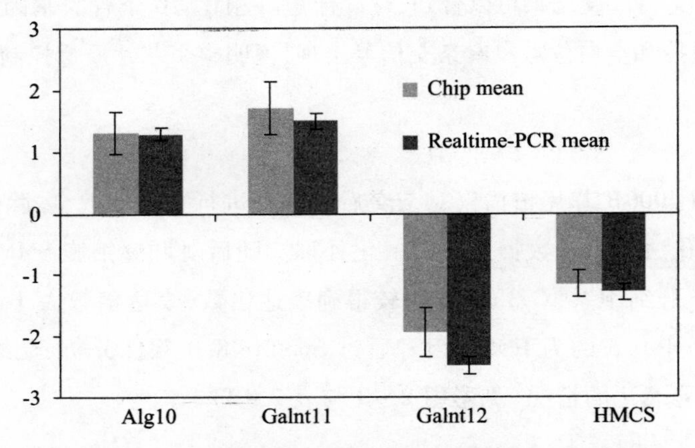

图 2－4　芯片与实时荧光定量 PCR 显示表达水平的比较

的 mRNA 表达量上升，而 Galnt12 和 HMCS mRNA 表达量下降，即在 SMMC-7721 细胞系中 Alg10 和 Galnt11 上调，Galnt12 和 HMCS 下调。

实例二　糖基因芯片在肝癌患者外周血中的应用研究

一、实验目的

在本研究中应用糖基因芯片研究临床肝癌患者和健康志愿者外周血样本，分析肝癌患者与健康志愿者之间差异表达的糖相关基因。

二、实验材料

10 例经过临床确诊的肝癌患者外周血样本；10 例健康志愿者外周血样本。

三、操作流程

1. 样品准备：从血液中抽提总 RNA（参照本章第一节）。

按上述血液 RNA 提取方法分别对肝癌患者及健康志愿者血液样本进行 RNA 提取，并进行 1% 的琼脂糖电泳（图 2－5）。

2. 靶标制备（参照本章第一节）。

四、芯片杂交清洗和扫描

扫描结果见彩图 2－4。

五、数据分析

通过 Axon 4000B 芯片扫描仪对杂交后的芯片进行数据读取，去除无效点后应用

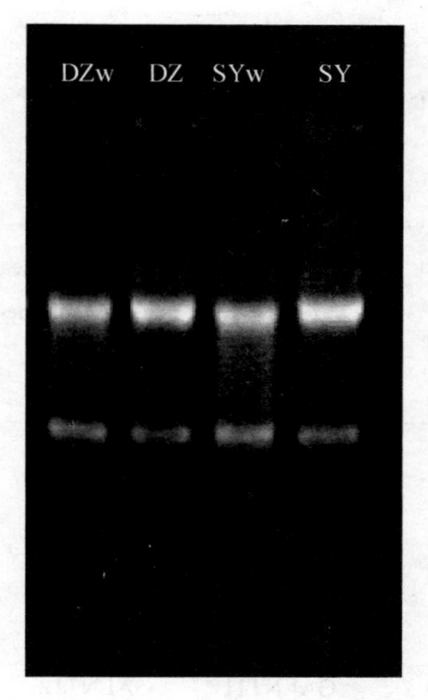

图2－5 血液总RNA电泳图谱

DZw:健康志愿者外周血总RNA温浴后;DZ:健康志愿者外周血总RNA未温浴;SYw:肝癌患者外周血总RNA温浴后;SY:肝癌患者外周血总RNA未温浴

管家基因归一化法对芯片数据进行归一化处理。随后对肝癌患者(Cy5)与健康志愿者(Cy3)进行比较得到表达倍数,表达倍数大于2的为上调基因;表达倍数小于0.5的为下调基因。得到上调基因15个,下调基因13个(表2－3)。

表2－3 差异基因列表

序号	上调基因	上调倍数	下调基因	下调倍数
1	PIGL	2.378 433 4	PIGC	0.532 511
2	CHST3	2.027 073 9	HMCS	0.499 907
3	B4GALT4	1.860 344 9	GYS1	0.573 945
4	St6galnac2	1.888 159 4	PIGS	0.426 453
5	GYG	1.985 492 1	MGAT1	0.556 641
6	b3galnt1	1.882 230 4	GALNT12	0.415 794
7	pomgnt1	1.956 920 2	MGAT4A	0.514 200
8	DPM2	1.839 860 1	NDST3	0.444 222
9	alg10	1.702 547 3	ALG12	0.457 933
10	EXT1	1.915 345 5	alg14	0.537 041
11	st3gal2	2.260 967 1	OGT	0.507 646
12	CHST8	2.208 711 387	st3gal5	0.548 671
13	b4galnt2	2.117 048 499	st6gal1	0.323 972
14	GCS1	1.936 309 433		
15	GALNT11	1.827 359 765		

六、结果验证

根据芯片结果挑选 4 个基因,应用实时荧光定量 PCR 对芯片结果进行验证(图 2-6)。

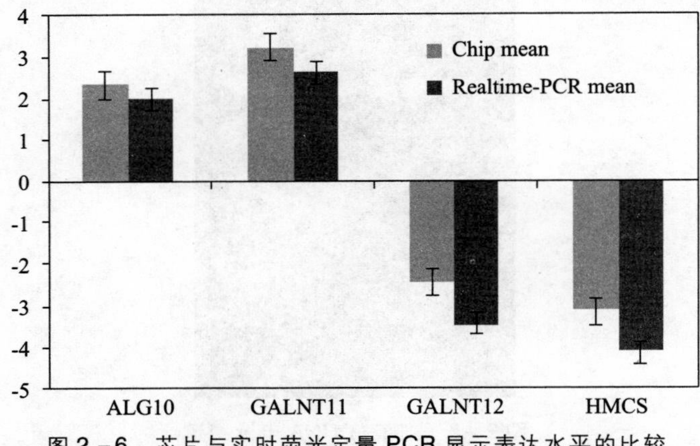

图 2-6　芯片与实时荧光定量 PCR 显示表达水平的比较

■ 参考文献

1. Ren Y, Poon RT, Tsui HT, *et al.* Interleukin-8 serum levels in patients with hepatocellular carcinoma: correlations with clinico-pathological features and prognosis. Clin Cancer Res, 2003, 9 (16 Pt 1): 5996-6001.
2. Moremen KW. Golgiα2mannosidase Ⅱ deficiency in vertebrate sys2 tems: implications for asparagine2 linked oligosaccharide processing in mammals. Biochim Biophys Acta, 2002, 1573(3): 225-235.
3. Fukuda M. Possible roles of tumor-associated carbohydrate antigens. Cancer Res, 1996, 56: 2237-2244.
4. 陈闻天,刘晨,于汉杰,等. 糖类相关基因芯片的设计与制备. 中国科学(B 辑), 2010, 40 (5): 538-545.
5. 王克夷. 日本糖生物学一瞥. 生命的化学, 1999, 19(3): 107-109.

第三章　凝集素芯片技术

随着微阵列技术以其高通量、自动微量化、高度并行性及敏感性等优势逐渐成为基因水平和蛋白水平检测病理样本的关键技术，凝集素芯片应运而生。它是一种检测样本中糖链构成的芯片，即各种凝集素结合在固体支撑面并可用于迅速获悉糖蛋白不同的糖基化特征，可以快速、高通量地获得糖蛋白聚糖结构信息。相较于其他糖谱鉴定方法，凝集素芯片最大的优势在于仅需要最少量样本就可同时定量分析 *N* – 连接糖链和 *O* – 连接糖链在完整生物样本中的结构而不需要释放糖链，从而保证了样本中蛋白质糖基化最真实状况被正确反映出来。细胞表面糖链谱随细胞种类不同，细胞生长和分化阶段不同而表达不同，和许多重要的生命事件如肿瘤转移、细胞分化等密切相关。凝集素芯片解析细胞表面糖链谱，特别是活细胞检测，有助于解析糖基化修饰下隐藏的重要生命现象。

目前，根据凝集素芯片的制备方法，可以将其大致划分为 3 类（见**彩图** 3 – 1）：

(1) 直接检测法：将凝集素直接固定于修饰后的玻片表面，再将标记样品与芯片孵育，检测结合情况。

(2) 反向检测法：将待检测样品点制成芯片，之后与标记的凝集素进行芯片孵育反应，以分析检测样品。

(3) “三明治”检测法：点制抗体芯片，与识别该抗体的样品反应，然后加入标记的凝集素对其进行检测。其中第一种方法应用较为普遍，本章将主要阐述此法的原理、应用及研究现状。

第一节　凝集素芯片制备技术

一、实验原理

凝集素（lectin）是非免疫来源的、不具有酶活性的一类糖结合蛋白，能专一地识别某一特殊结构的单糖或聚糖中特定的糖链序列而与之结合。其存在于植物、动物和微生物中,目前已经从自然界中发现300多种凝集素。因其具有特异性识别糖链的能力,常被作为“译码器”来阐释糖复合物上的糖链结构所带有的信息。随着将芯片技术引入糖组学研究领域,凝集素作为解码糖链结构的重要工具越来越引人注目。凝集素芯片是根据凝集素和糖链之间的特异性相互识别作用,将各种不同来源的凝集素固定于环氧化、醛基化或经其他方式修饰的片基上,再与标记后的糖蛋白、细胞和菌体等待检测样本孵育反应,经一系列后续处理后,分析待检测样本中的糖链结构(见彩图3-2)。

二、试剂、材料和仪器

1. 凝集素(美国Vector公司、美国Sigma公司)。

2. 牛血清清蛋白(BSA)。

3. 环氧基硅烷试剂(GPTS)(美国Sigma公司)。

4. Bradford试剂(美国Sigma公司)。

5. 凝集素点样液:称取凝集素1 mg,溶于说明书指定的缓冲液中,再分别加入其对应的终浓度为1 mmol/L的单糖和0.5 mg/mL BSA,配制1 mg/mL点样液。

6. Cy3荧光染料(美国Sigma公司)、DMSO(美国GE公司)和盐酸羟胺等荧光标记反应所需试剂。

7. 0.1 mol/L磷酸盐缓冲液(10×PBS,pH7.4):称取80 g NaCl、2 g KCl、2.4 g KH_2PO_4、36.3 g $Na_2HPO_4 \cdot 12H_2O$溶解于800 mL超纯水中,调节pH至7.4,定容至1 L,用0.2 μm滤膜过滤。

8. 10 mmol/L磷酸盐缓冲液-吐温20(1×PBST):10 mmol/L PBS缓冲液中含0.2% Tween-20。

9. 封闭缓冲液:10 mmol/L PBS缓冲液中加入2% BSA、500 mmol/L甘氨酸和0.05% Tween-20,混匀后用0.2 μm滤膜过滤。

10. 孵育缓冲液:10 mmol/L PBS缓冲液中加入2% BSA、500 mmol/L甘氨酸、0.05% Tween-20和10% 4 mol/L羟胺,混匀后用0.2 μm滤膜过滤。

11. 384孔板,玻璃片基,sephadex G-25柱,0.2 μm/0.45 μm滤膜。

12. 生物芯片点样仪(博奥晶芯SmartArrayer 48点样仪)、芯片杂交盒、芯片杂交孵化仪(Robbins公司)、生物芯片扫描仪(美国Axon公司)、真空干燥器、微量核酸蛋白分析仪(Implen公司),高速冷冻离心机(Eppendorf公司)和低速离心机。

三、主要技术条件

(一) 实验样本的准备

1. 细胞样本处理方法

细胞使用 T-PER 动物组织蛋白提取试剂提取总蛋白。步骤简要描述如下:贴壁细胞首先用预冷 1 × PBS(0.01 mol/L 磷酸盐缓冲液,0.15 mol/L NaCl,pH 7.4)轻轻润洗两次(洗去不贴壁的死细胞);加入适量含蛋白酶抑制剂的 T-PER 试剂(蛋白酶抑制剂以 10 μL/mL 加入 T-PER 试剂),在细胞贴壁面上平铺均匀,冰上静置15 min;移液枪反复吹打贴壁细胞,直至细胞完全破碎混匀;冷冻离心机中 4 ℃离心 10 000 r/min,10 min;吸取上清液。

2. 组织样本处理方法

新鲜组织使用 T-PER 动物组织蛋白提取试剂提取总蛋白。步骤简要描述如下:新鲜组织块首先经预冷 1 × PBS 冲洗两次,放入组织匀浆管底部;加入适量含蛋白酶抑制剂的 T-PER 试剂(蛋白酶抑制剂以 10 μL/mL 加入 T-PER 试剂),在组织匀浆器上充分匀浆,此步应注意在冰上操作;用移液枪将匀浆后组织液转入新的离心管,冰上静置 30 min;冷冻离心机中 4 ℃离心 10 000 r/min,10 min 并吸取上清。

3. 血清样本处理方法

符合条件的患者和健康人 48 h 内没有服用任何药物。医院专业人员采集志愿者新鲜血液各数例。全血收集后静置于室温下 15 ~ 30 min,待自然凝结后,在冷冻离心机中 1 000 ~ 2 000 r/min 离心 10 min 后取上清,即为血清。将血清立刻分装入干净无菌的 0.5 mL 离心管中 -20 ℃以下冻存。血清不可有溶血现象,也避免反复冻融。

4. 唾液样本处理方法

于收集前 2 h 禁止饮食。0.9% 生理盐水漱口,静坐低头,舌尖顶住上腭,用无菌离心管收集自然分泌全唾液。每份样本采集不超过 5 min,规定时间内至少采集到 1 mL唾液。可多次采集。运输时密封离心管口,0 ℃冰袋冷藏,时间不超过 30 min。

收集到的唾液样本于 4 ℃,10 000 r/min 低温离心 1 h,取上清液。用 0.45 μm 的滤膜进行过滤,加入蛋白酶抑制剂。分装后保存于 -80 ℃冰箱中。

5. 尿液样本处理方法

收集晨尿 50 mL(最好中间段),快速存放于 4 ℃冰箱。14 000 r/min,4 ℃离心 1 h,取上清液。低温下,先后用滤纸(抽滤)和 0.2 μm 滤膜各过滤一次,进一步去除杂质。分子筛(3 000 截流柱)去除色素、小分子等物质,溶液由黄色变为澄清或微黄。分子筛或丙酮沉淀方法浓缩并进一步纯化蛋白,-20 ℃保存。

(二) Bradford 法蛋白定量

1. 配制一系列浓度梯度为 0 mg/mL、0.2 mg/mL、0.4 mg/mL、0.6 mg/mL、

0.8 mg/mL、1.0 mg/mL 的 BSA 标准品。

2. 将浓度为 0 mg/mL、0.2 mg/mL、0.4 mg/mL、0.6 mg/mL、0.8 mg/mL、1.0 mg/mL 的 BSA 标准品各取 20 μL，实验样本各取 20 μL，分别加入 200 μL Bradford 试剂，混匀后各取 200 μL 加入酶标板，37 ℃孵育 5 min。

3. 将酶标仪光波长设置为 595 nm，读取标准品和实验样本的吸光度（A_{595}）。

4. 以 BSA 浓度为横坐标，A_{595}为纵坐标绘制标准曲线，求出线性公式。

5. 根据标准曲线计算出实验样本中的蛋白质浓度。

（三）样本蛋白的荧光标记

1. 取 Cy3 荧光染料干粉，加入 5 μL DMSO，室温孵育 40 min，以活化荧光染料。

2. 在活化后的 Cy3 荧光染料中加入 100 μL 0.1 mol/L Na_2CO_3 溶液（pH 9.3）和 100 μL 样本，混合均匀，室温避光孵育 1.5 h。

3. 在荧光孵育样品中加入 4 mol/L 羟胺 30 μL，冰上孵育 10 min，以终止荧光标记反应。

4. Sephadax G-25 柱分离纯化荧光标记的样本，除去未结合（游离）的 Cy3 荧光。

5. 以 10 mmol/L PBS（pH 6.8）为空白，使用微量核酸蛋白分析仪测定标记荧光后的样本蛋白浓度。

四、实验流程

（一）凝集素芯片的制备

1. 玻片的环氧化修饰

将玻片用无水乙醇清洗 3 次，每次 10 min。离心机中甩干玻片。浸泡入 250 mL 10% NaOH 溶液中，避光，摇床上反应 12 h 后超声 15 min。然后用超纯水清洗 4 次，每次 2 min，无水乙醇清洗 2 次，每次 2 min，甩干。再将玻片浸泡到 200 mL 10% GPTS 溶液中，避光，摇床上孵育反应 3 h，对玻片进行环氧化修饰。超声清洗 15 min，无水乙醇清洗 3 次，每次 10 min。甩干后将玻片置于 37 ℃真空干燥箱中，干燥 3 h。最后将环氧化玻片放置于室温干燥器中保存，备用。

2. 凝集素芯片的制备

设计凝集素芯片矩阵，在 384 孔板中按矩阵设计顺序依次加入配制好的点样液，使用生物芯片点样仪，在环氧化修饰片基上点制芯片。在室温且湿度为 55% ~65% 的环境中孵育 6 h 后，37 ℃真空干燥芯片，使凝集素固定于芯片上。将制备好的凝集素芯片放置于 4 ℃干燥器，避光保存，备用。

（二）样本准备

提取细胞、组织、体液（血清、唾液、尿液）等生物样本中的蛋白质，通过离心、过滤除菌等方法对样本进行纯化。Bradford 法对样本蛋白质浓度定量。然后用 Cy3 荧光染料标记样本蛋白质,并用 G-25 柱分离纯化,定量标记荧光后的样品蛋白浓度。

(三)凝集素芯片检测样本

1. 凝集素芯片的封闭

取 4 ℃保存的凝集素芯片数张,于 37 ℃回温。封闭前先用 1 × PBST、1 × PBS 各清洗玻片一次,每次 5 min,甩干。在芯片杂交盒中加入 700 μL 封闭缓冲液,放入凝集素芯片,于芯片杂交仪中 25 ℃避光孵育 1 h。封闭结束后用 1 × PBST、1 × PBS 各清洗玻片两次,每次 5 min,甩干。

2. 凝集素芯片孵育和扫描

取荧光标记后的蛋白液样本 6 μg,与孵育缓冲液按 1 ∶ 9 混匀,冰上孵育 1 h 后,在芯片杂交盒中加入 700 μL,放入封闭后的凝集素芯片,于芯片杂交孵化仪中25 ℃避光孵育 2 ~ 3 h。孵育结束后用 1 × PBST、1 × PBS 各清洗玻片两次,每次5 min,甩干。GenPix 4000B 芯片扫描仪扫描,设置光电倍增管 PMT 为 70%,激光强度为 100% 预扫描,然后选定点样区域,精确扫描。

3. 数据的获取与分析

通过 GenePix 3.0 软件从扫描图像中获取精确的芯片分析数据。有效值的选取按照下列方法:将每个凝集素点对应的信号强度值减去该点的背景值,然后与其两倍的背景标准偏差(SD)值进行比较,如大于两倍的背景 SD 值则认为是有效数据。每张芯片上,每个凝集素对应了九个重复点,这九个重复点的有效数据再进一步求中值,即每个凝集素对应一个中值。计算每个具有有效值的凝集素的中值所占具有有效值的所有凝集素中值之和的比例,完成数据归一化。每个样本做三次重复。凝集素归一化荧光强度值表示为三次重复的均值 ± SD。计算每个凝集素在实验组比对照组归一化数值的 ratio 值来比较蛋白质糖基化的相对变化。同时,每个凝集素对应的实验组($n = 3$)和对照组($n = 3$)数据通过 SPSS 19 进行 t 检验分析。另外,运用 HCE 3.0 软件对未归一化的原始有效数据进一步聚类分析。

五、注意事项

1. 制备凝集素芯片时,应将湿度严格控制在 55% ~65%。

2. 清洗凝集素芯片时,最有效的方法是将玻片浸入盛有适量 PBS 或 PBST 的洗缸内,于恒速振荡摇床上摇洗。封闭前清洗芯片可将摇速控制在(65 ± 5)次/min,封闭后清洗芯片可将摇速控制在(80 ± 5)次/min,孵育后清洗芯片可将摇速控制在(90 ± 5)次/min。

3. 在芯片杂交盒中加入封闭缓冲液或孵育液后,放入凝集素芯片时,应尽量避免产生小气泡。

4. 制备好的凝集素芯片应避光保存在 4 ℃ 干燥器中，使用前应先在 37 ℃ 回温 30 min。

第二节　应用实例

实例一　凝集素芯片检测 TGF-β1 诱导肝星状细胞活化前后糖蛋白糖链谱

一、实验目的

肝纤维化作为一种普遍多发的疾病，如不能及时诊断和治疗，可发展为肝硬化。肝星状细胞（hepatic stellate cells，HSCs）是肝合成细胞外基质（extracellular matrixc，eCM）的主要细胞。HSCs 的活化与增殖是肝纤维化形成的中心环节。目前针对 HSCs 的研究多在基因层面，糖谱的研究很少涉及。因此本实验利用凝集素芯片对 HSCs 糖蛋白糖链进行规模化分析研究，比较“静态”HSCs 和经转化生长因子 β1（transforming growth factor β1，TGF-β1）诱导活化的 HSCs 的糖蛋白糖链表达差异，寻找肝纤维化相关糖蛋白糖链，分析糖基化蛋白与肝纤维化的关系，研究肝纤维化过程中蛋白糖基化修饰的改变，推测肝纤维化相关糖蛋白糖链的合成通路。

二、试剂、材料和仪器

1. LX-2 细胞系。

2. 转化生长因子 β1（美国 Perprotech 公司），高糖 DMEM，小牛血清，Hepes，7.5% $NaHCO_3$，青霉素，链霉素，二甲基亚砜（DMSO）。

3. 微量移液器，移液管，细胞培养瓶，6 孔细胞培养板。

4. 倒置生物显微镜（XD-101），CO_2 培养箱，生物安全柜，液氮生物容器，高压灭菌锅，超纯水机，高速冷冻离心机（5804R），磁力搅拌器（DJ-1A），电热恒温水器（W21.420 型）。

三、操作流程

1. 凝集素芯片的设计与制备

设计凝集素芯片矩阵（图 3 – 1），选用 1 mg/mL BSA 作阴性质控，Cy3 荧光染料标记的 BSA 作位置标记，与 37 种凝集素共同构成 12 × 10 矩阵，每种凝集素重复点样 3 次，每张芯片上重复 3 个矩阵。在 384 孔板中按矩阵设计顺序依次加入配制好的点样液，使用点样仪的针点系统，在环氧修饰片基上点制芯片。在室温且湿度为55%～65%的环境中孵育6 h后，37 ℃真空干燥芯片，使凝集素固定于芯片上。将制备好的凝集素芯片放置于4 ℃干燥器，避光保存，备用。

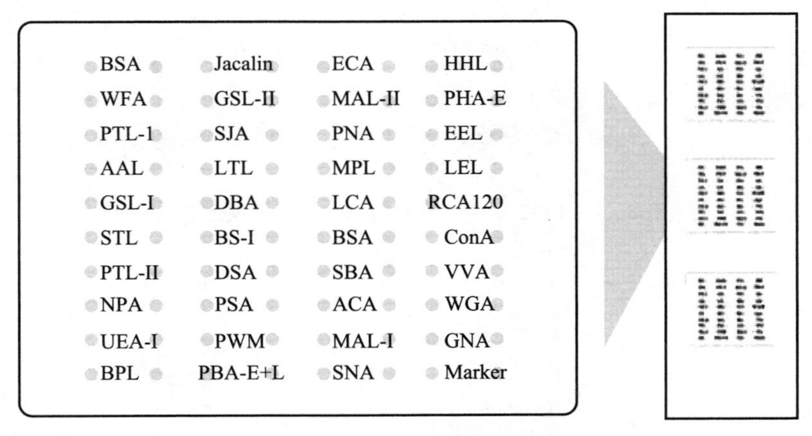

图3－1 凝集素芯片点样图

2. 细胞培养

复苏后的LX-2细胞以含体积分数10%小牛血清、1×10^5 U/L青霉素及100 mg/L链霉素，pH 7.35～7.45的高糖DMEM培养液，于37 ℃，饱和湿度，体积分数5% CO_2培养箱培养，当细胞处于对数生长期时，胰酶消化，培养液悬浮细胞。调整细胞密度为1×10^6个/mL，接种于细胞培养瓶中培养24h，再以0.5%小牛血清高糖DMEM培养液培养24 h。将细胞分为对照组与实验组，对照组以2%小牛血清高糖DMEM培养液处理，实验组以体积分数2%小牛血清高糖DMEM培养液加入终浓度为2 ng/mL的TGF-β1处理24 h。

3. 细胞样本总蛋白的提取（参照主要技术条件）。

4. Bradford法定量细胞总蛋白浓度（参照主要技术条件）。

5. 细胞总蛋白质的荧光标记与定量（参照主要技术条件）。

6. 凝集素芯片的封闭（参照主要技术条件）。

7. 凝集素芯片的孵育（参照主要技术条件）。

8. 数据扫描与分析（参照主要技术条件）。

四、实验结果与分析

1. 芯片扫描（见**彩图**3－3）。

2. 中值分析。用GenePix 3.0软件扫描结果图，获得对照组和实验组凝集素芯片上每个点的荧光信号值，每点9个重复，这样获得9个数据，抽取中值进行归一化处理。从图中可发现，在对照组细胞中 GNA 对应归一化信号强度最大（图 3－2），而在实验组细胞中 AAL 对应归一化信号强度最大（图 3－3 和图 3－4）。

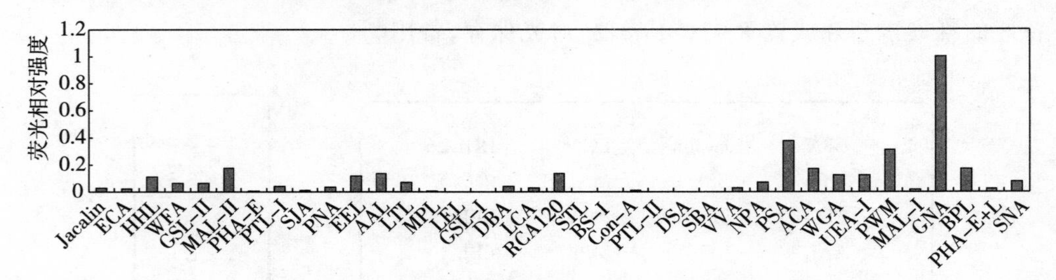

图 3－2　LX-2 细胞系对照组归一化信号强度分析

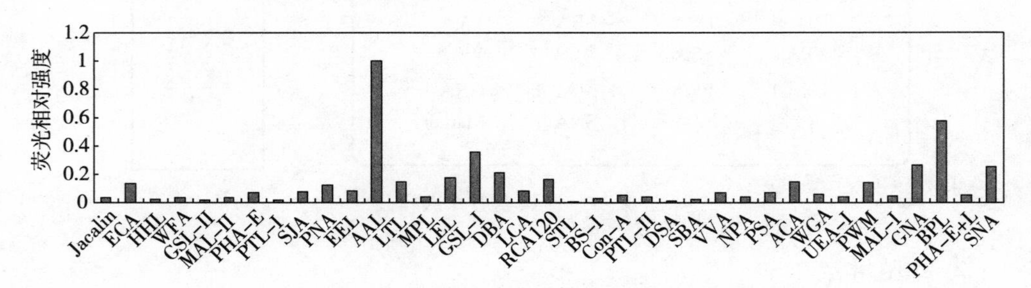

图 3－3　LX-2 细胞系实验组归一化信号强度分析

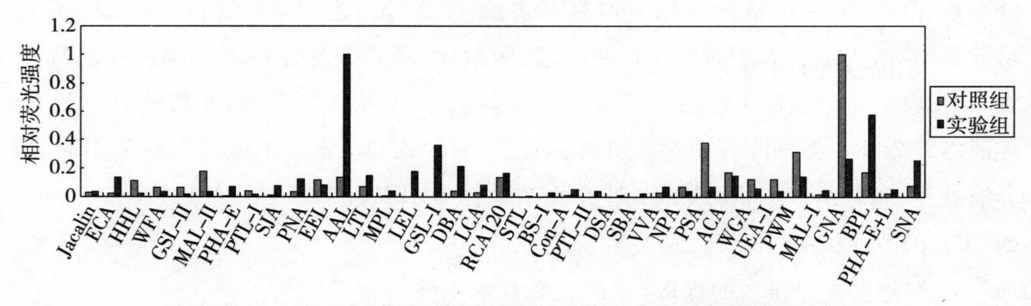

图 3－4　LX-2 细胞系对照组于实验组归一化信号强度分析比较

3. 聚类分析。运用 HCE 3.0 软件对对照组和实验组数据进行聚类分析（**彩图 3－4**），绿色表示与凝集素结合力低，红色表示与凝集素结合力高，黑色表示与凝集素结合力介于两者之间。Q1～Q3 为对照组数据结果，A1～A3 为实验组数据结果。从聚类分析可看出各组数据之间的差异和相关性，可通过颜色显示观察每种凝集素在 A1～A3 与Q1～Q3 结合程度的高低。

4. 直方图分析。HCE 3.0 软件可用荧光 ratio 值来描述荧光数据。**彩图** 3－5 表示的是经归一化处理后，各个凝集素荧光强度的关系及与糖蛋白结合的累积分布情况。*X* 坐标轴表示荧光 ratio 值的大小，图中的折线为累积分布曲线。从图中可以看出，对照组和实验组荧光 ratio 值均多聚集在绿色区，但对照组绿色区荧光信号比实验组多,实验组红色区荧光信号比对照组稍多。说明实验组细胞中这些糖蛋白糖链的表达量比对照组有所升高。

5. 曲线图分析。利用 HCE 3.0 软件还可生成曲线图。从**彩图** 3-6 中可看出,从对照组到实验组的连线倾斜度越大代表荧光 ratio 值差异越大,红色代表 ratio 值高,绿色代表 ratio 值低。一条与基线基本平行的直线意味着无差异。左侧为对照组,右侧为实验组。

6. 结果分析。应用凝集素芯片分析经 TGF-β1 诱导 LX-2 细胞系和“静态”LX-2 细胞系糖蛋白糖链表达差异。得出以下初步结果:

(1) 肝纤维化的肝星状细胞中 T 抗原/ Tn 抗原糖链结构增加,T 抗原或 Tn 抗原唾液酸化明显。

(2) 发生肝纤维化的肝星状细胞糖蛋白 *N*-糖链分支结构增加显著,特别是 Bisecting GlcNAc 结构。

(3) 核心岩藻糖结构在纤维化肝星状细胞中主要以 Fucoseα1-6GlcNAc(core fucose)结构存在,而且末端岩藻糖结构升高。

(4) MAL-Ⅱ特异性识别的 Siaα2,3Galβ1,4Glc(NAc)结构主要存在于正常肝星状细胞,而 SNA 特异性识别的 Siaα2,6Galβ1,4Glc(NAc)主要存在于纤维化肝星状细胞。

(5) GlcNAcβ1,4GlcNAc、Galβ1,4GlcNAc 结构在纤维化肝星状细胞中表达量升高,GalNAcβ1,4GlcNAc 结构则相对稳定。

(6) ConA、LCA 在纤维化肝星状细胞中信号增强,说明纤维化肝星状细胞中 α-甘露糖结构增多。

(7) 根据 WGA、PWM、STL、LEL、DSA 显示结果分析,在纤维化肝星状细胞中 GlcNAc 及 $(GlcNAc)_n$ ($n=2,3$)结构减少,$(GlcNAc)_n$ ($n=3$)结构增加。

(8) 根据 PTL-Ⅱ、PTL-Ⅰ、BPL、VVA、SBA、SJA 荧光信号强度分析,末端 GalNAc 和 Gal 结构增加,同时 αGalNAc 结构减少,Gal 结构增多。

实例二 凝集素芯片检测肝癌患者和健康志愿者唾液糖蛋白糖链谱

一、实验目的

近年来,唾液诊断学已经成为分子诊断学领域的一个分支,被认为在基础医学和临床医学领域具有广阔的应用前景和发展前途。相对于血液而言,唾液为非侵入式、简单安全、无创伤的体液收集,在肿瘤乃至疾病诊断中具有特别的优势。肿瘤和内分泌器官一样,可以分泌激素、淋巴因子和细胞因子,通过血液运输到远端器官,对其产生影响。一旦这些因子到达唾液腺,则唾液中的基因转录谱发生改变,导致某些蛋白质的丰度或种类改变。这些丰度或种类改变的蛋白质将可能成为唾液中检测肿瘤的替代生物标志物。唾液蛋白部分来源于血液成分的缓慢渗透,携带肿瘤信息的血清标志物也可能存在于唾液中,研究发现人唾液中有1 939种蛋白,其中 597 种蛋白也同时存在于血浆中。唾液中除了含有一些唾液基本组成性蛋白质(在不同性别和不同年龄段都几乎无差别表达的蛋白质或糖蛋白)外,还含有一些可以反映人体身体健康和生理状况的蛋白质,这些蛋白质往往在不同生理和病理状况的人群中出现差异性表达。已有研究表明,通过对唾液蛋白质组和转录组的筛查发现了可用于诊断口腔癌,头颈鳞状细胞癌和乳腺癌的重要生物标志物。然而,目前为止,尚没有任何关于唾液诊断肝癌的报道。本章收集健康志愿者血清和肝癌患者血清各 10 例。通过凝集素芯片技术检测肝癌患者唾液相对于健康人唾液糖蛋白糖链谱的表达变化,筛选肝癌患者与健康志愿者之间差异表达的唾液糖蛋白糖链结构。

二、实验材料

10 例临床肝癌患者唾液样本:临床诊断确诊为肝癌但未经过任何治疗,男性,年龄 60 岁以上。

健康志愿者(正常对照组)唾液样本:男性,年龄 60 岁以上。

三、操作流程

1. 凝集素芯片的设计与制备(参照实例一)。
2. 唾液样本中蛋白质的提取与纯化(参照主要技术条件)。
3. Bradford 法定量唾液蛋白浓度(参照主要技术条件)。
4. 唾液蛋白质的荧光标记与定量(参照主要技术条件)。
5. 凝集素芯片检测唾液样本(参照实验流程)

10 例肝癌患者唾液样本和正常对照组唾液样本均按照凝集素芯片检测唾液样品实验步骤操作,每组样本重复实验 3 次。

四、实验结果与分析

用 GenePix 软件从芯片扫描图中读取各凝集素与唾液样本结合的荧光信号值,筛选出大于 2 倍背景标准偏差的荧光信号值。每张芯片上各种凝集素均有 9 个重复点,选取中值进行归一化分析。将重复点的中值求平均值。

由于之前的研究证明不同年龄和性别健康人唾液糖蛋白糖链谱不同,肝癌患者

(均大于 60 岁)按照性别分为男性和女性,分别与男性老年人和女性老年人(健康人)唾液样本比较求 Ratio 值。每个凝集素对应 NFIs 的 Ratio 值取以 1.5 为底数的对数。研究结果发现,在男性组和女性组中,均有 16 种凝集素对应 NFIs 在肝癌中相对于健康男性老年人和健康女性老年人显示出显著差异(见**彩图** 3-7)。其中 11 种凝集素识别糖链在肝癌患者唾液中相对于健康人唾液表达增加。如 ECA 识别的Galβ1,4 GlcNAc,PHA-E 识别的平分型 GlcNAc 和双天线复杂 *N*-糖链,PNA 识别的 T 抗原,NPA 识别的高甘露糖和 Manα1,6Man 等在肝癌患者中高表达。6 种凝集素识别糖链在肝癌患者唾液中相对于健康人唾液表达减少。如 AAL 识别的 Fucα1,6GlcNAc(核心岩藻糖)和 Fucα1,3(Galβ1,4)GlcNAc,PSA 识别的 Fucα-*N*-acetylchitobiose-Man,WGA 识别的多价唾液酸和$(GlcNAc)_n$等在肝癌患者中低表达。

参考文献

1. Qin Y,Zhong Y,Zhu M,*et al*. Age- and sex-associated differences in the glycopatterns of human salivary glycoproteins and their roles against influenza A virus. J Proteome Res,2013,12(6):2742-2754.
2. Qin Y,Zhong Y,Dang L,*et al*. Alteration of protein glycosylation in human hepatic stellate cells activated with transforming growth factor-β1. J Proteomics,2012,75(13):4114-4123.
3. Gemeiner P,Mislovicova D,Tkac J,*et al*. Lectinomics: II. A highway to biomedical/clinical diagnostics. Biotechnol Adv,2009,27(1):1-15.
4. Pilobello KT,Krishnamoorthy L,Slawek D,*et al*. Development of a lectin microarray for the rapid analysis of protein glycopatterns. Chembiochem,2005,6(6):985-989.
5. 简强,于汉杰,陈超,李铮. 凝集素芯片技术检测糖蛋白方法的建立及初步应用. 生物化学与生物物理进展,2009,36(2):254-259.

第四章　凝集素组织化学技术与应用

第三章已经详细讲解了凝集素的性质及凝集素芯片技术，凝集素组织化学技术不但可更好地验证凝集素芯片结果，而且能定位各凝集素识别糖链在组织或细胞中的分布及丰度。由于凝集素并不是来源或参与免疫反应的产物，但其“亲和”特性被免疫化学技术方法广泛应用，1983 年 Ponder 提出应称“凝集素组织化学”而不能称为“凝集素免疫组织化学”。生物膜中含有一定量的糖类，主要以糖蛋白和糖脂的形式存在。凝集素最大的特点在于它们能识别糖蛋白和糖肽中的糖链结构，特别是细胞膜上复杂的碳水化合物结构。一般认为细胞膜上特定的糖基可用以区别细胞的类型和反映细胞在分化、成熟和肿瘤细胞性病变中的变化。应用凝集素作为细胞分化的标志，在这方面的应用报告最多，而且研究比较集中于血细胞，特别是淋巴细胞的分群。如 Rose(1980)等发现在小鼠胸腺皮质内不成熟的 T 淋巴细胞呈 PNA 阳性反应，在小鼠小肠集合淋巴小结的生发中心也发现有 20% 左右的 PNA 阳性反应细胞，后者是否属于不成熟的 T 淋巴细胞，是值得进一步研究的问题。凝集素组织化学技术现已广泛应用于区别不同分化或病理阶段的组织切片及不同细胞类型的研究。

第一节　凝集素组化技术

一、实验原理

凝集素组化技术的最基本原理是凝集素与对应糖链结构相互特异性结合。通过针对标本上要研究的糖链结构选择适当凝集素并标记荧光或显色剂，使该凝集素在激光共聚焦显微镜或光学显微镜下可发荧光或肉眼可见，以检测是否有对应糖链存在。凝集素可被荧光素、酶和生物素等所标记，染色法可分为以下三种：

(1) 直接法：标记物直接标记在凝集素上，使之直接与切片中的相应糖蛋白或糖脂糖链相结合。

(2) 间接法：将凝集素直接与切片中的相应糖链结合，而将标记物结合在抗凝集素抗体上。

(3) 糖-凝集素-糖法:本法是利用过量的凝集素与组织切片中特定的糖链相结合。经冲洗后,凝集素上还存在未被占用的结合部位,将这些部位与用过氧化物酶标记的特异性糖类物质相结合,形成一个三明治样的糖-凝集素-糖的结合物。本章将主要阐述同第三章凝集素芯片原理相似的Cy3直接标记法,以便于验证凝集素芯片结果。

二、试剂、材料和仪器

1. 凝集素。
2. 牛血清清蛋白(BSA)。
3. Cy3荧光染料,DAPI染料。
4. 多聚甲醛。
5. PBS缓冲液。
6. 4%多聚甲醛固定液:4 g多聚甲醛溶于100 mL PBS缓冲液,70 ℃搅拌溶解。
7. 5% BSA封闭液。
8. 0.1% Triton X-100。
9. 组织或细胞。
10. 激光共聚焦显微镜FV 1 000(日本奥林巴斯公司);摇床;微量移液器。

三、主要技术条件

(一)组织切片的制备

1. 石蜡切片的制备及注意事项

(1) 及时固定组织:应采用10%~20%甲醛液(10%甲醛液即用浓甲醛液1份加蒸馏水9份稀释)固定组织,因甲醛易氧化成甲酸,因此多会偏酸性,最理想的是配成中性甲醛液。巨大组织要切开固定,小块组织的固定时间约4 h左右,然后取材时修切成大小约22 mm×22 mm,厚不超过2 mm的组织块进行脱水。取材时必须注意核对编号是否与送检单上的病理号一致,并记录好对大体标本的描述,取材组织的形状和数量。

(2) 脱水彻底:脱水液常用乙醇,用乙醇脱水要由低浓度逐级上行至高浓度(一般70%~100%的浓度),逐步置换组织内的水分。组织在乙醇脱水时,低浓度乙醇的时间可适当延长,高浓度乙醇脱水时间不能过长。

(3) 透明充分:透明液多采用二甲苯,组织脱水后转入二甲苯,依据组织的大小、厚薄,置30~90 min。

(4) 浸蜡足够:浸蜡多用纯净而熔点稍低(56 ~ 58 ℃)的石蜡,浸蜡时采用三级或四级,以尽量清除二甲苯。浸蜡时间依据组织大小厚薄而定,一般为 1 ~ 2 h。浸蜡时包埋机所设定的温度应比所用石蜡熔点稍高以保持石蜡恰在熔融状态。这样,组织才能取得良好的浸蜡效果。如浸蜡温度过高,导致组织收缩,变硬变脆,难以切出理想切片。

(5) 包埋恰当:包埋时,包埋石蜡的温度要比组织高(3 ~ 5 ℃),否则包埋冷凝后组织与包埋石蜡分离,特别是在冷天包埋时,动作更要迅速,否则容易导致组织与石蜡融合不好,影响切片。包埋时把组织最大最平切面或所需是病灶切面向下,对皮肤、肠管和囊壁等层次清楚的组织其切面应包含有各层组织。组织包埋完后,要与取材时记录的组织形状和数量核对,发现问题,及时解决。

(6) 切片要薄:切片首要任务是把切片刀研磨锋利,这是能否切薄而平整切片的关键。其次要把刀架上的切片清除角调至 2 ~ 5 ℃,在此角度范围内,才能切出良好蜡片。如使用一次性刀片,可转动刀座上的弧形刻度盘选取最合适的刻度(该合适刻度并不等于真正的切片清除角)。切片前要把切片机上有关的各螺旋拧紧,如没有拧紧或包埋少组织蜡块过硬时就会出现跳片,使蜡片成一截厚一截薄。切片的厚度应为 3 ~ 4 μm,对一些组织如淋巴结、鼻咽和扁桃体,切片的厚度应为 2 ~ 3 μm。

(7) 贴片烤片:切出的蜡片应放在恒温贴片盆内展开,并根据所用包埋石蜡的温度调节水温在 42 ~ 46 ℃。为了利于展平蜡片,可先把蜡片放在一缸约 10% ~ 15% 乙醇内,然后用玻片再将蜡片移至恒温贴片盆,由于水的表面张力比乙醇大,蜡片由乙醇移至水后就很容易展平。贴片时再注意“定点”和“定向”。最后即可置入 60 ~ 65 ℃的烤片箱内 15 ~ 30 min,也可放在热板上烘干,蜡片就可牢固地黏附在载玻片或盖玻片上。

(8) 切片在染色前必须脱蜡干净:未完全脱蜡的组织切片,染色后组织和细胞模糊不清。脱蜡要用二级或三级脱蜡剂如二甲苯,时间为 10 ~ 20 min,应视所用二甲苯的新旧以及室温情况而定。脱蜡时间宁可长些,不应过短。

2. 冷冻切片的制备和注意事项

对哺乳类组织的免疫染色研究常采用冷冻切片。就保持组织结构和抗原而言,冷冻切片是制备标本最好的方法。它的主要缺点是标本必须冷冻保存,并需要特殊的切片机如恒冷箱切片机。

(1) 实验前先准备明胶包被的载玻片,可以在干燥冷藏的环境中放置数周。

(2) 将样品切割成小块,约 1 cm × 1 cm × 0.4 cm,不能损伤组织。

(3) 如果组织非常浓厚致密(例如皮肤、肌肉),将标本放置于卡片的边缘并将其浸没于液氮,60 s 后移出并放入干冰,修剪带标本的卡片,使其比组织块稍大一点,转移至标记好的预冷(－70 ℃)的小瓶中。此外,亦可将标本在异戊烷内冷冻,再放入液氮,当样品浸没时异戊烷不会起泡,可减少冻存需要的时间,再转移至标记好的预冷(－70 ℃)的小瓶中。如果组织的内在强度低(如脾、淋巴结),则将标本放置在一个含有OCT的明胶被膜中(OCT是含以下成分的混合物:聚乙烯醇、聚乙二醇和氯化二甲苯铵,由BDH和其他公司销售;另外一些有用的冻存液是Lipshaw 1#)。将此被膜在液氮中速冻,先使被膜的底部浸入,然后再全部浸入。将此被膜转移至预冷(－70 ℃)好的小瓶。此外,亦可在干冰平台上制一个小洼,将OCT加入,当OCT开始冻结时,将组织放入其中,使其完全冻结,然后用箔纸包裹并标记。组织标本在－70 ℃可保存1年以上。密封可保存更长时间。

(4) 切片前,用1%明胶包被载玻片。将明胶溶于水,加热至50 ℃使其溶解,冷却,再加入叠氮钠至终浓度为0.02%。将载玻片浸入此明胶液中30 s,移出让其自然干燥。

(5) 应用规范化的技术制备冷冻组织切片,切片的厚度依据所研究的组织而定。一般而言,切片越薄染色越好。通常切片的厚度为5～10 μm。收集切片置包被过的载玻片上。

(6) 按照组织的类型和抗原的特性,使用以下不同的步骤。使切片自然干燥,浸入新鲜配制的多聚甲醛中2 min。更换PBS洗涤数次,置入1% NP-40/PBS中5 min,或使切片在丙酮中固定,室温30 s。

(7) 更换PBS漂洗数次。此时,标本可进行抗体染色。

(二) 细胞爬片的制备

1. 爬片的准备

(1) 爬片可用一般的盖玻片,也可用专用爬片。

(2) 应用盖玻片,可根据需要剪裁成合适的大小,以备置于6孔板、12孔板或24孔板中;裁剪时可用护士输液用于打开玻璃安瓶的小沙轮,轻轻划一下后,稍用力一掰就分开了。如果接种大皿的话,一般不将盖玻片切开,直接清洁后放入培养皿中,到染色时再将之切开,这样既保证了细胞均一性,又可同时做几个指标的染色。

(3) 将剪裁好的爬片,置于浓硫酸中浸泡并过夜,第二天先用自来水冲洗20遍,再置于无水乙醇中浸泡6 h,再用双蒸水冲洗3遍,放在饭盒或者玻璃培养皿中烘干后进行高压消毒。高压后取出放入烤箱中烤干,备用。烤干后可放入超净台中。

(4) 可选择使用多聚赖氨酸处理盖玻片,以使细胞与玻片结合更牢。但并不是必需步骤。

2. 细胞爬片

(1) 胰酶消化细胞后计数重悬细胞于完全培养基中。

(2) 加细胞时,根据玻片的大小,先在每个孔里准备放爬片的位置滴少量培养基,目的是使玻片与培养皿靠培养基的张力黏合到一起,然后放玻片,防止加细胞悬液时玻片漂起,造成双层细胞贴片。整个过程注意无菌操作。

(3) 根据自己的需要选择合适的细胞密度种入培养板内即可。

(4) 待细胞贴壁后,可去上清加含药培养基。

(5) 按照实验设计,可选择是否取出玻片。取玻片时由于玻片与培养皿底结合较紧,张力较大,一般将注射器针头针尖向背面弄个小钩,这样将爬片轻轻勾起,用小镊子取出就可以了。如果要进行诸如 24 h,48 h,72 h 等时间点的实验的话,将所需数量的爬片取出时应用酒精灯火焰烧一下针头和镊子。未取出的可接着继续培养。

3. 细胞爬片的固定

(1) 根据实验需要,如可不取玻片,则可直接在细胞培养板或皿中,用 PBS 冲洗细胞两次。

(2) 加入 4% 多聚甲醛室温固定细胞 15 min,吹干表面液体,-20 ℃保存。

(3) 如果实验允许,可直接染色后再取出玻片。

(三) 凝集素的荧光标记

(1) 取 Cy3 荧光染料干粉,加入 5 μL DMSO,室温孵育 40 min,以活化荧光染料。

(2) 称取适量凝集素溶于 100 μL 双蒸水。

(3) 在上述凝集素溶液中加入 100 μL 0.1 mol/L Na_2CO_3 溶液(pH 9.3),与 Cy3 荧光染料混匀,室温避光孵育 1.5 h。

(4) 在荧光孵育凝集素中加入 30 μL 4 mol/L 羟胺,冰上孵育 10 min,以终止荧光标记反应。

(5) Sephadax G-25 柱分离纯化荧光标记的凝集素,除去未结合(游离)的 Cy3 荧光染料。

(6) 以 10 mmol/L PBS(pH 6.8)为空白,使用微量核酸蛋白分析仪测定偶联荧光后的凝集素蛋白浓度。

四、实验流程

(一) 凝集素组织化学染色

1. 组织切片预处理

(1) 石蜡包埋组织切片 40 ℃,烘烤过夜。

(2) 石蜡包埋组织切片脱蜡及水化处理:二甲苯浸泡 3 次,每次 15 min,无水乙醇浸泡 5 min,95% 乙醇浸泡 2 次,每次 2 min,90% 乙醇浸泡 5 min,85% 乙醇浸泡 5 min,75% 乙醇浸泡 5 min,随后用自来水流水冲洗 5 min,最后用 1 × PBS 摇洗 5 min,

用吸水纸吸干切片表面水分。

(3) 冷冻切片室温回温 30 min,PBS 洗两次,每次 5 min。

2. 封闭

(1) 取出玻片,用纸巾擦去多余水分,放于湿盒中。

(2) 用移液枪加 5% BSA 封闭液覆盖组织切片,最多不超过 100 μL。

(3) 盖上湿盒,室温封闭 1 h。

(4) PBS 洗玻片三次,每次 5 min。

3. 凝集素染色

(1) 取出玻片,纸巾擦干多余水分,放于湿盒中。

(2) 加凝集素孵育液(适量荧光标记凝集素混合 5% BSA 封闭液)覆盖组织切片,最多不超过 100 μL。

(3) 盖上湿盒,室温避光孵育 3 h。

(4) PBS 洗玻片三次,每次 5 min。

4. DAPI 染色

(1) 取出玻片,纸巾擦干多余水分,放于湿盒中。

(2) 1 μg/mL DAPI 溶液覆盖组织切片,室温避光 10 min。

(3) PBS 冲洗玻片一次。

5. 封片

50% 甘油的 PBS 溶液封片,共聚焦显微镜下观察。

(二) 细胞凝集素组织化学染色(以 6 孔板为例)

1. 封闭:固定好的细胞爬片加入 2 mL 5% BSA 封闭 40 min,PBS 洗一次,5 min,50 r/min。

2. 凝集素染色:吸去 PBS,加凝集素孵育液(适量荧光标记凝集素混合 5% BSA 封闭液)2 mL,室温避光 3 h,PBS 洗三次,每次 5 min,50 r/min。

3. DAPI 染色:吸取 PBS,加 1 μg/mL DAPI 溶液 2 mL,室温避光 10 min,PBS 冲洗一次。

4. 封片:注射器针尖勾起爬片,用镊子取出。加一滴 50% 甘油的 PBS 溶液,缓慢盖在载玻片上,防止气泡产生。共聚焦显微镜下观察。

五、注意事项

1. 和其他抗体血清应用一样,应用每批新的凝集素实验时,都先要用缓冲液稀释成不同等级;如 8 μg/mL,16 μg/mL,32 μg/mL,64 μg/mL,125 μg/mL,250 μg/mL,500 μg/mL,1 000 μg/mL,经染色选择最佳稀释度。

2. 对照实验,和其他组化染色一样,凝集素染色也需要设对照实验(最好在相邻切片进行)。由于凝集素具有单糖特异性,如果外加相应的糖,把凝集素的结合部位占有了,凝集素就不能再与组织中的糖基相结合了。一般采用的方法是将凝集素预先与相应的糖(0.2 mol/L)在室温孵育 30 min,使之占有凝集素结合部位,再将此液代替凝集素进行孵育,结果应为阴性。

3. PBS 清洗过程中注意力度,一般控制在 45 ~ 55 r/min 之间。

4. 针对不同的凝集素可加入相应的金属离子,以增强凝集素的结合力。

5. 不论是组织切片还是细胞爬片,尽量染色后直接镜下观察,保存时间越短越好。

6. 该方法无法正确读出荧光强度,要想有数值比较,须参考凝集素芯片结果。

第二节　应用实例

实例一　凝集素组化技术用于分析人肝癌组织、肝硬化组织、癌旁组织糖链表达

一、实验目的

最新资料表明全世界 50% 以上的新发和死亡肝癌患者发生在中国,每年中国大约有 30 万人因罹患肝癌死亡。我国 90% 以上的肝癌为肝细胞癌(hepatocellular carcinoma,HCC),80% ~90% 的 HCC 患者伴随有不同程度的肝硬化。研究表明,在肝炎、肝纤维化/肝硬化与肝癌阶段性发展过程中患者肝组织和血清中均有糖蛋白糖链结构和数量的改变。肝实质细胞和间质细胞表面有多种糖链受体,大量糖蛋白通过其糖链部分与这些受体结合,一旦这些糖蛋白在翻译后修饰过程中发生糖链修饰紊乱,就会导致细胞功能失常,甚至出现恶性发展,产生严重的后果。已有研究表明,*N* - 乙酰葡糖胺基转移酶Ⅲ(GnT-Ⅲ),*N* - 乙酰葡糖胺基转移酶 V(GnT-V)和 α - 1,6 - 岩藻糖基转移酶(α1,6FT)在肝癌患者血清及肝癌组织中高表达,是肝癌发生后三种重要异常表达酶,能引起肝癌患者体内糖蛋白糖链结构的改变。研究也发现 Siaα2,6 糖链结构在肝癌组织中高表达,但在肝硬化组织中并无明显变化,可作为区分肝硬化与肝癌的依据之一。

甲胎蛋白(α-fetoprotein,AFP)一种癌胚糖蛋白,在 232 位天冬酰胺处含有一条 *N* - 糖链。它是目前肝癌诊断的特异性指标,但 AFP 测定存在假阳性和假阴性的问题。约 20% 的晚期肝癌患者,直至病故前,AFP 测定仍为阴性。近年来,与 LCA(扁豆凝集素)结合的 AFP-L3 成为检测 HCC 的重要标志之一,AFP-L3 实际上反映了

AFP 核心 Fuc 的变化，在其产生过程中，α1,6FT 活性增强，催化 Fuc 转移并以α－1,6 键连接于 GlcNAc 上。尽管如此，病理组织学检查仍是目前诊断的“金标准”。因此，研究从肝硬化到肝癌发生发展过程中肝组织本身糖蛋白糖链的变化不但可以辅助寻找灵敏度和准确性更高的血清肝病标志物，而且为进一步理解肝病进展的糖生物学机制并研发新的治疗方法提供了有价值信息。

二、实验材料

肝癌组织、硬化组织及癌旁组织都来自同一肝癌病人。

三、操作流程

1. 冷冻切片的制备(参照本章第一节)。

2. 凝集素 GNA(Gendarmería Nacional Argentina)、MAL-I(Maackia Amurensis Lectin)、UEA-I(Ulex europeus)和 DSA(Datura stramonium)的 Cy3 荧光染料标记，分离及定量(参照本章第一节)。

3. 切片封闭(参照本章第一节)。

4. GNA，MAL-I 配制成 100 μg/mL 孵育液，UEA-I，DSA 配制成 150 μg/mL 孵育液，孵育组织切片(参照本章第一节)。

5. DAPI 染色，封片(参照本章第一节)。

四、实验结果与分析

1. 手术摘取的新鲜病理组织切片经 HE 染色确定肝病类型(见**彩图** 4－1)。从图中可以看出，癌旁组织为正常组织。硬化组织中广泛分布着假小叶，有较大的多小叶性再生结节形成。肝癌组织中癌细胞异型性明显，呈多边形，细胞质基质丰富，呈颗粒状，明显嗜酸性染色，癌细胞排列呈条索状或巢状，血窦丰富，无其他间质。

2. 本实验选择了九种凝集素(AAL、LTL、EEL、GNA、Jacalin、GSL-Ⅱ、ACA、PNA 和 SJA)分别对肝癌旁组织、硬化组织和肝癌组织进行组织化学荧光染色，结果列于表 4－1 中。根据着色区域不同，肝组织可被划分为肝实质细胞和肝窦细胞，肝实质细胞和肝窦细胞又包括细胞膜和细胞质基质。Cy3 荧光和 Cy3 荧光标记的 BSA 分别作为阴性质控，多种凝集素的单糖抑制实验检验凝集素结合的特异性。结果发现，Cy3 荧光和 Cy3 荧光标记的 BSA 染色的组织切片均无阳性信号，100 mmol/L L-fucose 抑制的 AAL 组化，100 mmol/L α-methylmannoside 抑制的 GNA 组化，800 mmol/L galactose 抑制的 Jacalin 组化和 200 mmol/L *N*－acetylgalactosamine 抑制的 SJA 组化切片均显示阴性信号(见**彩图** 4－2)。结果表明，该凝集素组化方法具有较强的特异性和准确性。

3. 根据肝癌旁组织、肝硬化组织和肝癌组织的凝集素组化结果，发现不同凝集素在不同组织中识别的细胞类型和细胞部位不同，信号强度的变化趋势也不同（表4－1和**彩图**4－3）。如识别Fucα1-6GlcNAc（核心岩藻糖）和Fucα1，3（Galβ1－4）GlcNAc的AAL在癌旁组织中与肝实质细胞的胞膜和肝窦细胞的细胞质基质和胞膜中度结合，在硬化组织和肝癌组织中与相同细胞的相同部位结合逐渐增强；识别Fucα1，2Galβ1，4GlcNAc和Fucα1，3（Galβ1，4）GlcNAc的LTL在癌旁组织中与肝实质细胞的细胞质基质中度结合，在肝硬化组织中与肝实质细胞的细胞质基质强烈结合，与肝窦细胞的细胞质基质中度结合，在肝癌组织中与肝实质细胞的细胞质基质非常强烈的结合，与肝窦细胞的细胞质基质强烈结合；识别Galα1，3（Fucα1，2）Gal的EEL在癌旁组织中与肝实质细胞的细胞质基质轻度结合，在硬化组织和肝癌组织中相同细胞的相同部位结合逐渐增强。另外，识别高甘露糖和Manα1，3Man的GNA在癌旁组织中与肝实质细胞的细胞质基质中度结合，在硬化组织中与实质细胞的细胞质基质，肝窦细胞的细胞质基质和胞膜强烈结合，在肝癌组织中与实质细胞的细胞质基质，肝窦细胞的细胞质基质和胞膜非常强烈的结合。识别T/Tn抗原的Jacalin在癌旁组织和硬化组织中与肝窦细胞的细胞质基质和胞膜（胞膜不甚明确）强烈结合，在肝癌组织中相同细胞的相同部位结合增强。而识别GlcNAc和半乳糖化的三或四天线*N*－糖链的GSL-Ⅱ在癌旁组织和硬化组织中与肝实质细胞的细胞质基质强烈结合，在肝癌组织中相同细胞的相同部位结合增强。

表4－1　肝癌旁组织、肝硬化组织和肝癌组织凝集素组化结果

凝集素	癌旁组织		肝硬化组织		肝癌组织	
	肝实质细胞	肝窦细胞	肝实质细胞	肝窦细胞	肝实质细胞	肝窦细胞
AAL	$+^{m}$	$+^{c+m}$	$++^{m}$	$++^{c+m}$	$+++^{m}$	$+++^{c/+m}$
LTL	$+^{c}$	－	$++^{c}$	$+^{c}$	$+++^{c}$	$++^{c}$
EEL	$\pm^{c}$	－	$+^{c}$	－	$++^{c}$	－
GNA	$+^{c}$	－	$++^{c}$	$++^{c+m}$	$+++^{c}$	$+++^{c+m}$
Jacalin	－	$++^{c/+m}$	－	$++^{c}$	－	$+++^{c}$
GSL－Ⅱ	$++^{c}$	－	$++^{c}$	－	$+++^{c}$	－
ACA	$+^{c}$	－	$+^{c}$	－	$\pm^{c}$	－
PNA	$++^{c}$	－	$++^{c}$	－	$\pm^{c}$	－
SJA	－	$+++^{c+m}$	－	$++^{c/+m}$	－	$+^{c/+m}$

结合强度：＋＋＋，非常强烈；＋＋，强烈；＋，中度；±，轻度；－，阴性信号；c：细胞质基质；m：细胞膜。

4. 相反的，识别T抗原的ACA和PNA在癌旁组织和硬化组织中与肝实质细胞的细胞质基质中度或强烈结合，而在肝癌组织中相同细胞的相同部位结合减弱。识别末端GalNAc和Gal的SJA在癌旁组织中与肝窦细胞的细胞质基质和胞膜非常强烈的结合，在硬化组织和肝癌组织中相同细胞的相同部位结合逐渐减弱（见**彩图**4－4）。总之，AAL、LTL、EEL、GNA、Jacalin和GSL-Ⅱ六种凝集素识别糖链在癌旁组织－硬化组织－肝癌组织中的表达呈升高趋势，而ACA、PNA和SJA凝集素识别糖链在癌旁组织－硬化组织－肝癌组织中的表达呈降低趋势。

5. 结果分析：AAL、LTL、EEL同为识别岩藻糖的凝集素，但对不同连接方式的岩藻糖的亲和力不同。在凝集素组化中，AAL、LTL和EEL对不同细胞类型和部位的结合强度也不同。如AAL在癌旁组织中与肝实质细胞的胞膜和肝窦细胞的细胞质基质与胞膜（胞膜不甚明确）中度结合，在硬化组织和肝癌组织中与相同细胞的相同部位结合逐渐增强；LTL在癌旁组织中与肝实质细胞的细胞质基质中度结合，在肝硬化组织中与肝实质细胞的细胞质基质强烈结合，与肝窦细胞的细胞质基质中度结合，在肝癌组织中与肝实质细胞的细胞质基质非常强烈的结合，与肝窦细胞的细胞质基质强烈结合；EEL在癌旁组织中与肝实质细胞的细胞质基质轻度结合，这种结合在硬化组织和肝癌组织中相同细胞的相同部位逐渐增强。这些都说明，不同连键方式的岩藻糖在肝癌组织中，随着肝病阶段的发展，在不同的细胞部位发挥着不同的重要作用。

实例二　凝集素组化技术用于分析小鼠纤维化肝糖链表达

一、实验目的

肝纤维化是肝病发病过程中一个重要阶段，而肝纤维化的直接结果是导致肝硬化并最终发展为肝癌，因此肝纤维化是肝癌的一个重要诱因。研究肝纤维化形成和发展的分子机理可以为肝癌的早期诊断和治疗提供帮助。小鼠的肝纤维化模型是通过向小鼠体内注射CCl_4，导致小鼠肝出现急性纤维化症状。现有的大量研究表明，在肝病的发展过程中都伴随有糖蛋白糖链的变化，因此应用凝集素组化技术研究在肝纤维化发展过程中细胞表面糖蛋白糖链的变化，可以为研究肝癌的发展机理提供帮助。

二、试剂、材料和仪器

1. 肝纤维化小鼠及正常对照小鼠肝组织石蜡包埋切片。

2. Cy3荧光染料标记的凝集素WGA，SBA，STL。

3. 牛血清清蛋白(BSA)。

4. DAPI。

5. 摇床,微量移液器,激光共聚焦显微镜。

三、操作流程

1. 石蜡包埋切片制作(参照本章第一节)。

2. 凝集素 Cy3 荧光标记:利用 Cy3 荧光标记凝集素 WGA(triticum vulgaris)、SBA(soybean agglutinin)、(STL solanum tuberosum(potato) lectin),参照第一节标记方法。

3. 石蜡包埋组织切片脱蜡:将干烤过夜的组织切片依次放入二甲苯及由高到低浓度梯度乙醇脱蜡处理,随后用自来水及 1×PBS 摇洗,取出切片用吸水纸吸干玻片表面水分。

4. 切片封闭(参照本章第一节)。

5. WGA,SBA,STL 配制成 100 μg/mL 孵育液,U 孵育组织切片(参照本章第一节)。

6. 孵育结束经清洗后,DAPI 染色 10 min,洗去未为结合的 DAPI,甘油封片,激光共聚焦显微镜扫描成像。

四、实验结果与分析

1. WGA 组化结果(见彩图 4-5)。

2. SBA 组化结果(见彩图 4-6)。

3. STL 组化结果(见彩图 4-7)。

4. 结果分析。

凝集素组化实验一方面是对先前凝集素芯片实验的验证;另一方面是对纤维化后肝细胞表面糖蛋白糖链结构的鉴定。先前的凝集素芯片实验显示 WGA 识别的多价 Sia 结构在纤维化小鼠肝表达增加,而 WGA 的凝集素组化实验也显示出 Cy3 荧光标记的 WGA 与肝纤维化肝组织切片的结合较正常对照高,这与凝集素芯片结果一致,同时也表明在肝纤维化中,肝细胞表面的糖蛋白上唾液酸结构增加。与此同时,STL 的凝集素组化实验则显示 STL 识别的 GlcNAc 结构在正常对照中明显多于肝纤维化组织中,该结果也验证了凝集素芯片结果。结合上述的 WGA 结果,推测在肝纤维化中肝细胞表面的糖蛋白糖链末端以多价 Sia 结构为主,而在正常肝细胞表面糖蛋白糖链末端以 GlcNAc 结构为主。

实例三 凝集素组化技术用于分析 TGF-β1 诱导肝星状细胞糖链表达

一、实验原理

肝星状细胞(hepatic stellate cells,HSCs)是肝合成细胞外基质(extracellular matrixc,ECM)的主要细胞。HSCs 的活化与增殖是肝纤维化形成的中心环节。HSCs 经转化生长因子 β1(transforming growth factor β1,TGF-β1)诱导可活化。本实验利用凝集素组化技术对“静态”HSCs 和经诱导活化的 HSCs 进行糖链表达分析,研究肝纤维化过程中肝星状细胞蛋白糖基化修饰的变化。

二、试剂、材料和仪器

1. LX-2 细胞系。

2. 转化生长因子 β1,高糖 DMEM,小牛血清,Hepes,7.5% $NaHCO_3$,青霉素,链霉素,二甲基亚砜(DMSO)。

3. 微量移液器,移液管,细胞培养瓶,6 孔细胞培养板。

4. 倒置生物显微镜(XD-101),CO_2 培养箱,生物安全柜,液氮生物容器,高压灭菌锅,超纯水机,超速冷冻离心机(5804R),磁力搅拌器(DJ-1A),电热恒温水器(W21.420)型。

三、操作流程

1. 细胞培养:复苏后的 LX-2 细胞以含体积分数 10% 小牛血清、1×10^5 U/L 青霉素 100 mg/L 链霉素,pH 7.35 ~ 7.45 的高糖 DMEM 培养液,于 37 ℃,饱和湿度,体积分数 5% CO_2 培养箱培养,当细胞处于对数生长期时,胰酶消化,培养液悬浮细胞。调整细胞密度为 1×10^6 个/mL,接种于铺有盖玻片的 6 孔板中培养 24 h,再以 0.5% 小牛血清高糖 DMEM 培养液培养 24 h。将细胞分为对照组与实验组,对照组以 2% 小牛血清高糖 DMEM 培养液处理,实验组以体积分数 2% 小牛血清高糖 DMEM 培养液加入终浓度为 2 ng/mL 的 TGF-β1 处理 24 h。

2. 细胞爬片的固定(参照本章第一节)。

3. 凝集素(canavalia ensiformis ConA,ulex europeus UEA-Ⅰ,aleuria aurantia lectin AAL)的 Cy3 标记,分离及定量。

4. 爬片封闭(参照本章第一节)。

5. ConA,AAL 配制成 100 μg/mL 孵育液,UEA-Ⅰ配制成 150 μg/mL 孵育液,孵育组织切片(参照本章第一节)。

6. DAPI 染色，封片（参照本章第一节）。

四、实验结果与分析

1. AAL 组化结果（见彩图 4－8）
2. ConA 组化结果（见彩图 4－9）
3. UEA-Ⅰ组化结果（见彩图 4－10）
4. 结果分析

岩藻糖化是一种最常见的糖基化修饰，通过 $\alpha1\rightarrow2$，$\alpha1\rightarrow3/\alpha1\rightarrow4$ 和 $\alpha1\rightarrow6$ 等连键方式将岩藻糖残基加入 *N*－糖链、*O*－糖链或糖脂上。岩藻糖基化水平的增加被认为发生在很多病理状态下，如炎症和癌症。虽然研究结果显示，在活化态 HSCs 中蛋白岩藻糖基化水平总体呈升高趋势，但不同连接方式的岩藻糖以不同的方式表达在不同的区域。如在活化态 HSC 中，Fucα1，6GlcNAc 和 Fucα1，3Galβ1，4GlcNAc 的表达增加，而 Fucα1，2Galβ1，4Glc（NAc）和 Fucα-*N*-acetylchitobiose-Man 的表达减少。同时，Fucα1，2Galβ1，4Glc（NAc）主要表达在静息态 HSCs 的核周胞质区，而在活化态 HSCs 的相同区域表达减弱。Fucα1，6GlcNAc 和 Fucα1，3LacNAc 主要表达在静息态 HSCs 的中央胞质区，而在活化态 HSCs 的相同区域表达增强。

在研究中，AAL、PHA-E 和 ECA 均显示结合在静息态 LX-2 细胞膜和核周胞质中，在活化态 LX-2 细胞中相同区域结合明显增强。这一现象仅仅是巧合还是存在某种内部关联？进一步研究发现，AAL、PHA-E 和 ECA 所识别的 Fucα1，6GlcNAc 和 Fucα1，3LacNAc，平分型 GlcNAc 和双天线 *N*－糖链，以及 Galβ1，4GlcNAc 都可能是 *N*－糖链。之前的研究表明蛋白的 *N*－糖基化修饰和各种复杂 *N*－糖链的形成都发生在内质网和高尔基体，而这两种细胞器正好位于核周胞质区。同时，介导细胞间相互作用和细胞信号传导的细胞膜糖蛋白的运输也是通过高尔基体。因此，我们推断在活化态 HSCs 的细胞膜上表达上调的 Fucα1，6GlcNAc 和 Fucα1，3LacNAc，平分型 GlcNAc 和双天线 *N*－糖链，Galβ1，4GlcNAc 与细胞信号传导和细胞间信息交换密切相关。

■ **参考文献**

1. Yu H, Zhu M, Qin Y, *et al.* Analysis of glycan-related genes expression and glycan profiles in mice with liver fibrosis. J Proteome Res, 2012, 11(11): 5277－5285.
2. Qin Y, Zhong Y, Dang L, *et al.* Alteration of protein glycosylation in human hepatic stellate cells activated with transforming growth factor-β1. J Proteomics, 2012, 75(13): 4114－4123.

3. Gagneux P, Cheriyan M, Hurtado Z N, *et al.* Human-specific Regulation of alpha 2 -6 - linked Sialic Acids. Biol Chem, 2003, 278(48): 48 245 - 48 250.

4. Freeman HJ, Lotan R, Kim YS. Application of lectins for detection of goblet cell glycoconjugate differences in proximal and distal colon of the rat. Lab Invest, 1980, 42(4): 405 - 412.

5. Etzler ME, Branstrator ML. Differential localization of cell surface and secretory components in rat intestinal epithelium by use of lectins. J Cell Biol, 1974, 62(2): 329 - 343.

第五章 基于凝集素磁性微粒复合物的糖蛋白及其糖链的分离纯化技术

糖蛋白质组学(glycoproteomics)作为蛋白质组学的一个重要分支,主要是大规模的分离、富集、鉴定糖蛋白。目前的研究内容主要包括糖蛋白的分离鉴定,糖基化位点和糖链结构的鉴定。血清和唾液等人体体液中存在大量的蛋白质分子,然而在这些体液样品中,少数的高丰度蛋白质占据了样品中的大部分的蛋白质含量,比如在血清样品中,14 种高丰度蛋白质占据了样品中蛋白质总含量的 98% ~ 99% 。这些高丰度蛋白质对在生命过程中其重要作用的低丰度蛋白质研究具有严重的干扰作用,因此去除高丰度蛋白质,分离低丰度蛋白质在蛋白质组学研究中具有重要的作用。在糖蛋白质组学研究中被用于纯化糖蛋白的减少高丰度蛋白影响的方法主要有:凝集素亲和色谱法、酰肼化学富集法和亲水相互作用色谱法。其中的凝集素亲和色谱法具有特异性好和能保持糖蛋白完整糖链的优势,而得到广泛的应用。

基于凝集素磁性微粒的糖蛋白分离纯化技术结合磁性微粒的表面性能好、便于操作和凝集素对糖蛋白糖链的特异性识别的优势,被大量地应用到糖蛋白质组学的研究中。基于凝集素磁性微粒的糖蛋白分离纯化技术主要分为三大步骤:①凝集素磁性微粒复合物的制备;②糖蛋白的分离纯化;③糖蛋白的鉴定和分析。该方法研究策略大致如图 5 - 1 所示。

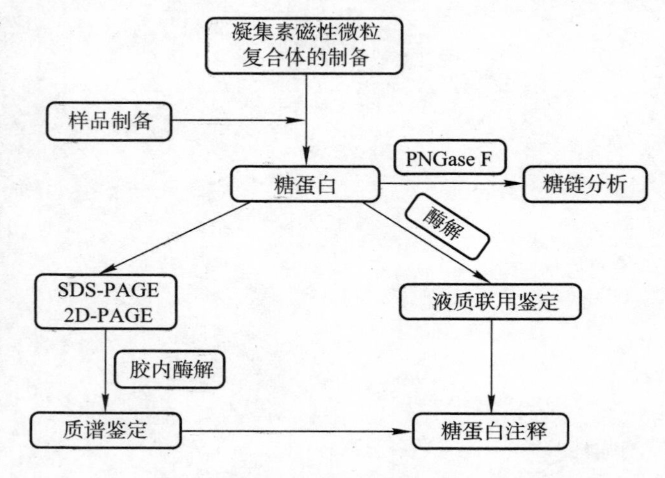

图 5 - 1 基于凝集素磁性微粒复合物的糖蛋白研究策略

第一节　凝集素磁性微粒的制备

一、实验原理

凝集素(lectin)是非免疫来源的、不具有酶活性的一类糖结合蛋白质,能专一地识别某一特殊结构的单糖或聚糖中特定的糖基序列而与之结合。其本身可以是不含糖类的简单蛋白质,也可以是糖蛋白。凝集素与糖链的结合是非共价且可逆的,糖蛋白或糖肽被凝集素捕获之后,通常用特定的单糖通过竞争结合凝集素将糖蛋白或糖肽洗脱下来。凝集素亲和技术即利用这一特性达到对糖蛋白或糖肽的富集。常用的凝集素有伴刀豆凝集素(Con A)、麦胚凝集索(WGA)等。凝集素亲和法是目前糖蛋白质组学中应用最广泛的分离富集方法之一。凝集素亲和法的应用灵活多样,可以采用一种凝集素、多种凝集素或连续凝集素亲和层析(serial lectin affinity chromato graphy,SLAC)进行富集。

磁性微粒是指超顺磁性纳米粒子与无机分子或有机分子通过包覆或交联等方式形成的可均匀分散于一定溶液中具有高度稳定性的胶态复合材料。磁性微粒既有液体的流动性,又有在外加磁场中可分离的特点(即磁响应性)。人们在磁性微粒表面或通过磁性微粒表面的功能基团(如氨基、羧基、巯基、环氧乙烷等)将酶、抗体、寡核苷酸等生物活性物质进行固定,可进一步用于酶的固定化、靶向药物载体、细胞分选、免疫检测及核酸/蛋白质的分离纯化等领域。因此,可以结合磁性微粒和凝集素亲和法实现对样品中的糖蛋白分离纯化的目的。利用凝集素磁性微粒纯化糖蛋白的大致流程如图 5-2 所示。

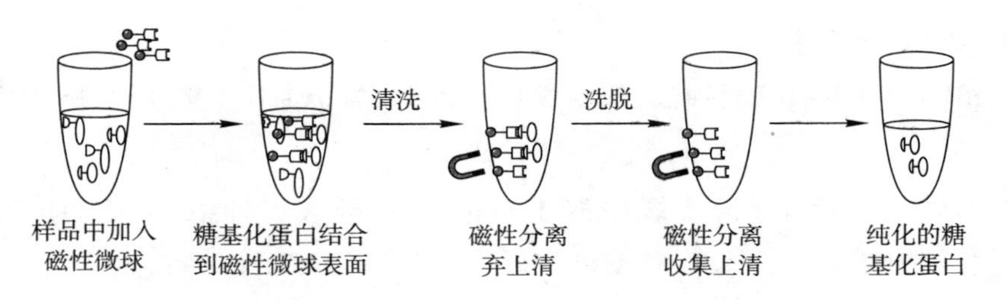

图 5-2　凝集素磁性微粒复合物分离纯化样品中糖蛋白操作流程图

二、试剂、材料和仪器

(一) 主要材料和试剂

1. 环氧化修饰的磁性微粒。

2. 伴刀豆凝集素（Con A）、甘氨酸、α－甲基甘露糖苷、98% 乙醇胺、TEMED、SDS 和蛋白质 Marker$(6.0 \sim 75) \times 10^3$。

3. 小扁豆凝集素（LCA，$M_r = 49 \times 10^3$）、BSA。

4. 超纯水（deionized distilled water），其他常用试剂为国产分析纯。

（二）仪器

1. 磁性分离架。

2. ZHWY2102C 型恒温培养振荡器。

3. 紫外－可见分光光度计。

4. HPS－280 生化培养箱。

5. BIO-TEK EL×800 酶标仪（美国 BIO-TEK 公司）。

6. 台式高速冷冻离心机（Eppendorf 公司）。

7. 可调取液器。

8. 双向电泳系统：Ettan IPG-Ⅲ等电聚焦系统，Hoefer SE600 Ruby™ 制备型垂直电泳系统，Image Scanner 扫描仪，STORM 激光扫描仪。

9. ESI-Q-TOF 6530 串联质谱仪（美国 Agilent 公司）

（三）溶液配制

1. 凝集素保存液：分别称取凝集素 Con A 和 LCA 10 mg，加入 1 mL 硼酸缓冲液（pH 7.4），即配成凝集素保存液。将凝集素保存液分装成每管 100 μL，－80 ℃保存，一年仍保持活性。

2. pH 7.4 PBS：1×PBS，调 pH 至 7.4。

3. pH 7.4 硼酸－硼砂缓冲液：9.0 mL 0.2 mol/L H_3BO_3，1.0 mL 0.05 mol/L NaB_4O_7，调 pH 至 7.4。

4. pH 7.4 Tris-HCl 缓冲液：配制成 0.1 mol/L 的 Tris-HCl 缓冲液，用盐酸调 pH 至 7.4。

5. 偶联缓冲液Ⅰ（清洗缓冲液Ⅰ）：pH 7.4 硼酸缓冲液，0.15 mol/L NaCl，1 mmol/L $CaCl_2$。

6. 偶联缓冲液Ⅱ（清洗缓冲液Ⅱ）：pH 7.4 硼酸缓冲液，0.15 mol/L NaCl，1 mmol/L $CaCl_2$，1 mmol/L $MgCl_2$，1 mmol/L $MnCl_2$。

7. 封闭液：2% 乙醇胺，1% BSA，调 pH 至 9.0。

8. 1×PBS：137 mmol/L NaCl，2.7 mmol/L KCl，4.3 mmol/L Na_2HPO_4，1.4 mmol/L KH_2PO_4。

9. 1×PBST：1×PBS，0.1% Tween-20。

10. 保存缓冲液：pH 7.4 硼酸缓冲液，0.15 mol/L NaCl，0.2% NaN_3，1 mg/mL BSA。

11. 结合缓冲液：20 mmol/L Tris-HCl（pH 7.4），0.15 mol/L NaCl，1 mol/L $CaCl_2$，1 mol/L $MgCl_2$，1 mmol/L $MnCl_2$。

12. 清洗缓冲液Ⅲ：20 mmol/L Tris-HCl（pH 7.4），0.15 mol/L NaCl，1 mol/L $CaCl_2$，1 mol/L $MgCl_2$，1 mmol/L $MnCl_2$，0.1% Tween-20。

13. 洗脱缓冲液Ⅰ：20 mmol/L Tris-HCl（pH 7.4），0.15 mol/L NaCl，1 mol/L $CaCl_2$，1 mol/L $MgCl_2$，1 mmol/L $MnCl_2$，500 mmol/L α－甲基甘露糖苷。

14. 洗脱缓冲液Ⅱ：20 mmol/L Tris-HCl（pH 7.4），0.15 mol/L NaCl，1 mol/L $CaCl_2$，1 mol/L $MgCl_2$，1 mmol/L $MnCl_2$，100 mmol/L 岩藻糖。

15. 洗脱缓冲液Ⅲ：20 mmol/L Tris-HCl（pH 7.4），0.15 mol/L NaCl，1 mol/L $CaCl_2$，1 mol/L $MgCl_2$，1 mmol/L $MnCl_2$，100 mmol/L *N*－乙酰葡萄糖胺。

三、主要技术条件

（一）凝集素分离纯化糖蛋白

凝集素磁性微粒是利用环氧基团修饰的微米级磁性微粒与凝集素共价偶联，利用凝集素与特定糖蛋白的特异而可逆的非共价结合的特性从含有复杂成分的蛋白质样品（例如血清，各种细胞总蛋白质提取物，组织总蛋白质提取物及体液）中分离出特定糖型糖蛋白并实现初步富集。具有超顺磁性和对高甘露糖型糖蛋白的特异结合的性能。只需要简单清洗和洗提过程即可实现糖基化蛋白质的分离纯化，为蛋白质样品的分级处理提供了一个简便易行的方法。

（二）双向电泳技术

双向电泳是由第一向的等电聚焦和第二向的 SDS-PAGE 所组成的，是根据两个独立的参数第一向的等电点和第二向的相对分子质量来分离蛋白质的。高分辨率的双向电泳可以连续地分离出5 000个蛋白左右（一般为2 000个），可以定量和检测的蛋白点 <1 ng。双向电泳是技术上的一大突破，虽然它不能对所有的复杂样品和有不同物理、化学性质的样品进行分离，但是它仍然是蛋白质组学中应用非常广泛的一项技术。

1. 样本制备

样本制备时须保证样本能全部溶解，并防止聚集、疏水相互作用，以及要去除核酸和盐类物质的影响，保证最大量的样品回收和最小量的人工修饰或者化学改变。基本上来说，样本制备的好坏决定了双向电泳的分辨率。不同的样本有不同的生物性质和丰度水平，因此对于某一类型的样本来说，要摸索一套最优的制备方法。一般的样本制备方法都是用微透析、超声、沉淀来去除脂质、盐离子、核酸等,然后对样本进行变性、还原、烷基化、去垢剂处理等来增加样本的溶解性。还原剂如二硫苏糖醇(DTT)、二硫赤藓醇(DTE)可用来裂解二硫键,防止蛋白质发生氧化。洗涤剂一般是尿素或者硫脲,是用来防止非共价相互作用,展开蛋白质的二级或者三级结构,增加蛋白质的溶解度,减少蛋白质相互作用。去垢剂的选择一般有非离子型去垢剂 TritonX-100、Nonidet NP-40 和两性离子去垢剂 CHAPS,避免在等电聚焦时价态的变化,防止疏水相互作用,增加蛋白质的溶解度。

2. 一向等电聚焦电泳

固定化 pH 梯度胶是将固定化电解质与丙烯酰胺衍生物缓冲液、凝胶基质混合灌制成不同 pH 范围的梯度胶,它消除了 pH、阴极漂移、丙烯酰胺载体等的影响,提高了实验图谱的重现性。固定化 pH 干胶条是对梯度胶进行了脱水处理,在胶条水化时,可以将样品同时上样到胶条中,水化上样的优点是水化和上样同时进行,方便了实验操作,能够进行较低浓度的样本加样和分离,而且可以使整个胶条中的蛋白质分布均匀。当然也可以先对胶条进行水化,然后通过杯上样,杯上样的好处就是可以增加相对分子质量较大的蛋白质和疏水蛋白质的上样效率,缺点是会在样本杯处产生蛋白质沉淀,并且样本杯容易渗漏,容易造成样本的损失。线性 pH 胶条可以了解总蛋白质 pH 的分布情况,非线性 pH 胶条可以将所希望 pH 范围的蛋白质较好地呈现出来,窄 pH 梯度干胶条可以有效地提高蛋白质点的分辨率,增加低丰度蛋白质的检测效率,但是会丢失很多蛋白质,这时,就需要将许多根不同 pH 范围的胶条在重叠 pH 处进行拼接。

3. 二向聚丙烯酰胺凝胶电泳

经过等电聚焦后,可以立即进行聚丙烯酰胺凝胶电泳,也可以将聚焦好的胶条保存于 -80 ℃冰箱中。SDS - 聚丙烯酰胺凝胶电泳是根据样本中蛋白质的相对分子质量的不同将蛋白质分离的电泳方法,SDS(十二烷基磺酸钠)是阴离子洗涤剂,与蛋白质结合,使所有蛋白质都携带了净负电荷,这样在电泳时蛋白质的移动距离就只与蛋白质的相对分子质量有关,因此就可以将它们分离。对需要进行聚丙烯酰胺凝胶电泳的胶条首先就要进行胶条的平衡,平衡的目的是使胶条浸透 SDS 缓冲液,并且降低电内渗,使胶条上的蛋白质更易于向聚丙烯酰胺凝胶中转移。在进行转移的时候,应该在较低的电流下,并且电泳的整个过程都应在低温恒温下进行。

4. 显色及其分析

蛋白质的显色有很多种方法,常用的有银染、考马斯亮蓝染色、SYPRO Ruby 等,这几种检测方法的灵敏度各不相同。较为常用的是银染法和考马斯亮蓝染色法。各种方法有各自的优缺点,但是都要满足能染出低丰度蛋白质和适于下游检测这两个要求。DIGE 是在双向电泳之前就对不同的样品进行荧光标记，最多可以在一块凝胶上对三种样品进行标记，可以对样品间蛋白质丰度的差异进行精确的分析，一般都是使用 CyDye 类染料进行标记，这些染料具有光谱分开的性质。可以分为两类染料，Cy2、Cy3 和 Cy5 最小标记法染料，以及 Cy3、Cy5 饱和标记染料，不论使用哪一种染料，来自于不同样品的同一种蛋白质都会迁移到相同的位置，并且光谱不重叠，可以在图谱扫描时很好地显现出来，灵敏度也比较高，在标记、分离、扫描时光信号丢失少。但是 DIGE 方法对实验设备等要求条件比较高，所以现在没有普通的双向电泳使用的广泛。在用扫描仪进行图片的保存时，必须保存成分析软件可以识别的格式，现在广泛使用的格式是 mel。现在所使用的双向电泳图像分析软件主要有 PDquest，Image Master，2D Elite，Melanie 等几种，各有使用的优缺点，使用比较多的还是 Image Master。

（三）液质联用技术

质谱分析是先将物质离子化，按照离子的质荷比进行分离，通过测量各个离子峰的强度实现分析分离的目的。质谱分析一般包括以下几个方面：质谱检测、软件程序分析以及数据库检索。用质谱检测和软件程序分析出来的数据在数据库中进行检索与数据库中的蛋白质信息进行比对，以达到鉴定的目的。MALDI-TOF/TOF 质谱是由 MALDI 离子源和 TOF 飞行时间质量分析器所组成。MALDI-TOF/TOF 是用具有强紫外吸收的小分子有机酸作为基质，与样品与一定的比例混合均匀然后加样在不锈钢靶上形成共结晶薄膜，样品在离子源内受到激光的激发而电离，在加速电场获得动能，然后经过无电场的真空飞行管道，通过测量离子的飞行时间即可测得离子的质量。可以通过一级质谱测得蛋白质和多肽的相对分子质量，也可以通过二级质谱测得多肽的序列。双向电泳是目前蛋白质组学研究领域中蛋白质分离效果最好的方法，可以在同一块凝胶上显示出上千个蛋白质点，大大降低了样品的复杂程度，找到分离后有差异的凝胶点，通过胶上酶解和肽段的提取，就可以用 MALDI-TOF 一级质谱获得蛋白质的肽质量指纹图谱，直接用于蛋白质的鉴定；也可以通过 MALDI-TOF/TOF 二级质谱获得肽段的序列信息，进一步提高蛋白质鉴定结果的可靠性。MALDI 图谱简便、直观、灵敏度高、样品较易准备，所以使用比较广泛。ESI-MS 的电离源是一个单极、三极或四极质量检测器，通过相连接的液相色谱将液态的样品导入离子源，在氮气的作用下，生物样品与挥发性溶液会形成带多电荷离子的喷雾，可以在 fmol 水平上检测混合物。ESI 是解吸电离方法，可以对固相、液相样品进行分析，也可以是不易挥发、难溶样品。ESI 分析的蛋白质相对分子质量较小，从而相对分子质量范围的样品可以很容易被检测到，因此外加的相对分子质量较小的未知蛋白质很容易被检测到。通过将四极杆质谱分析仪与 ESI 联用（因为四极杆质谱分析仪的

m/*z*比率范围非常小），就可以精确地知道样品的相对分子质量，并且 Quad-ESI 的灵敏度可以进行精确的定量和定性研究。

四、实验流程

（一）样品的准备

1. 血清样品的准备

抽取一定量的血液，室温或 4 ℃静置 30 min，3 000 r/min 离心 5 min，分离血清。血清分离后分装，于 -80 ℃保存。血清使用前 12 000 r/min，4 ℃离心 15 min，吸取中间层用于实验。

2. 细胞总蛋白质的准备

将贴壁细胞的培养液倒掉，用 4 ℃预冷 1 × PBS 冲洗两次，洗去未贴壁细胞。将 T-PER 试剂与蛋白酶抑制剂按 100 : 1 的比例配制混合液，再用移液器根据细胞量取适量混合液加入细胞培养瓶中，用移液器充分吹打，裂解细胞（冰上操作，防止蛋白质降解）。将溶液转入 1.5 mL EP 管中冰上静置 10 min。4 ℃ 10 000 r/min低温离心 5 min，吸取上清；液氮速冻并保存于 -80 ℃冰箱。

3. 唾液样品的准备

于收集前 2 h 禁饮食。0.9%生理盐水漱口，静坐低头，舌尖顶住上腭，用无菌离心管收集自然分泌全唾液。每份样本采集不超过 5 min，规定时间内至少采集到1 mL 唾液。可多次采集。运输时密封离心管口，0 ℃冰袋冷藏，时间不超过 30 min。收集到的唾液样本于 4 ℃，10 000 r/min低温离心 1 h，取上清液。用 0.45 μm 的滤膜进行过滤，加入蛋白酶抑制剂。分装后保存于 -80 ℃冰箱中。

4. 蛋白质样品定量

（1）Bradford 法蛋白质定量：配制一系列质量浓度梯度为 0 mg/mL、0.2 mg/mL、0.4 mg/mL、0.6 mg/mL、0.8 mg/mL、1.0 mg/mL 的 BSA 标准品。将以上质量浓度的 BSA 标准品各取20 μL，实验样本各取 20 μL，分别加入 200 μL Bradford 试剂，混匀后各取 200 μL 加入酶标板，37 ℃孵育 5 min。将酶标仪光波长设置为 595 nm，读取标准品和实验样本的吸光度（*A*）值。以 BSA 质量浓度为横坐标，A_{595} 为纵坐标绘制标准曲线，求出线性公式。根据标准曲线计算出实验样本中的蛋白质浓度。

（2）BCA 法测定细胞总蛋白质浓度：将 BCA 试剂盒中试剂 A 和试剂 B 按照50 : 1 的比例混合，配制成标准工作试剂（SWR）。将 BSA 配制成 0 mg/mL、0.031 25 mg/mL、0.062 5 mg/mL、0.125 mg/mL、0.25 mg/mL、0.5 mg/mL 的标准品。将肝细胞总蛋白质样品和人肝癌细胞系 SMMC-7721 总蛋白质样品各 10 μL，分别与 200 μL BCA 标准工作试剂混合。37 ℃孵育 30 min 后冷却至室温。在 562 nm 处测吸光度值。以 BSA

质量浓度为横坐标,A_{562}为纵坐标绘制标准曲线,并求出线性公式。根据标准品曲线计算样品浓度。

(二)凝集素磁性微粒复合物的制备

1. 凝集素 Con A,LCA 的偶联

取保存于 4 ℃的环氧磁粒 4.5 mg,用 800 μL 偶联缓冲液(200 mmol/L 硼酸缓冲液,150 mmol/L NaCl,1 mmol/L $CaCl_2$,1 mmol/L $MnCl_2$,pH 7.4)清洗磁性微粒,然后置于磁性分离架上分离(简称“磁性分离”)3 min 后弃上清,再重复此步骤 4 次。清洗后向环氧磁粒中加入 900 μL 1 mg/mL Con A,LCA,在 25 ℃条件下振荡反应 1.5 h,磁性分离 3 min 后收集上清并保存于 4 ℃。环氧磁粒用偶联缓冲液清洗10 min后磁性分离收集上清并保存于 4 ℃。用封闭缓冲液封闭磁粒 1 h,然后用过膜处理的 PBST 清洗 3 次,然后重悬于保存缓冲液中,保存于 4 ℃。用紫外分光光度计测剩余的 1 mg/mL 的 Con A,LCA 在 A_{280}处的吸光度,记为 A_1;在偶联后上清溶液再进行蛋白质吸光度测定,记为 A_2;用清洗缓冲液清洗环氧磁粒,经磁性分离架磁性分离收集清洗缓冲液,并对其进行蛋白质吸光度测定,记为 A_3。计算 Con A,LCA 与环氧磁粒偶联效率公式:

$$R = \frac{A_1 - A_2 - A_3}{A_1} \times 100\% \qquad (5-1)$$

2. 凝集素 WGA,GNA 的偶联

取保存于 4 ℃的环氧磁粒 4.5 mg,用 800 μL 偶联缓冲液(200 mmol/L 硼酸缓冲液,150 mmol/L NaCl,pH 7.4)清洗磁性微粒,然后置于磁性分离架上分离 3 min 后弃上清,再重复此步骤 4 次。清洗后向环氧磁粒中加入 900 μL 1 mg/mL WGA,GNA,在 25 ℃条件下振荡反应 1.5 h,磁性分离 3 min 后收集上清并保存于 4 ℃。环氧磁粒用偶联缓冲液清洗 10 min 后磁性分离收集上清并保存于4 ℃。用封闭缓冲液封闭磁粒 1 h,然后用过膜处理的 PBST 清洗 3 次,然后重悬于保存缓冲液中,保存于 4 ℃。偶联效率的测定同 Con A,LCA 偶联效率。

(三)凝集素磁性微粒复合物用于糖蛋白的分离纯化

1. 凝集素 Con A 磁性微粒复合物用于模式蛋白质中糖蛋白的分离纯化

模式蛋白质 BSA 和 RNase B 的混合溶液由 1∶2(质量比)的蛋白质混合溶解于结合缓冲液中。用结合缓冲液清洗 Con A 复合物 3 次,然后向复合物中加入 300 μL 的模式蛋白质混合物,25 ℃摇床中振荡反应 1 h,反应结束后收集未结合的蛋白质。再用清洗缓冲液Ⅲ清洗磁性微粒 3 ~ 5 次,直到清洗液吸光度趋近于零。用洗脱缓冲液洗脱 Con A 磁性微粒复合物 1 h,用以洗脱特异性结合于复合物上的糖蛋白。

2. 凝集素磁性微粒复合物用于复杂样品中糖蛋白的分离纯化

复杂生物样品蛋白质被溶解于结合缓冲液中,使其蛋白质终质量浓度在1 mg/mL左右。用结合缓冲液清洗Con A复合物3次,然后向复合物中加入900 μL的样品蛋白质,25 ℃摇床中振荡反应1 h,反应结束后收集未结合的蛋白质。再用清洗缓冲液Ⅲ清洗磁性微粒3~5次,直到清洗液吸光度趋近于零。用洗脱缓冲液洗脱凝集素磁性微粒复合物1 h,Con A复合物用洗脱缓冲液Ⅰ,LCA用洗脱缓冲液Ⅱ,WGA复合物用对洗脱缓冲液Ⅲ,GAN复合物用洗脱缓冲液Ⅳ,用以洗脱特异性结合于复合物上的糖蛋白。

(四)糖蛋白的SDS-PAGE电泳鉴定

1. 按照配方表制胶

配方如表5-1所示。

表5-1　分离胶与浓缩胶配方

凝胶类型 / 配方	分离胶		浓缩胶
	15%	10%	3%
单体贮液/mL	5	4	0.51
分离胶/浓缩胶缓冲液/mL	2.5	3	0.36
10% SDS/μL	100	120	30
超纯水/mL	2.4	4.88	2.102
APS/μL	20	75	12.5
TEMED/μL	20	20	10

2. 准备样品

将待跑的蛋白质样品与上样缓冲液1∶1混合均匀,低速离心。选择合适的上样量上样,先以20 mA(两板胶)预跑约30 min,再以40 mA恒流电流进行电泳。电泳结束后切除浓缩胶部分,准备染色。

3. 银染

将凝胶置于固定液(乙醇∶冰乙酸∶水=5∶1∶4)中固定1 h,置于80 r/min摇床上。倒掉固定液,加入100 mL浸泡液(6.8%乙酸钠,0.2%硫代硫酸钠,0.5%戊二醛),80 r/min摇床上轻摇30 min。倒掉浸泡液,超纯水漂洗凝胶多次,漂洗1 h,以防背景值太大。银染液(0.1%硝酸银,0.05%甲醛,新鲜配制)染色20 min。染色结束后用超纯水迅速漂洗三遍,用显色液(3%碳酸钠,0.05%甲醛,新鲜配制)漂洗一遍,加显色液浸泡,置于摇床上显色反应。待条带明显后迅速用1%冰乙酸终止液终止显色。

（五）基于凝胶的糖蛋白鉴定方法

1. 糖蛋白的浓缩及除盐

取 M_r 为 3×10^3 的分子筛，加入 500 μL 的超纯水，4 ℃，13 000 r/min离心 20 min 清洗分子筛。然后加入洗脱得到的凝集素结合糖蛋白，4 ℃，13 000 r/min 离心 20 min，以达到浓缩蛋白质的目的，并去除底液。浓缩结束后，补加 400 μL 的超纯水到分子筛中，4 ℃条件下13 000 r/min离心 20 min，离心结束后，将超滤管反扣于新离心管中，3 000 r/min离心 5 min，收集底管中的蛋白质溶液，用 BCA 蛋白质定量法测定富集的蛋白质样品浓度。

2. 2-D Clean up 试剂盒的糖蛋白脱盐处理

移液枪吸取 BCA 法定量的糖蛋白各 100 μg，分别置于 2.0 mL 离心管中。加超纯水将体积补到 100 μL，向每个离心管中加入 300 μL 的沉淀剂，涡旋振荡或者倒置混匀，在冰浴上静置 15 min。然后各加入 300 μL 的共沉淀剂，简单涡旋振荡混匀。将离心管对称的置于冷冻离心机中，离心管的盖轴向外以13 000 r/min离心 5 min。离心结束后，用移液枪将上清尽可能全部吸出弃去，在吸取时注意不要搅散管底的沉淀蛋白质。将离心管重新离心 1 min，将残余上清吸出弃去，这时离心管中应该看不到液体存在。向离心管中加入 40 μL 的共沉淀剂（覆盖在沉淀蛋白质上），冰浴上静置5 min。将离心管小心地对称放置于冷冻离心机中，离心管的盖轴向外，以 13 000 r/min离心 5 min。离心结束后，用移液枪将上清尽可能全部吸出弃去，在吸取时要注意不要搅散管底的沉淀蛋白质。将离心管重新离心 1 min，将残余上清吸出弃去，这时离心管中应该看不到液体存在。向离心管中各加入 25 μL 超纯水（覆盖在沉淀蛋白质上），将离心管涡旋振荡 5 ~ 10 s，这时沉淀应散开，但并未溶解于水中。向离心管中各加入 1 mL 预冷的洗涤缓冲液（洗涤缓冲液在 −20 ℃条件下预冷至少 1 h）和 5 μL 洗涤添加剂，将离心管涡旋振荡直至沉淀蛋白质完全散开。将离心管置于 −20 ℃冰箱中孵育，每 10 min 振荡 20 ~ 30 s，至少振荡 3 次。孵育结束后，将离心管小心地对称放置于冷冻离心机中，离心管的盖轴向外，以 13 000 r/min 离心 5 min。离心结束后，用移液枪将上清尽可能全部吸出弃去，在吸取时要注意不要搅散管底的沉淀蛋白质。将离心管重新离心 1 min，将残余上清吸出弃去，这时离心管中应该看不到液体存在，只能看见白色沉淀，打开离心管盖，将沉淀简单风干，一般为 5 min。如果风干时间过长，沉淀蛋白质就会干燥过度，用水化液重新溶解时就比较困难。向离心管中加入水化液 260 μL 再溶解沉淀，以备第一向 IEF 电泳。涡旋振荡离心管或用移液管抽吸使沉淀蛋白质完全溶解。将离心管以13 000 r/min离心 5 min，去掉所有不溶物质，除去泡沫。取上清液 250 μL 直接加入到水化盘中。

3. 糖蛋白双向电泳实验及银染分析

取出固定化干胶条 IPG(线性,pH 3~10),在室温下放置 10 min 回温,向水化盘的胶条槽中加入溶有样品的水化液 250 μL。从固定化干胶条的酸性端揭开塑料覆盖膜,这样可以避免损伤较软的碱性端胶条。酸性端先胶面向下放置于胶条槽中,前后移动,排去气泡。用水平仪调好水化盘放置的位置,以保证胶条能够均匀地溶胀。放置 1 h 后在胶条表面加入覆盖油,以防水化液的蒸发导致尿素结晶,无法正常水化。胶条泡涨过夜 16 h,温度 20 ℃。水化完成后,在 Ettan IPGphor Ⅲ电泳仪上安装 Manifold 胶条槽。将清洗干净的胶条槽的 T 形突出与电泳仪基板上的凹陷吻合,胶条槽轻轻置于电泳仪基板上。将水化好的 IPG 胶条转移至 Manifold 胶条槽,胶面朝上,胶条的酸性端对着槽底部的 13 cm 标记处。用去离子水将预制好的电极滤纸片湿润,吸去表面水分直到接近完全干燥,将滤芯置于 IPG 胶条的两端,且滤芯的一端必须盖在凝胶末端上。将电极滑过所有滤芯的顶部,旋转凸轮至 Manifold 胶条槽外缘下的位置,将电极安装入位,在每个胶条槽道加入约 6 mL 覆盖油,必须在胶条的左右槽道也都加满覆盖油,以保证电流的通路。盖上 Ettan IPGphor Ⅱ电泳仪的盖子,打开电源,设定所需的运行参数(表 5-2),在开始电泳时应该设置低电压可以帮助除盐,而缓慢提升电压也可以让样本更好地进入胶条中,有助于改善电泳结果(仪器运行温度设为 20 ℃)。IEF 电泳完成后,可立即进行第二向 SDS-聚丙烯酰胺凝胶电泳,也可以将聚焦好的胶条装于平衡管中储存于 -80 ℃条件下。

表 5-2 第一向等电聚焦电泳程序设定

步骤	电压/V	时间	升压方式
除盐	300	1 h	线性
除盐	500	1 h	快速
除盐	1 000	1 h	线性
升压	5 000	1 h	线性
升压	8 000	2 h	线性
聚焦	8 000	40 000 Vh	快速
保持	200	任意时间	快速

IPG 胶条必须平衡两次,每次 15 min。平衡缓冲液包括 SDS、6 mol/L 尿素和 30% 甘油等,SDS 可以使蛋白质都带上净负电荷,在电泳时迁移的距离就只会与蛋白质的相对分子质量有关,而与本身的电荷无关;尿素和甘油可以增加溶液的黏稠度,减少电内渗,有利于蛋白质从第一向到第二向的转移。两次平衡的时间必须一致。

第一步平衡在平衡液中加入 DTT(10 mL 平衡缓冲液需要 DTT 100 mg),使变性的非烷基化的蛋白质处于还原状态;第二步平衡步骤中加入碘乙酰胺(10 mL 平衡缓冲液需要 IAM 250 mg),使蛋白质巯烷基化,防止它们在电泳过程中重新氧化,碘乙酰胺并且能使残留的 DTT 烷基化,因为在后续的银染过程中,如果存在 DTT 会发生点拖尾。平衡时会丢失 5% ~25% 蛋白质,一般选择各平衡 15 min,如果缩短平衡时间,会影响一部分蛋白质从 IPG 胶条转移到 SDS - PAGE 的效率,如果平衡 30 min,蛋白质带变宽 40%,所以平衡时间要充分长(至少 2 × 10 min),但也不要超过(2 × 20 min),一般以 15 min 为宜。

平衡结束后,将 IPG 胶条用电极缓冲液轻轻润洗,以去除多余的平衡缓冲液,并且使胶条容易放置于 SDS 凝胶的顶端。将润洗好的 IPG 胶条放在位于玻璃板之间的凝胶面上,胶面朝里放置,使胶条支持膜贴着其中的一块玻璃板,用一薄尺将 IPG 胶条轻轻地向下推,使整个胶条下部边缘与板胶的上表面完全接触。确保 IPG 胶条与 SDS-PAGE 凝胶之间以及玻璃板与塑料支持膜之间无气泡产生。

在 SDS 电泳的时候,可以加入蛋白质 Marker 做指示。将蛋白质 Marker 20 μL 与 2 × loading buffer 20 μL 以 1 : 1 的比例混合,100 ℃ 水浴锅中煮沸 5 min,静置降温。将滤芯剪为小块,放在固定化干胶条的阳极端,然后加入蛋白质 Marker。最后用琼脂糖密封液进行封顶,密封液是将 0. 05 g 琼脂糖加入到 10 mL 的电极缓冲液中,琼脂糖在电磁炉中溶化清澈透明,加入 20 μL 的 1% 溴酚蓝储备溶液。用少量的琼脂糖密封液(1. 0 ~ 1. 5 mL)使 IPG 胶条被完全覆盖住,在此过程中不要产生气泡。如果不小心产生气泡,应该赶快用镊子或尺子轻压胶条塑料支撑膜的上方,驱赶气泡,并及时用塑料薄膜覆盖住凝胶上表面,防止灰尘进入。

将洗干净的玻璃板按仪器操作说明书装好灌胶模具,SDS-PAGE 所需凝胶为 12% 凝胶缓冲液,两块胶共需配制 70 mL 凝胶缓冲液。将配好的凝胶缓冲液向每个灌胶模具中加入 32. 5 mL,灌胶后立即在每块凝胶中加入 2 mL 的无水乙醇,以减少凝胶暴露于氧气,并且形成平展的凝胶面。将灌制好的凝胶在室温下至少聚合 3 h,聚合后倒掉覆盖在凝胶上的无水乙醇溶液,并用电极缓冲液冲洗凝胶表面。如果暂时不进行第二向电泳,可以将聚丙烯酰胺凝胶的上层用塑料薄膜封好,保存于 4 ℃。暂时不需要的凝胶用塑料薄膜包好保存于 4 ℃ 可保存 1 ~ 2 天。将整个凝胶模具完全浸没在凝胶储存液中 4 ℃ 条件下可保存 1 ~ 2 周。将第二向凝胶电泳系统放置在 4 ℃ 冷库中,电泳槽中装入合适体积的电泳缓冲液,根据正负极连线将第二向凝胶电泳系统安装好,先用10 mA/gel电泳 45 min,待样品完全从 IPG 胶条中迁移出来,浓缩成一条线,再加大电流至 20 mA/gel,待溴酚蓝指示剂到达凝胶底部时可以停止电泳。整个第二向凝胶电泳结束一般需要 5 h 左右,用考马斯亮蓝或者银染对胶进行染色。

4. 糖蛋白胶内酶解

选择差异条带或者2D蛋白质点,用手术刀片切取,置于eppendorf管中。加入超纯水200 μL淹过胶条清洗两次,吸干。加乙腈∶50 mmol/L $NaHCO_3$ =2∶3 *V/V*溶液200 μL,37 ℃脱色20 min,吸干,重复多次,直至蓝色退去。加200 μL乙腈脱水,直至胶条完全变白,吸干,真空抽5 min。加入10 mmol/L的二硫苏糖醇(DTT)100 μL,56 ℃水浴1 h。冷却至室温后吸干,加入55 mmol/L的碘代乙酰胺(IAM)100 μL置于暗处45 min。依次用25 mmol/L NH_4HCO_3,50%乙腈,乙腈清洗胶条,然后用乙腈脱水到胶粒完全变白为止,吸干,真空抽5 min。加入用25 mmol/L NH_4HCO_3稀释的Trypsin酶50 μL,与底物的比例为1∶50,置于37 ℃水浴中消化过夜。加入2%的甲酸(FA)终止反应,收集上清,冷冻干燥并保存于 -80 ℃待MALDI-TOF或者LC-MS的蛋白质鉴定。

(六)基于液相的糖蛋白鉴定方法

1. 糖蛋白的浓缩及除盐

取M_r为3×10^3的分子筛,加入500 μL的超纯水,4 ℃,13 000 r/min离心20 min清洗分子筛。然后加入洗脱得到的凝集素结合糖蛋白,4 ℃,13 000 r/min离心20 min,以达到浓缩蛋白质的目的,并去除底液。浓缩结束后,补加400 μL的超纯水到分子筛中,4 ℃条件下13 000 r/min离心20 min,离心结束后,将超滤管反扣于新离心管中,3 000 r/min离心5 min,收集底管中的蛋白质溶液,用BCA蛋白质定量法测定富集的蛋白质样品浓度。

2. 糖蛋白的溶液内Trypsin酶解

加入尿素使其终浓度为8 mol/L,振荡混匀,室温下静置30 min。向每个样品管中加入150 μL的10 mmol/L DTT(使用100 mmol/L NH_4HCO_3新鲜配制DTT,V_{DTT}∶$V_{样品}$=1∶1),37 ℃孵育1 h。向样品中加入300 μL的20 mmol/L IAM(使用100 mmol/L NH_4HCO_3新鲜配制IAM,V_{IAM}∶$V_{样品}$=2∶1),25 ℃避光孵育1 h。再向每个离心管中加入150 μL的10 mmol/L DTT,37 ℃孵育1 h。加入50 μL的HCl buffer,置于30 ℃水浴活化15 min。激活Trypsin后,将其放入冰浴,向Trypsin加入150 μL的100 mmol/L NH_4HCO_3,此时的Trypsin溶液的浓度为0.1 μg/μL。向离心管中加入最佳量的Trypsin(Trypsin和样品的质量比为1∶50)。于37 ℃条件下孵育16 h左右。置于80 ℃水浴中5 min,终止酶解反应。

3. 糖蛋白的PNGase F酶解

向已经终止Trypsin酶解反应的样本中加入配好的100 μL PNGase F酶溶液,37 ℃孵育16 h左右。酶解反应结束后,80 ℃水浴5 min,终止酶解反应。

4. C18 柱分离糖肽

取出干燥密封保存的 C18 柱，分别用 1 mL ACN、1 mL 0.1% TFA－50% ACN 和 1 mL 0.1% TFA 清洗平衡两遍。将酶解好的样本用移液枪上样至 C18 柱中，收集流出液并重新上样一次。用 400 μL 0.1% TFA 清洗 C18 柱三次，然后用 400 μL 0.1% TFA－50% ACN 反复洗脱 C18 柱三次，收集流出液。冷冻干燥并保存于－80 ℃待质谱鉴定。

（七）LC-MS/MS 鉴定糖蛋白

1. LC-MS/MS

用 20 μL 0.1% 甲酸溶解样品。上样至 LC-MS/MS，一次进样 5～8 μL 样品。流动相 A 为 1% 乙腈与 0.1% 甲酸混合液，流动相 B 为 90% 乙腈与 0.1% 甲酸混合液。自动进样系统进样后，5% B 液 5 min，5%～12% B 液 5 min，12%～50% B 液80 min，50%～100% B 液 20 min，最后 95% B 液 10 min，每个样品分析总分析时间为 120 min，流速为 0.3 mL/min。采用自动采集模式采集 MS/MS 信息。每次全 MS 扫描后进行 5 次 MS/MS 分析。每个样品中糖肽的提取重复至少 3 次，每次提取的去糖基化糖肽进行 3 次 LC-MS/MS 重复。

2. 数据分析

LC-MS/MS 质谱数据通过 Mascot V2.3.02 软件进行数据检索，检索数据库为 IPI_human_v3.74。检索条件如表 5－3 所示：

表 5－3　Mascot 数据检索

Enzyme	Trypsin
Maximum Missed Cleavages	1
Fixed modifications	Carbamidomethyl(C)
Variable modifications	N-D(N),Oxidation(M)
Peptide Mass Tolerance	±2.5
Fragment Mass Tolerance	±0.7
Mass values	Monoisotopic
Peptide charge	2＋ and 3＋
Decoy database	Yes

选择 Mascot 打分高于 25，$p<0.05$ 的肽段作为鉴定到的肽段。由于 PNGase F 切除 *N*－糖链后将天冬酰胺残基转化为天冬氨酸，使肽段相对分子质量增加 98%，结合哺乳动物糖基化基序模式 N-X-S/T（其中 X 为除脯氨酸以外的任何氨基酸）筛选

出鉴定到的 N – 糖肽和相应的糖基化位点。

（八）糖蛋白糖链的分离

1. 糖蛋白糖链的释放

取凝集素提取的糖蛋白，加入 40 mmol/L 的 NH_4HCO_3 使体积达到 100 μL。再向其中加入 10 μL 的 10 × 的变性缓冲液，在沸水浴中变性 5 min，取出待温度降至室温后加入 PNGase F 酶（酶∶蛋白质 = 1∶50），10 μL 的 10 × 反应缓冲液和 10 μL 的 NP – 40，于 37 ℃孵育 4 h 以上，沸水浴中终止反应。

2. 糖蛋白糖链的提取

取 100 μL 的 Sepharose 4B 加入 1.5 mL 的离心管中，并加入洗脱液 1 mL，摇匀，9 000 r/min，离心 5 min，弃上清，2 次。向离心管中加入清洗液 1 mL，摇匀，9 000 r/min，离心5 min，弃上清，2 次。向糖链样品中加入 500 μL 的清洗液，然后加入 Sepharose 4B 的离心管中。摇匀，振荡反应 1 h，25 ℃。离心，9 000 r/min，5 min，弃上清。各加 1 mL 清洗液，摇匀，9 000 r/min，离心 5 min，弃上清，重复 3 次。各加 1 mL洗脱液，摇匀，振荡反应 20 min，25 ℃。9 000 r/min，离心 15 min，收集上清。

3. 糖蛋白糖链的 MALDI-TOF-MS 分析

用甲醇∶水 = 1∶1 的溶液配制 10 mg/mL 的 DHB。将抽真空干燥的糖链样品，用 2 μL 的 DHB 基质溶液溶解。取 1 μL 点于 MALDI 靶板上，在自然条件下风干后转移至仪器中进行鉴定。

4. 糖蛋白糖链的结构分析

MS 数据中所得的相对分子质量在数据库 GlycoMod 中进行搜索，得到糖链的所有可能结构。

五、注意事项

1. 凝集素只有在一定的金属离子存在条件下保持活性，所以在各种缓冲液应该加入凝集素必需的金属离子。

2. 凝集素磁性微粒分离时需要用磁性分离架，不能用离心的方法。

3. 凝集素一般为四聚体或者二聚体，所以糖蛋白洗脱时不能用太过剧烈的方法洗脱，防止大量凝集素脱落。

4. 分离纯化的在进行糖蛋白双向电泳鉴定时，需首先进行除盐处理，即本实验中的 $M_r = 3 \times 10^3$ 柱子或者 2D-cleanup kit 试剂盒，或者可以用丙酮沉淀等方法来实现。

5. 糖肽在质谱鉴定中的离子化效率非常低，很容易被非糖肽掩盖，所以在糖蛋白的质谱鉴定前需先对糖肽进行去糖链处理，以提高糖蛋白的鉴定效率。

6. 基于凝胶的糖蛋白鉴定也可以首先进行 SDS-PAGE 分离，然后用 LC-MS/MS

鉴定糖蛋白。

7. 基于凝集素磁性微粒复合物分离纯化的糖蛋白还可以被用于糖蛋白糖链结构的分析。

第二节 应用实例

实例一 凝集素 Con A 磁性微粒复合物应用于血清中糖蛋白的分离纯化及鉴定

一、实验原理

凝集素磁性微粒可以从血清、细胞、组织等复杂样本中提取出凝集素特异识别的糖蛋白，通过选择不同的凝集素和不同的样品，以达到不同的分离目的。

伴刀豆凝集素（Con A）是一种四聚体蛋白质，对于一系列高甘露糖型的 *N* - 糖链具有高亲和性，同时也能结合复杂型的 *N* - 糖链及双分支的复杂型的 *N* - 糖链。本实例中将凝集素 Con A 分离血清中的糖蛋白亚组分。

二、试剂、材料和仪器

（一）样本

实验过程中所用到肝癌血清样本和健康志愿者血清样本均由陕西省人民医院提供，各为 40 份混合。肝癌患者或健康志愿者血液采集后，室温下放置 30 min，待血液凝集后，低速离心后吸取上清。为降低个体差异对实验结果造成的影响，血清分离后，将 40 份肝细胞癌病人血清和 40 份健康志愿者血清在冰上分别进行等体积混合，分装后立即冻存于 -80 ℃备用。

（二）主要试剂

1. 环氧磁粒。

2. Con A。

3. LCA、BSA、TEMED、Tween20、98% 乙醇胺、尿素。

4. Methyl-α-D-Mannose。

5. DTT、IAM、CHAPS。

6. Trypsin。

7. PNGase F。

8. M_r 为 3×10^3 和 10×10^3 超滤管。

9. 其他常用试剂为国产分析纯。

（三）主要仪器

1. 磁性分离架。

2. ZHWY-2101C 型恒温振荡器。

3. 台式高速冷冻离心机。

4. 微量移液器。

5. 电热恒温水浴锅。

6. HPLC C18 色谱柱。

7. Agilent 6530 Accurate-Mass Q-TOF 质谱仪。

（四）试剂的配制

1. pH 8.0 硼酸－硼砂缓冲液：70 mL 0.2 mol/L H_3BO_3，30 mL 0.05 mol/L NaB_4O_7。

2. 偶联缓冲液：pH 8.0 硼酸缓冲液，0.15 mol/L NaCl，1 mmol/L $CaCl_2$，1 mmol/L $MgCl_2$，1 mmol/L $MnCl_2$。

3. 结合缓冲液：20 mmol/L Tris-HCl，0.1 mol/L NaCl，1 mmol/L $CaCl_2$，1 mmol/L $MgCl_2$，1 mmol/L $MnCl_2$。

4. 清洗缓冲液：20 mmol/L Tris-HCl，0.1 mol/L NaCl，1 mmol/L PMSF。

5. 洗脱缓冲液：0.5% SDS。

6. 封闭液：2% 乙醇胺 pH 9.0，1 mg/mL BSA。

7. 100 mmol/L NH_4HCO_3：0.079 1 g NH_4HCO_3，10 mL H_2O。

8. 12.5 ng/μL 胰酶溶液：37.5 μL 0.1 μg/μL Trypsin，262.5 μL 25 mmol/L NH_4HCO_3。

9. 0.1% TFA－50% ACN：5 mLACN，5 mL H_2O，10 μL TFA。

10. 0.1% TFA：10 μL TFA，10 mL H_2O。

三、操作流程

（一）血清中糖蛋白的分离富集

1. Con A、LCA 磁性微粒复合物的制备

用偶联缓冲液配制 1 mg/mL Con A、LCA 溶液备用。吸取环氧磁粒 6 mg（12.5 mg/mL，480 μL），加入 1 mL 偶联缓冲液混匀，置于磁性分离器上，磁性分离 3 min，弃去上清，重复清洗三次。将稀释好的 1 mg/mL Con A、LCA 溶液加入到清洗好的磁粒中，将离心管平放于恒温气浴摇床上，转速 180 r/min，37 ℃ 条件下反应 1.5 h。反应结束后，磁性分离 3 min，弃去上清。经过紫外分光光度计测定，偶联率大

于 80%,偶联效率较好。向离心管中加入 1 mL 的封闭液,摇匀离心管中的磁性微粒,将离心管平放于恒温气浴摇床上,转速 180 r/min,37 ℃条件下封闭反应 1 h。待封闭结束后,磁性分离3 min,弃上清。向离心管中加入 1 mL 结合缓冲液清洗磁粒,磁性分离 3 min,弃上清,重复 3 次。实验时,同时制备 6 管,经过紫外吸收测定重复效果较好,可以保证后续实验的重复性。

2. Con A、LCA 磁性微粒复合物从血清中分离纯化糖蛋白

(1) 样本准备:从 -80 ℃冰箱中取出分装的肝癌患者和健康志愿者血清,置于 4 ℃溶解,然后在冷冻离心机中以12 000 r/min,4 ℃离心 15 min。按照测得的血清蛋白质浓度,从离心管的中层分别取 2 mg 的肝癌患者血清(92 μL)和健康志愿者血清(33 μL),用结合缓冲液稀释到总体积为 800 μL,加入 8 μL 的蛋白酶抑制剂。

(2) 分离富集:将 800 μL 的血清全蛋白加入到制备好的 Con A、LCA 磁性微粒复合物中,摇匀,将离心管平放于恒温气浴摇床上,转速 180 r/min,37 ℃条件下反应 1.5 h。反应结束后,磁性分离,收集上清。向结合有糖蛋白的 Con A、LCA 磁性微粒复合物中加入 1 mL 的清洗缓冲液,将离心管置于转速 180 r/min 的摇床上,清洗 3 min,磁性分离 3 min,弃上清。重复清洗磁粒 4 次,蛋白质吸光度降至 10^{-3} 以下即可。将 500 μL 的洗脱缓冲液加入到磁性微粒复合物中,摇匀,将离心管平放于恒温气浴摇床上,转速 180 r/min,37 ℃条件下洗脱 1 h。反应结束后,磁性分离 3 min,收集上清即为 Con A 、LCA 结合糖蛋白。

(二) 分离后糖蛋白的质谱鉴定

1. 质谱前处理:糖蛋白溶液内酶解

(1) 分离纯化糖蛋白的浓缩及除盐:M_r 为 3×10^3 的分子筛,加入 500 μL 的超纯水,4 ℃条件下13 000 r/min离心 20 min,以达到清洗分子筛的目的,并去除底液。然后加入洗脱得到的 LCA 结合糖蛋白,4 ℃条件下13 000 r/min离心 20 min,以达到浓缩蛋白质的目的,并去除底液。浓缩结束后,补加 400 μL 的超纯水到分子筛中,4 ℃条件下13 000 r/min离心20 min,以达到除盐的目的。离心结束后,取一新离心管,将超滤管反转,3 000 r/min离心 5 min,收集底管中的蛋白质溶液,以进行下一步的实验,BCA 法测定蛋白质浓度。

(2) 糖蛋白的 Trypsin 酶解:肝癌患者血清糖蛋白和健康志愿者血清糖蛋白 200 μg,用超纯水将体积分别补到 200 μL,向每个离心管中加入 0.1 g 尿素,使尿素的浓度为 8 mol/L,振荡混匀,室温下变性 1 h。向每个离心管中加入 200 μL 的 10 mmol/L DTT(使用 100 mmol/L NH_4HCO_3 新鲜配制),37 ℃条件下孵育 1 h。向每个离心管中加入 400 μL 的 20 mmol/L IAM(使用 100 mmol/L NH_4HCO_3 新鲜配制),

20 ℃避光孵育 1 h。向每个离心管中加入 200 μL 的 10 mmol/L DTT(使用 100 mmol/L NH_4HCO_3 新鲜配制),60 ℃条件下孵育 1 h,以除掉未反应的 IAM。Trypsin 在开始使用时必须进行活化。向管中加入 50 μL 的 HCl buffer,20 min 后加入 150 μL 的 100 mmol/L NH_4HCO_3 反应 10 min,此时的胰酶浓度为 0.1 μg/μL,用 25 mmol/L NH_4HCO_3 将0.1 μg/μL胰酶稀释 12.5 ng/μL 胰酶溶液。向每个样本中加入 300 μL 的 12.5 ng/μL 胰酶溶液,37 ℃孵育 16 h 左右。一般 200 μg 的蛋白质样品,需要 200 μL 12.5 ng/μL 胰酶溶液,但是酶解完全对质谱鉴定至关重要,为了酶解完全,需多加入一些胰酶。酶解反应结束后,将酶解好的样本放于 80 ℃水浴中 5 min,终止酶解反应。

(3) PNGase F 酶解:终止 Trypsin 酶解反应的样本中加入配好的 100 μL PNGase F酶溶液,37 ℃孵育 16 h 左右。酶解反应结束后,将酶解好的样本放于 80 ℃水浴中5 min,终止酶解反应。

(4) C18 柱分离糖肽:干燥密封保存的 C18 柱,分别用 1 mL ACN、1 mL 0.1% TFA－50% ACN 和 1 mL 0.1% TFA 清洗平衡两遍。将酶解好的样本用移液枪冲入 C18 柱中,收集流出液并重新上样一次。用 400 μL 0.1% TFA 清洗 C18 柱三次,然后用400 μL 0.1% TFA－50% ACN 反复洗脱 C18 柱三次,收集流出液。将离心管用封口膜封住离心管口,并扎几个小孔,冻存于－80 ℃冰箱中,使其完全凝固。将冷冻干燥仪提前预冷 30 min,放入凝固好的样品,干燥至样品变为粉末。将干燥好的样品保存于－20 ℃待质谱鉴定。

2. LC-MS/MS 鉴定糖蛋白(参照本章第一节)。

3. 糖链结构分析(参照本章第一节)。

四、实验结果与分析

(一) CMPCs 分离模式蛋白质的特异性

凝集素 Con A 可以特异性与高甘露糖型糖蛋白质结合,因此固定于环氧磁粒上的 Con A 应该可以从各种样品中分离高甘露糖型糖蛋白。为了确定凝集素 CMPCs (conA-magnetic particle conjugates,conA-磁性微粒复合物)的生物活性和特异性分离糖蛋白的能力,使用该磁性微粒复合物从模式蛋白质 RNase B 和 BSA 的混合物中分离糖蛋白 RNase B,具体步骤见本节前述(一)血清中糖蛋白的分离富集。在分离过程中收集每步得到的上清液,进行定量和 SDS-PAGE 电泳分析。10% 的 SDS-PAGE 不连续胶分析鉴定的分离的蛋白质,如图 5－3A 所示,首先,凝集素 CMPCs 被应用于直接从 RNase B 溶液中捕获游离的糖蛋白,其中第一条泳道为加入的 RNase B 原样,第二条为捕获后剩余的溶液,第三条为最终洗脱的溶液,第四条为多次清洗中的最后一次清洗的溶液。从图 5－3 可以看出 RNase B 可以被 CMPCs 捕获，且清洗过程比较完全，没有非特异性吸附的 RNase B 存在。另外，如前所述，凝集素 CMPCs 被应用于从模式蛋白质溶液中捕获糖蛋白，第五条为加入的模式蛋白质原样，第六条为偶联后剩余的溶液，第七条为最终洗脱的溶液，第八条为多次清洗中的最后一次清洗的溶液。从图 5－3 可以看出糖蛋白 RNase B 可以被特异性的从模式蛋白质溶液中分离，非糖蛋白 BSA 几乎在洗脱液中看不到。且分离时的清洗过程比较完全，只有很少的非糖蛋白被带入。用 Bradford 定量试剂测定 CMPCs 分离的溶液中糖蛋白 RNase B 的量，发现该磁性微粒可以从90 μg的 RNase B 溶液中分离得到 51 ± 2. 21 μg的糖蛋白，即对该糖蛋白的回收率约为 56% 。

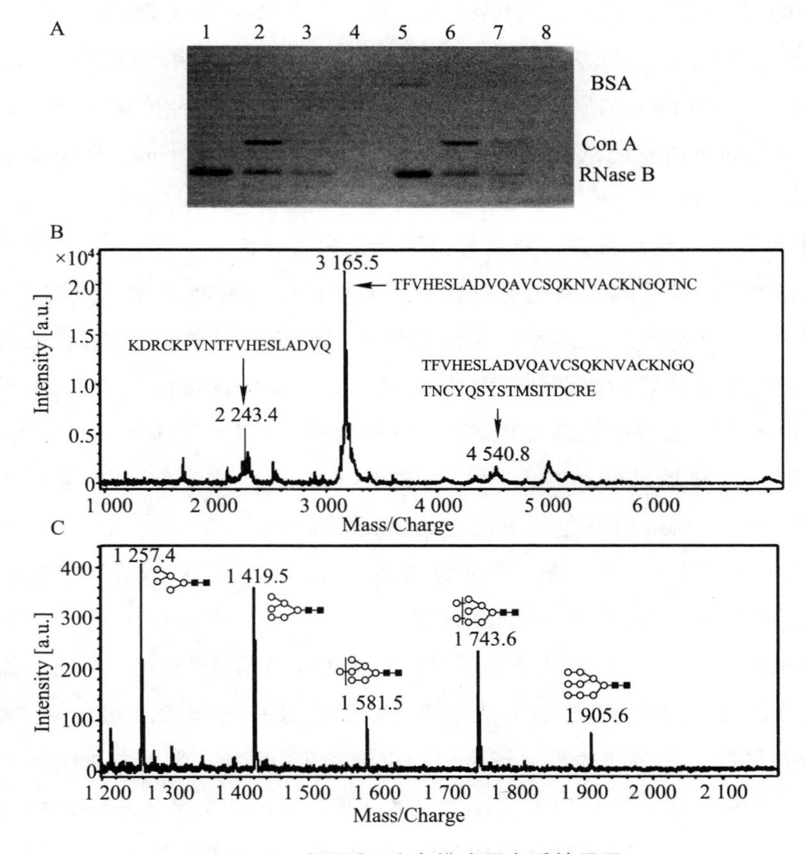

图 5－3 CMPCs 分离模式蛋白质结果图

A. SDS-PAGE 分析 CMPCs 分离模式糖蛋白；B. Con A 分离的 RNase B 的多肽 MALDI-TOF 质谱分析；C. Con A 分离的 RNase B 的糖链结构 MALDI-TOF 分析

（二）CMPCs 特异性分离模式蛋白质及其糖链的 MALDI-TOF 质谱鉴定

为了更准确地确定从模式蛋白质中分离的糖蛋白，洗脱得到的蛋白质溶液被胰蛋白酶 Trypsin 酶解为多肽，然后进行 MALDI-TOF 鉴定。从多肽的 MALDI-TOF 图即

图5－3B中，可以看出有三条RNase B特异性的多肽被鉴定到，分别为 m/z 为2 243.4的KDRCKPVNTFVHESLADVQ，m/z 为3 165.5的TFVHESLADVQAVCSQKNVACKNGQTNC，以及 m/z 为4 540.8的TFVHESLADVQAVCSQKNVACKNGQTNCYQSYSTMSITDCRE，没有非糖蛋白质BSA的多肽干扰，说明CMPCs能特异性的从模式蛋白质中分离高甘露糖型糖蛋白。另外，分离得到的糖蛋白被用糖苷酶PNGase F酶解释放糖链，进行MALDI-TOF鉴定，得到RNase B的 $M+Na^+$ 的糖链峰谱图。结果如图5－3C所示，可以看出完全鉴定到RNase B的糖链谱，从谱图中可以看出RNase B同一个糖基化位点上的糖链具有微不均一性，存在5种高甘露糖的糖型结构，高甘露糖个数为5～9，被表示为Man5～Man9。分别是 m/z 为1 257.4的Man5，即；m/z 为1 419.5的Man6，即；m/z 为1 581.5的Man7，即；m/z 为1 743.6的Man8，即；m/z 为1 905.6的Man9，即，其中○代表甘露糖（Man），■代表 N－乙酰葡萄糖胺（GlcNAc）。从以上结果可以看出凝集素CMPCs特异性分离糖蛋白方法可以同时获得糖蛋白的蛋白质信息和糖链结构信息，因此能很好地研究生物样品中糖蛋白种类及其糖链结构。

（三）不同凝集素磁性微粒复合物分离糖蛋白的差异

我们知道不同凝集素具有特异性识别不同糖链结构的能力，凝集素LCA可以特异性识别含有岩藻糖的二天线和三天线的糖蛋白糖链。另外，非糖结合蛋白质BSA不识别任何糖链结构。为了评估LMPCs分离复杂样品中糖蛋白的能力，用三种磁性微粒复合物来分离血清中的糖蛋白，其中包括两种LMPCs，即Con A，LCA－磁性微粒复合物和一种非糖结合蛋白质BSA－磁性微粒复合物。分离得到的蛋白质用SDS-PAGE分离和糖蛋白染色的方法进行鉴定，结果如图5－4A所示，其中条带1、2、3分别为Con A、LCA和BSA三种复合物多次清洗中的最后一次清洗的上清液，基本上没有蛋白质条带，说明清洗比较彻底。条带4、5、6分别为Con A、LCA和BSA三种复合物洗脱的蛋白质组分，从条带中可以看出Con A和LCA复合物能分离到各自特异性的糖蛋白，而BSA复合物不能从人血清蛋白质中分离得到蛋白质，除了少量的自身BSA脱落。条带7为人血清蛋白质电泳条带，条带8为蛋白质电泳相对分子质量Marker。从该实验中可以看出不同的LMPCs由于自身的糖链特异性的差别可以从复杂样品中分离不同亚组分的糖蛋白，因此可以被应用于亚糖蛋白质组学研究。

（四）糖原对LMPCs的抑制性研究

分析糖链结构对LMPCs的抑制作用对研究复合物性能具有重要的意义。众所周知，α－甲基甘露糖苷可以和其他甘露糖结构，特别是高甘露糖型糖蛋白竞争性结合Con A，因此用α－甲基甘露糖苷作为抑制剂抑制CMPCs分离血清中的糖蛋白，其他步骤均一样，只是在实验样品中加入500 mmol/L的α－甲基甘露糖苷。分离的各组分用 Bradford 定量试剂给每个样品进行蛋白质定量,用加入血清样品蛋白质量,结合剩余的蛋白质量,最后一次清洗的蛋白质量,洗脱的蛋白质量作曲线,结果如图 5 - 4B所示。可以看出没有在血清中加入 α - 甲基甘露糖苷的血清经 CMPCs 分离后得到大约 150 μg 的糖蛋白,而加入 α - 甲基甘露糖苷的血清样品蛋白质量没有变化,而最后几乎不能分离得到蛋白质,说明 α - 甲基甘露糖苷抑制了 CMPCs 的活性。另外最终分离的蛋白质样品经 SDS-PAGE 鉴定,可以看到没有加 α - 甲基甘露糖苷的 CMPCs 分离的糖蛋白的蛋白质条带清晰,而被抑制的 CMPCs 分离的蛋白质条带几乎没有。本实验结果同时说明 CMPCs 结合糖蛋白时是通过识别复合物上的糖链识别区域而被分离的。

(五) LMPCs 分离糖蛋白的稳定性研究

由于本实验最后是要用质谱仪鉴定糖蛋白,因此分离糖蛋白的稳定性及实验的可重复性对研究结果是至关重要的。为此,将 CMPCs 分离血清中的糖蛋白全过程平行重复三次,其中 Con A 磁性微粒的制备过程,分离得到的糖蛋白被 SDS-PAGE 分析,结果如图 5 - 4C 所示,条带 1 为血清样品蛋白质,2、3、4 为多次清洗的最后一次清洗组分,5、6、7 为最后洗脱的糖蛋白。从图 5 - 4 中可以看出三次实验的重复性很好,条带基本相同。因此该方法具有很好的重复性,可以被应用于后期研究。

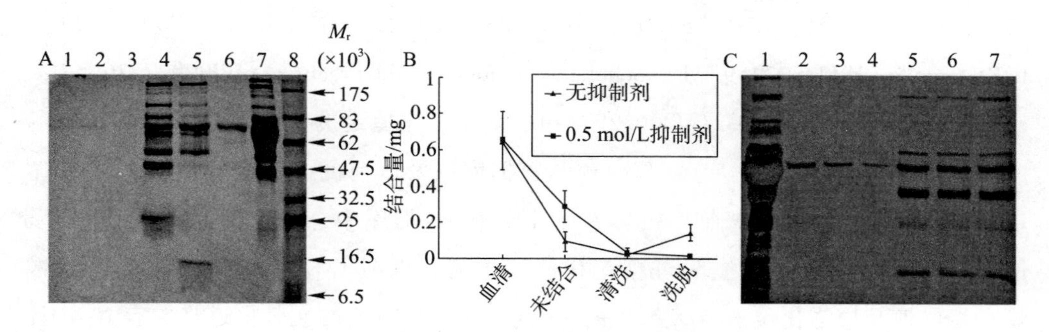

图 5 - 4　凝集素磁性微粒复合物分离糖蛋白性质研究

A. 不同磁性微粒复合物分离糖蛋白的性质研究;B. 糖原抑制凝集素磁性微粒分离糖蛋白活性的研究;C. 凝集素磁性微粒分离糖蛋白稳定性的研究

(六) 凝集素 CMPCs 对 HCC 患者血清中的糖蛋白的分离和鉴定

研究表明肝病中蛋白质糖基化修饰的改变对蛋白质的结构和功能有重要的影响,并且反过来影响着肝病的发生发展。为了研究 HCC 患者和健康志愿者中糖蛋白质组学的差异,将凝集素 CMPCs 应用到分离健康志愿者血清和 HCC 患者血清中的 *N* - 连接糖蛋白,然后通过质谱鉴定来寻找糖蛋白及其糖链亚组分的差异。凝集素 CMPCs 从等量的健康志愿者和 HCC 患者血清中分离糖蛋白,分离得到的糖蛋白首先被 SDS-PAGE 分析,结果如图 5 - 5A 所示。电泳胶中条带 1 为蛋白质相对分子质量 Marker；条带 2、3 分别为健康志愿者血清和 HCC 患者血清结合 CMPCs 后多次清洗的最后一次清洗上清；条带 4、5 分别为从 CMPCs 上洗脱的健康志愿者和 HCC 患者血清中的糖蛋白；条带 6、7 分别为健康志愿者和 HCC 患者血清总蛋白质；条带 8、9 分别为健康志愿者和 HCC 患者血清中没有与凝集素 CMPCs 结合的上清。从电泳结果中可以看出本次实验的清洗比较彻底，最后一次清洗液中基本没有蛋白质。另外洗脱的蛋白质条带比较明显，而且从健康志愿者和 HCC 患者血清中分离的糖蛋白差异非常小，条带基本相同，只是存在一些微小的量的差异。分离的糖蛋白样品被胰蛋白酶酶解成多肽后分别用 LC-MS/MS 进行鉴定。健康志愿者血清中经分离后鉴定到蛋白质总共为 339 个，满足设定 cutoff 值的确定蛋白质为 51 个；HCC 患者血清中经分离后鉴定到蛋白质总共为 363 个，满足设定 cutoff 值的确定蛋白质为 55 个。和电泳图中的结果类似，CMPCs 从健康志愿者血清和 HCC 患者血清中分离得到的糖蛋白大部分相同，即鉴定的糖蛋白中有 82% 的蛋白质同时出现在两个样品中。另外有 10 种确定蛋白质只出现在一种样品中，其中健康志愿者血清中特异性出现的有三种，分别是 alpha-2-glycoprotein 1（IPI00166729），F7 factor Ⅶ active site mutant immunoconjugate（IPI00382606），IGHM protein（IPI00884141）；HCC 患者血清中特异性出现的有七种，分别是 IGHA1 protein（IPI00061977），APOA2 apolipoprotein A-Ⅱ precursor（IPI00021854），IGHV3OR16－13（IPI00383164），IGHG1 protein（IPI00448925），IGKC protein（IPI00807459），Ferrochelatase mitochondrial precursor（IPI00027776），Uncharacterized protein IGHG2（IPI00829767）。为了确定鉴定的蛋白质是否为研究证实的糖蛋白，Swiss-Prot 数据库，糖蛋白预测数据库以及以前的文献研究结果被用来确定鉴定的蛋白质糖基化修饰情况。在 Swiss-Prot 数据库中，鉴定为确定被糖基化修饰的蛋白质均得到了标注，另外糖基化修饰预测软件 NetNGlyc1.0 Server 可以预测具有经典糖基修饰化位点 N-X-S/T 的蛋白质，而根据以前的文献报道将含有 N-X-C，N-X-V 和 N-G-X 序列子的蛋白质认为具有作为糖蛋白的潜力。

对于鉴定的蛋白质，经分析结果如图 5－5B 所示，有 65.52% 的蛋白质为数据库中已经鉴定到的糖蛋白，24.14% 的蛋白质为含有典型的 N-X-S/T 序列子的潜在糖蛋白，10.34% 的蛋白质只含有非典型的糖基化序列子，也具有被糖基化修饰的潜力，但在本论文中暂时认为它们为非糖蛋白质。这些鉴定的蛋白质其相对分子质量 M_r 和等电点 pI 的分布分别如图 5－5C 和图 5－5D 所示，图中显示绝大部分的蛋白质 M_r 在 $10\times10^3\sim120\times10^3$ 之间，只有很少的几个蛋白质的相对分子质量为超过 200×10^3 的超大相对分子质量蛋白质；另外，等电点主要分布在 pH 6.0～7.0 之间，且没有 pI 小于 4 和大于 10 的蛋白质。从这些结果可以看出分离的糖蛋白质主要为

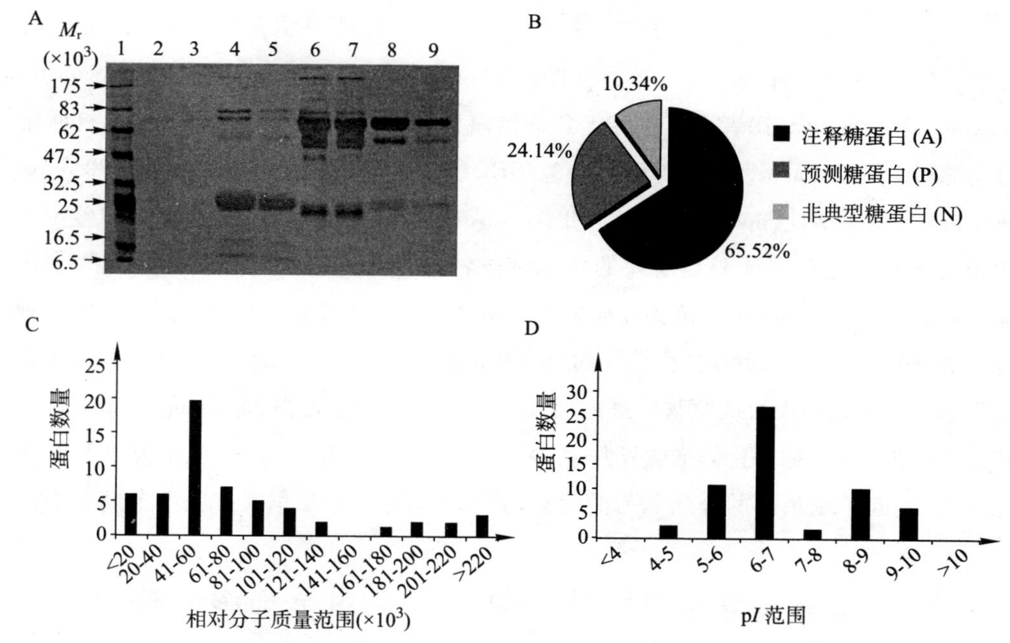

图 5－5　CMPCs 分离健康志愿者和肝癌患者血清中 N－连接糖蛋白的鉴定

A. SDS-PAGE 分析 CMPCs 分离的 N－连接糖蛋白；B. CMPCs 分离蛋白质的 N－连接糖基化修饰分析；C. Con A 分离蛋白质的相对分子质量分布；D. Con A 分离蛋白质的等电点分布

相对分子质量偏中型的弱酸性蛋白质，在一般体液环境中处于带负电荷的状态。

（七）CMPCs 分离 HCC 患者血清中糖蛋白的 Gene Ontology（GO）分类注释

为了确定鉴定到的健康志愿者和 HCC 患者血清中糖蛋白的功能，需要对其进行功能注释。现在常用的功能注释工具主要是基于预测和数据库分析，对于本实验数据，为了能更准确地了解它们的功能，从 Swiss-Prot 数据库中直接查找每个蛋白质的 GO 注释结果，主要包括蛋白质的分子功能，参与生物过程和细胞定位等。对于分子功能（见**彩图** 5－1A），该实验鉴定的蛋白质的最主要的功能为结合功能，占所有蛋白质的 41.38%。其他主要的功能有转运活性的占 15.52%，催化活性的占 13.79%，另外还有一些其他功能如酶调节活性（6.90%），发育蛋白质（1.72%），受体蛋白质（3.45%），信号转导活性（1.72%），最后还有一些蛋白质功能目前研究还不是很清楚，占大约 15.52%。血清中的蛋白质是由细胞各个亚细胞器中分泌或者转移出来，所以它们的分布也可以体现这些蛋白质在体内的功能。如**彩图** 5－1B 所示，鉴定的蛋白质中最主要的分布在细胞外区域，占细胞总数的 31.03%，其他主要的分布在细胞质膜（25.86%）和细胞质基质（10.34%）中，其他亚细胞器的分布如下：细胞核占 3.45%，线粒体占 5.17%，高尔基体占 3.45%，分泌颗粒占 6.90%，血红蛋白复合物占 5.17%，微管占 1.72%，还有 6.90% 没有特异的亚细胞器定位。上文中提到的三个只在健康志愿者血清中鉴定到的蛋白质主要涉及的功能是结合(IGHM protein),转运活性(alpha-2-glycoprotein 1),催化活性(F7 factor Ⅶ active site mutant immunocon jugate);七个只在HCC患者血清中鉴定到的蛋白质主要涉及的功能是结合中的抗原结合功能(IGHA1 protein,IGHV3OR16－13,IGHG1 protein,IGHG2,IGKC protein 和 ferrochelatase),转运活性(apolipoprotein A-Ⅱ precursor)。这些只在HCC患者血清中鉴定到的蛋白质一些已经被证明是潜在的癌症标志物,例如 alpha-2-glycoprotein 1 和 apolipoprotein A-Ⅱ precursor 被检测到在卵巢癌和膀胱癌中过量表达。IGHA1 protein 是一种复杂性糖基化蛋白质,也是体内分泌的免疫球蛋白中最主要的一种,其主要作用是防止体内感染和阻止外来的抗原物质进入免疫系统。对于载脂蛋白(apolipoprotein)来说,其中载脂蛋白－β糖基化修饰的异常(二天线[①]的 GlcNAc 的增加)扰乱了其自身的功能,从而引起了脂蛋白的释放能力的降低,导致载脂蛋白－B积累在肝中大量积累。

实例二　凝集素磁性微粒复合物应用于细胞中糖蛋白的分离纯化及鉴定

一、实验原理

蛋白质的糖基化修饰是最常见、最重要的蛋白质翻译后修饰之一。目前已知蛋白质中至少有1/2是糖蛋白,广泛分布于各种组织和细胞中,特别是细胞膜表面、体液中含量丰富。蛋白质的糖基化修饰具有重要的生物学功能,参与细胞吸附及信号传导,影响蛋白质的分泌和稳定性,参与血浆中衰老蛋白的清除、免疫及炎症反应和精卵识别等。糖基化修饰在疾病中,特别是肿瘤、发展和转移过程中均有重要意义。在特定的状态下,糖蛋白量及其结构的改变能够体现特定的生理或病理状态改变。因此,对于细胞中糖蛋白质组的研究具有重要的生物学意义和广阔的应用前景。

凝集素磁性微粒是利用环氧基团修饰的微米级磁性微粒与凝集素的共价偶联以及凝集素与特定糖基化蛋白质的特异而可逆地非共价结合的特性,从含有复杂组分的蛋白质样品(如血清、各种细胞总蛋白质提取物、组织总蛋白质提取物及体液)中分离出特定糖型糖蛋白,并实现初步富集,具有超顺磁性和对高甘露糖型糖的特异结合性能。只需要简单清洗和洗提过程,即可实现糖基化蛋白质的分离纯化,为蛋白质样品的分级处理提供了一个简便易行的方法。

小扁豆凝集素(lens culinaris agglutinin,LCA)是一种对含有高甘露糖和核心岩藻糖糖型的糖蛋白有特异性识别的蛋白质。其相对分子质量为49 000,由四个亚基构成:

① 天线:指从核心结构产生的寡糖分支,其中二天线最常见,两条天线都以β-1,2键分别连接于两个α-Man的C_2位上。

两个大亚基($M_r=1.7\times10^4$)及两个小亚基($M_r=8\times10^3$)。LCA 的等电点在 8.5 左右。LCA 识别 α-甲基甘露糖残基,其与糖蛋白的结合反应依赖二价阳离子(如 Ca^{2+})的存在。由于 LCA 也特异性识别其他的糖型,其对糖的识别谱比 Con A 窄,例如对含有核心寡聚糖中 N-乙酰壳二糖组分上的 α-岩藻糖残基具有显著亲和力,因此 LCA 可以用于纯化细胞总蛋白质中的岩藻糖化的糖蛋白,以及分析不同细胞中岩藻糖表达的变化。

二、试剂、材料和仪器

(一) 主要材料和试剂

1. 环氧化修饰的磁性微粒。

2. 甘氨酸、α-甲基甘露糖苷、98%乙醇胺、TEMED、SDS 和 ProteinMarker(M_r 为 $6\times10^3\sim75\times10^3$)。

3. 小扁豆凝集素(LCA,M_r 为 49×10^3)、BSA。

4. 超纯水(deionized distilled water),其他常用试剂(国产分析纯)。

(二) 仪器

1. 磁性分离架。

2. ZHWY2102C 型恒温培养振荡器。

3. 紫外-可见分光光度计。

4. HPS-280 生化培养箱。

5. 酶标仪。

6. 台式高速冷冻离心机。

7. 可调取液器。

8. HPS-280 生化培养箱。

9. 双向电泳系统 Ettan IPG-Ⅲ等电聚焦系统,Hoefer SE600 Ruby™制备型垂直电泳系统,Image Scanner 扫描仪,STORM 激光扫描仪。

三、操作流程

(一) 细胞培养及总蛋白质的提取

1. 细胞培养

取冻存于液氮中的正常人细胞系 Chang liver 和肝癌细胞系 SMMC-7721 进行复苏。首先将冻存管在 37 ℃水浴锅中快速解冻,置于离心机中离心 5 min,加入 2 mL 的含有 10%胎牛血清的 DMEM 培养基,混匀,然后转移至培养瓶中,加入培养基8 mL 使培养基体积达到 10 mL,最后将悬浮有细胞的培养瓶置于 5% CO_2 的培养箱中培养。细胞转移后 2 ~4 h 将完成全部贴壁,开始生长。待细胞铺满培养瓶底,进行传代培养 2 ~3 次,使其生理状态平衡。待细胞处于生长期时,取出处理。

2. 细胞总蛋白质的提取

弃去培养瓶中的培养基,加入 1 mL 预冷的 pH 7.4 的 PBS 缓冲液在冰浴中清洗细胞三次,洗去培养瓶中的剩余培养基。将 1 mL 预冷的细胞裂解试剂(cell lysis reagent)和 10 μL 蛋白酶抑制剂混合物(protease inhibitor cocktail)加入至培养瓶中,4 ℃振摇 15 min,用移液器/管反复吹吸使细胞从培养瓶壁上脱落,然后于 4 ℃静置15 min,使细胞完全裂解。将细胞悬液转移至 15 mL 离心管中,12 000 r/min,4 ℃离心 15 min。

3. BCA 法测定细胞总蛋白质浓度

将 BCA 试剂盒中试剂 A 和试剂 B 按照 50 ∶1 的比例混合,配制成标准工作试剂(SWR)。将 BSA 配制成 0 mg/mL、0.031 25 mg/mL、0.062 5 mg/mL、0.125 mg/mL、0.25 mg/mL、0.5 mg/mL 之间的标准品。肝细胞总蛋白质样品和人肝癌细胞系 SMMC-7721 总蛋白质样品各 10 μL 分别与 200 μL BCA 标准工作试剂混合。37 ℃孵育 30 min 后冷却至室温。在 562 nm 处测定吸光度值。以 BSA 为横坐标,A_{562} 为纵坐标绘制标准曲线,并求出线性公式。根据标准品曲线计算样品浓度。

(二)凝集素 LCA 磁性微粒复合物的制备

1. 凝集素 LCA 的偶联

取保存于 4 ℃的环氧磁粒 1.5 mg,加入 800 μL 偶联缓冲液(pH7.4 硼酸缓冲液,1 mmol/L $CaCl_2$)混匀,在磁性分离架上分离 3 min 后弃上清,重复此步骤 2 次。清洗后向环氧磁粒中加入 300 μL 1 mg/mL LCA,再加入 500 μL 偶联缓冲液,在 37 ℃条件下振荡反应 1 h,磁性分离 3 min 后收集上清并保存于 4 ℃。环氧磁粒用偶联缓冲液清洗 1 次后磁性分离收集上清并保存于 4 ℃。用2% 乙醇胺对磁粒进行 2 h 封闭,经过膜处理的 PBST 清洗 3 次,然后重悬于保存缓冲液中,保存于 4 ℃。

2. LCA 偶联效率的测定

取分装后保存于 -20 ℃条件下的 2 mg/mL LCA 一管(150 μL),常温下溶解后与 650 μL 偶联缓冲液混合混匀。用紫外分光光度计测其在 A_{280} 处的吸光度,记为 A_1。在偶联后对 LCA 溶液再进行蛋白质吸光度测定,记为 A_2。用清洗缓冲液清洗环氧磁粒,经磁性分离架磁性分离收集清洗缓冲液,并对其进行蛋白质吸光度测定,记为 A_3。计算 LCA 与环氧磁粒偶联效率[见式(5 -1)]。

(三)凝集素 LCA 磁性微粒分离纯化细胞总蛋白质中的糖蛋白

1. 糖蛋白的分离纯化

用结合缓冲液(20 mmol/L Tris-HCl,0.1 mol/L NaCl,1 mmol/L $CaCl_2$,1 mmol/L

$MgCl_2$,1 mmol/L $MnCl_2$)清洗凝集素 LCA 磁性微粒 3 次,用 1 mg/mL BSA 平衡 1 h,再经结合缓冲液清洗 BSA 至蛋白质吸光度降至 10^{-3}以下。加入总蛋白溶液 300 μL 和 500 μL 结合缓冲液及 8 μL PMSF,混匀后于 37 ℃,180 r/min 条件下反应 2 h。磁性分离 3 min,收集上清(LCA 不结合组分),保存于 4 ℃。用清洗缓冲液清洗磁粒至蛋白质吸光度降至 10^{-3}以下,磁性分离 3 min,收集上清(清洗组分),保存于 4 ℃。用 200 μL 0.1% SDS 进行洗脱,37 ℃,180 r/min 条件下洗脱 30 min,磁性分离 3 min,收集上清(洗脱组分),保存于 4 ℃。

2. LCA 结合糖蛋白浓度测定

将 BCA 试剂盒中试剂 A 和试剂 B 按照 50 : 1 的比例混合,配制成标准工作试剂(SWR)。将 BSA 配制成 0 mg/mL、0.2 mg/mL、0.4 mg/mL、0.6 mg/mL、0.8 mg/mL、1 mg/mL之间的标准品。取 10 μL 糖蛋白样品与 200 μL BCA 标准工作试剂混合。37 ℃孵育 30 min 后冷却至室温。在 562 nm 处测定吸光度值。以 BSA 为横坐标,A_{562}为纵坐标绘制标准曲线,并求出线性公式。根据标准品曲线计算样品浓度。

(四)凝集素 LCA 磁性微粒分离的糖蛋白的检测及分析

1. SDS-PAGE 蛋白质电泳

取稀释 2 倍的样品总蛋白质溶液、LCA 不结合组分、清洗组分和洗脱组分各 10 μL,加 2 × 上样缓冲液 10 μL,同 Prestain Protein Marker(M_r 为 $6\times10^3\sim175\times10^3$)经 100 ℃煮沸 5 min,在 3% 浓缩胶和 10% 分离胶上进行垂直 SDS-PAGE 电泳,至溴酚蓝前沿到达 PAGE 边界为止。电泳结束后,取出 PAGE 胶置于染胶槽中,将凝胶浸入 10 倍体积固定液固定 30 min,超纯水漂洗 2 次。转入 10 倍体积浸泡液浸泡 30 min,超纯水清洗至凝胶中无浸泡液成分。用 10 倍体积的银染液浸泡 30 min,充分清洗凝胶。用 10 倍体积的显色液进行显色直至凝胶显示出理想条带。用 10 倍体积的终止液浸泡 30 min 终止显色。超纯水清洗 3 次,保存于超纯水中,照相并分析结果。

2. 双向电泳及银染显色

将 1 mL 预冷丙酮加入 200 μL 洗脱组分样品,4 ℃条件下静置 10 min,10 000 r/min,4 ℃离心 10 min,重复此步骤 2 次。弃去丙酮,通风橱中静置至样品干燥为止。用 250 μL 水化液洗溶解干燥后的洗提组分,小心加入胶条槽中。将干胶条从 -20 ℃取出,室温放置待其回温,揭去其保护膜,胶面向下,正极指向胶条槽尖端,从胶条槽一端小心滑入至完全接触溶有样品的水化液中。排除气泡,加入覆盖液,盖上胶条槽盖。将胶条槽放入 IPGphor 系统,设定水化及第一向电泳程序如下:水化,20 ℃,12 h;30 mA,per strip;Step,500 V,1 h;Step,1 000 V,1 h;Grad 8 000 V for 1 h,Grad,40 000 Vh。第一向电泳结束后,将胶条用超纯水清洗,置于吸水纸上吸取多余水分,重复此步骤2次。将胶条转入平衡缓冲液Ⅰ中平衡15 min,同上清洗。再转入平衡缓冲液Ⅱ中平衡15 min,清洗。制备第二向电泳凝胶(10%分离胶)。加少量电泳缓冲液于凝胶上预留的空隙中,将平衡后的胶条小心放到凝胶上,排出气泡,吸去电泳缓冲液。用小片吸水纸吸取Protein Marker,放置在胶条一端。分离胶上部的空隙用含0.1%溴酚蓝的1%琼脂糖凝胶封闭。分离胶下部空隙用1%琼脂糖封闭。将分离胶固定于第二向电泳分离系统,加入电泳缓冲液,连接电泳仪,10 mA预电泳10 min,20 mA电泳2 h。电泳后按上述银染方法进行银染显色。凝胶经Image Scanner扫描仪扫描保存为Tiff图像,采用2D ImageMaster 5.0.1软件系统进行双向电泳图谱的处理,并对凝胶图谱间的蛋白质点进行匹配,检测具有明显表达差异的蛋白质斑点。

四、实验结果及分析

(一)肝细胞和肝癌细胞总蛋白质含量测定

10^7个肝细胞经1 mL细胞裂解试剂裂解后,取10 μL与200 μL BCA试剂盒工作液37 ℃孵育30 min后冷却至室温。在562 nm处测定吸光度。以BSA含量为横坐标,A_{562}为纵坐标绘制标准曲线,并求出线性公式(图5-6)。

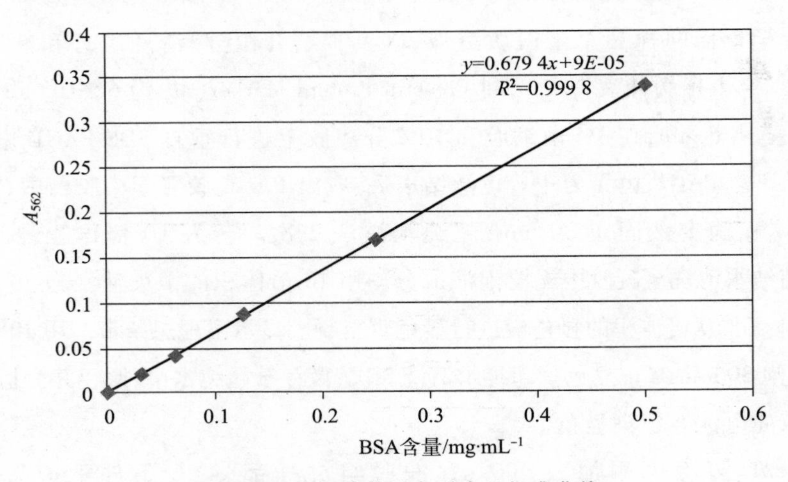

图5-6　肝细胞总蛋白质含量标准曲线

取三份肝细胞总蛋白质样品进行吸光度测定,结果分别为:1.543 5,1.555 3,1.668 9。计算平均值为1.589 3。代入公式得肝细胞总蛋白质含量为2.315 6 mg/mL。对肝癌细胞总蛋白质样品进行吸光度测定,结果其A_{562}=2.207 6。代入公式得肝癌细胞总蛋白质含量为3.226 2 mg/mL。

(二)LCA结合糖蛋白含量测定

300 μL总蛋白质经500 μL结合缓冲液稀释,经LCA磁粒分离纯化所得糖蛋白组分取 10 μL 与 200 μL BCA 试剂盒工作液 37 ℃ 孵育 30 min 后冷却至室温。在 562 nm处测定吸光度。以 BSA 含量为横坐标，A_{562} 为纵坐标绘制标准曲线，并求出线性公式（图 5－7）。

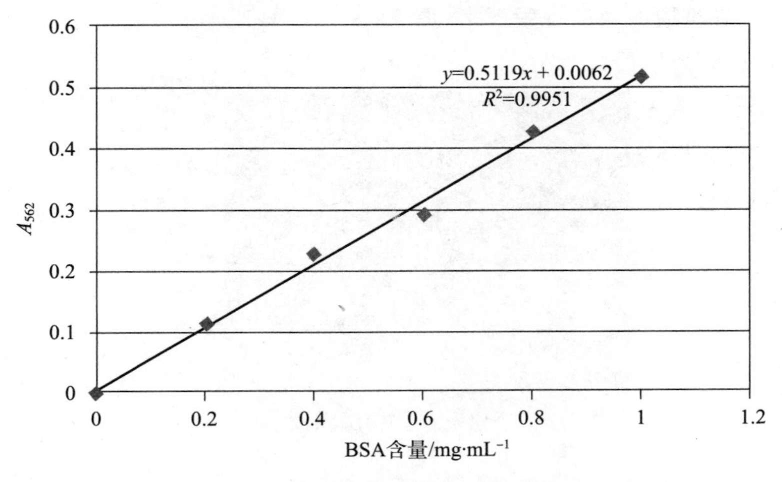

图 5－7 肝细胞糖蛋白标准曲线

取三份肝细胞糖蛋白样品进行吸光度值测定，结果分别为：0. 749 4，0. 563 3，0. 585 1。计算平均值为 0. 632 6。代入公式得肝细胞糖蛋白含量为1. 222 2 mg/mL。同理，三份肝癌细胞糖蛋白样品吸光度平均值为 0. 749 4。代入公式得肝癌细胞糖蛋白含量为 1. 392 4 mg/mL。

糖蛋白洗脱液为 200 μL，则洗脱得到的正常肝细胞糖蛋白的含量为 1. 222 2 mg/mL（200 μL→0. 244 4 mg）。而由于我们取 300 μL 总蛋白质进行分离纯化，则总蛋白质的含量为 2. 315 6 mg/mL（300 μL → 0. 704 7 mg）。则可知分离纯化出的糖蛋白质量约占总蛋白质质量的 34. 68％。同理，洗脱得到的肝癌细胞糖蛋白的含量为 1. 392 4 mg/mL（200 μL→0. 278 5 mg）。而由于我们取 300 μL 总蛋白质进行分离纯化，则总蛋白质的含量为 3. 226 2 mg/mL（300 μL→0. 967 9 mg）。则可知分离纯化出的糖蛋白质量约占总蛋白质质量的 28. 77％。

（三）SDS-PAGE 电泳及银染

通过 SDS-PAGE 电泳并银染显色显示，人健康肝组织蛋白质在经 LCA 磁粒洗脱分为不结合和结合两部分，不结合组分和结合组分总的吸光度 A 比值平均为 2 ∶ 1 左右。用 LCA 磁粒分离提取得到的糖蛋白与总蛋白质比较，发现通过 LCA 磁粒使得 LCA 结合的低丰度糖蛋白得到了富集。例如在 LCA 结合组分中 32.5×10^3 左右有一条非常浓集的条带，在平衡组分中没有，在总蛋白质条带中并不显著。说明这些蛋白质与 LCA 发生共价结合，通过磁性分离与非结合组分分离。电泳时同时用 LCA

及 BSA 作为对照。由于洗脱缓冲液是较为剧烈的 SDS，而 LCA 是一个四聚体蛋白质，由相对分子质量分别 17×10^3、8×10^3 的大小亚基各两个组成，在 SDS 强效的洗脱作用下，部分 LCA 亚基也被洗脱下来。另外，部分吸附作用较强的 BSA，经清洗过程未被清除，在洗脱时也被洗脱下来（图 5－8）。

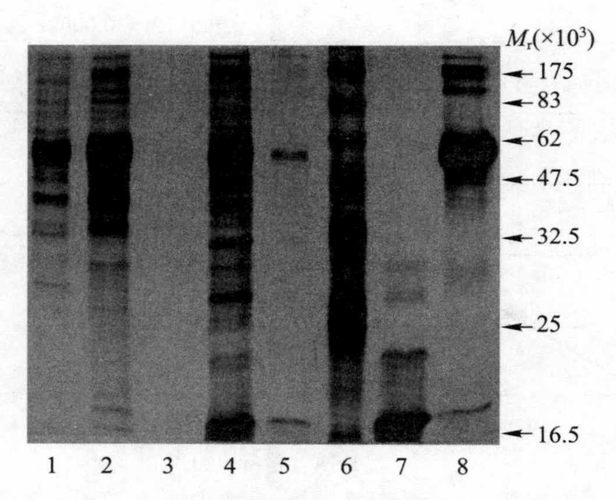

图 5－8　正常肝细胞糖蛋白 SDS-PAGE 电泳图

1. 正常肝细胞总蛋白质；2. LCA 非结合组分；3. 清洗末次蛋白质组分；4. 第一次洗脱 LCA 结合组分；5. 第二次洗脱 LCA 结合组分；6. Marker；7. LCA；8. BSA

肝癌细胞总蛋白质及其 LCA 结合糖蛋白经 SDS-PAGE 电泳再经银染显色（图5－9）。结果显示，经 LCA 磁粒的分离纯化，总蛋白质中部分蛋白质条带出现在 LCA 结合组分中。分离后的 LCA 结合糖蛋白组分大部分在相对分子质量 20×10^3 ~ 60×10^3 范围内。LCA 结合糖蛋白条带与总蛋白质条带相比有明显差异，其中，总蛋白质中相对分子质量大于 60×10^3 和小于 20×10^3 的蛋白质缺失明显，相对分子质量32.5×10^3及约 30×10^3 处的蛋白质条带也有明显缺失。而相对分子质量约 59×10^3、47.5×10^3、40×10^3、28×10^3 及 20×10^3 处的蛋白质得到分离纯化，另在小于 16.5×10^3 的区域内也有一条蛋白质条带得到纯化。而在总蛋白质中未出现蛋白质条带的位置，亦在 LCA 结合组分中并未出现蛋白质条带。这表明 LCA 结合组分中的蛋白质均来自于总蛋白质中，固定于磁性微粒上的 LCA 并未在 LCA 结合组分中出现。

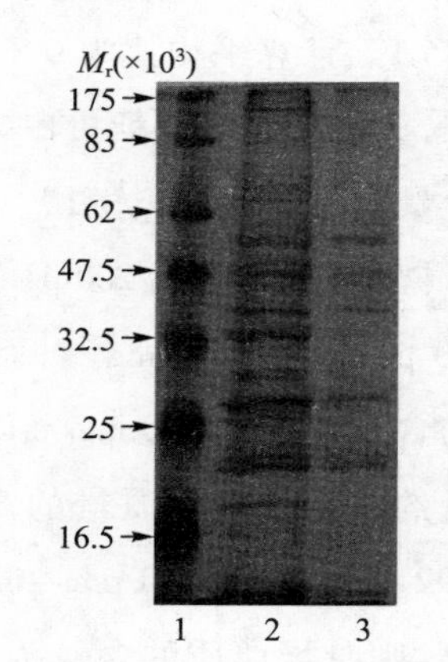

图 5－9　人肝癌细胞糖蛋白 SDS-PAGE 电泳图

1. Marker；2. 人肝癌细胞总蛋白质；3. LCA 结合组分

（四）双向电泳及银染结果

双向电泳是蛋白质组学研究中核心技术之一，是目前常用的唯一一种能够连续在一块胶上分离数千种蛋白质的方法。双向电泳图谱斑点复杂,必须依靠计算机为基础的图像分析软件进行分析,包括斑点检测、背景消减、斑点配比和数据库构建等在内的图像分析。目前应用较为广泛的图像分析软件有 PDQuest、ImageMaster 2D Elite、Melanie、BioImage Investigator 等,分辨率较高,功能齐全。尽管如此,仍不可避免约 10% 未检出点和假点,需要手工添加、删除和分割。

通过 LCA 磁粒获得正常人肝细胞 LCA 结合糖蛋白和人肝癌细胞 LCA 结合糖蛋白,用双向电泳结合银染技术,获得正常人肝细胞 LCA 结合糖蛋白及人肝癌细胞 LCA 结合糖蛋白双向电泳图谱(见**彩图** 5-2)。分析图谱发现,正常人肝细胞 LCA 结合型糖蛋白分布较广,大部分集中于 p*I* 4~7,M_r 为 13×10^3 ~ 83×10^3 区域(见**彩图** 5-2A),相对分子质量大于 32.5×10^3 及小于 25×10^3 的糖蛋白较多。人肝癌细胞 LCA 结合型糖蛋白在整个凝胶中分布较均匀,M_r 为 16.5×10^3 ~ 25×10^3 区域处有多个高丰度蛋白质,高相对分子质量糖蛋白较多(见**彩图** 5-2B)。

用双向电泳分析软件 ImageMaster 2D 处理图谱,经背景消减后,将正常肝细胞 LCA 结合糖蛋白双向电泳凝胶作为参考胶并进行蛋白质点间的匹配(见图 5-10)。在 p*I* 4~8,相对分子质量为 13×10^3 ~ 180×10^3 的区域内,正常肝细胞 Chang Liver 糖蛋白经 2D 电泳分离出 148±5 个蛋白质点,而肝癌细胞 SMMC-7721 糖蛋白分离出 209±7 个蛋白质点。对正常肝细胞 Chang Liver 糖蛋白图谱及肝癌细胞 SMMC-7721 糖蛋白图谱匹配比较发现,仅在正常肝细胞 Chang Liver 糖蛋白图谱中出现的蛋白质点有 16 个,仅在肝癌细胞 SMMC-7721 糖蛋白图谱中出现的蛋白质点有 76 个,在两个样品中均出现(匹配)但表达上存在差异的有 95±2 个。与正常肝细胞糖蛋白相比,肝癌细胞糖蛋白中有 6 个蛋白质点表达明显上调,3 个蛋白质点表达发生明显下调,3 个蛋白质点没有表达,新出现了 35 个蛋白质点,匹配率为 85.36%。

实例三　凝集素磁性微粒复合物应用于活细胞表面膜糖蛋白的分离纯化及鉴定

一、实验原理

蛋白质的糖基化修饰是最常见、最重要的蛋白质翻译后修饰之一。大量糖蛋白分布于细胞的表面,但是在研究细胞膜表面糖蛋白时,经常由于细胞的渗漏和破裂带入细胞内蛋白质。本实验利用环氧基团修饰的微米级磁性微粒与凝集素共价偶联,通过凝集素可以识别和特异结合糖链的功能,与活细胞表面的糖蛋白特异性结合,然后经活细胞膜蛋白质提取试剂盒的处理,完成分离纯化。再经浓缩和除盐、酶解、C18

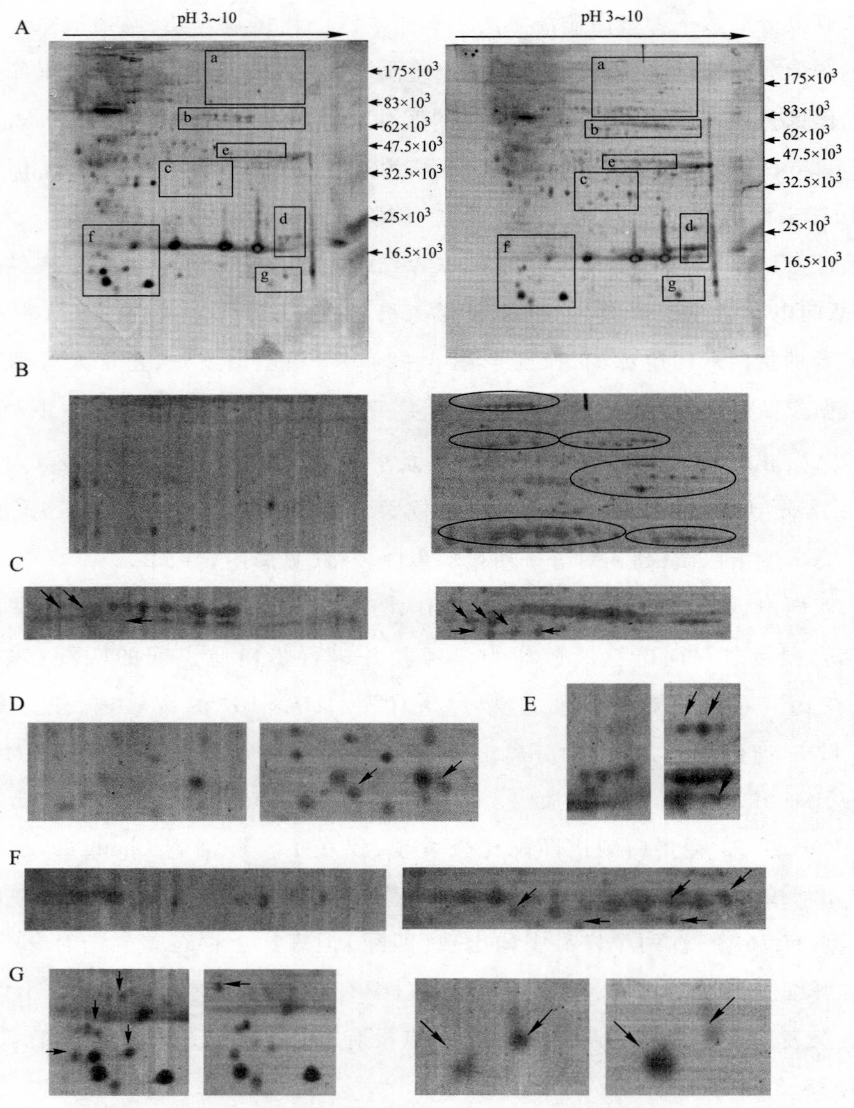

图 5-10　正常肝细胞 Chang Liver 及肝癌细胞 SMMC-7721 LCA 结合糖蛋白双向电泳图谱的差异分析

A~G 为 2D 电泳中存在显著差异区域放大效果比对图，对比可发现差异蛋白点

柱分离糖肽，质谱鉴定，从而研究细胞膜表面糖蛋白表达水平与细胞生长，增殖以及信号传递之间的关系，了解糖蛋白在细胞中的功能。其操作原理图见**彩图** 5-3。

二、试剂、材料和仪器

（一）实验样本

HepG-2 细胞。

（二）实验试剂

1. 凝集素（Con A）。

2. 环氧磁粒试剂。

3. 硼酸，硼砂，$CaCl_2$，$MgCl_2$，$MnCl_2$，HCl，Tris-HCl，NaCl，Tween-20，α－甲基甘露糖，葡萄糖，岩藻糖，乙醇胺，牛血清清蛋白（BSA），蛋白酶抑制剂，NaN_3，尿素，二硫苏糖醇（DTT），碘乙酰胺（IAM），Trypsin，PNGase F，乙腈（ACN），三氟乙酸（TFA），Sepharose 4B，正丁醇，甲醇，NaOH，二甲基亚砜（DMSO），碘甲烷（CH_3I），乙酸，氯仿，2,5－二羟基苯甲酸（DHB），肉桂酸（CHCA）。

4. 0.05 mol/L 硼砂溶液：称取 0.762 8 g 硼砂，溶于 40 mL 超纯水中。

5. 0.2 mol/L 硼酸溶液：称取 0.618 5 g 硼酸，溶于 50 mL 超纯水中。

6. 偶联缓冲液：0.05 mol/L 的硼砂溶液 5 mL，0.2 mol/L 的硼酸溶液 45 mL，0.15 mol/L的 NaCl，1 mmol/L 的 $CaCl_2$，1 mmol/L 的 $MnCl_2$，用 HCl 调 pH 至 7.4（pH 调至 7.4 后加入 $MnCl_2$）。

7. 结合缓冲液：0.1 mol/L Tris-HCl，0.15 mol/L NaCl，1 mmol/L $CaCl_2$，1 mmol/L $MgCl_2$，1 mmol/L $MnCl_2$，用 HCl 调 pH 至 7.4（pH 调至 7.4 后加入 $MnCl_2$）。

8. 清洗缓冲液：0.1 mol/L 结合缓冲液，0.1% 的 Tween-20。

9. 洗脱缓冲液Ⅰ：0.1 mol/L 结合缓冲液，0.5 mol/L 的 α－甲基甘露糖。

10. 封闭剂：2% 乙醇胺，0.1% BSA，超纯水，用 HCl 调 pH 至 9.0。

11. Protein Extract™ native membrane protein extraction kit。

12. 100 mmol/L 的 NH_4HCO_3：称取 0.079 1 g NH_4HCO_3，溶于 10 mL 超纯水。

（三）实验仪器

磁性分离架，倒置生物显微镜 XD-101，超纯水机，超速冷冻离心机 5804R，ZH-WY-2101C 型恒温振荡器，微量移液器，超声波清洗机，Agilent 6530 Q-TOF-MS/MS。

三、操作流程

（一）凝集素磁性微粒复合物的制备

1. 取 2 mL 离心管，加入 4.5 mg 的磁性微粒和 900 μL 偶联缓冲液，混匀，置于磁性分离架上，磁性分离后，弃去上清，重复清洗 3 次。

2. 分别加入 600 μL 的 Con A 溶液（凝集素溶液的吸光度设为 A_1），将离心管平放于恒温气浴摇床上，于 180 r/min，25 ℃ 条件下反应 1.5 h。反应结束后，磁性分离，收集上清（A_2）。向每个离心管中加入 600 μL 偶联缓冲液，混匀，平放于恒温气浴摇床上，于 180 r/min，25 ℃ 条件下反应 15 min。反应结束后，磁性分离，收集上清（A_3）。经过紫外分光光度计测定偶联率。

3. 离心管中加入 1 mL 的封闭液，平放于恒温气浴摇床上，于 180 r/min，25 ℃条件下反应 30 min。反应结束后，磁性分离，弃去上清。然后，向离心管加入 600 μL 的偶联缓冲液清洗 3 次，第 2 次清洗时，加入偶联缓冲液混匀后，将离心管平放于恒温气浴摇床上，于 180 r/min，25 ℃条件下反应 5 min，反应结束后，磁性分离，弃去上清。其余两次，加入偶联缓冲液混匀后，直接置于磁性分离架上，磁性分离后，弃去上清。再用结合缓冲液清洗 3 次。清洗结束后，向 Con A 离心管中加入 600 μL 结合缓冲液，保存于 4 ℃，待用。

（二）活细胞表面膜糖蛋白的分离纯化

1. 待培养的 HepG-2 细胞铺满培养瓶的 80% ~90% 后，倒掉培养液，向培养瓶中加入 2 mL 经 4 ℃预冷的结合缓冲液冲洗，洗去未贴壁细胞，弃去，共 3 次。加入胰酶溶液 2 mL，静置于显微镜载物台上，观察待细胞刚开始变圆后，迅速弃去胰酶溶液。然后向培养瓶中加入适量结合缓冲液，用移液器将贴壁的细胞冲入其中。将细胞转入 15 mL 离心管中，以 800 r/min 离心 5 min，弃上清。向细胞离心管中加入 2 mL 结合缓冲液，以 800 r/min 离心 5 min，弃上清，清洗 3 次。

2. 清洗完成后，加入 1 mL 结合缓冲液溶解细胞。将准备好的 HepG-2 细胞分别加入凝集素磁性微粒复合物中，混匀，平放于恒温气浴摇床上，于 180 r/min，4 ℃反应过夜。

3. 反应结束后，磁性分离收集上清，于显微镜下观察。待上清中无细胞时，向凝集素磁性微粒复合物中加入 1 mL 的 Protein Extract™ native membrane protein extraction kit 中的 Washing Buffer Ⅰ和 10 μL 蛋白质酶抑制剂，摇床中 4 ℃轻微振荡 10 min，磁性分离弃上清。再加入 1 mL Washing Buffer Ⅱ和 10 μL 蛋白质酶抑制剂，摇床中4 ℃轻微振荡 20 min，磁性分离弃上清。

4. 向离心管中加入 600 μL 清洗缓冲液和 6 μL 蛋白酶抑制剂，混匀，平放于恒温气浴摇床上，于 180 r/min，4 ℃条件下轻微振荡 3 min，弃去上清，清洗 3 次。

5. 向离心管中加入 500 μL 洗脱缓冲液和 5 μL 蛋白酶抑制剂，混匀，平放于恒温气浴摇床上，于 180 r/min，4 ℃条件下反应 1 h，收集洗脱蛋白质。

6. 向凝集素磁性微粒的离心管中加入 900 μL 结合缓冲液和 100 μL NaN_3，保存于 4 ℃，待下次利用。

（三）糖蛋白的浓缩及除盐

1. 取 3×10^3 的分子筛柱和离心管，加入 450 μL 的超纯水，于12 000 r/min离心 20 min。然后将 3×10^3 分子筛柱倒置于离心管上，于2 000 r/min离心 10 min，弃去离心管底液。

2. 向 3×10^3 分子筛柱中各自加入洗脱得到的糖蛋白。于12 000 r/min，4 ℃下离心 30 min,去除离心管底液。然后加 450 μL 的 100 mmol/L NH_4HCO_3 到 3×10^3 分子筛柱中,于12 000 r/min,4 ℃下离心 30 min。

3. 离心结束后,取新离心管,将 3×10^3 分子筛柱倒置于离心管上,于 2 000 r/min,4 ℃下离心 15 min,收集蛋白质溶液,Bradford 试剂测定蛋白质浓度。

(四)糖蛋白的 Trypsin 酶解

1. 向离心管中加入尿素,使其终浓度为 8 mol/L,振荡混匀,室温下静置 30 min(体积约为 150 μL)。

2. 向每个离心管中加入 150 μL 的 10mmol/L DTT(使用 100 mmol/L NH_4HCO_3 新鲜配制 DTT,$V_{DTT}:V_{样品}=1:1$),37 ℃条件下孵育 1 h。向每个离心管中加入 300 μL的 20 mmol/L IAM(使用 100 mmol/L NH_4HCO_3 新鲜配制 IAM,$V_{IAM}:V_{样品}=2:1$),20 ℃条件下,避光孵育 1 h。再向每个离心管中加入 150 μL 的 10 mmol/L DTT,60 ℃条件下孵育 1 h。

3. 向 Trypsin 中加入 50 μL 的 HCl buffer,置于 30 ℃水浴活化 15 min。激活的 Trypsin 放在冰浴上保持其活性。向 Trypsin 中加入 150 μL 的100 mmol/L NH_4HCO_3,此时的 Trypsin 溶液的质量浓度为 0.1 μg/μL。向样品中加入 Trypsin(Trypsin 和样品的质量比为 1∶50),于 37 ℃条件下孵育 16 h 左右。酶解反应结束后,80 ℃水浴中 5 min 终止酶解反应。

(五)糖蛋白的 PNGase F 酶解

向终止 Trypsin 酶解反应的样本中加入 3 μL 配好的 PNGase F 溶液,在 37 ℃下孵育 16 h 左右。酶解反应结束后,80 ℃水浴 5 min 终止酶解反应,冻干保存于 -80 ℃。

(六)C18 柱分离多肽

取出干燥密封保存的 C18 柱,分别用 1 mL ACN、1 mL 0.1% TFA/50% ACN 和 1 mL 0.1% TFA 清洗平衡 3 遍。向酶解好的样品中加入 10 μL TFA,使样品溶液的 pH 处在 2~3 范围。将样品上样至 C18 柱中。用 400 μL 0.1% TFA 清洗 C18 柱 4 次。然后用 400 μL 0.1% TFA/50% ACN 洗脱 C18 柱 3 次,再加入 400 μL 80% ACN 洗脱 C18 柱 1 次,收集流出液,冷冻干燥并保存于 -20 ℃待质谱鉴定。

(七)LC-MS/MS 鉴定(参照本章第一节 LC-MS/MS 方法)。

四、实验结果与分析

(一)Con A 分离纯化 HepG-2 膜糖蛋白的 SDS-PAGE 分析

Con A 作为凝集素被作为膜糖蛋白分离纯化的配体,BSA 作为一种普通蛋白质,被用作阴性质控偶联至磁性微粒表面,与 Con A 磁性微粒复合物一起用于细胞膜糖蛋白的分离纯化。待提取结束后,各样品先用 SDS-PAGE 进行分析鉴定。

从图 5－11 中可以看出，凝集素 Con A 可以特异性的从 HepG-2 细胞中提取膜糖蛋白，而 BSA 作为阴性对照几乎不能从细胞膜上提取到任何蛋白质。

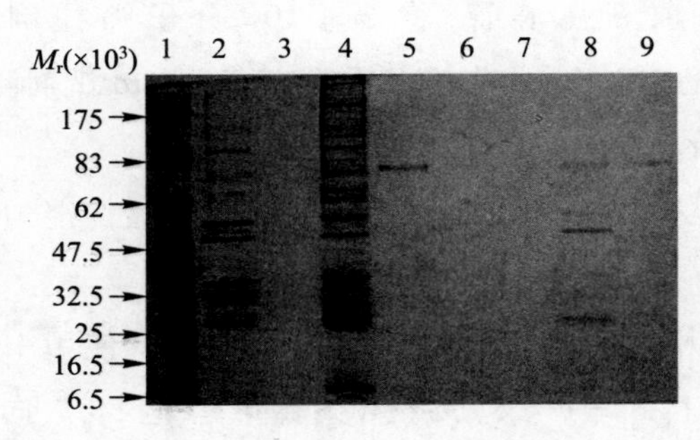

图 5－11　凝集素 Con A 和蛋白质 BSA 磁性微粒复合物分离纯化 HepG-2 细胞膜糖蛋白

1. 蛋白质 Marker；2. 提取缓冲液 Ⅰ 处理后上清（BSA）；3. 提取缓冲液 Ⅰ 处理后上清（BSA）；4. 提取缓冲液 Ⅱ 处理后上清（Con A）；5. 提取缓冲液 Ⅱ 处理后上清（BSA）；6、7. 清洗缓冲液最后一次清洗上清；8. 洗脱上清（Con A）；9. 洗脱上清（BSA）

（二）Con A 分离纯化 HepG-2 膜糖蛋白的 LC-MS/MS 分析

Con A 磁性微粒复合物纯化的 HepG-2 膜糖蛋白经过 LC-MS/MS 分析后鉴定到 37 个膜糖蛋白，这些膜糖蛋白的相对分子质量和等电点分析后其分布如图 5－12 所示。从图中可以看出质谱鉴定的糖蛋白相对分子质量分布与 SDS-PAGE 的分布趋势完全一致（图 5－12A），且可以看出膜表面糖蛋白主要是偏酸性的糖蛋白（图 5－12B）。

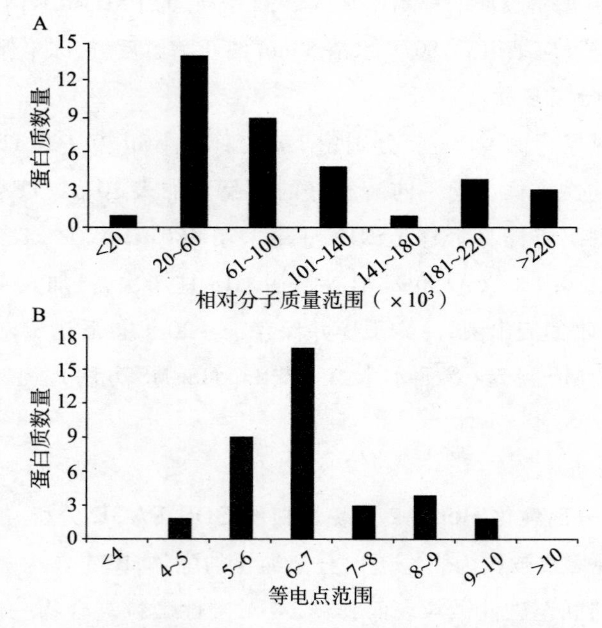

图 5－12　Con A 分离纯化膜糖蛋白相对分子质量和等电点分布

■参考文献

1. Yang G, Cui T, Wang Y, *et al*. Selective isolation and analysis of glycoprotein fractions and their glycomes from hepatocellular carcinoma sera. Proteomics, 2013, 13: 1 481 - 1 498.
2. Yang G, Cui T, Chen Q, *et al*. Isolation and identication of native membrane glycoproteins from living cell by concanavalin A-magnetic particle conjugates. Anal Biochem, 2012, 421: 339 - 341.
3. Tang J, Liu Y, Yin P, *et al*. Concanavalin A-immobilized magnetic nanoparticles for selective enrichment of glycoproteins and application to glycoproteomics in *Hepatocelluar carcinoma* cell line. Proteomics, 2010, 10: 2000 - 2014.
4. McDonald CA, Yang JY, Marathe V, *et al*. Combining results from lectin affinity chromatography and glycocapture approaches substantially improves the coverage of the glycoproteome. Mol Cell Proteomics, 2009, 8: 287 - 301.
5. Wollscheid B, Bausch-Fluck D, Henderson C, *et al*. Mass-spectrometric identification and relative quantification of N-linked cell surface glycoproteins. Nat Biotechnol, 2009, 27: 378 - 386.

第六章　凝集素－磁性微粒复合物分离及其非标记的蛋白质质谱定量技术

血液作为临床用药和治疗以及检测的重要材料被广泛应用，特别是在血清蛋白质组学的研究中。各个组织或器官的蛋白质通过各种机制进入到全身的循环系统当中，特别是血液中，使得血液蛋白质组非常复杂。在这些血清蛋白中，许多蛋白存在一种（有的甚至超过 50 种）的翻译后修饰，这就使得血清蛋白质组有可能成为人体最复杂的蛋白质组库。体内的蛋白质翻译后修饰大约超过 100 种，而其中糖基化修饰是最普遍的一种，最新研究表明血清蛋白质组中大概有超过 50% 的蛋白质是糖蛋白。而其中的蛋白质糖基化修饰随细胞生长和分化阶段，多种疾病，年龄和环境压力等的变化而变化，因此分离和鉴定糖蛋白的方法在其生物学应用研究中具有重要的作用。

近年来，研究糖链（糖组学）和蛋白质糖基化（糖蛋白质组学）已成为生物标志物发现的最活跃的有效手段。凝集素作为一种自然界存在的蛋白质可以和糖链组分特异性的结合，因此被广泛应用于糖蛋白的研究。研究证明凝集素对糖链的亲和力相比于抗体和抗原的相互作用要低，这种性质有利于亲和层析分析，因为这种情况能更有效地洗脱吸附的糖蛋白，并且能很好地复性凝集素。早在 20 世纪 80 年代，凝集素结合微球就已经被应用于捕获糖蛋白，凝集素免疫组化方法也被应用于观察乳腺癌蛋白质糖基化修饰改变，另外，在最近凝集素亲和层析结合质谱检测手段被应用在以血清、血浆、细胞等为样品的胰腺癌、乳腺癌、肝癌以及直肠癌的糖蛋白质组学的研究。一般的凝集素，如 ConA 和 WGA，跟糖链亲和作用的范围比较广且存在重叠现象。有研究者发展了多凝集素亲和层析方法（M-LAC），即将凝集素的混合物结合至层析柱中，从而可以实现分离多种类型糖蛋白，进行糖蛋白质组学的研究。

蛋白质组 LC-MS 方法结合蛋白质注释数据库可以从复杂样品中鉴定到上千种蛋白质，同时通过同位素标记不同样品中的蛋白质，可以将这种方法应用于蛋白质相对定量。最近不仅将这种定量技术用于两种样品中蛋白质的差异研究，也被广泛应用于蛋白－蛋白之间、蛋白－多肽之间、蛋白－药物之间相互作用的研究。蛋白浓度是蛋白质组定量研究中一种最基本、最重要的研究参数,因为细胞蛋白质组样品中每一种蛋白质的动力学性质都与某一个细胞器中蛋白质浓度相关,而且很多生物现象都需要通过蛋白质的浓度变化来进行阐明。但是至今还没有发展出一种可以广泛应用的单独定量一种样品中蛋白质浓度的方法。以前研究中,通常用凝胶中蛋白质染色的强度来比较蛋白质的量,然而,在复杂样品中,蛋白质不可能被单一的染色,所以很多蛋白质的信息都会被丢失。因此现在在单一样品定量中加入同位素标记的合成多肽作为内标来实现,但是这种方法由于受价格昂贵和很难实现对胶内酶解蛋白质的定量的限制而没有得到广泛应用。在质谱分析中,即使一次 Nano-LC-MS/MS 分析就能鉴定大量的蛋白质,还可以提供很多蛋白质的信息,比如鉴定的蛋白质级别(rank),得分(score,得分代表鉴定结果的可靠性),每个蛋白质所得的多肽种类,鉴定多肽的离子数目,LC 保留时间等(这些参数都可以为蛋白质定量提供一些信息)。然而,由于质谱线性范围的限制和离子化效率的差异,不可能对质谱鉴定到的所有蛋白质定量的准确度达到一致,所以需要一种归一化的处理方法来获取更准确的定量信息。其中蛋白质丰度指数(PAI)作为一种质谱归一化的手段具有明显的优势,该指数是通过每种蛋白质正常情况下的多肽的理论数目对鉴定到的多肽数目进行归一化处理,从而达到定量分析蛋白质的目的。

一、实验目的

本实验中,发展了一种凝集素－磁性微粒复合物分离 *N*－连接糖蛋白的方法(*N*-glyco-LMPCs),即利用自制的凝集素 Con A,LCA,AAL,WGA－磁性微粒复合物高通量分离糖蛋白,溶液酶解糖蛋白后用 LC-ESI-Q-TOF-MS 鉴定血清中与 HCC 相关的糖蛋白,并利用 emPAI 非标记的质谱蛋白质定量的糖蛋白质组学方法。该方法主要采用两种策略(图 6－1),首先,利用单凝集素－磁性微粒复合物(S-LMPCs)分离血清中的糖蛋白并进行鉴定和定量分析,寻找肝癌相关糖蛋白的变化。其次,利用多凝集素－磁性微粒复合物(M-LMPCs)分离血清中的糖蛋白并进行鉴定和定量分析,寻找肝癌相关糖蛋白的变化。这个工作流程可以实现一步纯化血清中的糖蛋白,去除血清中的高丰度蛋白质,以及分离除盐、去杂质的目的。

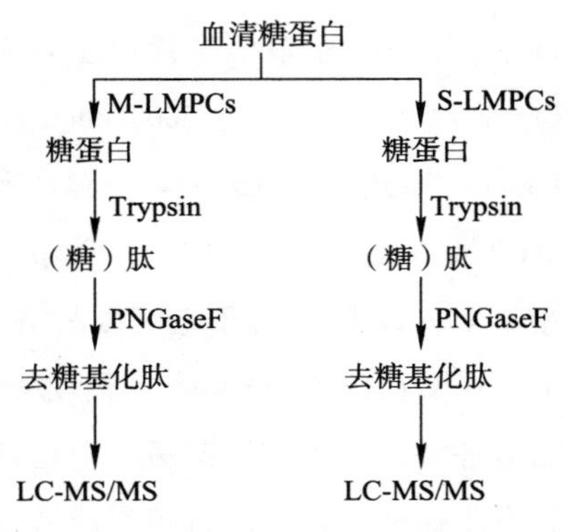

图 6－1 *N*-glyco-LMPCs 法分离血清糖蛋白策略

二、试剂、材料和仪器

（一）主要材料和试剂

1. 凝集素 Con A，LCA，AAL，WGA 购自美国 Vector 公司。

2. 二硫苏糖醇（DTT），碘乙酰胺（IAM），岩藻糖（Fuc），*N*－乙酰葡萄糖胺，尿素，HPLC 级三氟乙酸（TFA），Bradford 定量试剂盒均购自美国 Sigma-Aldrich 公司。

3. 牛血清清蛋白（BSA），α－甲基甘露糖苷，HPLC 级正丁醇，三氟乙酸（TFA），甲醇和一些常用试剂均购自德国 Merck 公司；测序级猪胰蛋白酶（Trypsin）购自 Promega 公司；碳酸氢氨（NH_4HCO_3）购自 Fluka 公司。

4. 滤膜 Amicon Ultra-0.5（10×10^3）购自美国 Millipores 公司；糖苷酶 PNGase F 和 SDS-PAGE 蛋白质 Marker（$7 \times 10^3 \sim 175 \times 10^3$）购自 New England Biolabs 公司；Sep-Pak 1cc C18 柱购自美国 Waters 公司；其他化学试剂均为分析纯，在使用前没有经过进一步纯化；所有实验用水均经过 Milli-Q 50 纯水系统（美国 Millipore 公司）处理。

（二）实验仪器

1. 磁性分离器（西安金磁纳米生物技术有限公司）；ZHWY-2101C 型恒温振荡器（上海智诚分析仪器制造有限公司）。

2. 紫外可见分光光度计 Agilent 8453（美国 Agilent 科技公司）；安捷伦 1200 系列纳流高效液相色谱系统，Zorbax 300SB C18 分析柱（150 × 0.075 mm，颗粒粒径为 5 μm）；Zorbax 300SB C18 富集柱（4 mm，40 nL，颗粒粒径为 5 μm）以及 ESI-Q-TOF 6530 串联质谱仪均购自美国 Agilent 科技公司。

（三）LMPCs 的制备

方法基本同第五章第二节中的 ConA 磁性微粒复合物的制备，但对不同的凝集素方法略有不同。简略介绍如下：取制备的环氧化磁性微粒 4.5 mg 至 2 mL 的 eppendorf 管中，用 1 mL 偶联缓冲液反复清洗磁性微粒 5 次。不同凝集素的偶联缓冲液略不同，ConA，LCA 和 AAL 为 200 mmol/L 硼酸盐缓冲液，150 mmol/L NaCl，1 mmol/L $CaCl_2$，1 mmol/L $MnCl_2$，pH 7.4；WGA 为 200 mmol/L 硼酸盐缓冲液，150 mmol/L NaCl，pH 7.4。向磁性微粒中加入 900 μL 的 1 mg/mL 的用各自偶联缓冲液溶解的凝集素，凝集素 Con A，LCA 置于空气振荡浴中室温反应 1.5 h；凝集素 AAL，WGA 置于空气振荡浴中 4 ℃反应过夜；溶液中没有反应的凝集素用偶联缓冲液清洗，即加入 900 μL 的偶联缓冲液并置于空气振荡浴中充分振荡 15 min。为了避免后期蛋白质的共价结合，用含有牛血清清蛋白的封闭缓冲液（pH 9.3）磁性微粒封闭 30 min。LMPCs 用 1 × PBST（0.01 mol/L PBS，0.1% Tween-20，pH 7.4）清洗三次，然后再用1 × PBS 清洗三次。最后将 LMPCs 4 ℃保存于保存缓冲液（偶联缓冲液 +0.1% NaN_3）。

（四）CMPCs选择性分离高甘露糖型 *N*－连接糖蛋白

取制备的CMPCs 4.5 mg，用结合缓冲液充分清洗3次，向磁性微粒复合物中分别加入用结合缓冲液稀释的HCC患者和健康志愿者血清各2 mg（600 μL），置于空气振荡浴中室温反应1 h。通过用结合缓冲液的反复清洗，洗去非特异性吸附在磁性微粒上的蛋白质，然后再加入300 μL的洗脱缓冲液（0.5 mol/L的α－甲基甘露糖苷偶联缓冲液）在空气振荡浴中洗脱1 h，收集洗脱液即从血清中特异分离的糖蛋白。

（五）凝集素LCA，AAL－磁性微粒复合物选择性分离复杂型 *N*－连接糖蛋白

分别用LCA和AAL－磁性微粒复合物分离2 mg HCC患者和健康志愿者血清中的复杂型糖蛋白，方法基本同上述步骤（四），不同的是LCA和AAL的洗脱缓冲液为含有0.2 mol/L的岩藻糖的偶联缓冲液。

（六）凝集素WGA－磁性微粒复合物选择性分离杂合型 *N*－连接糖蛋白

用WGA－磁性微粒复合物分离2 mg HCC患者和健康志愿者血清中的复杂型糖蛋白，方法基本同步骤（四），不同的是WGA的洗脱缓冲液为含有0.1 mol/L的 *N*－乙酰葡糖胺的偶联缓冲液。

（七）M-LMPCs选择性分离 *N*－连接糖蛋白

M-LMPCs制备是将（三）中制备的各种凝集素－磁性微粒复合物等量混合，然后用结合缓冲液反复清洗M-LMPCs。取4.5 mg的M-LMPCs分别分离2 mg HCC患者和健康志愿者血清中的糖蛋白，方法同步骤（四），洗脱缓冲液为含有0.5 mol/L的α－甲基甘露糖，0.2 mol/L的岩藻糖和0.1 mol/L的 *N*－乙酰葡萄糖胺的偶联缓冲液。

（八）*N*-glyco-LMPCs法分离的糖蛋白定量和SDS-PAGE分析

四种凝集素分离的糖蛋白分别用Bradford定量试剂测定其浓度。取分离的糖蛋白10 μg进行SDS-PAGE分析。

（九）糖蛋白的除盐和酶解

各步分离的糖蛋白分别被除盐和胰蛋白酶酶解，方法同第五章第二节实例一。

（十）糖苷酶PNGase F去糖链和多肽除盐处理

取酶解的多肽样品，用PNGase F酶解取多肽上的 *N*－连接糖链；用Water公司的C18柱进行除盐处理，方法同第五章第二节实例一。

（十一）LC-MS/MS鉴定多肽

多肽样品用Agilent公司的nanospray CHIP-LC-Q-TOF-MS/MS 6530质谱仪进行分析。冻干的多肽样品用0.1%的甲酸溶解，LC-MS分析的上样量为每次8μL。液相系统采用安捷伦1200系列纳流高效液相色谱系统，Zorbax 300SB C18分析柱（150×0.075 mm，颗粒粒径为5 μm），Zorbax 300SB C18富集柱（4 mm，40 nl，颗粒粒径为5 μm），样品的上样速度固定为3 μL/min。流动相A液为1%乙腈，0.1%甲酸水溶液,B 液为 90% 乙腈,0.1% 甲酸溶液。自动进样系统进样后,0 min 时 B 液为 3%,0~10 min B 液为 3% ~10%,10~80 min B 液为 10% ~45%,50~95 min B 液为 45% ~90%,95~105 min B 液为 90%,105~120 min B 液为 90% 至 3%,每个样品总分析时间为 120 min。被分离的多肽被从芯片的毛细管柱上洗脱下来,以0.3 μL/min 的速度流至纳喷雾发射头上,针头喷射电压为 1.7 kV。该质谱仪配置安捷伦垂直纳电喷雾源,自动采集模式采集 MS/MS 信息。一级 MS 扫描图谱上 5 个最高峰被选择为二级质谱的母离子峰。由于质谱仪的肽前体离子选择存在数据统计的起伏现象,故对每个样品都进行三次重复进样。

(十二) 质谱数据分析

质谱数据用安捷伦的 MassHunter Workstation 软件提取。所有的二级质谱数据是利用 SwissProt(SwissProt_57.15.fasta)数据库通过 Mascot 2.3.0 软件来搜索,搜索参数为:前体离子的质量容忍度为 ±2.5;二级离子碎片的质量容忍度为 ±0.7;允许存在 2 个错误切割;半胱氨酸的乙酰胺化修饰为固定化修饰(相对分子质量 +57);甲硫氨酸的氧化修饰(相对分子质量 +16)和天冬酰胺的氨化(相对分子质量 +0.98)为可变修饰;蛋白质的 Mascot 得分为大于 15,P 值小于 0.05。

(十三) *N*-glyco-LMPCs 法分离糖蛋白的非标记的蛋白质质谱定量

复杂样品中每种蛋白质的绝对定量可以通过测定 2D 电泳上的单个蛋白质染色的强度相比于整个胶上的蛋白质染色强度。然而这种方法受很多因素的影响,要想准确定量必须要求电泳时每种蛋白质都被分离没有丢失,且重复实验时丢失率相同,染色时胶上各个蛋白质的着色效率一致,但这些前提条件在双向电泳中很难实现。另外现在比较多的是同位素标记多肽然后用 LC-MS/MS 进行定量分析,然而这种方法在鉴定多种蛋白质时成本很高,同时也存在在标记后的多肽在质谱中的离子化效率存在差异,也无法达到完全定量。德国马普所蛋白质组学科学家 Mann 和他的同事发展了一种被称作 PAI 或者 emPAI 的蛋白质非标记定量方法。其中 PAI 值是质谱鉴定到的多肽数目除以酶解后多肽理论上能鉴定到的多肽数目,即 $\mathrm{PAI}=\frac{N_{\mathrm{obsd}}}{N_{\mathrm{obsbl}}}$。其中,$N_{\mathrm{obsd}}$ 为质谱鉴定到的多肽数目,N_{obsbl} 为酶解后多肽理论上能鉴定到的多肽数目。emPAI 值是 PAI 值的对数减去 1,即 $\mathrm{emPAI}=10^{\mathrm{PAI}}-1$。因此蛋白质的摩尔分数和质量分数则分别被定义为 $\mathrm{mol\%}=\frac{\mathrm{emPAI}}{\sum(\mathrm{emPAI})}\times 100$,$\mathrm{weight\%}=\frac{\mathrm{emPAI}\times M_{\mathrm{r}}}{\sum(\mathrm{emPAI}\times M_{\mathrm{r}})}\times 100\%$。其中 $\sum(\mathrm{emPAI})$ 为所有鉴定到的蛋白质的 emPAI 值的总和,M_{r} 是该蛋白质的相对分子质量。本实验中鉴定的蛋白质的 emPAI 值是在蛋白质搜索时获得的数据,每种蛋白质的 emPAI 值是三次实验所得 emPAI 值的平均值。然后根据以上公式分别计算鉴定的蛋白质的浓度和质量浓度。

三、实验结果

（一）四种 S-LMPCs 分离的糖蛋白

四种 S-LMPCs 分别从健康志愿者和 HCC 患者血清中分离糖蛋白亚组分，其中 ConA 主要分离血清中高甘露糖型或者富含甘露糖的糖蛋白；LCA 和 AAL 主要分离血清中的含岩藻糖的糖蛋白（LCA 特异性识别 α－1,6 连接岩藻糖；AAL 特异性识别 α－1,3 连接岩藻糖），而岩藻糖主要存在于复杂型糖蛋白中，所以认为这两种凝集素主要分离复杂型糖蛋白；WGA 则主要分离杂合型糖蛋白。对每种凝集素分离的糖蛋白用 Bradford 蛋白质定量的方法对各种凝集素分离的糖蛋白进行定量，结果如表 6－1所示，其中凝集素 Con A 分离的糖蛋白量最大，约为 150 μg，其他凝集素分离的糖蛋白量则相对较少。这与以前研究结果比较相似，即凝集素 ConA 是一种广谱性的糖结合蛋白质，相对于其他凝集素来说识别的范围更广泛。四种 S-LMPCs 从健康志愿者血清中提取的糖蛋白用 SDS-PAGE 分离后用糖蛋白银染色的方法分析，结果如图 6－2 所示，图中显示不同凝集素从健康志愿者血清中分离的糖蛋白的种类是不一样的。

表 6－1 LMPCs 分离临床样品中糖蛋白的 Bradford 定量 （单位：μg）

样品 \ 凝集素	Con A	LCA	AAL	WGA	Multi-lectin*
健康志愿者血清	177 ±2.83	82 ±7.45	41 ±3.67	62 ±5.93	95 ±4.56
HCC 患者血清	140 ±8.20	125 ±9.68	58 ±9.33	65 ±8.76	82 ±6.70

＊代表 ConA、LCA、AAL 和 WGA 四种凝集素共用。

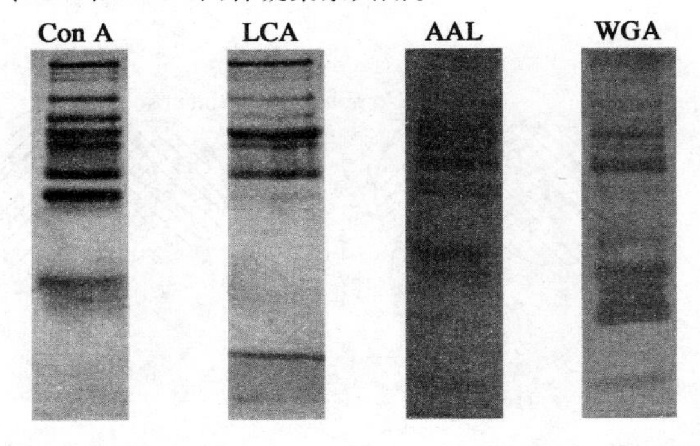

图 6－2 S-LMPCs 分离血清中糖蛋白的 SDS-PAGE 分析

Con A，LCA，AAL，WGA 的 PAGE 条带分别表示 Con A，LCA，AAL，WGA－磁性微粒复合物分离的血清中的糖蛋白条带

(二) 四种 S-LMPCs 分离的糖蛋白的质谱鉴定

将四种凝集素分离的糖蛋白分别进行胰蛋白酶酶解，糖苷酶去除糖链，以及 C18 小柱的除盐处理，然后用高准确相对分子质量的 CHIP-LC-Q-TOF-MS/MS 6530 质谱仪鉴定，获得的数据用 MASCOT 注释分析，获得多肽和蛋白质的信息。其中凝集素 Con A－磁性微粒复合物从健康志愿者血清和 HCC 患者血清中多次分离和鉴定到的糖蛋白数目分别为 63 个和 53 个，其中有 41 个蛋白质在两种血清中同时得到鉴定。凝集素 LCA－磁性微粒复合物从健康志愿者血清和 HCC 患者血清中多次分离和鉴定到的糖蛋白数目分别为 48 个和 50 个，其中有 34 个蛋白质在两种血清中同时得到鉴定。凝集素 AAL－磁性微粒复合物从健康志愿者血清和 HCC 患者血清中多次分离和鉴定到的糖蛋白数目分别为 43 个和 49 个，其中有 20 个蛋白质在两种血清中同时得到鉴定。凝集素 WGA－磁性微粒复合物从健康志愿者血清和 HCC 患者血清中多次分离和鉴定到的糖蛋白数目分别为 115 个和 120 个，其中有 71 个蛋白质在两种血清中同时得到鉴定。从每种 S-LMPCs 鉴定的糖蛋白来看，其中 WGA 鉴定的蛋白质数目种类最多，而不是分离的量最大 Con A 的数目最多，其中原因可能是如第三章所述，在成熟的 *N*－连接糖蛋白中，很多高甘露糖型糖蛋白都被修饰成了杂合型或是复杂型糖蛋白，所以 WGA 可以分离得到更多种类的糖蛋白。从 *N*－连接糖蛋白的三种类型进行分类的话，故认为 Con A 对应高甘露糖型糖蛋白，WGA 对应杂合型糖蛋白，而 LCA 和 AAL 对应复杂型糖蛋白，由于这两种凝集素的分离范围都比较窄，所以选择两种以分离更多的复杂型糖蛋白。分离的三类糖蛋白分布结果如图 6－3 所示，其中健康志愿者血清中三种类型糖蛋白中共有的蛋白质为 20 个，而 HCC 患者血清中共有的为 17 个。而且可以看出相比于健康志愿者血清，HCC 患者血清中高甘露糖型糖蛋白数目减少，复杂型和杂合型糖蛋白的数目增加。这个结果与以前的研究结果一致，能很好地说明在肝癌发生发展过程中血清中糖蛋白表达的变化。

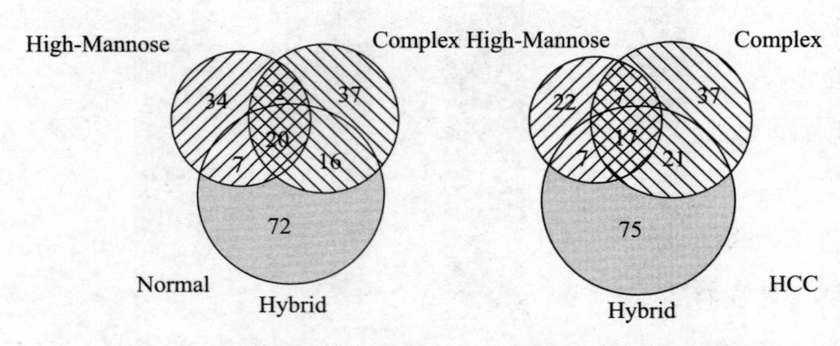

图 6－3　凝集素磁性微粒复合物分离糖蛋白分类韦恩图

其中 Normal 表示健康志愿者血清；HCC 表示 HCC 患者血清；High-Mannose 表示高甘露糖型 *N*－连接糖蛋白；Complex 表示复杂型 *N*－连接糖蛋白；Hybrid 表示杂合型 *N*－连接糖蛋白

（三）M-LMPCs 分离的糖蛋白的质谱鉴定

同 S-LMPCs 分离的糖蛋白一样，将 M-LMPCs 分离的糖蛋白分别进行胰蛋白酶酶解，糖苷酶去除糖链，以及 C18 小柱的除盐处理，然后用 CHIP-LC-Q-TOF-MS/MS 6530 质谱仪鉴定，获得的数据用 MASCOT 注释分析，获得多肽和蛋白质的信息。M-LMPCs从健康志愿者血清中鉴定到的蛋白质为 128 种，从 HCC 患者血清中鉴定到的蛋白质为 97 种，在两种血清中共同鉴定到的蛋白质为 51 种（图 6－4）。从结果中可以看出，用 M-LMPCs 分离的蛋白质数目上要多于一种 S-LMPCs 分离的糖蛋白数目，可以鉴定到更多的糖蛋白。而对于四种 S-LMPCs 分离的糖蛋白质总和却比四种 M-LMPCs 分离的糖蛋白质数目要多（健康志愿者单个总和与多凝集素之比为188 ：128；HCC 患者单个总和与多凝集素之比为 186 ：97）。

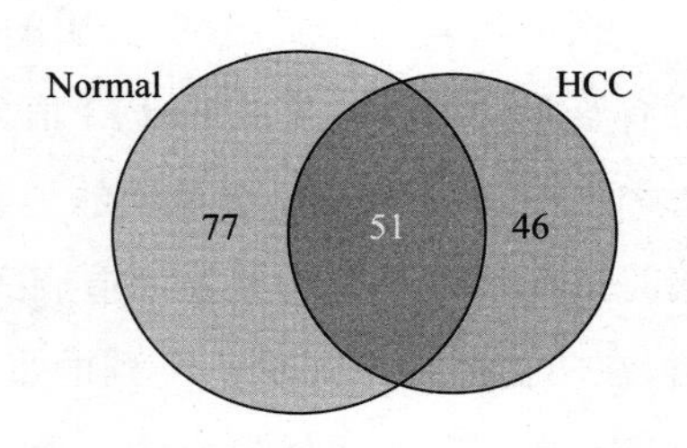

图 6－4 M-LMPCs 分离血清中糖蛋白的韦恩图

其中 Normal 表示健康志愿者血清；HCC 表示肝细胞癌患者血清

（四）*N*-glyco-LMPCs 法分离糖蛋白的两种方法的比较分析

通过用 S-LMPCs 和 M-LMPCs 分离健康志愿者血清和 HCC 患者血清中糖蛋白，可以鉴定到更多的糖蛋白，扩大了血清中分离的糖蛋白的覆盖率。两种方法总共从两种血清可以鉴定到蛋白质 371 种，其中健康志愿者血清中鉴定到 265 种蛋白质，HCC 患者血清中鉴定到 242 种蛋白质，且有 136 种蛋白质通过两种方法在两种血清中同时鉴定到。从结果中可以看到，大部分在单个凝集素中能鉴定到的蛋白质在多凝集素分离的蛋白质中也能鉴定到，但每种凝集素包括多凝集素都有自己特异鉴定到的蛋白质，一方面可能凝集素自己特异性的差异，对多凝集素来说更多可能是由于分离的量上的差别，造成有的单个凝集素能鉴定到的蛋白质而在对凝集素分离的蛋白质中却鉴定不到。从质谱结果中通过不同 S-LMPCs 分离糖蛋白种类可以看出，很多糖蛋白上又不止一种类型的糖链结构，或者是一种糖链上有多种微结构。如 Alpha-2-macroglobulin，Alpha-1-antitrypsin 和 Ceruloplasmin 等糖蛋白在各种 *N*-glyco-LMPCs 均能鉴定到，说明这几种糖蛋白的糖链结构中同时存在甘露糖、岩藻糖（包括 α－1，6 连接和 α－1，3 连接）以及 *N*－乙酰葡萄糖胺结构。而 Gelsolin 和 Fibrinogen 等的糖链结构则只有岩藻糖和 *N*－乙酰葡萄糖胺结构。另外也有一些蛋白质则主要只有一种糖链结构，如 Alpha-1β- glycoprotein 和 Attractin 等只存在高甘露糖型糖链，Alpha-2-HS-glycoprotein 等只存在 *N*－乙酰葡萄糖胺结构，Protocadherin 等则只存在岩藻糖化糖链结构。因此通过 S-LMPCs 分离的血清糖蛋白可以初步判断鉴定到糖蛋白的糖链结构。

（五）*N*-glyco-LMPCs 法分离糖蛋白的定量分析

正如实验部分所述，蛋白质的摩尔分数（mol%）等于每个蛋白质的 emPAI 值除以所有鉴定到的蛋白质的 emPAI 值之和再乘以 100。这一步的重要性不仅仅是计算得到每种蛋白质的 mol%，更重要的是它归一化了在质谱检测过程中不同样品的不同次实验时由于仪器效率的差异而造成的 emPAI 值上的一些差异。归一化处理和获得 mol% 后，在两种样品中同时鉴定到的蛋白质的 mol% 制作散点图，结果如图 6－5 所示。结果显示在两种血清样品中同时鉴定到的 187 个蛋白质中，它们的 mol% 之比大部分都小于 2。这个结果一方面说明这样的归一化处理方法可靠；另一方面因为 84.9% 鉴定的蛋白质的量基本上都没有变化，说明 emPAI 相对定量蛋白质的方法比较准确。

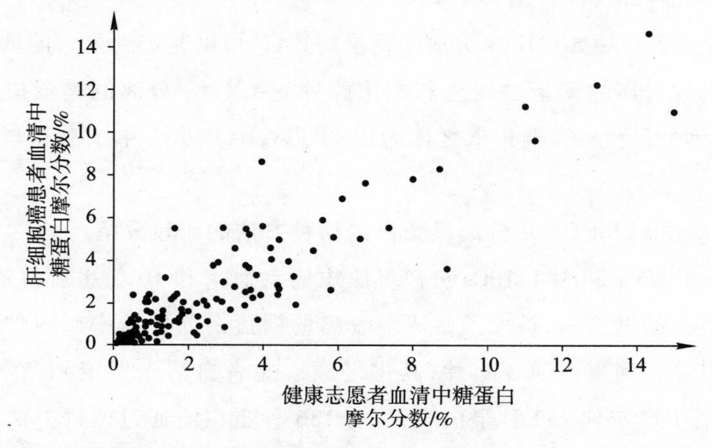

图 6－5　健康志愿者和肝细胞癌患者血清中糖蛋白 emPAI 定量比较关系

样品中每种蛋白质的 mol%，weight%（质量分数）和 weight（质量）根据公式计算出来后，用它们来比较健康志愿者血清和 HCC 患者血清之间的蛋白质表达差异。设定了一套严格的阈值用以保证定量的可靠性，具体参数如下：①如果某种蛋白质在两种血清样品中同时鉴定到，mol% 的比值大于 2 倍，则认为表达有明显差异。②如果某种蛋白质只在一种血清中鉴定到，则要求它所鉴定到蛋白质的多肽数目大于 2 个，且 mol% 大于 0.05%，根据所鉴定到的总蛋白质的量求得的蛋白质的量大于0.5 μg，则认为它在该血清中是高表达。根据以上所设阈值，比较所有鉴定到的蛋白质，其中在 HCC 患者血清中高表达的蛋白质一共有 49 种，结果如表 6－2 所示。

可以看出，有三种蛋白质在两类 LMPCs 同时分离并鉴定为 HCC 患者血清中高表达，它们是 IGHA1_HUMAN 蛋白质分别被 M-LMPCs 和 WGA－磁性微粒复合物分离，KV101_HUMAN 蛋白质分别被 Con A 和 WGA－磁性微粒复合物分离，IGHG3_HUMAN蛋白质分别被 M-LMPCs 和 AAL－磁性微粒复合物分离，其余均由一种凝集素－磁性微粒分离方法鉴定为高表达。在这些HCC患者血清中高表达的糖蛋白中，FETA_HUMAN蛋白质即α－甲胎蛋白是临床中被广泛应用的HCC诊断的标志物。还有很多在以前的研究中跟各种疾病紧密相关的糖蛋白，如β-2－糖蛋白1（APOH_HUMAN），血浆铜蓝蛋白（CERU_HUMAN），G蛋白偶联受体（GP133_HUMAN），炭疽毒素受体（ANTR1_HUMAN），补体蛋白C6（CO6_HUMAN）等。

另外，有27种蛋白质在HCC患者血清中低表达，结果如表6－3所示，有四种蛋白质被多种LMPCs同时分离并鉴定为HCC患者血清中低表达，其中APOA1_HUMAN蛋白质分别被M-LMPCs，LCA和WGA－磁性微粒复合物同时分离，ANT3_HUMAN蛋白质分别被M-LMPCs和LCA－磁性微粒复合物分离，HPTR_HUMAN蛋白质分别被M-LMPCs和WGA－磁性微粒复合物分离，IGHG2_HUMAN蛋白质则分别被M-LMPCs和WGA－磁性微粒复合物分离。

表6－2 肝细胞癌血清中高表达的糖蛋白及其对应分离凝集素列表

No.	Accessory	emPAI (C/N)	mol% (C/N)	weight% (C/N)	weight (C/N)	mol% ratio (C/N)	Lectin
1	A16L2_HUMAN	0.06/0	0.38/0	0.68/0	0.56/0		ML
2	A1BG_HUMAN	0.16/0.08	1.01/0.34	1.42/0.49	1.17/0.47	2.97	ML
3	ABCAD_HUMAN	0.01/0	0.06/0	0.94/0	0.77/0		ML
4	AFAM_HUMAN	0.06/0	0.38/0	0.69/0	0.57/0		ML
5	ANR26_HUMAN	0.02/0	0.13/0	0.64/0	0.53/0		ML
6	ANTR1_HUMAN	0.07/0	0.44/0	0.72/0	0.59/0		ML
7	APOH_HUMAN	0.27/0	0.85/0	1.18/0	0.68/0		AAL
8	AT8B3_HUMAN	0.03/0	0.19/0	0.73/0	0.60/0		ML
9	ATP4A_HUMAN	0.04/0	0.25/0	0.75/0	0.62/0		ML
10	CERU_HUMAN	0.05/0	0.20/0	0.62/0	0.78/0		LCA
11	CO6_HUMAN	0.08/0.04	0.12/0.05	0.32/0.13	0.21/0.08	2.29	WGA
12	DDX31_HUMAN	0.04/0	0.25/0	0.62/0	0.50/0		ML
13	EXOC2_HUMAN	0.04/0	0.25/0	0.68/0	0.56/0		ML
14	FETA_HUMAN	0.06/0	0.38/0	0.69/0	0.56/0		ML
15	FTO_HUMAN	0.07/0	0.44/0	0.67/0	0.55/0		ML
16	GDF5_HUMAN	0.08/0	0.50/0	0.73/0	0.60/0		ML
17	GP133_HUMAN	0.04/0	0.25/0	0.63/0	0.52/0		ML
18	HAUS5_HUMAN	0.06/0	0.38/0	0.70/0	0.58/0		ML

续表

No.	Accessory	emPAI (C/N)	mol% (C/N)	weight% (C/N)	weight (C/N)	mol% ratio (C/N)	Lectin
19	HV303_HUMAN	0.84/0.36	1.28/0.48	0.40/0.13	0.26/0.08	2.67	WGA
20	HV305_HUMAN	0.80/0.34	1.22/0.45	0.39/0.13	0.26/0.08	2.69	WGA
21	HV320_HUMAN	0.83/0.35	1.26/0.47	0.39/0.13	0.26/0.08	2.71	WGA
22	HYDIN_HUMAN	0.01/0	0.06/0	0.94/0	0.77/0		ML
23	IGHA1_HUMAN	0.51/0.32 0.88/0	3.22/1.36 1.34/0	3.19/1.39 1.25/0	2.61/1.32 0.81/0	2.37	ML, WGA
24	IGHG3_HUMAN	0.33/0.21 1.29/0	2.08/0.89 4.07/0	2.27/1.00 6.00/0	1.86/0.95 3.48/0	2.33	ML, AAL
25	IGHG4_HUMAN	0.12/0	0.76/0	0.71/0	0.58/0		ML
27	IGHM_HUMAN	0.67/0.14	0.79	3.68/1.15	2.14/0.47	2.68	AAL
28	K2C1_HUMAN	0.74/0.36	0.48	1.81/0.69	1.18/0.43	2.35	WGA
29	KDIS_HUMAN	0.02/0	0.13/0	0.64/0	0.53/0		ML
30	KIF4A_HUMAN	0.03/0	0.19/0	0.69/0	0.56/0		ML
31	KV101_HUMAN	1.62/0.38 0.65/0.28	2.46/0.51 2.18/0.83	0.73/0.13 0.61/0.23	0.47/0.08 0.85/0.40	4.87 2.62	WGA, Con A
32	KV112_HUMAN	0.89/0.38	5.61/1.61	1.77/0.52	1.45/0.50	3.48	ML
33	KV113_HUMAN	0.38/0	2.40/0	0.74/0	0.60/0		ML
34	KV301_HUMAN	0.67/0	2.12/0	0.87/0	0.50/0		AAL
35	KV302_HUMAN	1.14/0	3.82/0	1.05/0	1.46/0		Con A
36	KV303_HUMAN	0.74/0.32 1.29/0	2.48/0.95 5.18/0	0.62/0.23 1.42/0	0.87/0.41 1.77/0	2.61	Con A, AAL
37	KV305_HUMAN	0.66/0.29	2.21/0.86	0.60/0.23	0.85/0.41	2.57	Con A
38	KV306_HUMAN	0.66/0	2.65/0	0.81/0	1.01/0		LCA
39	LAC_HUMAN	2.73/0.69	8.62/3.90	3.43/1.29	1.99/0.53	2.21	AAL
40	LV104_HUMAN	0.96/0.4	1.46/0.53	0.41/0.13	0.27/0.08	2.74	WGA
41	LV302_HUMAN	0.38/0	2.40/0	0.74/0	0.61/0		ML
42	MON1A_HUMAN	0.07/0	0.44/0	0.71/0	0.58/0		ML
43	MUCB_HUMAN	1.24/0	4.98/0	5.48/0	6.84/0		LCA
44	NMI_HUMAN	0.12/0	0.76/0	0.69/0	0.56/0		ML
45	NOL7_HUMAN	0.15/0	0.95/0	0.72/0	0.59/0		ML

续表

No.	Accessory	emPAI (C/N)	mol% (C/N)	weight% (C/N)	weight (C/N)	mol% ratio (C/N)	Lectin
46	PGCB_HUMAN	0.04/0	0.25/0	0.65/0	0.54/0		ML
47	TCF15_HUMAN	0.21/0	1.32/0	0.72/0	0.59/0		ML
48	VAV2_HUMAN	0.04/0	0.25/0	0.67/0	0.55/0		ML
49	VTDB_HUMAN	0.08/0	0.50/0	0.71/0	0.58/0		ML

* 表中 ML 表示该蛋白质是通过多凝集素－磁性微粒复合物分离并鉴定到的。

但是，从表 6－2 和表 6－3 中发现有五种蛋白质同时出现了高表达和低表达，包括 APOH_HUMAN（AAL，高；WGA，低），IGHG3_HUMAN（ML，AAL，高；WGA，低），K2C1_HUMAN（WGA，高；AAL，低），LV302_HUMAN（ML，高；WGA，低），MUCB_HUMAN（LCA，高；AAL，低）。此结果反映了 LMPCs 分离定量糖蛋白的优势，不仅可以看到蛋白质在肝癌发生过程中量的变化，另外同时反映出了糖蛋白糖基化修饰的变化。如在 HCC 发生过程中 APOH_HUMAN 糖蛋白的 $\alpha-1,3$ 连接岩藻糖化修饰增多，同时该糖蛋白上的 N－乙酰葡萄糖胺修饰减少或者是因为末端岩藻糖化的修饰造成对 N－乙酰葡萄糖胺的封闭，从而造成 WGA 分离的糖蛋白减少；同理 IGHG3_HUMAN 也出现这样的情况；但 K2C1_HUMAN 刚好相反，出现岩藻糖修饰减少，或者是末端岩藻糖丢失造成 N－乙酰葡萄糖胺暴露而出现鉴定为高表达。而对于 LV302_HUMAN 则说明该蛋白质总体水品上有高表达，但其中的 N－乙酰葡萄糖胺表达则降低。

表 6－3 肝细胞癌血清中低表达的糖蛋白及其对应分离凝集素列表

No.	Accessory	emPAI (C/N)	mol% (C/N)	weight% (C/N)	weight (C/N)	mol% ratio (C/N)	Lectin
1	A2MG_HUMAN	0/0.06	0/0.34	0/1.62	0/0.67		AAL
2	ALBU_HUMAN	1.15/1.57	3.63/8.87	9.03/18.41	5.24/7.55	0.41	AAL
3	ANT3_HUMAN	0.08/0.26 0.06/0.13	0.50/1.10 0.24/0.71	0.69/1.55 0.32/0.89	0.56/1.48 0.40/0.73	0.46 0.34	ML, LCA
4	APOA1_HUMAN	0.67/1.05 0.14/0.69 0.14/0.69	2.69/5.76 0.88/2.93 0.21/0.92	2.09/4.18 0.70/2.39 0.16/0.61	2.61/3.43 0.57/2.27 0.10/0.38	0.47 0.30 0.23	LCA, ML, WGA
5	APOA2_HUMAN	0.3/0.7	1.20/3.84	0.34/1.02	0.43/0.84	0.31	LCA
6	APOH_HUMAN	1.27/3.63	1.93/4.83	1.86/4.15	1.21/2.57	0.40	WGA
7	EPIPL_HUMAN	0/0.01	0/0.04	0/0.63	0/0.59		ML

续表

No.	Accessory	emPAI (C/N)	mol% (C/N)	weight% (C/N)	weight (C/N)	mol% ratio (C/N)	Lectin
8	FINC_HUMAN	0/0. 03	0/0. 13	0/0. 90	0/0. 85		ML
9	HEMO_HUMAN	0. 08/0. 26	0. 50/1. 10	0. 68/1. 53	0. 56/1. 46	0. 46	ML
10	HPT_HUMAN	0. 30/1. 65	0. 46/2. 19	0. 51/2. 18	0. 33/1. 35	0. 21	WGA
11	HPTR_HUMAN	0. 10/0. 51 0. 11/0. 85	0. 63/2. 16 0. 17/1. 13	0. 64/2. 27 0. 16/0. 97	0. 53/2. 16 0. 10/0. 60	0. 29 0. 15	ML, WGA
12	HV304_HUMAN	0/0. 37	0/1. 57	0/0. 53	0/0. 50		ML
13	IGHA2_HUMAN	0/0. 29	0/1. 64	0/1. 78	0/0. 73		AAL
14	IGHG2_HUMAN	0. 56/1. 71 0/0. 94	0. 85/2. 27 0/3. 99	0. 76/1. 80 0/3. 87	0. 49/1. 12 0/3. 67	0. 37	WGA, ML
15	IGHG3_HUMAN	0. 78/1. 87	1. 19/2. 49	1. 22/2. 28	0. 79/1. 41	0. 48	WGA
16	ITIH2_HUMAN	0/0. 06	0/0. 33	0/0. 83	0/0. 68		LCA
17	ITIH4_HUMAN	0/03/0. 10	0. 55	0. 31/1. 34	0. 39/1. 10	0. 22	LCA
18	K2C1_HUMAN	0. 1/0. 16	0. 32/0. 90	0. 73/1. 74	0. 42/0. 71	0. 35	AAL
19	KNG1_HUMAN	0. 32/1. 07	0. 49/1. 42	0. 86/2. 25	0. 56/1. 40	0. 34	WGA
20	KV104_HUMAN	0. 39/0. 94	0. 59/1. 25	0. 17/0. 32	0. 11/0. 20	0. 47	WGA
21	KV105_HUMAN	0/0. 67	0/1. 99	0/0. 53	0/0. 93		Con A
22	KV114_HUMAN	0/0. 66	0/1. 96	0/0. 52	0/0. 93		Con A
23	LV302_HUMAN	0. 38/0. 91	0. 58/1. 21	0. 17/0. 32	0. 11/0. 20	0. 48	WGA
24	MUCB_HUMAN	0/0. 25	0/1. 41	0/1. 79	0/0. 73		AAL
25	PON1_HUMAN	0. 08/0. 17	0. 32/0. 93	0. 32/0. 88	0. 40/0. 72	0. 34	LCA
26	PZP_HUMAN	0/0. 22	0/0. 65	0/2. 43	0/4. 30		Con A
27	TRFE_HUMAN	0. 05/0. 28	0. 32/1. 19	0. 64/2. 50	0. 53/2. 38	0. 27	ML

* 表中 ML 表示该蛋白质是通过多凝集素－磁性微粒复合物分离并鉴定到的。

四、结果讨论

肝癌主要是 HCC 在成人人群中最主要的恶性肿瘤之一，它在所有的恶性肿瘤排名中，在男性成年人中的发病率排名第五，在女性成年人中的发病率排名第七，且在男性中的发病率是在女性中发病率的 2 ~4 倍。在全球范围内每年都有超过 50 万的新的 HCC 患者被确诊，其中美国占 2 万左右。大约有 85% 的 HCC 发生在发展中国家，主要有东南亚和撒哈拉以南的非洲地区，主要原因可能是由于引起 HCC 的乙型肝炎和丙型肝炎分布具有地区性。这种情况在我国更加严重，但是现在的诊断方法无法在疾病发生的早期就对疾病加以准确的诊断,造成很多确证的患者都已经是晚期,错过了肝癌治疗最好的时期,所以建立一种能在肝癌发生早期就能对其进行检测和确诊的方法,对肝癌的治疗具有很好的推动作用。

建立一种能在糖蛋白水平上鉴定肝癌发生时人血清中蛋白质的变化情况,使其能作为一种肝癌发生早期诊断方法。可以采用多种类型的 LMPCs 分离血清中的糖蛋白,并利用高准确度的质谱仪进行鉴定和定量分析糖蛋白。其中 M-LMPCs 的方法可以定量糖蛋白总体蛋白质水平上的表达变化。各种 S-LMPCs 的方法不仅可分析糖蛋白质亚组分的变化还可以看出同一蛋白质糖链修饰的微结构变化。首先从蛋白质总体上来看,可以看出高甘露糖型糖蛋白数目在 HCC 发生时减少,复杂型和杂合型的糖蛋白数目则在 HCC 发生时增加。然后通过 emPAI 的定量分析,可看到用各种 LMPCs 分离的糖蛋白中有 49 种蛋白质在 HCC 患者血清中表达量上升,有 27 种在 HCC 患者血清中表达量下降。在高表达的蛋白质中有已作为肝癌诊断标志物的甲胎蛋白(FETA_HUMAN),还有很多在以前的研究中跟各种疾病紧密相关的糖蛋白,如 β-2－糖蛋白 1(APOH_HUMAN),血浆铜蓝蛋白(CERU_HUMAN),G 蛋白偶联受体(GP133_HUMAN),炭疽毒素受体(ANTR1_HUMAN),补体蛋白 C6(CO6_HUMAN)等。最后发现个别糖蛋白中其可能不仅只在蛋白质水品上有变化,还有在 *N*－连接糖基修饰中也会有一些变化,如糖蛋白 APOH_HUMAN 被认为在肝癌发生过程中不仅是蛋白质的量可能提高,而且其上的 α－1,3－岩藻糖修饰增多,但 *N*－乙酰葡糖胺修饰减少;对 K2C1_HUMAN 却是岩藻糖修饰减少,*N*－乙酰葡糖胺修饰增多;对 LV302_HUMAN 则是蛋白质总体增多,但其中的 *N*－乙酰葡糖胺修饰减少。

五、注意事项

1. 凝集素只有在一定的金属离子存在条件下保持活性,所以在各种缓冲液应该加入凝集素必需的金属离子。

2. 凝集素磁性微粒分离时需要用磁性分离架,不能用离心的方法。

3. 凝集素一般为四聚体或者二聚体,所以糖蛋白洗脱时不能用太过剧烈的方法洗脱,防止大量凝集素脱落。

4. 糖肽在质谱鉴定中的离子化效率非常低,很容易被非糖肽掩盖,所以在糖蛋白的质谱鉴定前需先对糖肽进行去糖链处理,以提高糖蛋白的鉴定效率。

5. 基于凝集素磁性微粒复合物分离纯化的糖蛋白还可以被用于糖蛋白糖链结构的分析。

6. emPAI 定量研究中需严格注意实验的平行性和重复性。

■ **参考文献**

1. Loo D, Jones A, Hill MM. Lectin magnetic bead array for biomarker discovery. J Proteome Res, 2010, 9: 5 496 – 5 500.
2. Shinoda K, Tomita M, Ishihama Y. emPAI Calc-for the estimation of protein abundance from large-scale identification data by liquid chromatography-tandem mass spectrometry. Bioinformatics, 2010, 26(4): 576 – 577.
3. Kullolli M., Hancock WS, Hincapie M. Automated platform for fractionation of human plasma glycoproteome in clinical proteomics. Anal Chem, 2010, 82: 115 – 120.
4. Jung K, Cho W, Regnier FE. Glycoproteomics of plasma based on narrow selectivity lectin affinity chromatography. J Proteome Res, 2009, 8: 643 – 650.
5. Li C, Simeone DM, Brenner DE. Pancreatic cancer serum detection using a lectin/glyco-antibody array method. J Proteome Res, 2009, 8: 483 – 492.
6. Dayarathna MK, Hancock WS, Hincapie M. A two step fractionation approach for plasma proteomics using immunodepletion of abundant proteins and multi-lectin affinity chromatography: Application to the analysis of obesity, diabetes, and hypertension diseases. J Sep Sci, 2008, 31: 1 156 – 1 166.
7. Yang Z, Harris LE, Palmer-Toy DE. Multilectin affinity chromatography for characterization of multiple glycoprotein biomarker candidates in serum from breast cancer patients. Clin Chem, 2006, 52: 1 897 – 1 905.
8. Ishihama Y, Oda Y, Tabata T. Exponentially Modified Protein Abundance Index (emPAI) for estimation of absolute protein amount in proteomics by the number of sequenced peptides per protein. Mol Cell Proteomics, 2005, 4: 1 265 – 1 272.
9. Yang Z, Hancock WS. Approach to the comprehensive analysis of glycoproteins isolated from human serum using a multi-lectin affinity column. Journal of Chromatography A, 2004, 1053: 79 – 88.
10. Aebersold R, Mann M. Mass spectrometry-based proteomics. Nature, 2003, 422: 198 – 207.

第七章　滤膜辅助凝集素分离糖肽及其糖基化位点分析技术

不像核酸和蛋白质，糖链在合成的时候不是在模板的指导下进行，而是由特定时间细胞中的糖基转移酶和糖苷酶共同作用合成，因此，体内的糖基化修饰是一个非常复杂和动态变化的过程。糖链通常是通过共价键与丝氨酸/苏氨酸或者天冬氨酸残基连接，而其中 *N* – 连接的糖基化只发生在天冬氨酸上且有一个特征序列 N-X-S/T，其中 X 是除了脯氨酸以外的任何氨基酸。Apweiler 通过分析 SWISS-PROT 数据库中的蛋白质序列发现，数据库中所有蛋白质条目中有 2/3 至少有一个 *N* – 连接糖基化修饰的特征序列子，因此至少有超过 50% 的蛋白质都被糖基化修饰了。然而现在数据库中被注释为糖蛋白的只占总蛋白质条目的大约 10%，因此需要更好的方法能更多地鉴定糖基化位点，绘制糖基化图谱。

现在质谱技术在分析糖蛋白方面发挥着巨大的作用，特别是在分析糖基化位点方面优势更为突出。不过利用传统的蛋白质组学分析方法在鉴定糖肽方面却是非常困难的，主要是因为糖基化位点的不均一性，非糖肽信号的抑制，更重要的是糖链末端的带负电荷的唾液酸等降低了糖肽的离子化效率。另外，糖链结构的不均一性和多种加成化合物的随机加成造成糖肽的质谱信号更加难以鉴定，所以为了更好地鉴定糖基化位点，去糖基化酶(如 PNGase F)被广泛应用。利用这种去糖基化酶，可以使天冬酰胺脱氨基生成天冬氨酸，释放糖链并有一个相对分子质量 0.984 8 的转换，这个相对分子质量的变化可以通过串联质谱的鉴定而得以发现，从而可以确定糖基化位点。另外，如果这种去糖基化是在 ^{18}O 的水中进行，则会有一个2.989 0的相对分子质量转换，这样可以增加分析的可靠性。目前分析糖基化位点通常是用 ESI 源质谱后面加上三重四级杆(triple-quadrupole)分析器或者是最近刚发展的高质量准确度的四级杆/飞行时间分析器。使用高能量电压(促进源内离子裂解)和选择性离子检测，可以特异性的检测未经分离的或者通过 LC 在线分离去糖基化的糖肽。

一、实验目的

本部分实验借鉴德国马普所 Mann 与其同事发展的滤膜辅助的凝集素分离糖肽的方法(*N*-glyco-FASP)分析健康志愿者和 HCC 患者血清中糖基化位点修饰的变化,其实验流程如图 7-1 所示。首先,将血清蛋白质在 30×10^3 的滤膜进行胰蛋白酶酶解,通过离心收集酶解的多肽;其次,将收集的多肽转移至新的滤膜中,与凝集素结合,通过离心没有结合的多肽流走;最后,用糖苷酶 PNGase F 酶解与凝集素结合的 *N*-连接糖肽上糖链,使糖肽得以释放,通过离心收集获得糖肽,最后将收集的糖肽用 LC-ESI-Q-TOF 质谱鉴定并分析糖基化位点。

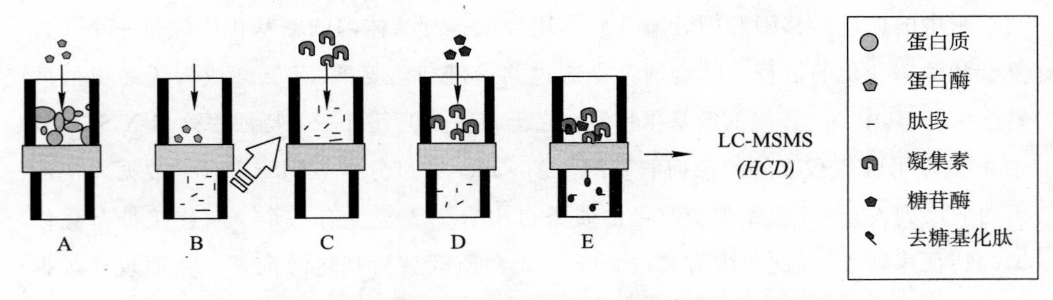

图 7-1 滤膜辅助的凝集素分离血清中糖肽流程

二、试剂、材料和仪器

(一) 主要材料和试剂

1. 凝集素 Con A,LCA,AAL,WGA 购自美国 Vector 公司。

2. 二硫苏糖醇(DTT),碘乙酰胺(IAM),尿素,HPLC 级正丁醇,三氟乙酸(TFA),Bradford 定量试剂盒均购自美国 Sigma-Aldrich 公司。

3. HPLC 级乙腈(ACN),甲醇和一些常用试剂均购自德国 Merck 公司;测序级猪胰蛋白酶(Trypsin)购自 Promega 公司。

4. 滤膜 Amicon Ultra-0.5(30×10^3)购自美国 Millipore 公司;糖苷酶 PNGase F 购自 New England Biolabs 公司;碳酸氢氨(NH_4HCO_3)购自 Fluka 公司;Sep-Pak 1 mL C18 柱购自美国 Waters 公司;其他化学试剂均为分析纯,在使用前没有经过进一步纯化;所有实验用水均经 Milli-Q 50 纯水系统(美国 Millipore 公司)处理。

(二) 仪器

1. ZHWY-2101C 型恒温振荡器(上海智诚分析仪器制造有限公司);台式离心机(德国 Eppedorf 公司);冷冻干燥仪 Alpha 2-4(德国 Martin Christ 公司)。

2. 安捷伦 1200 系列纳流高效液相色谱系统,Zorbax 300SB C18 分析柱(150 ×

0.075 mm,颗粒粒径为 5 μm),Zorbax 300SB C18 富集柱(4 mm,40 nL,颗粒粒径为 5 μm)以及 ESI-Q-TOF 6530 串联质谱仪均为美国 Agilent 科技公司。

(三)溶液配制

1. 40 mmol/L 碳酸氢氨(NH_4HCO_3)(ABC):称取0.031 6 g的 NH_4HCO_3,溶解于 10 mL 的超纯水中。

2. 0.1 mol/L Tris/HCl 缓冲液(pH 7.4):称取1.211 3 g的 Tris 粉,溶解于 800 mL 的超纯水中,用 10 mol/L 浓盐酸调 pH 至 7.4,定容至 1 000 mL。

3. 1% SDS 的 0.1 mmol/L 的 Tris/HCl 溶液(pH 7.6):称取 5 mg 的 SDS,溶解于 50 mL的 pH 7.6 的 0.1 mol/L 的 Tris/HCl 缓冲液中。

4. 0.1 mol/L 的 DTT 碳酸氢氨溶液。

5. 0.55 mol/L 的 IAM 碳酸氢氨溶液。

6. 结合缓冲液:40 mmol/L Tris/HCl(pH 7.4),1 mmol/L $MnCl_2$,1 mmol/L $CaCl_2$,0.15 mol/L NaCl。

7. 8 mol/L 尿素的碳酸氢氨溶液(UA)。

8. Con A 保存液:10 mg Con A 溶解于 1 mL 结合缓冲液。

9. LCA 保存液:5 mg LCA 溶解于 1 mL 结合缓冲液。

10. AAL 保存液:5 mg AAL 溶解于 1 mL 结合缓冲液。

11. WGA 保存液:5 mg WGA 溶解于 1 mL 结合缓冲液。

12. 凝集素工作液:Con A,LCA,AAL 和 WGA 各 20 μL 。

三、主要技术条件

(一)血清蛋白质的滤膜辅助胰蛋白酶(Trypsin)酶解

将 2 mg(30 μL)的血清蛋白质与 200 μL 的 UA 同时加入至 Millipore 公司 30 × 10^3,500 μL 的分子筛超滤管中,在恒温振荡孵育器中 550 r/min 振荡混合 3 min,然后 14 000 r/min离心 15 min。再向超滤管滤膜上方中加入 200 μL 的 UA 并于 14 000 r/min离心15 min,弃去滤膜下方收集管中的流出液。然后加入 150 μL 的 DTT 溶液并在 550 r/min 的恒温振荡孵育器中振荡混合 3 min,56 ℃ 静置孵育 45 min,14 000 r/min离心 10 min。加入 100 μL 的 IAA 溶液并在 550 r/min 的恒温振荡孵育器中振荡混合 3 min,暗处静置孵育 20 min,16 000 r/min离心 10 min。加 100 μL 的 UA 至超滤管中后14 000 r/min离心15 min,重复该步骤两次。加 100 μL 的 ABC 至超滤管中后14 000 r/min离心 10 min,重复该步骤两次。将带有蛋白质溶液超滤管转移至新的收集管中,加入用 ABC 溶解的活化 Trypsin 20 μg(200 μL),并在 550 r/min 的恒温振荡孵育器中振荡混合 5 min。37 ℃ 的湿盒中静置孵育过夜,14 000 r/min离心

10 min。再加 40 μL 的结合缓冲液至超滤管中后14 000 r/min离心 8 min,重复该步骤两次,收集离出管中的多肽溶液。

(二)*N*-glyco-FASP 法分离血清中 *N*-连接糖肽及糖链释放

将收集的多肽溶液转移至一个新的 30×10^3 的超滤管中,向其中加入 300 μL 的CLAW(即凝集素工作液),在 550 r/min 的恒温振荡孵育器中振荡混合 3 min,然后静置孵育60 min,14 000 r/min 离心 10 min。向管中加 200 μL 的结合缓冲液至超滤管中后14 000 r/min离心 8 min,重复该步骤两次。弃去收集管中的流出液。加 200 μL ABC 至超滤管中后14 000 r/min离心 8 min,重复该步骤一次。将超滤管转移至新的收集管中,加 200 μL ABC 溶解的 PNGase F 酶(2U),在 550 r/min 的恒温振荡孵育器中振荡混合3 min,在 37 ℃的湿盒中孵育过夜,待反应结束后,转移至超滤离心管中,14 000 r/min,离心 8 min,再加50 μL ABC至超滤管中后14 000 r/min离心 8 min,重复该步骤一次,收集离心管中的糖肽。

(三)糖肽的除盐处理

用 Water 公司的 1 mL 的 C18 柱进行糖肽的 clean-up 处理。方法同第五章第二节实例一。利用 C18 柱 *N*-糖链和多肽的分离,收集最后的糖肽并冷冻干燥,准备质谱鉴定。

(四)糖肽的质谱鉴定和数据分析

糖肽的质谱鉴定同第五章第一节和第二节实例一中的 LC-MS/MS 鉴定多肽,鉴定多肽数据分析同第五章第二节实例一中的质谱数据分析。

(五)糖肽糖基化位点的确定

将质谱鉴定得到所有蛋白质的 SwissProt 编号输入到 Uniprot 数据库中搜索鉴定到蛋白质的信息,确定其是否为已经确认的糖蛋白。如果该蛋白质为没有确认的糖蛋白,从数据库中获取其全蛋白质序列,输入至 NetNGlyc 预测数据库中进行其糖基化修饰位点的预测。

(六)鉴定蛋白质的 GO 注释

为了鉴定蛋白质在肝癌发生过程中发挥的作用,就必须了解它们与哪些生物过程相关,具有什么分子功能,分布于哪些亚细胞器中,并且寻找健康志愿者血清中这些存在的区别。为此利用 Blast2GO 和 WEGO 软件对所鉴定到的蛋白质进行 GO 分析。WEGO 软件的具体操作步骤如下:首先将从健康志愿者血清和 HCC 患者血清中分离的糖蛋白的质谱鉴定数据的 SwissProt 编号与数据库中的 GO 编号对应,并将所有编号列表保存为 .txt 格式,最后将数据上传至 WEGO 数据库中分析后得到健康志愿者和 HCC 患者血清中的分子功能,生物过程以及细胞分布的差异。为了了解获得的蛋白质中各种功能所占比例,用 Blast2GO 对数据进行进一步分析,整个过程可以查考文献或者软件使用说明书。

四、实验结果

（一）*N*-glyco-FASP 分离血清中 *N*－连接糖肽的质谱鉴定

同 *N*-glyco-LMPCs 法一样，将 *N*-glyco-FASP 法分离的健康志愿者和 HCC 患者血清中的糖肽用安捷伦公司高准确相对分子质量的 CHIP-LC-Q-TOF-MS/MS 6530 质谱仪鉴定，获得的数据用 MASCOT 注释分析，获得多肽和蛋白质的信息。总共从健康志愿者血清中分离的蛋白质为 107 种，从 HCC 患者血清中鉴定分离的蛋白质为 112 种，在两种血清中共同鉴定到的蛋白质为 56 种（图 7－2）。单从数目上来看，*N*-glyco-FASP 法分离糖肽的方法分离到的糖蛋白数目与 *N*-glyco-LMPCs 法中M-LMPCs分离的糖蛋白的数目差不多（健康志愿者中 *N*-glyco-FASP 法和 *N*-glyco-LMPCs 法分离蛋白质分别为 107 ∶ 128；而 HCC 患者血清中分别为 107 ∶ 97），说明两种方法都能实现对糖蛋白/糖肽的有效的分离。

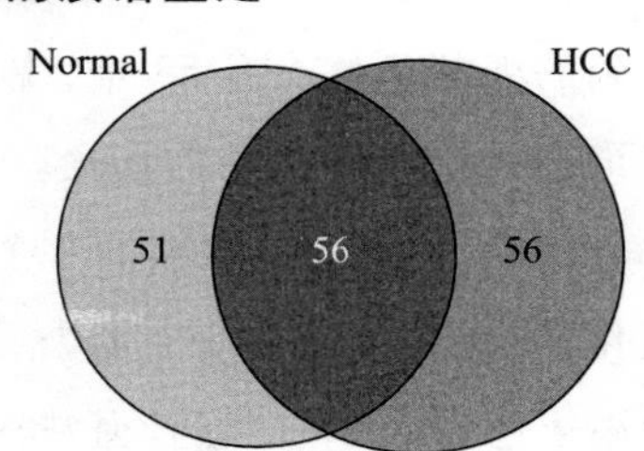

图 7－2 滤膜辅助的凝集素分离糖蛋白关系

Normal 表示从健康志愿者血清中分离的糖蛋白，HCC表示从肝癌患者血清中分离的糖蛋白，中间的深色区域表示在两种血清中共同分离鉴定到的糖蛋白

（二）*N*-glyco-FASP 法分离血清中 *N*－连接糖肽糖基化位点的分析

从理论上来说，每种蛋白质只要鉴定到其中一个特异性多肽就足够实现对该糖蛋白的鉴定。特异性将多肽从复杂多肽中分离出来并进行鉴定，可以使蛋白质组学图谱的复杂程度大幅度降低。因此如果能实现对糖蛋白的糖肽进行特异性分离，然后用质谱仪鉴定并检索糖肽序列，就能同时实现对糖蛋白质和糖基化位点。糖苷酶 F（PNGase F）几乎可以切除哺乳动物源糖蛋白中的所有 *N*－糖链，同时使天冬酰胺转变为天冬氨酸，从而起到质量标记 *N*－连接糖基化位点的作用，可以利用高相对分子质量精确度的质谱仪鉴定糖肽和糖基化位点。在本文中分离糖蛋白 *N*－连接糖肽的方法为滤膜辅助的凝集素亲和分离，该方法无须将凝集素固定至载体上，可以快速实现对糖肽的分离，并能在分离时同时利用 PNGase F 对糖肽上糖链去除，然后用安捷伦公司的高相对分子质量准确度的 nanospray CHIP-LC-Q-TOF-MS/MS 6530 质谱仪进行鉴定，并实现对糖基化位点的分析。对于使用的血清样品，其鉴定到的糖蛋白、糖肽及其糖基化位点，以及其在两种血清中的分布情况如本章末表 7－1 所示。在分离和鉴定过程中，也存在天冬酰胺脱氨基情况，为了防止脱氨基造成的糖基化位点假阳性情况的存在，严格按照糖基化位点可能出现的特征序列进行筛选，即作为糖基化的天冬酰胺必须存在 N-X-T/S（X 是除脯氨酸以外的任何氨基酸），N-X-C，N-X-

V,N-G-X 等特征序列。因此两种血清中最后确定的糖蛋白为 74 种,鉴定到的糖肽为 137 条,分析的糖基化位点为 144 个。从健康志愿者和 HCC 患者血清中分离的糖蛋白糖基化位点中可以看出,很多糖蛋白的糖基化在 HCC 发生过程中发生了改变,其中只在健康志愿者血清中鉴定到的糖基化位点有 54 个,而只在 HCC 患者血清中鉴定到的糖基化位点有 53 个,说明随着人体生理状态的变化,血清中糖蛋白的糖基化修饰会发生比较明显的变化。有的蛋白质糖基化修饰位点在 HCC 中增加,如 Alpha-2-macroglobulin 鉴定到的 3 个糖肽均只出现在 HCC 患者血清中;有的蛋白质的糖基化修饰位点在 HCC 中消失,如 Alpha-1-antitrypsin 共鉴定到 4 个糖肽,其中 3 个在健康志愿者和 HCC 患者血清中同时鉴定到,而糖肽 VS$\underline{N}_{1424}$QTLSLFFTVLQDVPVR 只能在健康志愿者血清中鉴定到;而 Apolipoprotein D 共鉴定到 3 个糖肽,其中两个在两种血清中同时鉴定到,而糖肽 CIQA$\underline{N}_{65}$YSLMENGK 只能在 HCC 患者血清中鉴定到,说明 HCC 发生过程中糖基化修饰的位点发生了改变,从而导致了蛋白质的结构和功能发生变化。可以看到根据糖肽确定的糖蛋白的数目与该方法鉴定的蛋白质数目还是有相当的差距,其中可能原因之一是凝集素分离糖蛋白具有非特异性吸附这个难以改变的现实。分析后可以看出鉴定到的糖肽占所有样品中鉴定多肽的百分比约为 28%(图 7-3),而在没有凝集素分离的时候糖肽所占的比例大约只有 0.5%,富集倍数接近 60 倍,因此经过滤膜辅助的凝集素分离多肽的方法可以很好地富集样品中糖肽。

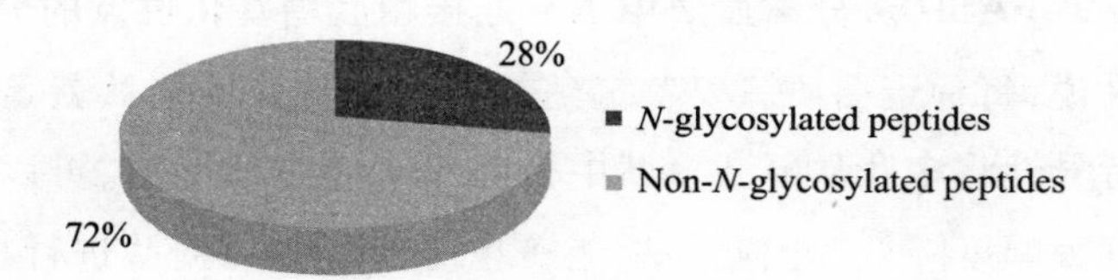

图 7-3 滤膜辅助的凝集素富集血清中糖肽的能力

N-glycosylated peptides 表示该方法富集的糖肽,

Non-*N*-glycosylated peptides 表示非特异性吸附的非糖肽

(三) *N*-连接糖基化位点的序列子特异性

正如前文所述,传统的 *N*-连接糖基化序列子是 N-X-S/T,另外现在研究发现 N-X-C,N-X-V 和 N-G-X 等序列子也是比较普遍的 *N*-连接糖基化位点。为此将鉴定到的 *N*-连接糖肽用哈佛医学院开发的序列子比对软件 Motif-X(v1.2 10.05.06)对糖基化位点周围的氨基酸序列进行比对。首先将鉴定的氨基酸序列输入至软件框中,然后设置参数,运行后得到糖肽上天冬酰胺周围的 motif logo 和以天冬酰胺为中心的含 9 个氨基酸的多肽序列。为了绘制更准确的 motif logo,应用 WebLogo 软件(v.2.8.2)绘制糖肽的序列特征图,将 Motif-X 分析得到的含 9 个氨基酸的糖肽序列输入至序列比对框中,通过输入参数后得到各种糖肽的特征序列图,结果见**彩图** 7-1 所示,其中从**彩图**

7－1A 中可以看出，分析后的经典糖基化修饰序列 N-X-S/T 在糖肽中占得数目最多为 64。且其中的第三个氨基酸是苏氨酸（N-X-T）的情况比是丝氨酸（N-X-S）的情况多，这个结果也是和以前的文献报道一致。另外也可看出，糖基化位点第三个氨基酸也可能被其他氨基酸所代替，如缬氨酸和半胱氨酸，即 N-X-V 和 N-X-C（见**彩图** 7－1B 和 D），第二个氨基酸则有可能为甘氨酸，即 N-G-X（见**彩图** 7－1C），其中原因可能跟氨基酸所带电荷和空间位置有关，如甘氨酸作为相对分子质量最小的氨基酸在第二位可以减少糖基化修饰的空间位阻。通过 *N*－连接糖基化位点的序列子的比对分析，可以更直观地看到糖基化位点处氨基酸序列的种类，更是为糖基化序列子特征提供佐证。

（四）*N*-glyco-FASP 与 *N*-glyco-LMPCs 法分离 *N*－连接糖蛋白/糖肽比较

为了提高鉴定和分离血清中的糖蛋白（肽）的能力和覆盖率，本实验将 S-LMPCs，M-LMPCs 的 *N*-glyco-LMPCs 法和 *N*-glyco-FASP 法分离糖蛋白的方法联合使用，这样可以更广泛地研究肝癌发生过程中血清中糖蛋白的变化。在整个实验过程中，分别用三类凝集素分离的方法，平行分离和鉴定健康志愿者和 HCC 患者血清中的糖蛋白。结果在健康志愿者血清中，三种方法分离的糖蛋白之间的韦恩分布如图 7－4A所示，其中有 39 种蛋白质同时被三种方法分离和鉴定，除此之外，只在四种被 S-LMPCs 和 M-LMPCs 分离的糖蛋白中同时出现的为 12 种，只在被 M-LMPCs 分离的糖蛋白和 *N*-glyco-FASP 法分离的糖蛋白中同时出现的为 7 种，只在被四种 S-LMPCs 分离的糖蛋白和 *N*-glyco-FASP 法分离的糖蛋白中同时出现的为 21 种。同时可以看到每种方法也有自己独特分离的糖蛋白，这可能和每种方法存在其特异性偏好有关。在 HCC 患者血清中，29 种蛋白质同时被三种方法分离鉴定到，如图 7－4B 所示，可以看到与健康志愿者血清类似的结果。从实验结果可以看出结合三种分离糖蛋白/糖肽的方法可以鉴定到更多的血清中的糖蛋白，其中从 HCC 患者血清中共鉴定到 298 种，从健康志愿者血清中鉴定到 305 种，并且其中 152 种糖蛋白质同时出现在两种血清中，可以更多从定性方面认识 HCC 患者血清中糖蛋白的变化。

（五）*N*-glyco-FASP 与 *N*-glyco-LMPCs 法分离的 *N*－连接糖蛋白物化性质比较

为了更广泛地了解血清中糖蛋白的物理化学性质分布，对两类方法分离得到的 *N*－连接糖蛋白进行了其相对分子质量和等电点的分析，制成一张模拟双向电泳的图，直观地观察血清中糖蛋白的相对分子质量和等电点的分布情况，结果见**彩图** 7－2 所示。可以看出两类方法分离的血清中的糖蛋白的相对分子质量主要分布在 20×10^3～120×10^3 之间，在整个相对分子质量范围内糖蛋白分布比较均匀，说明凝集素亲和分离糖蛋白没有相对分子质量的偏好。另外，从分离的蛋白质的等电点来看，凝集素分离的蛋白质等电点 p*I* 主要分布在 5～7 和 8～10 之间，且 5～7 之间分布最多，说明凝集素分离的血清中的糖蛋白质具有偏酸性的趋势。这可能跟凝集素

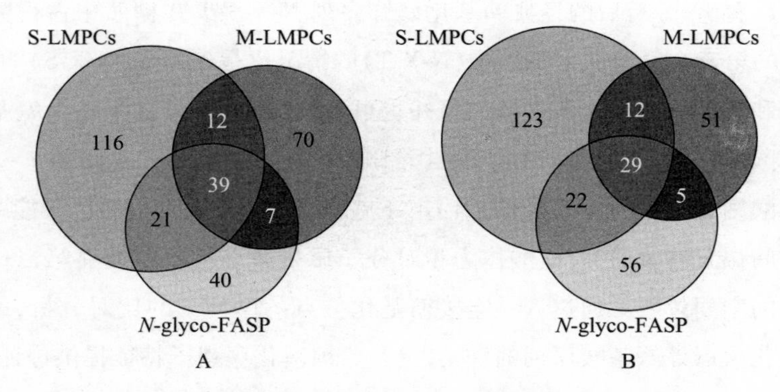

图 7-4　三类凝集素分离血清糖蛋白的韦恩图

A 图为三类凝集素分离方法从健康志愿者血清中分离的糖蛋白；B 图为三类凝集素分离方法从 HCC 患者血清中分离的糖蛋白。其中 S-LMPCs 为四种单个凝集素－磁性微粒复合物分离的糖蛋白的总和；M-LMPCs 为多凝集素－磁性微粒复合物分离的糖蛋白；*N*-glyco-FASP 为滤膜辅助的多凝集素分离的糖蛋白

与糖蛋白之间相互作用时的电荷相关，或者受到糖蛋白上带电荷的糖链的影响。而且从健康志愿者和 HCC 患者血清中分别分离的糖蛋白来看，蛋白质水平上没有明显的相对分子质量和 p*I* 的偏向，但是也可以看到很多蛋白质只能从一种血清中分离得到，这说明在 HCC 发生过程中还是存在大量糖蛋白表达的变化。

五、结果讨论

滤膜辅助的凝集素分离血清中的糖肽具有无须固定化凝集素，非特异性吸附较低，分离效率高，可重复性好，并且操作简单的优势，可以被广泛应用于包括血清、细胞、组织等各种样品的 *N*－连接糖肽的分离。将该方法与高分辨率的质谱技术联用可以很好地分析糖肽，并准确鉴定糖基化位点。通过应用该方法分析了健康志愿者和肝癌患者血清中四种凝集素分离的糖肽，以及其对应的糖蛋白和糖基化位点的差异，发现在所有分离糖肽中有 37 个糖基化位点修饰在两种血清中同时得到鉴定，同时有 54 个糖基化位点只是在健康志愿者血清中鉴定到，另外有 53 个糖基化位点只是在 HCC 血清中鉴定到。这个结果说明，在人体内随着生理状态或者是病理状态的变化，糖基化位点发生修饰也是在发生着不断的变化。

六、注意事项

1. 该方法分离糖蛋白糖肽时，首先用滤膜除去样品中的小分子杂质。

2. 注意在酶解前就换成新的收集管，防止酶解过程中造成多肽丢失。

3. 结合缓冲液可能会因凝集素不同而有些差别，所以对不同凝集素应摸索其最佳缓冲体系和反应条件。

表7-1 利用滤膜辅助的凝集素分离的健康志愿者和肝癌患者血清中糖蛋白糖基化位点列表

No.	Protein accessory	Protein description	Glycopeptide	N or C*
1	A1AT_HUMAN	Alpha-1-antitrypsin	YLG$\underline{N}_{271}$ATAIFFLPDEGK TLNQPDSQLQLTTG$\underline{N}_{140}$GLFLSEGLK	N,C N,C
2	A2MG_HUMAN	Alpha-2-macroglobulin	GCVLLSYL$\underline{N}_{55}$ETVTVSASLESVR VS$\underline{N}_{1424}$QTLSLFFTVLQDVPVR HNVYI$\underline{N}_{651}$GITYTPVSSTNEK SLGNV$\underline{N}_{867}$FTVSAEALESQELCGTEVPSVPEHGR GNEANYYS$\underline{N}_{396}$ATTDEHGLVQFSI$\underline{N}_{410}$TTNVMGTSLTVRVNYKDR	N,C N C C C
3	AACT_HUMAN	Alpha-1-antichymotrypsin	F$\underline{N}_{106}$LTETSEAEIHQSFQHLLR	N,C
4	ABI1_HUMAN	Abl interactor 1	ALEETKAYTTQSLASVAYQINALA$\underline{N}_{70}$NVLQLLDIQASQLR	C
5	AFAP1_HUMAN	Actin filament-associated protein 1	KLSSERPSSDGEGVVE$\underline{N}_{291}$GITTC$\underline{N}_{297}$GKEQVK	N
6	ANGT_HUMAN	Angiotensinogen	VYIHPFHLVIH$\underline{N}_{47}$ESTCEQLAK	N
7	ANR28_HUMAN	Serine/threonine-protein phosphatase 6 regulatory ankyrin repeat subunit A	RTPIHAAAT$\underline{N}_{627}$GHSECLR ITDRNLI$\underline{N}_{920}$ATNAALQTPLHVAAR	C C
8	ANT3_HUMAN	Antithrombin-Ⅲ	SLTF$\underline{N}_{187}$ETYQDISELVYGAK	N,C
9	APOB_HUMAN	Apolipoprotein B-100	FVEGSH$\underline{N}_{3411}$STVSLTTK DDKHEQDMV$\underline{N}_{752}$GIMLSVEK FEVDSPVY$\underline{N}_{3895}$ATWSASLKNK INSKHLRVNQNLVYESGSL$\underline{N}_{2982}$FSK CSLLVLENELNAELGLSGASMKLTT$\underline{N}_{1687}$GRFR SVSDGIAALDL$\underline{N}_{3841}$AVANK INSKHLRVNQ$\underline{N}_{2973}$LVYESGSLNFSK	N,C N N N N,C C C

续表

No.	Protein accessory	Protein description	Glycopeptide	N or C*
10	APOD_HUMAN	Apolipoprotein D	ADGTVNQIEGEATPV$\underline{N}_{98}$LTEPAK ADGTVNQIEGEATPV$\underline{N}_{98}$LTEPAKLEVK CIQA$\underline{N}_{65}$YSLMENGK	N,C N,C C
11	APOH_HUMAN	Beta-2-glycoprotein 1	DTAVFECLPQHAMFG$\underline{N}_{183}$DTITCTTHG$\underline{N}_{193}$WTK	C
12	ASAP1_HUMAN	Arf-GAP with SH3 domain, ANK repeat and PH domain-containing protein 1	NVG$\underline{N}_{512}$NSFNDIMEANLPSPSPKPTPSSDMTVR	N
13	C1QC_HUMAN	Complement C1q subcomponent subunit C	$\underline{N}_{87}$GPMGPPGMPGVPGPMGIPGEPGEEGR	C
14	CBG_HUMAN	Corticosteroid-binding globulin	AQLLQGLGF$\underline{N}_{96}$LTER	N
15	CERU_HUMAN	Ceruloplasmin	LISVDTEHSNIYLQ$\underline{N}_{58}$GPDR EKHIDREFVVMFSVVDE$\underline{N}_{227}$FSWYLEDNIK	N,C C
16	CFAH_HUMAN	Complement factor H	MDGAS$\underline{N}_{1029}$VTCINSR ISEE$\underline{N}_{911}$ETTCYMGK EGWIHTVCI$\underline{N}_{794}$GR	N,C N,C C
17	CFAI_HUMAN	Complement factor I	LSDLSI$\underline{N}_{177}$STECLHVHCR	C
18	CNOT1_HUMAN	CCR4-NOT transcription complex subunit 1	VQEVIFGLALL$\underline{N}_{135}$SSSSDLR	C
19	CO3_HUMAN	Complement C3	TVLTPATNHMG$\underline{N}_{85}$VTFTIPANR LSI$\underline{N}_{412}$THPSQKPLSITVR	N,C C
20	CO4A_HUMAN	Complement C4-A	GL$\underline{N}_{1328}$VTLSSTGR FSDGLES$\underline{N}_{226}$SSTQFEVK	N,C N,C

续表

No.	Protein accessory	Protein description	Glycopeptide	N or C*
21	CO5_HUMAN	Complement C5	A$\underline{N}_{741}$ISHKDMQLGRLHMK QYLIMGKEALQIKY$\underline{N}_{1630}$FSFR SKRMPITYD$\underline{N}_{123}$GFLFIHTDKPVYTPDQSVK	N N N
22	CO6_HUMAN	Complement component C6	KYNPIPSVQLMG$\underline{N}_{195}$GFHFLAGEPR	N
23	CO6A5_HUMAN	Collagen alpha-5(Ⅵ) chain	EAFLPEDSYMDVVFLID$\underline{N}_{1970}$SRNIAKDEFK	N
24	CO6A6_HUMAN	Collagen alpha-6(Ⅵ) chain	QRG$\underline{N}_{535}$KVPCHLVVLT$\underline{N}_{546}$GMSK	N
25	COPD_HUMAN	Coatomer subunit delta	LGAKGKEVD$\underline{N}_{237}$FVDK	C
26	CQ063_HUMAN	Uncharacterized protein C17or f63	VANNPLTIKIFP$\underline{N}_{64}$SVK	N,C
27	DSCAM_HUMAN	Down syndrome cell adhesion molecule	IPAMITSYP$\underline{N}_{795}$TTLATQGQKK	C
28	ERN2_HUMAN	Serine/threonine-protein kinase/endoribonuclease IRE2	LGLQLQFAALLLGTLSPQVHTLRPE$\underline{N}_{39}$LLLVSTLDGSLHALSKQTGDLK	N
29	F13B_HUMAN	Coagulation factor ⅩⅢ B chain	$\underline{N}_{272}$RCPPPPLPINSK HGVIISSTVDTYE$\underline{N}_{545}$GSSVEYR	N N
30	FETUA_HUMAN	Alpha-2-HS-glycoprotein	AALAAFNAQN$\underline{N}_{176}$GSNFQLEEISR VVHAAKAALAAFNAQN$\underline{N}_{176}$GSNFQLEEISR	N,C N
31	FINC_HUMAN	Fibronectin	HEEGHML$\underline{N}_{542}$CTCFGQGR TKTETITGFQVDAVPA$\underline{N}_{1851}$GQTPIQR	N N
32	GCP4_HUMAN	Gamma-tubulin complex component 4	VAEKILFVGESVQMFENQNV$\underline{N}_{292}$LTR VEILPSYIPVRVAEKILFVGESVQMFENQNV$\underline{N}_{292}$LTR	C C
33	GELS_HUMAN	Gelsolin	LYKVS$\underline{N}_{305}$GAGTMSVSLVADENPFAQGALKSEDCFILDHGK	N

续表

No.	Protein accessory	Protein description	Glycopeptide	N or C*
34	GLT13_HUMAN	Polypeptide *N*-acetylgalactosaminyltransferase 13	INQFNLMASDLIAL$\underline{N}_{94}$RSLPDVR	C
35	GPSM2_HUMAN	G-protein-signaling modulator 2	LNLSDLQMVLGLSYSTN_{382}NSIMSENTEIDSSL$\underline{N}_{397}$GVRPK	N
			SGELTARL$\underline{N}_{367}$LSDLQMVLGLSYST$\underline{N}_{382}$NSIMSENTEIDSSLN_{397}GVRPKLGR	N
36	GUAD_HUMAN	Guanine deaminase	AVMVSNILLI$\underline{N}_{356}$KVNEK	C
37	HEMO_HUMAN	Hemopexin	SWPAVG$\underline{N}_{187}$CSSALR	N,C
38	HPT_HUMAN	Haptoglobin	NLFL$\underline{N}_{207}$HSE$\underline{N}_{211}$ATAK	N,C
			MVSHH$\underline{N}_{184}$LTTGATLINEQWLLTTAK	N,C
			VVLHP$\underline{N}_{241}$YSQVDIGLIK	N
			NLFL$\underline{N}_{207}$HSE$\underline{N}_{211}$ATAKDIAPTLTLYVGKK	C
			MVSHH$\underline{N}_{184}$LTTGATLINEQWLLTTAKNLFL$\underline{N}_{207}$HSEN_{211}ATAK	C
39	HPTR_HUMAN	Haptoglobin-related protein	NLFLN_{145}HSE$\underline{N}_{149}$ATAK	N,C
			MVSHH$\underline{N}_{126}$LTTGATLINEQWLLTTAK	N
			NLFL$\underline{N}_{145}$HSE$\underline{N}_{149}$ATAKDIAPTLTLYVGKK	C
			MVSHH$\underline{N}_{126}$LTTGATLINEQWLLTTAKNLFL$\underline{N}_{145}$HSE$\underline{N}_{149}$ATAK	C
40	IC1_HUMAN	Plasma protease C1 inhibitor	VLS$\underline{N}_{253}$NSDANLELINTWVAK	N
41	IGHA1_HUMAN	Ig alpha-1 chain C region	LAGKPTHV$\underline{N}_{340}$VSVVMAEVDGTCY	N
			LSLHRPALEDLLLGSEA$\underline{N}_{144}$LTCTLTGLR	N
42	IGHA2_HUMAN	Ig alpha-2 chain C region	LSLHRPALEDLLLGSEA$\underline{N}_{131}$LTCTLTGLR	N
43	IGHG1_HUMAN	Ig gamma-1 chain C region	$\underline{N}_{244}$QVSLTCLVK	N
			EEQY$\underline{N}_{180}$STYR	N,C
			GFYPSDIAVEWES$\underline{N}_{267}$GQPENNYK	N,C

续表

No.	Protein accessory	Protein description	Glycopeptide	N or C*
44	IGHG2_HUMAN	Ig gamma-2 chain C region	EEQF$\underline{N}_{176}$STFR	N,C
45	IGHG3_HUMAN	Ig gamma-3 chain C region	EEQY$\underline{N}_{227}$STFR	C
46	IGHG4_HUMAN	Ig gamma-4 chain C region	GFYPSDIAVEWES$\underline{N}_{264}$GQPENNYK EEQF$\underline{N}_{177}$STYR	N,C C
47	IGHM_HUMAN	Ig mu chain C region	GLTFQQ$\underline{N}_{209}$ASSMCVPDQDTAIR THT$\underline{N}_{272}$ISESHP$\underline{N}_{279}$ATFSAVGEASICEDDWNSGER GLTFQQ$\underline{N}_{209}$ASSMCVPDQDTAIR STGKPTLY$\underline{N}_{439}$VSLVMSDTAGTCY	N N N N,C
48	IGJ_HUMAN	Immunoglobulin J chain	IIVPLNNRE$\underline{N}_{71}$ISDPTSPLR NIRIIVPLNNRE$\underline{N}_{71}$ISDPTSPLR	N N
49	IL5_HUMAN	Interleukin-5	LFK$\underline{N}_{90}$LSLIK	C
50	ITIH1_HUMAN	Inter-alpha-trypsin inhibitor heavy chain H1	GHMLE$\underline{N}_{560}$HVERLWAYLTIQELLAKR GFSLDEATNL$\underline{N}_{371}$GGLLR LGIANPATDFQLEVTPQ$\underline{N}_{750}$ITLNPGFGGPVFSWR	N C C
51	ITIH2_HUMAN	Inter-alpha-trypsin inhibitor heavy chain H2	AGELEVF$\underline{N}_{292}$GYFVHFFAPDNLDPIPK	C
52	ITIH4_HUMAN	Inter-alpha-trypsin inhibitor heavy chain H4	LPTQ$\underline{N}_{517}$ITFQTESSVAEQEAEFQSPK $\underline{N}_{274}$VVFVIDKSGSMSGR	N,C C
53	KNG1_HUMAN	Kininogen-1	ITYSIVQT$\underline{N}_{204}$CSK LNAEN$\underline{N}_{294}$ATFYFK	N,C N
54	MACF1_HUMAN	Microtubule-actin cross-linking factor 1, isoforms 1/2/3/5	TSLAGDTS$\underline{N}_{7289}$SSSPASTGAK	C

续表

No.	Protein accessory	Protein description	Glycopeptide	N or C*
55	MACF4_HUMAN	Microtubule-actin cross-linking factor 1, isoform 4	TSLAGDTS$\underline{N}_{5839}$SSSPASTGAK	C
			QESLQAILNRMEEVHKEA$\underline{N}_{2910}$SVLQWLESK	C
56	MLH1_HUMAN	DNA mismatch repair protein Mlh1	KQGETVADVRTLP$\underline{N}_{209}$ASTVDNIR	C
57	MO4L1_HUMAN	Mortality factor 4-like protein 1	QKTPG$\underline{N}_{159}$GDGGSTSETPQPPRK	C
58	MUCB_HUMAN	Ig mu heavy chain disease protein	VDHRGLTFQQ$\underline{N}_{147}$ASSMCGPDQDTAIRVFAIPPSFASIFLTK	N
			STGKPTLY$\underline{N}_{378}$VSLVMSDTAGTCY	N
			THT$\underline{N}_{210}$ISESHPNATFSAVGEASICEDDWDSGER	N
59	NCPR_HUMAN	NADPH-cytochrome P450 reductase	VHP$\underline{N}_{467}$SVHICAVVVEYETKAGR	C
60	PABP4_HUMAN	Polyadenylate-binding protein 4	AVTEM$\underline{N}_{354}$GRIVGSKPLYVALAQRK	C
61	PR40A_HUMAN	Pre-mRNA-processing factor 40 homolog A	NILDNMA$\underline{N}_{543}$VTYSTTWSEAQQYLMD$\underline{N}_{560}$PTFAEDEELQNMDK	C
62	PROM1_HUMAN	Prominin-1	AFTDLNSI$\underline{N}_{234}$SVLGGGILDR	N
			LSLSQLNSNPELRQLPPVDAELDNV$\underline{N}_{346}$NVLR	N
			RVLNSIGSDID$\underline{N}_{395}$VTQR	C
			RMDSEDVYDDVETIPMKNMENGN$\underline{N}_{844}$GYHK	C
63	RASM_HUMAN	Ras-related protein M-Ras	DRESFPMILVA$\underline{N}_{126}$KVDLMHLR	C
64	RHG29_HUMAN	Rho GTPase-activating protein 29	LNLELESTR$\underline{N}_{239}$MVKLAEATR	N
			DAATTVCSKF$\underline{N}_{1070}$GFDQQTLQK	N
65	SRBP2_HUMAN	Sterol regulatory element-binding protein 2	NKLLKGIDLGSLVD$\underline{N}_{415}$EVDLK	N, C
			YLQQVNHKLRQE$\underline{N}_{391}$MVLK	C
66	STRUM_HUMAN	WASH complex subunit strumpellin	AAKTAL$\underline{N}_{315}$NTLDLS$\underline{N}_{322}$VR	N
			THQEVTSSRLFSEIQTTLGTFGL$\underline{N}_{874}$GLDR	N

续表

No.	Protein accessory	Protein description	Glycopeptide	N or C*
67	SYNE1_HUMAN	Nesprin-1	RSGLNQ$\underline{N}_{6584}$LTLKSQYER QADIVTFPEINLM$\underline{N}_{4593}$ESSELHTQLAK MIVTRGESVLQ$\underline{N}_{3350}$TSPEGIPTIQQQLQSVKDMWASLLSAGIR	N N N
68	THRB_HUMAN	Prothrombin	YPHKPEI$\underline{N}_{143}$STTHPGADLQENFCR	C
69	TRFE_HUMAN	Serotransferrin	QQQHLFGS$\underline{N}_{630}$VTDCSGNFCLFR IM$\underline{N}_{402}$GEADAMSLDGGFVYIAGK	N,C C
70	TRRAP_HUMAN	Transformation/transcription domain-associated protein	EERVLQLLRLL$\underline{N}_{3553}$PCLEK AVVKIVEEWVK$\underline{N}_{2377}$NSPMAANQTPTLR MMTYIEKRFPEDLELNAQFLDLV$\underline{N}_{2422}$YVYR	C C C
71	VAV2_HUMAN	Guanine nucleotide exchange factor VAV2	SIV$\underline{N}_{418}$HTKQDRYLFLFDK EALEAMQDLAMYI$\underline{N}_{374}$EVKR QQLKEALEAMQDLAMYI$\underline{N}_{374}$EVK	N C C
72	VP13C_HUMAN	Vacuolar protein sorting-associated protein 13C	MSSF$\underline{N}_{2861}$LSRIVTLTPFCTIANK TT$\underline{N}_{735}$SSLEEIMDKAYDKFDVEIK GEPLHII$\underline{N}_{1496}$SS$\underline{N}_{1499}$VTDEPLLKMLLTK	N N N
73	VTNC_HUMAN	Vitronectin	N$\underline{N}_{86}$ATVHEQVGGPSLTSDLQAQSK	C
74	WWC3_HUMAN	Protein WWC3	VANIQQQLARLD$\underline{N}_{257}$ESWPSTAEADR	N

* N 表示该糖肽只是从健康志愿者血清中分离;C 表示该糖肽只是从肝癌患者血清中分离;N,C 表示该糖肽同时从健康志愿者和肝癌患者血清中分离。表中数据参考 uniprot 数据库。

■参考文献

1. Zielinska DF, Gnad F, Mann M. Precision mapping of an *in vivo* *N*-glycoproteome reveals rigid topological and sequence constraints. Cell, 2010, 141:897 - 907.
2. Ye J, Fang L, Zheng H. WEGO: a web tool for plotting GO annotations. Nucleic Acids Res, 2006, 34: W293 - W297.
3. Hägglund P, Bunkenborg J, Elortza F. A new strategy for identification of *N*-glycosylated proteins and unambiguous assignment of their glycosylation sites using HILIC enrichment and partial deglycosylation. J Proteome Res, 2004, 3: 556 - 566.
4. Ritchie MA, Gill AC, Deery MJ. Precursor ion scanning for detection and structural characterization of heterogenous glycopeptide mixtures. J Am Soc Mass Spectr, 2002, 13: 1 065 - 1 077.

第八章　酰肼化学法分离纯化糖蛋白/糖肽技术

复杂生物样本(如膜蛋白、血清等)具有蛋白质种类繁多、浓度跨度大等特点。样本分析前,对其中的糖蛋白进行分离纯化可有效减少非糖基化蛋白对糖蛋白分析造成的干扰。常用的糖蛋白分离纯化方法主要有:凝集素亲和、酰肼化学、亲水亲和、硼酸亲和、二氧化钛亲和、抗体亲和、分子筛法等方法。本章主要阐述酰肼化学方法的原理及应用。

第一节　酰肼化学法分离纯化糖蛋白/糖肽

一、实验原理

用酰肼试剂修饰经氧化处理过的糖是一种传统的糖化学研究方法。Zhang 等将这种方法首次应用于 *N* - 糖蛋白/糖肽的富集。其基本原理为:糖蛋白糖链上的邻 - 顺二羟基经高碘酸氧化变为醛基,醛基可以特异地与酰肼树脂(或酰肼磁粒)上的酰肼基团共价结合,清洗除去未结合或非共价结合到树脂上的蛋白,糖蛋白在树脂上得到富集。树脂上的 *N* - 糖蛋白可使用 PNGase F(或其他糖链内切酶和化学方法)直接从树脂上释放,之后对提取到的糖蛋白进行进一步分析;也可首先通过胰蛋白酶酶解(或其他蛋白内切酶),然后清洗除去糖蛋白的非糖基化多肽,最后使用 PNGase F 从树脂上仅释放 *N* - 糖基化多肽,便于对糖蛋白 *N* - 糖肽部分的分析和糖基化位点的鉴定。基本原理图见图 8 - 1。

该方法可以一次性不选择地富集不同类型的糖蛋白/糖肽,然后使用不同方法依次洗脱,比如用 PNGase F 酶法释放 *N* - 糖蛋白/糖肽,β - 消除法释放 *O* - 糖蛋白/糖肽,且由于糖肽和树脂之间的共价结合较紧密,可以通过较剧烈的方式清洗树脂,以更好地减少非特异性结合,因而该方法特异性较好。但高碘酸钠氧化对糖蛋白上的糖链破坏较大,无法实现糖链结构的解析工作。本章重点介绍该方法在 *N* - 糖蛋白质组研究中的应用。酰肼化学提取 *N* - 糖肽方法又可分为三种不同的提取途径:

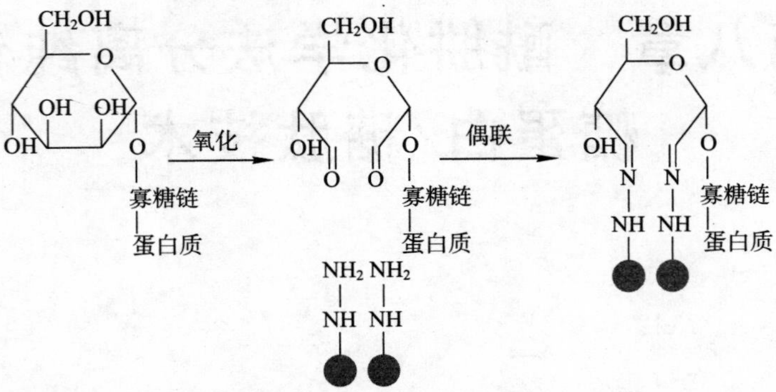

图 8－1　酰肼化学富集糖肽方法原理(Zhang *et al*,2003)

N－糖蛋白提取途径、*N*－糖肽提取途径和末端唾液酸化 *N*－糖肽提取途径。

(一) *N*－糖蛋白提取途径

蛋白样品直接经高碘酸氧化,氧化后的糖蛋白与酰肼树脂共价结合,清洗除去非糖基化蛋白,糖蛋白在树脂上得到富集。树脂上的糖蛋白使用胰蛋白酶酶解,清洗除去非糖基化多肽,最后使用 PNGase F 释放树脂上的 *N*－糖肽。该方法提取到的糖蛋白上的非糖基化部分可用于糖蛋白的辅助鉴定,也可用来对鉴定后的糖蛋白进行非标记定量。

(二) *N*－糖肽提取途径

这是上一种提取途径的改进方法。蛋白质样品首先被胰蛋白酶酶解,然后经高碘酸氧化后与酰肼树脂共价结合,糖肽在树脂上得到富集。*N*－糖肽使用 PNGase F 从树脂上释放。与糖蛋白相比,糖肽的位阻作用相对较小,更利于与酰肼树脂的结合,因此采用该途径可增加 *N*－糖蛋白和糖肽的鉴定数量。

(三) 末端唾液酸化 *N*－糖肽提取途径

改变高碘酸氧化糖蛋白时的氧化条件(高碘酸浓度、反应温度、反应时间等),仅将糖链末端唾液酸上的邻－顺二羟基氧化成醛基,从而实现仅对末端唾液酸化的糖肽进行分离纯化。该方法便于对糖链末端发生唾液酸化的糖蛋白亚组进行进一步分析。

二、试剂、材料和仪器

(一) 主要试剂

1. Affi-Gel 酰肼树脂购自美国 Bio-rad 公司。
2. 肽:N 糖苷酶 F (PNGase F) 购自美国 New England Biolabs 公司。
3. 测序级胰蛋白酶购自美国 Promega 公司。
4. 测序级乙腈(ACN)、三氟乙酸(TFA)购自美国 Sigma 公司。

5. Pierce BCA 蛋白定量试剂盒购自美国 Thermo Scientific 公司。

(二) 主要仪器

1. 可调取液器购自美国 Eppendorf 公司。

2. C18 1 mL SepPak 固相萃取柱购自美国 Waters 公司。

3. 三种 Amicon Ultra－0.5 mL 超滤离心管购自美国 Millipore 公司,截留相对分子质量分别为 3 000、10 000 和 30 000。

4. 高分辨率液质联用质谱仪,可选用美国安捷伦公司 Q－TOF 四级杆飞行时间质谱或者美国 Thermo Scientific 公司 LTQ－Orbitrap 线性离子阱静电场轨道阱组合质谱仪质谱仪。

(三) 溶液配制

1. 高碘酸钠溶液:21.4 mg 溶于超纯水至 1 ml(100 mmol/L),使用前配制。

2. 偶联缓冲液:100 mmol/L 乙酸钠,150 mmol/L 氯化钠,pH 5.0。

3. 十二烷基磺酸钠(SDS)贮液:10% SDS 溶液,即 10 g SDS 溶于超纯水至 100 ml。

4. 变性缓冲液:8 mol/L 尿素/0.4 mol/L 碳酸氢铵 +0.1% 十二烷基磺酸钠,即 48 mg 尿素 +3.16 mg 碳酸氢铵 +1 ml 10% SDS 溶液溶于超纯水至 100 ml。

5. 碳酸氢铵缓冲液:0.1 mol/L,pH 8.3,0.79 g 碳酸氢铵溶于 100 ml 超纯水中,4℃条件下可放置一个月。

6. 二硫苏糖醇(DTT)溶液:200 mmol/L,6.3 mg 二硫苏糖醇溶于 200 μl,0.1mol/L 碳酸氢铵缓冲液缓冲液。

7. 碘乙酰胺溶液:200 mmol/L,7.4 mg 碘乙酰胺溶于 200 μl,0.1 mol/L 碳酸氢铵缓冲液。使用前配制,避光保存。

三、实验流程

(一) *N*－糖蛋白提取途径

1. 换液

取蛋白样品 1 mg,使用 10×10^3 超滤管(或透析方法)将蛋白样品溶液体系换成偶联缓冲液体系(100 mmol/L NaAc,150 mmol/L NaCl,pH 5.0)。具体步骤如下:将血清样品加入到 10×10^3 超滤管中,补加偶联缓冲液至 400 μL,14 000 r/min 离心 15 min,并去除底液,重复此步骤 3 次;最后取一支新离心管,将超滤管反转,3 000 r/min离心 5 min,收集底管中的蛋白溶液。

2. 氧化

使用偶联缓冲液稀释蛋白溶液至 360 μL,加入 40 μL 的高碘酸钠溶液(100 mmol/L,

新鲜配制)，避光，室温孵育 1 h($NaIO_4$ 终浓度为 10 mmol/L)。

3. 除高碘酸钠

使用 10×10^3 超滤管去除未反应的 $NaIO_4$，并将氧化后蛋白样品换至偶联缓冲液体系。同操作步骤 1。

4. 偶联

每个样品准备 50 μL，50% 的酰肼树脂悬液，将树脂 3 000 r/min 离心 30 s，去除溶液，用 1 mL 的去离子水清洗树脂 1 ~ 3 次，每次清洗后 3 000 r/min 离心 30 s，去除上清液。将氧化后的蛋白溶液加入酰肼树脂中，室温下轻摇反应 4 h 或直接过夜反应。

5. 清洗

使用变性缓冲液(8 mol/L 尿素/0.4 mol/L NH_4HCO_3 + 0.1% SDS，pH 8.3)清洗树脂 3 次。每次清洗后 3 000 r/min 离心 30 s，去除上清液。蛋白样品中的糖蛋白在酰肼树脂上得到富集。

6. 树脂上的蛋白酶解

偶联有糖蛋白的酰肼树脂经清洗后，使用 250 μL 变性缓冲液重悬树脂，向溶液中加入 6.25 μL DTT 溶液，60 ℃条件下摇床摇动中还原 1 h。加入 25 μL 碘乙酰胺溶液，20 ℃避光轻摇烷基化 1 h。加入 6.25 μL DTT 贮液，60 ℃条件下孵育 1 h，以除掉未反应的 IAM。加入 0.1 mol/L NH_4HCO_3 溶液稀释蛋白样品至尿素浓度低于 2 mol/L。加入 20 μg 50 μL 50 mmol/L HCl，室温孵育 20 min Trypsin，37 ℃轻摇 4 h，重新补加 20 μg Trypsin，继续酶解过夜。收集酶解液，然后分别使用 0.1% TFA - 50% ACN，1.5 mol/L NaCl，水和 0.1 mol/L NH_4HCO_3 溶液各清洗树脂 3 次。全部糖肽在树脂上得到富集。

7. *N* - 糖肽释放

连有糖肽(包括上述三种方法提取的糖肽)的树脂经清洗后，用 50 μL 25 mmol/L NH_4HCO_3 缓冲溶液重悬，每个样品中加入 3 μL PNGase F(500 U/μL)，37 ℃轻摇中孵育过夜。使用 100 μL 超纯水清洗树脂两次。合并上清液和清洗液，冻干后，用 20 μL 0.1% 甲酸溶液重溶，于 -20 ℃保存或直接进行 LC-MS/MS 分析。

备注：如果需要提取样品中的糖蛋白，也可以在步骤 5 之后使用 0.1 mol/L NH_4HCO_3 溶液清洗树脂 3 次，50 μL NH_4HCO_3 溶液重悬树脂，然后直接加入 0.3 μL PNGase F，37 ℃轻摇过夜。使用 200 μL，0.1 mol/L NH_4HCO_3 溶液清洗树脂两次，收集并合并酶解上清液和清洗液，并除盐用于下游分析。

步骤 6 的糖蛋白酶解液也可以收集，以辅助糖蛋白的鉴定，并可用于样品中糖蛋白的无标记定量。酶解液使用 C18 柱除盐步骤如下：向消化后多肽溶液中加入一定量的 TFA(保证 pH ≤ 3)。将 C18 柱分别用 1 mL 0.1% TFA - 50% ACN 和 1 mL

0.1% TFA 清洗平衡两遍。将样品上样到 C18 柱上。C18 柱先用 1 mL 0.1% TFA 清洗 3 次，然后用 0.2 mL 50% ACN/0.1% TFA 洗脱两次。冻干后用 50 μL 0.1% 甲酸溶液重溶多肽，于 -20 ℃保存或直接进行 LC-MS/MS 分析。

（二）*N*-糖肽提取途径

1. 蛋白的溶液内酶解

首先将蛋白样品换至变性缓冲液体系（8 mol/L 尿素/0.4 mol/L NH_4HCO_3 和 0.1% SDS）。蛋白浓度大于 5 mg/mL 的血浆或其他样品，使用变性缓冲液对样品进行十倍以上稀释（要使其终浓度小于 5 mg/mL）。对于从其他体液或培养细胞中提取到的蛋白浓度低于 5 mg/mL 的样品，直接向样品中加入固体的尿素、NH_4HCO_3 和 10% SDS 贮液至变性缓冲液浓度。对于细胞中提取的蛋白，每 10^7 个细胞使用 1 mL 的变性缓冲液。固相组织中提取的蛋白，冰冻组织（100 mg）切成 1~3 mm 厚度的小块，涡旋中在 1 mL 的尿素缓冲液中孵育 2~3 min，将样品在 4 ℃条件下超声破碎 6 min并使用探头搅拌使样品混匀。

BCA 蛋白定量试剂定量后，每次取 1 mg 蛋白样品（本操作程序以蛋白溶液体积为 250 μL 进行），向溶液中加入 6.25 μL DTT 溶液，60 ℃条件下孵育 1 h。加入 25 μL 碘乙酰胺溶液，20 ℃避光孵育 1 h。加入 6.25 μL DTT 溶液，60 ℃孵育 1 h，以除掉未反应的 IAM。加入 0.1 mol/L NH_4HCO_3 溶液稀释蛋白样品至尿素浓度低于 2 mol/L，保留约 1 μg 的蛋白用于 SDS-PAGE 的检测。加入 20 μg 经 50 mmol/L 盐酸溶液活化过的 Trypsin，37 ℃轻摇过夜。12 000 r/min离心 10 min 除掉未被消化的物质。

SDS-PAGE 电泳分析消化后多肽和酶解前保存下的蛋白，以检测 Trypsin 酶解是否完全。酶解完全是糖肽富集高特异性和高产出的基础。若消化不完全，可以重新加入等量的酶，37 ℃继续轻摇过夜。

2. 酶解液除盐

使用 C18 柱除盐步骤如下：向消化后多肽溶液中加入一定量的 TFA（保证 pH≤3）。将 C18 柱分别用 1 mL 0.1% TFA-50% ACN 和 1 mL 0.1% TFA 清洗平衡两遍。将样品上样到 C18 柱上。C18 柱先用 1 mL 0.1% TFA 清洗 3 次，然后用 0.2 mL 0.1% TFA-50% ACN 洗脱两次。

3. 氧化

每个样品中加入 45 μL 的高碘酸钠溶液（100 mmol/L，新鲜配制），避光，4 ℃孵育 1 h（$NaIO_4$ 终浓度为 10 mmol/L）。

4. 除高碘酸钠

向样品中加入 3.6 mL 0.1% TFA 溶液。然后使用 C18 小柱除去未反应的

$NaIO_4$。步骤同上。每个样品用 0.2 mL 50% ACN/0.1% TFA 洗脱两次。

5. 偶联

每个样品准备 50 μL 50% 的酰肼树脂悬液，将树脂 3 000 r/min 离心 30 s，去除溶液，用 1 mL 的去离子水清洗树脂 1 ~ 3 次，每次清洗后 3 000 r/min 离心 30 s，去除上清液。氧化后的多肽溶液加入酰肼树脂中，室温下轻摇反应 4 h 以上或直接过夜反应。

6. 清洗

依次分别使用 0.1% TFA – 50% ACN，1.5 mol/L NaCl，水和 0.1 mol/L NH_4HCO_3 溶液清洗树脂各 3 次。全部糖肽在酰肼树脂上得到富集。

7. *N* – 糖肽释放

连有糖肽（包括上述三种方法提取的糖肽）的树脂经清洗后，用 50 μL 25 mmol/L NH_4HCO_3 缓冲溶液重悬，每个样品中加入 3 μL PNGase F（500 U/μL），37 ℃ 轻摇中孵育过夜。使用 100 μL 超纯水清洗树脂两次。合并上清液和清洗液，使用 SpeedVac 冻干，然后用 20 μL 0.1% 甲酸溶液重溶后，–20 ℃ 保存或直接进行 LC-MS/MS 分析。

（三）末端唾液酸化 *N* – 糖肽提取途径

1. 蛋白的溶液内酶解：参照“（二）*N* – 糖肽提取途径”。

2. 酶解液除盐：参照“（二）*N* – 糖肽提取途径”。

3. 唾液酸氧化：每个样品（400 μL）中加入 172 μL 的高碘酸钠溶液（100 mmol/L，新鲜配制），避光，0 ℃ 孵育 1 h（$NaIO_4$ 终浓度为 30 mmol/L）。向样品中加入 3.6 mL 0.1% TFA。

4. 除盐：样品中未反应的 $NaIO_4$ 再次使用 C18 柱去除，最后用 0.2 mL 80% ACN/0.1% TFA 洗脱两次。

5. 糖肽提取及糖肽释放：参照“（二）*N* – 糖肽提取途径”。

四、注意事项

1. SDS-PAGE 发现蛋白条带，说明酶解不完全。可能的原因有：①变性时尿素浓度太低（应保证尿素浓度大于 6 mol/L，使蛋白质高级结构充分打开。需加入尿素至 8 mol/L 重新变性和酶解）。②胰蛋白酶酶解时尿素浓度大于 2 mol/L（变性后用磷酸盐缓冲液稀释，并重新加酶酶解）。③样品中存在蛋白酶抑制剂（沉淀蛋白后，用 8 mol/L尿素溶液重溶后再次消化酶解）。

2. 若发现鉴定到的多肽数目较少，可能是由于酶解不完全或者偶联缓冲液中含有竞争性抑制剂，如氨基。

3. 若鉴定到的肽段中非糖肽过多，可能是因为清洗不彻底。

第二节 酰肼功能化磁性微粒分离纯化糖蛋白/糖链

磁性微粒(简称磁粒)是一种可均匀分散于一定溶液中,具有高度稳定性的胶态复合材料,是由超顺磁性纳米粒子与无机或有机分子通过包覆或交联等方式形成。磁性微粒既有液体的流动性,又有在外加磁场中可分离的特点(即磁响应性)。在磁性微粒表面或通过磁性微粒表面的功能基团(如氨基、羧基、巯基、环氧乙烷等),可固定酶、抗体、寡核苷酸等生物活性物质,从而实现在酶的固定化、靶向药物载体、细胞分选、免疫检测及核酸/蛋白的分离纯化等领域的应用。

酰肼功能化磁性微粒是通过一定的化学修饰,使磁性微粒表面包被一层酰肼活性基团,从而替代酰肼树脂用于生物样品中糖蛋白的分离纯化。酰肼功能磁粒具有磁性分离简单快速的特点,有利于糖蛋白分离纯化的高通量和自动化。

一、实验原理

通过已二酸二酰肼进一步修饰羧基化磁粒可得到提取糖蛋白效果较好的酰肼功能化磁粒。制备原理图见图 8-2。

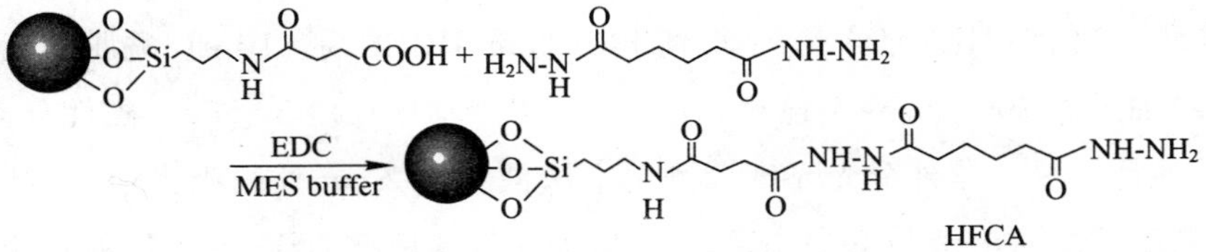

EDC
MES buffer
HFCA

图 8-2 酰肼功能化磁粒的制备原理(Sun *et al*,2010)

EDC,1-(3-二甲氨基丙基)-3-乙基碳二亚胺;MES buffer,2-乙基磺酸缓冲液

二、试剂、材料和仪器

(一)主要试剂

1. 羧基功能化磁粒由本实验室合成。
2. Pierce BCA 蛋白定量试剂盒购自美国 Thermo Scientific 公司。

(二)主要仪器

1. 磁性分离器:西安金磁纳米生物技术有限公司。

(三)溶液配制

1. MES 缓冲液:0.1 mol/L,pH 5.0。
2. 已二酸二酰肼溶液:0.1 mol/L,使用 MES 缓冲液配制。
3. 二亚胺盐(EDC)溶液:100 mg/ml,使用前使用冷的 MES 缓冲液配制。

三、实验流程

1. 制备过程

200 mg 羧基化磁粒于烧杯中用超纯水清洗三次，MES 缓冲液（0.1 mol/L，pH 5.0）平衡两次，每次使用 40 mL，每次清洗或平衡后都将烧杯放到磁性分离架上进行磁性分离，并去掉上清（以下简称磁性分离，去上清）。最后用 30 mL 溶解有己二酸二酰肼（0.1 mol/L）的 MES 缓冲液重悬磁粒，转入三口烧瓶中，插入搅拌器，室温充分搅拌 30 min 后，加入 5 mL 新配制的 EDC 溶液，然后加入 MES 缓冲液使悬液终体积为 40 mL，室温搅拌反应 2 h。反应完成后，将磁粒于通风橱中转入烧杯，用无水乙醇和双蒸水分别清洗磁粒 3 遍，每次清洗后都磁性分离，去上清。最后用 20 mL 超纯水重悬，悬液于 4 ℃保存备用。

2. 含量测定

制备得到的酰肼功能化磁粒的固体物含量测定方法如下：取 2 mL 磁粒悬液于 70 ℃烘干，称其干重，计算悬液中的肼功能化磁粒含量（g/L）。

肼功能化磁粒上的肼基团密度可通过双辛可宁酸（BCA）检测试剂测定。BCA 检测试剂配制方法如下：A 组分（BCA，1.0 g；$Na_2CO_3 \cdot H_2O$，2.0 g；$Na_2C_4H_4O_6$，0.16 g；NaOH，0.4 g；$NaHCO_3$，0.95 g），B 组分（$CuSO_4 \cdot 5H_2O$，2.0 g）。使用时，将 A ∶ B = 50 ∶ 1（体积比）充分混合，得到 BCA 标准工作试剂。10 μL 酰肼功能化磁粒（150 μg）加入到 200 μL BCA 检测试剂中，37 ℃摇动中反应 30 min。磁性分离，吸取上清，并使用可见 - 紫外分光光度计测定上清液在 562 nm 处的吸光值，将结果对照标准己二酸二酰肼溶液与 BCA 试剂反应后吸光值的标准曲线，计算每种肼功能化磁粒上的肼基团含量。

3. 酰肼功能化磁粒提取糖蛋白或糖肽（参照酰肼树脂实验方法）

四、注意事项

1. 羧基化磁粒与己二酸二酰肼比例：由于每个己二酸二酰肼分子含有两个酰肼基团，为了尽可能减少磁粒之间的交联，在实验中应首先测定或获得羧基化磁粒表面的羧基基团含量（一般以 mol/g 表示），然后按照己二酸二酰肼∶羧基基团 ≥ 10 ∶ 1（摩尔比）的比例来调整两者的加入量。

2. BCA 测定磁粒表面酰肼基团含量：其基本原理是酰肼基团可以将 BCA 工作液中的 Cu^{2+} 还原为 Cu^{+}，Cu^{+} 与 BCA 试剂结合形成螯合物，而在 562 nm 处具有特异的最大吸光度。且该吸光度在一定范围内与酰肼基团含量成正相关。因此可以通过对比标准曲线而确定磁粒表面的酰肼基团的含量。其基本原理与 BCA 定量试剂测蛋白浓度的原理相同。

3. 磁粒表面酰肼化效率较低：与羧基化磁粒表面的羧基基团含量相比，若酰肼功能化磁粒表面的酰肼基团含量（BCA 方法测定得到）相对较低，即酰肼化效率较低，则可能是由于活化不完全导致的。其可能原因有：①羧基化磁粒进一步修饰时加入的己二酸二酰肼不足，此时一般同时具有磁粒凝聚的特征，见下文“4. 磁粒凝聚”；②EDC 加入量不足，导致羧基活化不完全；③EDC 加入时羧基化磁粒与己二酸二酰肼混合不均匀，导致羧基活化后不能迅速与己二酸二酰肼反应；④MES 缓冲液 pH 偏差，该反应需要在微酸条件下进行。

4. 磁粒凝聚：制备的酰肼功能化磁粒发生凝聚现象的主要原因有：①羧基化磁粒进一步修饰时加入的己二酸二酰肼不足，导致同一己二酸二酰肼分子两端分别与两个磁性微粒相连；②缓冲液 pH 过高或过低。

5. 非特异性吸附：由于磁性微粒粒径较小，比表面积相对较大，因此酰肼功能化磁粒提取糖蛋白时，其表面往往通过疏水作用等而吸附一定量的非糖蛋白。在糖蛋白分离纯化前，使用适当的封闭剂封闭磁粒表面，可以一定程度上降低这种非特异性吸附作用。采用牛血清清蛋白（BSA）溶液封闭酰肼功能化磁粒的步骤如下：10 mg 肼功能化磁粒用 1 mL 偶联缓冲液（100 mmol/L NaAc，150 mmol/L NaCl，pH 5.5）清洗两次，磁性分离，去上清。然后向磁粒中加入 1 mL 2 mg/mL 的 BSA 溶液（溶于偶联缓冲液中），20 ℃，180 r/min 振摇封闭 4 h。使用偶联缓冲液清洗磁粒两次，每次使用1 mL，封闭后的磁粒使用偶联缓冲液重悬，用于 *N* - 糖蛋白/糖肽提取。

第三节　应用实例

实例　酰肼树脂法分离纯化肝癌病人与健康志愿者血清糖蛋白、糖肽、末端唾液酸化糖肽

一、实验原理

酰肼化学捕获糖蛋白是基于磁性微粒或树脂等固相载体上肼基团选择性的与高碘酸氧化的糖环上醛基反应，从而富集糖蛋白的。糖蛋白糖侧链上的临二羟基能够被高碘酸或高碘酸盐氧化而生成临二醛基。

二、实验材料

肝癌病人血清与健康志愿者血清各 60 份混合。

三、操作流程

1. *N* - 糖蛋白提取途径(参照本章第一节)。

2. *N* - 糖肽提取途径(参照本章第一节)。

3. 末端唾液酸化 *N* - 糖肽提取途径(参照本章第一节)。

四、实验结果与分析

采用基于酰肼化学的 3 种 *N* - 糖肽提取方法,从 HCC 患者血清和健康志愿者血清(各 60 份血清混合)中分别提取 *N* - 糖肽,结合 LC-MS/MS 分析鉴定 *N* - 糖蛋白和糖基化位点。并结合 *N* - 糖蛋白提取方法中提取到的糖蛋白中的非糖基化多肽,对两种血清中的 *N* - 糖蛋白进行定量分析。分离得到的去糖基化多肽通过 ESI-QTOF 和 MS/MS 图谱分析,图谱数据通过 Mascot 软件搜索人类 IPI 蛋白数据库。从肝癌患者血清和健康志愿者血清中共鉴定到 169 个非冗余 *N* - 糖肽,103 个 *N* - 糖蛋白,包含 183 个特异 *N* - 糖基化位点,其中有 14 个糖肽中含有两个 *N* - 糖基化位点,其他的都含有一个糖基化位点。

■ 参考文献

1. Sun SS, Yang GL, Wang T, *et al.* Isolation of *N*-linked glycopeptides by hydrazine-functionalized magnetic particles. Anal Bioanal Chem, 2010, 396(8): 3 071 - 3 078.
2. Kurogochi M, Matsushista T, Amano M, *et al.* Sialic acid-focused quantitative mouse serum glycoproteomics by multiple reaction monitoring assay. Mol Cell Proteomics, 2010, 9: 2 354 - 2 368.
3. Sun B, Ranish JA, Utleg AG, *et al.* Shotgun glycopeptide capture approach coupled with mass spectrometry for comprehensive glycoproteomics. Mol Cell Proteomics, 2007, 6: 141 - 149.
4. Zhang H, Li XJ, Martin DB, Aebersold R. Identification and quantification of *N*-linked glycoproteins using hydrazide chemistry, stable isotope labeling and mass spectrometry. Nat Biotechnol, 2003, 21(6): 660 - 666.

第九章　亲水亲和分离纯化糖蛋白技术

亲水亲和分离技术(hydrophilic affinity isolation)是新型的分离纯化以及分析生物大分子(尤其是蛋白质)的有力工具,被广泛应用于蛋白质的研究和制备领域。

第一节　亲水亲和分离技术

一、实验原理

亲水亲和分离技术的特点是利用亲水的固定相和疏水的流动相,分离主要利用固定相与溶质之间的亲水作用完成。亲水的固定相可以富集缓冲液中的水分子从而在固定相表面形成一个水层,亲水的溶质在这个水层和疏水洗脱液中进行分配。在亲水亲和分离中,流动相是含有少量的水成物/极性溶剂的有机溶剂,有机组分是弱洗脱剂,水相是强洗脱剂。最后的分离是通过洗脱液与固定相之间的静电作用或与固定相形成氢键竞争亲水性溶质与固定相的结合位点,从而使溶质被洗脱下来。

目前常用的亲水亲和分离技术固定相材料有带功能基团的非二氧化硅衍生物硅烷醇、二氧化硅的衍生物聚砜 A、聚阳离子 A、阴离子交换剂多聚 WAX、两性离子 ZIC 等。亲水亲和分离技术不仅具有与反相色谱互补的选择性,而且其流动相可以具有更高的挥发度,增加了 HILIC/MS 分析灵敏度,降低了分离的操作压力。常用含有乙酸铵和甲酸盐的溶液做洗脱液,在亲水亲和分离技术与质谱技术联用时这样的缓冲液也可以直接充当质谱缓冲液。

影响亲水亲和分离效果的主要因素有:有机溶剂的种类和缓冲液 pH。首先,流动相中有机溶剂种类的不同往往会影响待分离物质在固定相中的滞留。甲醇具有强的氢键作用能力,可在固定相材料如硅胶表面上与水竞争吸附从而干扰吸附水层的形成,代替水分子,因而固定相表面的疏水性增强,离子型溶质很难保留。与甲醇相比,异丙醇由于碳链的增长其亲水性降低,与固定相表面活性间的作用减弱,因而溶质保留增强。每一种亲水亲和分离缓冲液中乙腈的含量都超过 70%,乙腈氢键给予能力均较弱，乙腈的洗脱强度与溶质在乙腈中的保留明显强于甲醇和异丙醇。其次，缓冲液 pH 对 HILIC 柱的保留特性影响也比较大，缓冲液的 pH 高于或者低于溶质的 pK_a 主要取决于溶质的离子状态，但是这反过来又影响溶质的亲水性和溶质与固定相之间的相互作用。在研究高纯硅胶 HILIC 色谱柱缓冲液 pH 对几种蒽环类碱性药物保留的影响中，随着 pH 的增大，所有化合物的保留值均增大，达到最大值后减小，这种现象是由于酸度对固定相表面硅羟基解离及溶质分子离子性的影响所致。

由于单糖分子等构成糖链的糖单元含有大量羟基，使得包含糖链的糖肽较非糖肽具有较强的亲水性，因而能够利用糖肽与亲水性材料的亲水相互作用提取富集糖肽。常用的亲水介质如 cellulose、sepharose 都可用来分离糖肽。2004 年，直接利用 Sepharose CL-4B 与糖链的亲和作用，Wada 等富集到 IgG 等标准蛋白的糖肽，并利用质谱技术解析了糖链结构，证明了此方法的有效性。

由于亲水亲和方法利用糖链与固相基质间的亲水相互作用富集糖肽，对糖型无选择性，可同时富集 *N* - 糖肽和 *O* - 糖肽，且操作简单，故在糖肽富集中得到了较广泛的应用。但亲水方法富集糖肽的特异性容易受到干扰，若非糖肽中含有较多亲水性氨基酸也可能通过亲水作用结合于固相载体表面得到富集。

二、试剂、材料和仪器

1. DTT 母液：0.2 mol/L，使用 0.1 mol/L NH_4HCO_3 缓冲液配制。

2. DTT 工作液：10 mmol/L，0.2 mol/L DTT 母液用 0.025 mol/L 的 NH_4HCO_3 缓冲液做 20 倍稀释。

3. IAM 母液：0.2 mol/L，使用 0.1 mol/L NH_4HCO_3 缓冲液配制。

4. IAM 工作液：20 mmol/L，0.2 mol/L IAM 母液用 0.025 mol/L 的 NH_4HCO_3 缓冲液做 10 倍稀释。

5. NH_4HCO_3 缓冲液：0.1 mol/L NH_4HCO_3 贮液。

6. C18 平衡液：0.1% TFA/50% ACN。

7. C18 清洗液：0.1% TFA。

8. C18 洗脱液：0.1% TFA/50% ACN；0.1% TFA/80% ACN。

9. 亲水树脂平衡液：正丁醇∶乙醇∶水 = 5∶1∶1（*V/V*）加入 1 mmol/L $MnCl_2$。

10. 亲水树脂清洗液：正丁醇∶乙醇∶水 = 5∶1∶1（*V/V*）。

11. 亲水树脂洗脱液：乙醇∶水 = 1∶1（*V/V*）。

12. 亲水树脂 Sepharose 4B（美国 Sigma 公司）。

13. 蛋白混合样本。

14. 测序级猪胰蛋白酶(Trypsin),购自 Promega 公司,糖苷酶 PNGase F,购自 New England Biolabs 公司。

15. 摇床、微量加样器、离心机、温箱等。

三、实验流程

(一) 蛋白混合样本 Trypsin 酶解

1. 尿素变性:将混合蛋白样本溶于 8 mol/L 尿素,100 mmol/L NH_4HCO_3 溶液中配成 4 mg/mL 蛋白溶液,室温变性 30 min,并取 125 μL(0.5 mg 蛋白)用于进一步实验。

2. 还原:向样品中加入 125 μL 10 mmol/L DTT 工作液,37 ℃恒温箱中孵育 1 h。

3. 烷基化:将样品冷却至室温,向每个样品中加入 250 μL 的 IAM 工作液,室温,避光,静置反应 1 h。

4. 猝灭:烷基化后,向每个样品中再次加入 125 μL 的 DTT 工作液,37 ℃恒温箱中避光孵育 1 h,以除去未反应掉的碘乙酰胺。

5. 酶处理:胰蛋白酶 2 瓶(每瓶 20 μg),分别加入 50 μL 酶活化溶液(50 mmol/L HCl),室温孵育 20 min。

6. 酶稀释:每管胰蛋白酶中再加入 150 μL 0.1 mol/L NH_4HCO_3,混匀待用。

7. 酶解:混合蛋白样本中加入 100 μL 胰蛋白酶(酶和样品蛋白的质量比为 1 : 50),混匀后,37 ℃静置酶解过夜。

(二) C18 柱除盐

1. C18 活化:用 1 mL 100% 乙腈活化 C18 柱。

2. 清洗平衡:用 1 mL 0.1% TFA/50% ACN 和 1 mL 0.1% TFA 清洗平衡 2 遍。

3. 上样:将酶解后的样本用 100% TFA 调 pH 至 2 ~ 3,将样本加入 C18 柱。

4. 清洗:1 mL 0.1% TFA 清洗 3 次。

5. 洗脱:0.2 mL 0.1% TFA/50% ACN 反复洗脱 3 次,0.2 mL 0.1% TFA/80% ACN 反复洗脱 3 次,后合并 2 种洗脱液,于真空冷冻干燥机冻干。

(三) 亲水树脂提取糖肽

1. 树脂预处理:按照每 0.1 mg 蛋白 15 μL 树脂的比例,取 75 μL 树脂。1 mL 洗脱液清洗 1 次,9 000 r/min离心 5 min,弃上清。1 mL 清洗液清洗 1 次,9 000 r/min离心 5 min,弃上清。

2. 偶联:500 μL 平衡液溶解样本并与树脂混合,37 ℃慢摇 45 min,后9 000 r/min离心,弃上清。

3. 清洗：1 mL 清洗液清洗，9 000 r/min离心，弃上清，反复 3 遍。

4. 洗脱：洗脱液 500 μL，慢摇 30 min，离心，收集上清，于真空冷冻干燥机冻干。

（四）糖肽的 PNGase F 酶解

用 50 μL，25 mmol/L NH_4HCO_3 缓冲溶液重悬，每个样品中加入 3 μL PNGase F（500 U/μL），37 ℃轻摇中孵育过夜。使用 SpeedVac 冻干，然后用 20 μL 0.1% 甲酸溶液重溶后，-20 ℃保存或直接进行 LC-MS/MS 分析。

四、注意事项

1. C18 及亲水树脂的各缓冲液可提前配制，于 4 ℃冰箱保存。DTT 及 IAM 母液需新鲜配制，且 IAM 母液需避光。

2. 在猝灭步骤反应 30 min 时开始 Trypsin 酶处理操作。

3. Trypsin 酶解及尿素变性过程均可静置进行。

4. 多肽干粉溶解时，可先用少量水溶解后配成亲水亲和平衡液组分，以防止直接用平衡液溶液造成少量多肽变性不溶的现象。

5. C18 柱使用过程应注意使液面始终处于在柱子上方，以保持柱子湿润，同时注意不要在柱中产生气泡。C18 柱使用过程对 pH 要求为酸性，本实验使样本 pH 处于 2 ~ 3 之间。

6. 亲水树脂使用过程应避免微量进样器枪头接触树脂，以减少树脂损失。

第二节　应用实例

实例　亲水亲和技术分离纯化健康志愿者唾液糖蛋白

一、实验原理

研究表明，人血液中的很多蛋白质成分同样存在于人唾液中，唾液能在一定程度上反映血液中各种蛋白种类和含量。因此，唾液检测在各种疾病的诊断中具有极高的潜在应用价值。蛋白糖基化作为最重要的蛋白翻译后修饰之一，参与多种生理病理过程。用唾液中的糖蛋白作为反映人体病理生理状况的生物标记物，已越来越受到人们的关注。了解正常生理条件下，不同性别和不同年龄段人群唾液中的糖蛋白质组的组成和差异是人唾液糖蛋白质组学研究的基本要求，并可为从唾液中寻找各种生理病理相关生物标记物奠定基础。

本实验采用亲水亲和方法，从三个年龄段（儿童、成年和老年）、男女两性别，共 6 组健康志愿者全唾液的混合溶液中提取 *N* - 糖肽。糖肽酶 PNGase F 除去 *N* - 糖肽

上的 N – 糖链后，结合串联质谱、质谱数据的数据库检索方法，通过 N – 糖肽序列分析鉴定 N – 糖蛋白和 N – 糖基化位点。最后对 6 组全唾液样本中提取并鉴定到的 N – 糖蛋白进行比较和综合性分析，比较分析不同性别、不同年龄段人群中唾液 N – 糖蛋白和糖基化位点的异同，寻找人全唾液中年龄和性别相关糖蛋白。

二、试剂、材料和仪器

（一）样本

健康志愿者唾液采集后立即于冰上放置，并在 2 h 内 4 ℃ 条件下对样品进行 12 000 r/min 离心 1 h，收集上清。将同组（同性别同年龄段）的唾液进行等体积混合，向混合唾液中加入蛋白酶抑制剂（每 10 mL 全唾液中加入 1 μL 蛋白酶抑制剂），以减少唾液中蛋白的蛋白质降解。各组的混合唾液分别进行分装后冻存于 – 80 ℃ 备用。

（二）主要试剂

Sepharose cell-4B、还原剂二硫苏糖醇（DTT）、碘乙酰胺（IAM）、尿素、NH_4HCO_3、HPLC 级乙腈（ACN）、三氟乙酸（TFA）、BCA 蛋白定量试剂盒、蛋白酶抑制剂鸡尾酒、测序级猪胰蛋白酶、预染蛋白 Marker，宽范围（相对分子质量 $7 \times 10^3 \sim 175 \times 10^3$）、糖苷酶 PNGase F。

（三）主要仪器

Milli-Q50 纯水系统、Sep-Pak 1cc C18 柱、3×10^3 和 10×10^3 超滤管、Zorbax 300SB C18 分析柱（150 mm × 0.075 mm，3.5 mm particles）和富集柱、ZHWY-2101C 型恒温振荡器、纳流高效液相色谱系统、高效液相色谱 – 串联质谱联用仪（LC-MS/MS）。

三、操作流程

实验流程如图 9 – 1 所示。

（一）唾液蛋白定量

采用 BCA 蛋白定量试剂测定各混合唾液中的蛋白浓度。将 6 组混合唾液样本均按一定倍数稀释后，取 10 μL 与 200 μL BCA 试剂工作液充分混合，37 ℃ 放置反应 30 min，使用可见 – 紫外分光光度计测定反应液在 562 nm 处的吸光值。将结果对照标准牛血清清蛋白 BSA 溶液与 BCA 试剂反应后吸光值的标准曲线，计算每组混合唾液中的蛋白含量。

（二）唾液蛋白的溶液内酶解

取各组混合唾液样品各 1 mg，首先使用 10×10^3 超滤管对唾液蛋白进行浓缩并

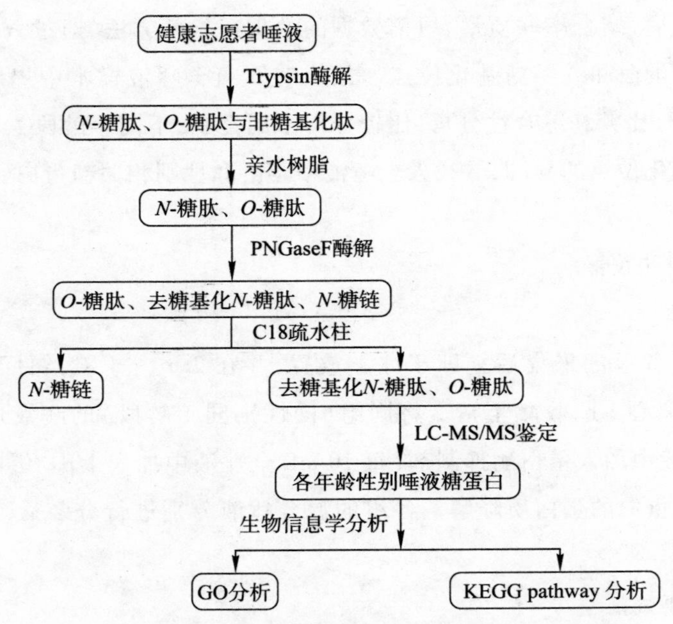

图 9-1　健康志愿者唾液糖蛋白分离鉴定流程

换至变性缓冲液体系（8 mol/L 尿素/0.4 mol/L NH_4HCO_3，0.1% SDS，pH8.3）中：将唾液样品加入到 10×10^3 超滤管中，每次加 400 μL，4 ℃条件下14 000 r/min离心 15 min，去除底液，反复多次直至全部唾液浓缩完成，然后重复补加变性缓冲液至 400 μL，3 次，每次补加后都室温条件下14 000 r/min离心 15 min，并去除底液，最后取一新离心管，将超滤管反转，3 000 r/min离心 5 min，收集底管中的蛋白溶液。用变性缓冲液（8 mol/L尿素/0.4 mol/L NH_4HCO_3，0.1% SDS）稀释浓缩后的唾液样品至蛋白终浓度为4 mg/mL。继而参照主要实验流程，对蛋白混合物进行 Trypsin 酶解。

SDS-PAGE 电泳分析消化后多肽和酶解前保存下的蛋白，以检测 Trypsin 酶解是否完全。酶解完全是糖肽富集高特异性和高产出的基础。若消化不完全，可以重新加入等量的酶，37 ℃继续轻摇过夜。

（三）亲水方法提取唾液 *N*-糖肽

消化后多肽使用 Sep-Pak 1 mL C18 柱除盐后，同样使用 0.2 mL 50% ACN/0.1% TFA 进行两次洗脱。每个样品准备 150 μL 50% 的 Sepharose Cell-4B 粒子，进行亲水亲和提取。参照主要实验流程。

（四）LC-MS/MS 分析

每次取 5 μL 去糖基化的糖肽样品进行 LC-MS/MS 分析。安捷伦 1200 系列纳流高效液相色谱系统，Zorbax 300SB C18 分析柱（150×0.075 mm，3.5 mm particles）和富集柱，Q-TOF 质谱仪进行 LC-MS/MS 分析。流动相 A 液为 0.1% FA（甲酸）水溶液，B 液为90% ACN/0.1% FA溶液。自动进样系统进样后,3% ~10% B液10 min,10% ~45% B液70 min,45% ~90% B液15 min,最后95% B液10 min,3% B液冲洗15 min。每个样品分析总分析时间为2 h,流速为0.3 mL/min。采用自动采集模式采集MS/MS信息。每次全MS扫描后进行5次MS/MS分析。每种*N*-糖肽提取方法至少对每个样品重复提取3次,每次提取的去糖基化*N*-糖肽进行3次LC-MS/MS重复。

(五)质谱数据的数据库检索和糖基化位点鉴定

LC-MS/MS质谱数据通过Mascot V2.3.02软件进行数据检索,检索数据库为IPI_human_v3.74。搜索参数如下:固定修饰——半胱氨酸乙酰胺化(相对分子质量+57);可变修饰——甲硫氨酸氧化(相对分子质量+16)和天冬酰胺脱氨基(相对分子质量+0.98)。多肽相对分子质量容差20 ppm,碎片离子相对分子质量容差0.7。胰蛋白酶酶解,允许一个漏切位点。多肽鉴定结果cutoff:单个多肽得分高于25,*P*值小于0.01。

将每次提取糖肽的三次LC-MS/MS结果合并为该次鉴定到的总糖肽,三次糖肽提取重复实验中鉴定到2次以上的多肽认定为该性别-年龄段唾液中鉴定到的多肽。为减少假阳性率,只将鉴定的多肽中含有*N*-糖基化位点保守序列(N-X-S/T)且其天冬酰胺(N)转变为天冬氨酸(D)的多肽认定为*N*-糖肽,脱氨基的天冬酰胺为*N*-糖基化位点。

(六)鉴定糖蛋白的生物信息学分析

从人唾液中鉴定到的全部*N*-糖蛋白的GO分类、注释和不同年龄段、不同性别间的GO功能比较借助www.blast2go.com上获取Java程序软件完成,将所有鉴定到的糖蛋白IPI通过Uniprot网站中的ID Mapping功能转换为UniprotKB AC序列号,然后将全部Uniprot序列号输入Blast2GO,然后对蛋白分别在蛋白的细胞定位、参与的生物学过程及其生物学功能三个方面进行聚类分析。整个分析过程参照软件标准操作流程进行。鉴定糖蛋白的相对分子质量、等电点和糖肽的理论相对分子质量通过Mascot软件获得,而多肽的理论等电点通过Uniprot网站中的Compute p*I*/Mw在线工具软件(http://www.expasy.ch/tools/pi_tool.html)预测得到。鉴定到的唾液*N*-糖蛋白通过与日本KEGG数据库中的补体与凝集的级联反应通路进行比对,来分析和探讨唾液糖蛋白对人体口腔免疫方面的相关分子机制。

四、实验结果与分析

(一)唾液糖蛋白鉴定结果

Ramachandran等研究表明,亲水亲和、酰肼化学和凝集素提取糖蛋白/糖肽方法等都具有一定的互补性,使用任何一种方法都无法提取某复杂生物样本中的全部

N - 糖肽，几种方法联合使用可有效提高 N - 糖肽的鉴定率。本实验整合酰肼化学和亲水亲和两种糖肽提取方法的鉴定结果，从各年龄段混合唾液中共鉴定到 156 种非冗余 N - 糖肽，包含 164 个特异 N - 糖基化位点，代表 85 种 N - 糖蛋白。其中酰肼方法和亲水方法都提取到的 N - 糖肽为 72 种，仅酰肼方法提取到的 N - 糖肽为 74 种，仅亲水方法提取到的 N - 糖肽为 10 种。酰肼方法和亲水方法都提取并鉴定到的 N - 糖蛋白为 43 个，仅酰肼方法提取并鉴定到的 N - 糖蛋白为 39 个，仅亲水方法提取并鉴定到的 N - 糖蛋白为 3 个。

（二）Blast2GO 分析结果

为在总体水平上获得所鉴定到人唾液中 N - 糖蛋白的生物学功能，我们应用 Blast2GO 软件对鉴定到的全部唾液 N - 糖蛋白（85 种）分别在蛋白的细胞定位（见**彩图**9 - 1A）、参与的生物过程（见**彩图** 9 - 1C）及其分子功能（见**彩图** 9 - 1B）三个方面进行聚类分析。在鉴定到的 85 种唾液 N - 糖蛋白中，有 80 种能够在人类 GO 数据库中找到相应功能注释。根据**彩图** 9 - 1A 可知，唾液 N - 糖蛋白主要是细胞外蛋白（41%）、细胞蛋白（30%）和一些细胞器蛋白（18%），另外还含有一些膜内组分和大分子复合物组成蛋白。其参与的主要生物学过程主要包括细胞过程（14%）、刺激反应（12%）、生物调节（11%）、代谢过程（11%）、免疫过程（7%）等。人唾液中 N - 糖蛋白最重要的生物学功能为生物结合（62%），其中又可分为与蛋白质、脂质、糖类、细胞或微生物表面、离子等结合功能。另外，具有催化活性（14%）、酶调节活性（13%）的糖蛋白在唾液糖蛋白中所占比例也较大。

（三）唾液 *N* - 糖蛋白和 *N* - 糖肽的相对分子质量和等电点分布

唾液 N - 糖蛋白和糖肽鉴定后，我们对鉴定到的 N - 糖蛋白和糖肽的理化性质进行了分析。结果显示，唾液 N - 糖蛋白的蛋白质主要分布在 $10 \times 10^3 \sim 100 \times 10^3$ 范围内（占 78%）（图 9 - 2A），大于 200×10^3 的糖蛋白仅占总数的 6%。而鉴定的 N - 糖肽相对分子质量在 900 ~ 3 700 之间，其中 1 000 ~ 3 000 之间的多肽占 94.1%（图 9 - 2B），通过将鉴定到的唾液 N - 糖蛋白与 Uniprot 数据库比对后发现，很多鉴定到的糖蛋白中还有一些其他已知的 N - 糖基化位点，但在实验中没有鉴定到，这除了唾液中的该糖蛋白在该位点可能确实没有发生糖基化外，更多的可能是因为该位点处的胰蛋白酶酶解片段相对分子质量超出了质谱检测的相对分子质量范围（相对分子质量太大或太小），通过多种蛋白酶分别对同一生物蛋白组样品进行酶切，然后提取糖蛋白后联合分析的方式可以有效提高 N - 糖蛋白和糖基化位点的鉴定数量和种类。唾液 N - 糖蛋白和鉴定到的 N - 糖肽的等电点都主要分布在酸性 pH 范围，$pI < 7$ 的 N - 糖蛋白占鉴定到总数的 80.2%（图 9 - 2C），$pI < 7$ 的多肽占总鉴定到多肽的 78.6%（图 9 - 2D），而 $pI > 9.0$ 以上的唾液 N - 糖蛋白仅占 3.7%。糖肽提取和鉴定过程中，亲水提取方法以及 C18 除盐柱对多肽可能具有一定的选择性，这种选择作用会对最终鉴定到的糖肽和糖蛋白会有一定影响。以上实验结果说明，唾液 *N* - 糖蛋白主要是中低相对分子质量的酸性糖蛋白质，与之前关于唾液蛋白的相对分子质量和等电点分布的报道基本一致。

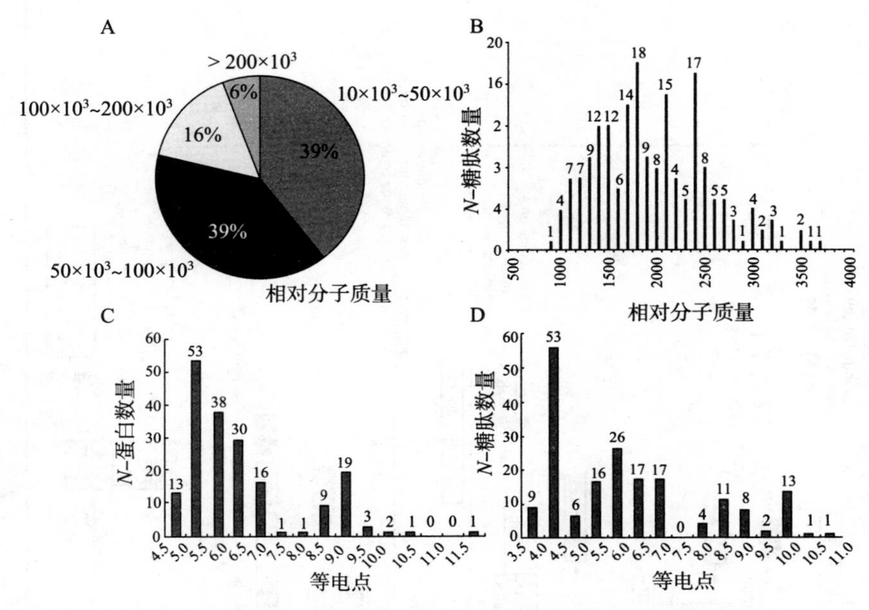

图 9-2　唾液 *N* - 糖蛋白和 *N* - 糖肽的相对分子质量和等电点分面

A. 唾液 *N* - 糖蛋白相对分子质量分布；B. *N* - 糖肽相对分子质量分布；C. 唾液 *N* - 糖蛋白等电点分布；D. *N* - 糖肽等电点分布

（四）KEGG 分析结果示例

将鉴定到的全部唾液 *N* - 糖蛋白与 KEGG 数据库中的各种通路进行匹配，19 种唾液糖蛋白可匹配于 9 条免疫相关通路，其中与补体和共凝集级联反应通路（Complement and coagulation cascades）匹配结果见图 9 - 4。共凝集级联反应通路中的糖蛋白在所有性别和年龄段混合唾液中均可检测到。经典补体通路糖蛋白主要在成年和老年男女性唾液中出现，旁路通路糖蛋白主要在成年、老年女性和老年男性中出现。

补体系统由一组存在于人或脊椎动物血清及体液中的可溶性蛋白及血细胞与其他组织细胞表面的膜结合蛋白和补体受体组成。其主要补体蛋白都是糖基化蛋白。补体系统通过这些蛋白的调节、趋化等效应达到清除外来微生物，病原体及自身损伤细胞的作用，在人体免疫系统中有着非常重要的地位。实验中在唾液糖蛋白中亦鉴定到经典通路和旁路通路中的补体系统蛋白，说明了唾液糖蛋白在口腔的自身免疫和病原微生物免疫方面发挥着重要作用。

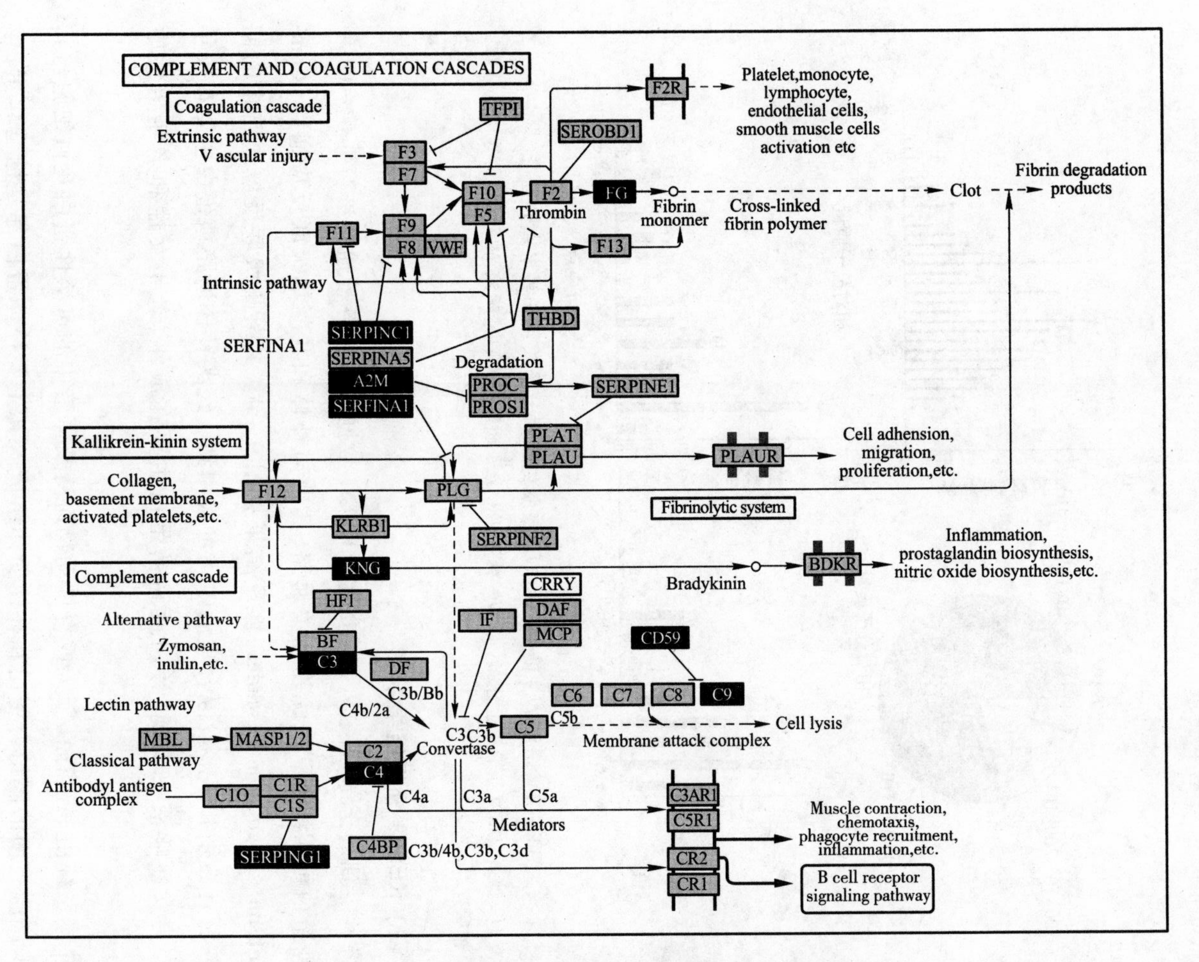

图9-3　人唾液糖蛋白与补体和共凝集免疫通路匹配结果

数据来自KEGG数据库，依KEGG格式整理，为便于查询保留其数据库提交格式。黑色框显示蛋白是实验中鉴定得到的

参考文献

1. Ramachandran P, Boontheung P, Pang E, *et al.* Comparison of *N*-linked glycoproteins in human whole saliva, parotid, submandibular, and sublingual glandular secretions identified using hydrazide chemistry and mass spectrometry. Clinical Proteomics, 2008, 4: 80 - 104.
2. Wada Y, Tajiri M, Yoshidabello S. Hydrophilic affinity isolation and MALDI ultiple-stage tandem mass spectrometry of lycopeptides for glycoproteomics. Anal Chem, 2004, 76: 6 560 - 6 565.
3. 姜洪宁，黄迪南，侯敢. 亲水作用液相层析及其在蛋白质组学中的应用. 生命的化学，2009，29 (2): 257 - 260.

第十章 滤膜辅助糖蛋白糖链的分离纯化及其结构质谱解析技术

糖类是一种广泛存在于机体中的生物分子，在生物体内起着多种重要的作用。糖类物质主要是以糖类复合物的形式存在，如糖脂、糖蛋白、蛋白聚糖、肽葡聚糖、脂多糖等。其中，糖蛋白广泛分布于细胞表面和细胞外基质中，其上的糖链结构与很多重要的生物功能相互关联，主要涉及调节蛋白质的构象和稳定性，控制蛋白质甚至细胞的半衰期。另外，这些糖链结构作为配体可特异性结合介导蛋白质的靶向识别，细胞与细胞以及细胞与胞外基质的相互作用。生物体中的糖蛋白质一般包括多个糖基化位点，而其每个糖基化位点的糖链结构具有其特异的糖型。因此，鉴定糖蛋白上所有的糖链结构非常具有挑战性，例如鉴定糖蛋白上的糖基化位点，分析每个糖型结构中的糖链组成、糖链序列、分支类型以及糖链残基中的羟基基团与其他残基的连接方式。现在没有一种技术可以完全得到糖蛋白糖基化修饰的所有信息，只有将多种方法联合起来，如多种质谱技术联合，再加上糖链生物合成通路特点才能得到相对全面的糖链信息。

糖链分析的主要方法有层析技术、电泳技术和质谱技术，这些方法各有其优缺点，其中利用质谱技术分析糖链结构受到越来越多的研究者的青睐。在利用质谱技术分析糖链中，糖链的序列和分支信息可以通过快速原子轰击质谱（FAB-MS）或者液态次级离子质谱（LSIMS）的泛甲基化修饰的糖链的离子碎片而获得。近年来，一些高灵敏度的质谱（如 ESI-Q-TOF-MS）可以通过较低能量的碰撞诱导解离（CID）得到非修饰的寡糖链和糖肽碎片，从而可以相对容易地得到飞摩水平的糖链的序列和分支信息。糖链的组成和连键情况的分析，目前最好的方法是用气相质谱联用的方法分析糖链的衍生化的水解产物，但是这种方法受到分析方法灵敏度的限制。鉴于灵敏度限制，许多研究者开发了利用串联质谱分析糖链的连键位置，这些串联质谱中的高能诱导碰撞诱导解离使糖链出现穿环断裂，从而可以得到糖链之间的连键情况。而其中 MALDI 源配置正交加速的 TOF 分析器通过高能碰撞诱导解离更是可以直接获得很多非修饰糖链和糖肽的连键信息。

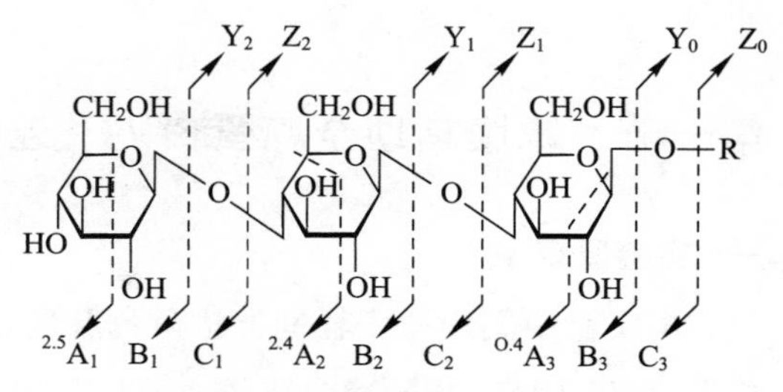

图 10－1　糖链断裂片段命名规则描述(Domon *et al*,1988)

MALDI 源的质谱离子片段化有多种形式存在,但由于切割位点基本相同因而产生的谱图大致相同,其主要差异是由离子化类型引起的,如$[M+H]^+$,$[M+Na]^+$等。主要碎片断裂形式是从糖苷键断裂,即从相邻两个糖链环中间的单键处断裂,这样的断裂方式主要是用于分析糖链序列和分支情况,但对糖链中的连键形式没有太多帮助。而需要能量高的比较少的穿环断裂则能提供更多的连键方面的信息。对糖链碎片断裂的命名方式现在研究者共用的是由 Domon 和 Cosetllo 提出的命名法则(见图 10－1)。从还原端开始的点电荷的离子断裂依次被标记为 X 离子(穿环断裂),Y($C_1 \rightarrow O$ 糖苷键断裂)和 Z($O \rightarrow C_x$ 糖苷键断裂)或者相对非还原端带电荷被依次标记为 A、B 和 C 离子。其中下标编号表示从还原端开始的 X、Y 和 Z 离子序号或者从非还原端开始的 A、B 和 C 离子序号。在糖链的二级质谱中,所有的离子碎片中丰度最高的是 Y 离子和 B 离子。

利用 MALDI-TOF-MS 分析糖链结构谱图是一种被广泛应用的方法,可用来快速获得糖蛋白糖链结构信息,但注释糖链谱图并且确定质谱峰的糖链结构必须由专业人士完成。糖链图谱一般都是通过象征结构或者“卡通”结构来表示糖链的拓扑学结构,这种表示方法不能显示糖链的糖苷键连接方式。虽然质谱图只能提供相对分子质量的信息,但是基于糖链生物合成的限制,还是可以确定部分可能性非常高的糖链结构。一般情况下,*N*－连接糖链核心区域由三个甘露糖和两个 *N*－乙酰葡萄糖胺(GlcNAc)组成,另外,也有许多杂合型或者复杂型糖链核心结构带有一个岩藻糖。此外,复杂糖链结构中加到核心区域的甘露糖上糖链只有 *N*－乙酰葡萄糖胺(GlcNAc)、半乳糖(Gal)、唾液酸(包括 NeuAc 和 NeuGc)和岩藻糖(Fuc),另外也会普遍存在 Lewis X 三糖结构((Galβ1－4[Fucα1－3])GlcNAc)。另外可以通过其他一些附加的分析方法,如用 Nano ESI-MS/MS 分析糖苷酶解糖链前后的差异,糖链甲基化修饰等,来进一步验证糖链结构。MALDI-TOF 糖链谱图另外的特点是只需要非常少量的生物样品,获得的糖链指纹图谱可以很容易和其他样本进行比对、寻找差异,如比较两个组织、细胞系或者是两批重组蛋白质等。目前,许多在临床中应用到的癌症标志物,包括肝癌标志物甲胎蛋白(AFP)都是糖蛋白,HCC 对岩藻糖化的 AFP 的临床检测提高了检测灵敏度和特异性。其他一些糖蛋白如 GP73 作为 HCC 的标志物正在评估当中。由于影响肝组织中血液中糖蛋白平衡,因此分析蛋白质糖基化与肝病理学紧密相关,要分析糖蛋白就要分析与糖蛋白相关的糖链。

第一节 滤膜辅助全糖蛋白 *N*－连接糖链的分离

一、实验原理

本实验中利用滤膜辅助方法研究肝癌发生过程中血清糖蛋白糖链的变化规律。首先，利用 10×10^3 的滤膜除去血清样品中小分子物质，如游离的糖类物质。然后借助滤膜分别分离糖链，策略如图 10－2 所示，借助滤膜和 PNGase F 酶同时实现释放血清全糖蛋白中的 *N*－糖链并与蛋白质分离的目的，然后进行全糖蛋白质组糖链的研究，即滤膜辅助分离全糖蛋白 *N*－连接糖链法（*N*－glycan-FASP-T）。最后利用 MALDI-TOF/TOF-MS 获得“糖链指纹图谱”和解析糖链结构。

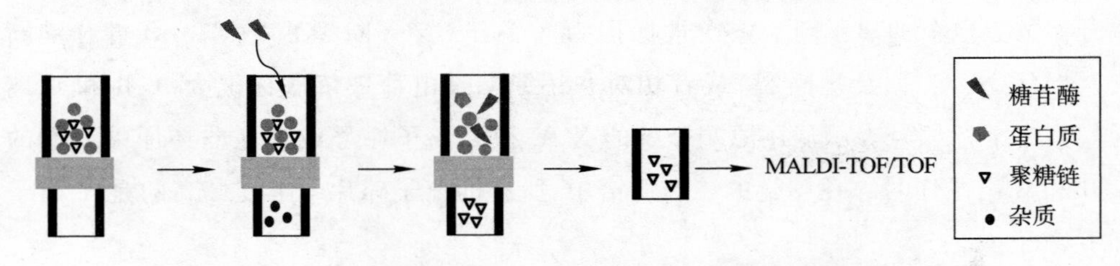

图 10－2 滤膜辅助的血清糖蛋白 *N*－连接糖链分析策略

二、试剂、材料和仪器

（一）主要材料和试剂

1. 二硫苏糖醇（DTT），碘乙酰胺（IAM），尿素，HPLC 级正丁醇，三氟乙酸（TFA）和 Bradford 定量试剂盒均购自美国 Sigma-Aldrich 公司。

2. HPLC 级乙腈（ACN），甲醇和一些常用试剂均购自德国 Merck 公司；碳酸氢氨（NH_4HCO_3）购自 Fluka 公司。

3. 滤膜 Amicon Ultra-0.5（相对分子质量 10 000）购自美国 Millipore 公司。

4. 糖苷酶 PNGase F 酶解试剂盒购自 New England Biolabs 公司；测序级猪胰蛋白酶（Trypsin）购自 Promega 公司。

5. Speharose 4B 购自美国 Sigma-Aldrich 公司；其他化学试剂均为分析纯，在使用前没有经过进一步纯化；所有实验用水均经 Milli-Q 50 纯水系统（美国 Millipore 公司）处理。

（二）实验仪器

1. ZHWY-2101C 型恒温振荡器（上海智诚分析仪器制造有限公司）。

2. 台式高速冷冻离心机（德国 Eppedorf 公司）。

3. ultrafleXtreme MALDI-TOF/TOF-MS（德国 Bruker Daltonics 公司）；冷冻干燥仪

Alpha 2 -4(德国 Martin Christ 公司)。

(三)溶液配制

1. 40 mmol/L 碳酸氢氨(NH_4HCO_3)(ABC):称取0.031 6 g的 NH_4HCO_3 溶解于10 mL 的超纯水中。

2. 0.1 mol/L Tris/HCl 缓冲液 pH 7.4:称取1.211 3 g的 Tris 粉溶解于 800 mL 的超纯水中,用 10 mol/L 浓盐酸调 pH 至 7.4,定容至 1 000 mL。

3. 1% SDS 的 0.1 mmol/L 的 Tris/HCl 溶液 pH 7.6:称取 5 mg 的 SDS 溶解用 50 mL 的 pH 7.6 的 0.1 mol/L 的 Tris/HCl 缓冲液。

4. 0.1 mol/L 的 DTT 碳酸氢氨溶液。

5. 0.55 mol/L 的 IAM 碳酸氢氨溶液。

6. 结合缓冲液:40 mmol/L Tris/HCl pH 7.4,1 mmol/L $MnCl_2$,1 mmol/L $CaCl_2$,0.15 mol/L NaCl。

7. 8 mol/L 尿素的碳酸氢氨溶液(UA)。

(四)血清蛋白质 clean-up 处理

分别取健康志愿者和 HCC 患者血清,200 μL 分装于离心机中12 000 r/min离心15 min。取中间液体部分,加入 10 000 的超滤管中,将超滤管置于配套的离心管中,12 000 r/min离心 15 min,加入 400 μL 的 40 mmol/L NH_4HCO_3,再次离心(重复一次)。将超滤管倒置于新的离心管中,9 000 r/min离心 3 min,收集离出的蛋白质(约50 μL),用 Bradford 方法定量,最后分别定容至 2 mg/mL。

(五)*N*-glycan-FASP-T 法分离血清全糖蛋白 *N*–连接糖链

取处理的健康志愿者和 HCC 患者血清蛋白质各 2 mg 分次加入新的 10 000 的超滤管中,分别加入等体积的 16 mol/L 尿素溶液,在 550 r/min 的恒温振荡孵育器中振荡混合 2 min,再放入离心机中14 000 r/min离心 15 min。再加入 200 μL 的 8 mol/L 尿素溶液至超滤管中并在14 000 r/min离心 15 min,弃去收集管中的流出液。加入200 μL 的40 mmol/L NH_4HCO_3,振荡混合 2 min,14 000 r/min离心 15 min,重复一次。向每管中加入 PNGase F 酶解试剂盒中的 10 × 变性缓冲液 5 μL,封口后沸水浴中变性 5 min。取出后待其回至室温后,向每管中加入 5 μL 10 × 反应缓冲液和 5 μL NP-40,振荡混合 2 min,再向各管中加入 3 μL PNGase F 酶液,振荡混合 2 min,37 ℃湿盒中静置孵育过夜,14 000 r/min 离心10 min。加 200 μL 的超纯水至超滤管中后14 000 r/min离心8 min,重复一次。收集流出液,并用冷冻干燥仪干燥。

(六)糖链 clean-up 处理

加 100 μL 的 Sepharose 4B 分别至 1.5 mL 的离心管中,向各离心管中加入 1 : 1

的甲醇：水溶液 1 mL，摇匀，12 000 r/min离心 5 min，弃上清，重复清洗 2 次。再向各离心管中加入 5 ：1 ：1 的正丁醇：甲醇：水溶液 1 mL，摇匀，12 000 r/min离心5 min，弃上清，重复清洗 2 次。向冻干的健康志愿者和 HCC 患者血清糖蛋白中的糖链样品中加入 500 μL 的 5 ：1 ：1 的正丁醇：甲醇：水溶液，上样至 Sepharose 4B 的离心管中摇匀，25 ℃振荡反应 1 h。14 000 r/min离心 15 min 弃上清。各加 1 mL 5 ：1 ：1 的正丁醇：甲醇：水溶液摇匀，12 000 r/min离心 5 min，弃上清，重复清洗 3 次。再各加入 1 mL 的 1 ：1 的甲醇：水溶液摇匀，25 ℃振荡 20 min，12 000 r/min离心 15 min，收集上清。重复一次，合并收集的样品并于冷冻干燥仪中冻干。

（七）MALDI-TOF/TOF-MS 解析糖链

应用 Bruker Daltonics 公司的 ultrafleXtreme MALDI-TOF/TOF-MS 解析分离的血清中糖蛋白的 *N* – 连接糖链。分离的糖蛋白经 PNGase F 酶解后获得 *N* – 连接糖链样品，并冷冻干燥。取 20 μL 的 50% 的甲醇溶液完全溶解糖链，取 2 μL 糖链溶液点样于 MTP Anchorchip 384 点的靶板上，真空抽干。再加 1 μL 的 20 mg/mL 的基质 DHB 至样品板上，真空抽干。以反射阳性离子模式鉴定多糖，一级质谱方法参数如下：离子源 1，7. 50 kV；离子源 2，6. 75 kV，反射电压 1，29. 5 kV；反射电压 2，13. 95 kV；LIFT 1，19 kV；LIFT 2，3. 7 kV。激发光源为 N_2 激光（337 nm），相对分子质量检测范围为 700 ~6 800。用校正混合物作为外标校正质谱仪。检测时每个样品在多点采集图谱，每个图谱扫描1 500次，最后将所有谱图叠加得到最后的多糖一级图谱。从一级图谱中选择质谱峰进行二级质谱分析，其分析方法参数如下：离子源1，25 kV；离子源 2，22. 40 kV；反射电压 1，26. 45 kV；反射电压 2，13. 35 kV；LIFT 1，19 kV；LIFT 2，3. 7 kV。

（八）糖链质谱结构分析

糖链的二级质谱图用 Primer 公司的商业分析软件 SimGlycan4 分析。打开 MALDI 结果中的“. fid”文件，可以看到软件的主界面看到所有的质谱结果。选择目标前体离子分析其二级图谱，分析参数为：选择前体离子相对分子质量，电荷状态，阳性离子化模式，加和 Na^+，前体离子容忍度为 1，碎片离子容忍度为 0. 5，无化学衍生化，无还原端修饰。分析后得到可能的糖链结构，选择其中得分最高即最可能的糖链结构，软件中同时提供糖链及其碎片的具体结构。对于其结果用 Glycanworkbench 绘制二级碎片和一级质谱结果，并标注于图中。

三、实验结果

（一）*N*-glycan-FASP-T 法分离的血清总糖蛋白 *N* – 连接糖链指纹图谱

质谱作为最灵敏的检测手段之一被广泛应用在 *N* – 连接糖链的解析中，该方法可以获得糖链的组成、序列信息、分支情况等，并且通过串联质谱可以获得糖链连键信息，甚至可以得到糖链的同分异构体的结构信息，因此利用质谱技术研究 HCC 发生过程中糖蛋白上糖链的变化，可以对 HCC 相关的糖链进行深入的研究。本实验中利用布鲁克公司的新型 MALDI-TOF 质谱仪 ultrafleXtreme 系列。该质谱仪具备 1 kHz smartbeam-Ⅱ激光技术，采用较新的离子光学技术。作为唯一的获得 1 kHz 高通量的 MALDI-TOF/TOF，且具有很高的灵敏度，可用于生物标志物发现和定量，利用该仪器发现与肝癌发生过程相关的糖链标志物具有其独特的优势。*N*-glycan-FASP-T 法借助 10 k 滤膜同时实现对血清糖蛋白上糖链直接释放和分离，分离的糖链用亲水树脂 Sepharose 4B 除盐处理，最后用 ultrafleXtreme MALDI-TOF/TOF 获得“糖链指纹图谱”和糖链的结构信息。从**彩图** 10－1 健康志愿者和 HCC 患者血清糖蛋白 *N*－连接糖链指纹图谱中可以看出 *N*－连接糖链结构主要分布在1 500～2 400之间，且血清之间的糖链指纹图谱非常相似。结合二级图谱分析，可以确定健康志愿者血清中有 18 个糖链结构，HCC 患者血清中有 17 个糖链结构，其中有 9 种糖链在两种血清样本均存在，另外有 9 种糖链结构只在健康志愿者血清中检测到，有 8 种糖链结构只在 HCC 患者血清中检测到。只在 HCC 患者血清中检测到的糖链中 *m/z* 1 257. 712（Man5）和1 419. 512（Man6）为高甘露糖型 *N*－糖链，*m/z* 1 810. 004，2 013. 156以及2 124. 926为岩藻糖化的 *N*－糖链，另外 *m/z* 1 910. 884和2 290. 260为 *N*－乙酰神经氨酸化的 *N*－连接糖链。

（二）血清糖蛋白 *N*－连接糖链结构的串联质谱解析

通过 MALDI-TOF-MS 一级质谱分析，可以看到健康志愿者和 HCC 患者血清中糖链指纹图谱及其差异，但不能解析糖链组成、序列、分支、连键形式和异构体形式。而利用二级质谱对糖链进行离子碎片化，出现糖链糖苷键和穿环断裂，通过分析糖链的断裂情况可以解析糖链结构信息。传统的 MALDI 反射器通过源后降解断裂糖链而获得糖链的信息，这种亚稳态解离方式是离子从离子源出来后，在源后降解装置中通过碰撞产生一系列糖链的碎片离子，经过加速的离子可以被分步反射器检测到。这种方式虽然被用来检测糖链序列，但穿环断裂得到糖链连键方式的碎片离子常常检测不到。另外，碰撞池中加入氩气不能有效地产生穿环断裂，这样就不能有效地获得糖链的连接方式。近年来，为了克服传统 MALDI 的 PSD 和 CID 离子化方式在片段化时的限制，科学家设计了串联的 TOF/TOF，这种高真空脉冲的 MALDI-TOF 可以快速产生离子，通过定时离子门筛选母离子，用带千伏电压的气体原子或分子碰撞，TOF 反射器进行第二次加速。因此这种 MALDI 质谱可以获得多肽和糖链的高能 CID 谱。本实验采用 MALDI-TOF/TOF 对一级质谱中的糖链质谱峰进行二级碎片化，产生糖链质谱峰的二级图谱。

二级图谱用 SimGlycan 分析得出每种碎片离子的断裂形式，用 Glycoworkbench 注释图谱。其中 m/z 为1 810.004和1 851.035的二级图谱，如**彩图** 10－2、**彩图** 10－3 所示，图中可以看出糖链母离子断裂时大多数为糖苷键断裂，即多为 Y 离子和 B 离子，但是也有很多糖链断裂为穿环断裂（包括未经注释的峰）。这种现象出现的原因是母离子在断裂时，糖苷键的断裂需要较小的能量就可以断裂，而穿环断裂则需要更大的能量。其中在母离子 m/z 1 810.004中的碎片1 444.816（$Y_{4\alpha}$）和母离子 m/z 1 851.035中的碎片1 483.923（B_5）分别为这两种糖链最主要的断裂方式，这是由于碎片的断裂偏好于在 GlcNAc 残基的相邻糖苷键断裂。除了 B 离子和 Y 离子外，二级图谱中同样存在含量较高的 X 离子、A 离子、C 离子和 Z 离子，如在 m/z 1 851.035二级图谱中，$^{0,2}X_2$（635.314）可以知道 C2 上的 O 原子是否在糖苷键中，并且可以看出 GlcNAc 是连接到分支处甘露糖的 C2 上，而其中的$^{1,5}X$ 离子由于是从 C1 位置上断裂，所以基本上不能提供连键的信息。对于$^{3,5}A$、$^{2,4}A$、$^{0,2}A$ 的断裂提供大量的连键信息，特别是如果这些断裂是在非还原端，并且与 X 断裂相结合就可以得出糖链之间的连接方式。

第二节　滤膜辅助糖蛋白 *O*－连接糖链的分离

糖链分离和分析的方法在最近几年也得到长足的发展。通常，糖蛋白或者糖脂上的糖链通过酶解或者化学反应的方法释放，例如用 PNGase F 可以释放几乎所有的 *N*－连接糖链，对于 *O*－连接糖链，由于没有像 PNGase F 一样具有普适性且留下质量标签的糖苷酶，一般通过化学方法进行切除，如 β－消除反应可以释放所有的 *O*－连接糖链。*O*－连接糖链与氨基酸 Ser 或 Thr 的侧链羟基相连，初始单糖以 GalNAc 为主，这类糖蛋白又称 mucin 类糖蛋白。在现有所有基于 β－消除反应原理的方法中，在进行 β－消除反应之前，避免蛋白质前期处理中所残留的各种盐类和杂质对β－消除反应效率的影响，都需要对蛋白质做除盐处理，这无疑增加了样品损失与操作复杂性。从糖蛋白或者糖脂上释放的糖链需要进行除盐处理，并且要将其从酶、化学反应物以及多肽或者脂质等非糖类物质中分离出来，现有的方法主要有特异亲和方法，反相高效液相色谱法，亲水色谱或者是多维联合分离等。这些方法的主要缺点是不能完全将糖链和其他物质分离，特别是亲水色谱法无法将亲水性多肽和盐类等物质与糖链分离。

一、实验原理

本实验建立了一种基于滤膜辅助的方法分离血清糖蛋白 *O*－连接糖链。首先，利用 10×10^3 的滤膜除去血清样品中小分子物质，如游离的糖类物质。然后借助滤膜采用 β－消除的方法分离糖链，策略如图 10－3 所示，借助滤膜和 PNGase F 酶首先释放血清全糖蛋白中的 *N* – 糖链，然后再利用 β – 消除的方法释放 *O* – 连接糖链，即滤膜辅助分离糖蛋白 *O* – 连接糖链法（*O*-glycan-FASP）。最后利用 MALDI-TOF/TOF-MS 获得“糖链指纹图谱”。

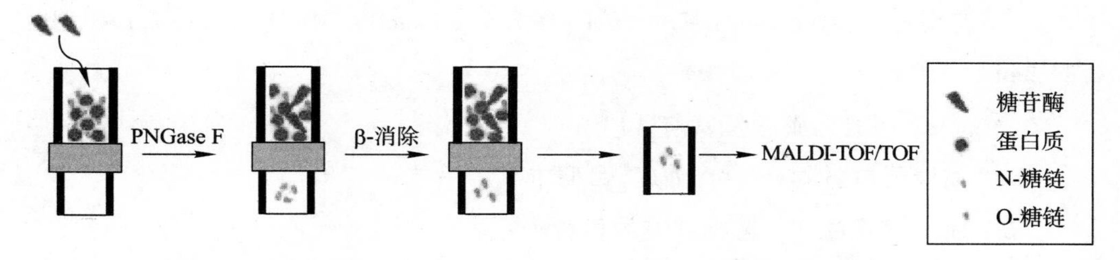

图 10 –3　滤膜辅助的血清糖蛋白 *N* – 连接糖链分析策略

二、试剂、材料和仪器

（一）主要材料和试剂

1. 二硫苏糖醇（DTT），碘乙酰胺（IAM），尿素，HPLC 级正丁醇，三氟乙酸（TFA），氰基硼氢化钠，氨水和 Bradford 定量试剂盒均购自美国 Sigma-Aldrich 公司。

2. HPLC 级乙腈（ACN），甲醇和一些常用试剂均购自德国 Merck 公司；碳酸氢氨（NH_4HCO_3）购自 Fluka 公司。

3. 滤膜 Amicon Ultra-0. 5（相对分子质量 10 000）购自美国 Millipore 公司。

4. 糖苷酶 PNGase F 酶解试剂盒购自 New England Biolabs 公司；测序级猪胰蛋白酶（Trypsin）购自 Promega 公司。

5. Speharose 4B 购自美国 Sigma-Aldrich 公司；其他化学试剂均为分析纯，在使用前没有经过进一步纯化；所有实验用水均经 Milli-Q 50 纯水系统（美国 Millipore 公司）处理。

（二）实验仪器

1. ZHWY-2101C 型恒温振荡器（上海智诚分析仪器制造有限公司）。

2. 台式离心机（德国 Eppedorf 公司）。

3. ultrafleXtreme MALDI-TOF/TOF-MS（德国 Bruker Daltonics 公司）；冷冻干燥仪 Alpha 2 –4（德国 Martin Christ 公司）。

（三）溶液配制

1. 40 mmol/L 碳酸氢氨（NH_4HCO_3）（ABC）：称取0. 031 6 g的 NH_4HCO_3 溶解于 10 mL 的超纯水中。

2. 0. 1 mol/L Tris/HCl 缓冲液 pH 7. 4：称取1. 211 3 g的 Tris 粉溶解于 800 mL 的超纯水中，用 10 mol/L 浓盐酸调 pH 至 7. 4，定容至1 000 mL。

3. 1% SDS 的 0.1 mmol/L 的 Tris/HCl 溶液 pH 7.6：称取 5 mg 的 SDS 溶解用 50 mL 的 pH 7.6 的 0.1 mol/L 的 Tris/HCl 缓冲液。

4. 0.1 mol/L 的 DTT 碳酸氢氨溶液。

5. 0.55 mol/L 的 IAM 碳酸氢氨溶液。

6. 结合缓冲液：40 mmol/L Tris/HCl pH 7.4，1 mmol/L $MnCl_2$，1 mmol/L $CaCl_2$，0.15 mol/L NaCl。

7. 8 mol/L 尿素的碳酸氢氨溶液（UA）。

（四）血清蛋白质 clean-up 处理（参照本章第一节）

（五）血清糖蛋白 *N*－连接糖链的释放

取处理的健康志愿者和 HCC 患者血清蛋白质各 2 mg（500 μL）分次加入新的 10×10^3 的超滤管中，分别加入等体积的 16 mol/L 尿素溶液，在 550 r/min 的恒温振荡孵育 1 h，振荡混合 2 min，离心机中14 000 r/min离心 15 min。再加入 200 μL 的 8 mol/L尿素溶液至超滤管中并在14 000 r/min离心 15 min，弃去收集管中的流出液。加入 200 μL 的40 mmol/L NH_4HCO_3，振荡混合 2 min，14 000 r/min离心 15 min，重复一次。向每管中加入 PNGase F 酶解试剂盒中的 10×变性缓冲液 5 μL，封口后沸水浴中变性 5 min。取出后静置至室温后，向每管中加入 5 μL 10×反应缓冲液和 5 μL NP-40，振荡混合2 min，再向各管中加入 3 μL PNGase F 酶液，振荡混合 2 min，37 ℃湿盒中静置孵育过夜，14 000 r/min 离心10 min。加 200 μL 的超纯水至超滤管中后 14 000 r/min离心8 min，重复两次。向滤膜中加入 200 μL 的 40 mmol/L NH_4HCO_3，振荡混合 1 min，14 000r/min离心 15 min，重复两次。

（六）血清中糖蛋白全 *O*－连接糖链分离

更换新的收集管，加入 200 μL 的 1 mol/L $NaBH_3CN$/28% 的氨水溶液。再经过 45 ℃水浴反应 15 h 后，离心；再加 200 μL 超纯水至超滤管中后14 000 r/min离心收集流出液，重复一次，即获得 *O*－连接糖链，用冰乙酸调 pH 至中性后，冷冻干燥备用。

（七）糖链 clean-up 处理（参照本章第一节）

（八）MALDI-TOF/TOF-MS 解析糖链（参照本章第一节）

（九）糖链质谱结构分析（参照本章第一节）

三、实验结果

O-glycan-FASP 法利用 *β*－消除反应释放血清糖蛋白上的 *O*－连接糖链，借助 10×10^3 滤膜的分子筛效应对血清中的 *O*－连接糖链进行分离，然后用亲水树脂 Sepharose 4B 除盐处理，最后用 ultrafleXtreme MALDI-TOF/TOF 获得凝集素分离的血

清中“O－糖链指纹图谱”。**彩图** 10－4 中显示的是利用该方法从血清中分离糖蛋白 O－连接糖链的结果。从谱图中可以看出，该方法对 O－连接糖链具有很好的分离效果，很少有非 O－连接糖链存在。该方法在释放 O－连接糖链之前通过 PNGase F 酶解的方法，将糖蛋白上的 N－连接糖链首先释放，所以避免了 β－消除反应对 N－糖链的释放而造成的污染。从该结果中也可以看出 m/z 535.175，697.227，876.296，1 038.306，以及1 373.520等 O－连接糖链结构在血清中含量较高，说明该方法可以用于 O－连接糖链的分离。

第三节 滤膜辅助的凝集素分离糖蛋白 *N*－连接糖链

一、实验原理

本实验利用滤膜辅助方法研究肝癌发生过程中与凝集素特异结合的血清糖蛋白糖链的变化规律。首先，利用 10×10^3 的滤膜除去血清样品中小分子物质，如游离的糖类物质。然后借助滤膜分别分离糖链，利用滤膜辅助的凝集素方法分离凝集素特异结合糖蛋白糖肽，再用 PNGase F 酶解释放 N－糖链，然后进行亚糖蛋白质组糖链的研究，即滤膜辅助的凝集素分离糖蛋白 N－连接糖链法（*N*-glycan-FASP-L）（图 10－4）。最后利用 MALDI-TOF/TOF-MS 获得“糖链指纹图谱”和解析糖链结构。

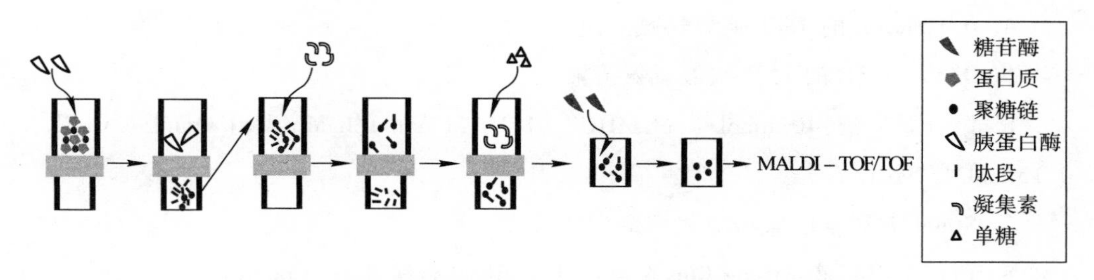

图 10－4 滤膜辅助的血清糖蛋白 *N*－连接糖链分析策略

二、试剂、材料和仪器

（一）主要材料和试剂

1. 凝集素 Con A，LCA，AAL，WGA 购自美国 Vector 公司。

2. 二硫苏糖醇（DTT），碘乙酰胺（IAM），尿素，HPLC 级正丁醇，三氟乙酸（TFA）和 Bradford 定量试剂盒均购自美国 Sigma-Aldrich 公司。

3. HPLC 级乙腈（ACN），甲醇和一些常用试剂均购自德国 Merck 公司；碳酸氢氨（NH_4HCO_3）购自 Fluka 公司。

4. 滤膜 Amicon Ultra-0. 5（相对分子质量 10 000）购自美国 Millipore 公司。

5. 糖苷酶 PNGase F 酶解试剂盒，购自 New England Biolabs 公司；测序级猪胰蛋白酶（Trypsin）购自 Promega 公司。

6. 亲水树脂 Spearose 4B 购自美国 Sigma 公司；其他化学试剂均为分析纯，在使用前没有经过进一步纯化；所有实验用水均经 Milli-Q 50 纯水系统（美国 Millipore 公司）处理。

（二）实验仪器

1. ZHWY-2101C 型恒温振荡器（上海智诚分析仪器制造有限公司）。

2. 台式离心机（德国 Eppedorf 公司）。

3. ultrafleXtreme MALDI-TOF/TOF-MS（德国 Bruker Daltonics 公司）。

4. 冷冻干燥仪 Alpha 2－4（德国 Martin Christ 公司）。

（三）溶液配制

1. 40 mmol/L 碳酸氢铵（NH_4HCO_3）（ABC）：称取0.031 6 g的 NH_4HCO_3 溶解于 10 mL 的超纯水中。

2. 0.1 mol/L Tris/HCl 缓冲液 pH 7.4：称取1.211 3 g的 Tris 粉溶解于 800 mL 的超纯水中，用 10 mol/L 浓盐酸调 pH 至 7.4，定容至1 000 mL。

3. 1% SDS 的 0.1 mmol/L 的 Tris/HCl 溶液 pH 7.6：称取 5 mg 的 SDS 溶解用 50 mL 的 pH 7.6 的 0.1 mol/L 的 Tris/HCl 缓冲液。

4. 0.1 mol/L 的 DTT 碳酸氢氨溶液。

5. 0.55 mol/L 的 IAM 碳酸氢氨溶液。

6. 结合缓冲液：40 mmol/L Tris/HCl pH 7.4，1 mmol/L $MnCl_2$，1 mmol/L $CaCl_2$，0.15 mol/L NaCl。

7. 8 mol/L 尿素的碳酸氢氨溶液（UA）。

8. Con A 保存液：10 mg Con A 溶解于 1 mL 结合缓冲液（Con A）。

9. LCA 保存液：5 mg LCA 溶解于 1 mL 结合缓冲液（LCA）。

10. AAL 保存液：5 mg AAL 溶解于 1 mL 结合缓冲液（AAL）。

11. WGA 保存液：5 mg WGA 溶解于 1 mL 结合缓冲液（WGA）。

12. 凝集素工作液：20 μL Con A，20 μL LCA，20 μL AAL 和 20 μL WGA（CLAW）。

（四）血清蛋白质 clean-up 处理（参照本章第一节）

（五）滤膜辅助血清蛋白质的胰蛋白酶酶解

取处理的健康志愿者和 HCC 患者血清蛋白质各 2 mg（500 μL）分次加入新的 10×10^3 的超滤管中，分别加入等体积的 16 mol/L 尿素溶液，在 550 r/min 的恒温振荡孵育器中振荡混合 2 min，离心机中14 000 r/min离心 15 min。再加入 200 μL 的 8 mol/L尿素溶液至超滤管中，14 000 r/min离心 15 min，弃去收集管中的流出液。分别加入 150 μL 的 DTT 溶液，在 550 r/min 的恒温振荡孵育器中振荡混合 2 min，56 ℃ 静置孵育45 min，14 000 r/min离心 10 min。加入 100 μL 的 IAM 溶液并在 550 r/min 的恒温振荡孵育器中振荡混合 2 min，暗处静置孵育 20 min，14 000 r/min离心 10 min。加 100 μL 的尿素溶液至超滤管中，14 000 r/min离心 15 min，重复两次；加 100 μL 的 ABC 至超滤管中，14 000 r/min离心 10 min，重复两次。将超滤管转移至新的收集管中，加入用 ABC 溶解的胰蛋白酶 20 μg(200 μL)，并在 550 r/min 的恒温振荡孵育器中振荡混合 5 min。37 ℃ 的湿盒中静置孵育过夜，14 000 r/min 离心 10 min。加 200 μL的超纯水至超滤管中后14 000 r/min离心 8 min，重复一次。收集流出液，并用冷冻干燥仪干燥。

（六）滤膜辅助凝集素分离血清中糖蛋白 *N*－连接糖链

取上步中胰蛋白酶酶解的健康志愿者和 HCC 患者血清多肽，分别加入至 10×10^3 的超滤管中。置于 550 r/min 的恒温振荡孵育器中振荡混合 3 min，然后室温静置 1 h，使凝集素与糖肽充分结合。反应结束后，14 000 r/min离心 15 min，向超滤管中加入200 μL结合缓冲液，550 r/min 的恒温振荡孵育器中振荡混合 2 min，14 000 r/min离心 15 min，用结合缓冲液重复清洗两次，超滤管转移至新的离心管中，加入 150 μL 洗脱缓冲液(0. 2 mol/L α－甲基甘露糖苷，0. 1 mol/L 岩藻糖，0. 1 mol/L *N*－乙酰葡萄糖胺的结合缓冲液)，550 r/min 的恒温振荡孵育器中振荡混合 3 min，室温静置 30 min，再振荡混合 3 min，14 000 r/min离心 15 min，重复洗脱一次，合并收集糖肽。

（七）凝集素分离的糖肽的糖链释放

向糖肽中加入 150 μL 的 100 mmol/L 的 NH_4HCO_3 溶液，使其 pH 在 8. 5 ~ 9. 3 之间，然后加入 2 μL 的 PNGase F 酶液，37 ℃ 的湿盒中静置孵育过夜，80 ℃ 加热 5 min 终止反应，得到多肽和糖链的混合物，冷冻干燥后备用。

（八）糖链 clean-up 处理(参照本章第一节)

（九）MALDI-TOF/TOF-MS 解析糖链(参照本章第一节)

（十）糖链质谱结构分析(参照本章第一节)

三、实验结果

N-glycan-FASP-L 法利用凝集素对糖链的特异性结合，并借助 10×10^3 滤膜的分子筛效应对血清中的糖肽进行分离，获得的糖肽用 PNGase F 去释放糖链，然后用亲水树脂 Sepharose 4B 除盐处理，最后用 ultrafleXtreme MALDI-TOF/TOF 获得凝集素分

离的血清中“糖链指纹图谱”和糖链的结构信息。**彩图** 10－5 中显示的是 HCC 患者血清和健康志愿者血清中经凝集素分离的 *N*－连接糖蛋白的糖链谱。单从谱图来看,正常血清中糖链的谱图峰比较低,且图形相对较乱。但是经分析后确定健康志愿者血清中分离的糖链数目为 16 个,HCC 患者血清中分离的糖链数目为 17 个,且其中有 9 个糖链结构是一样的,说明两种样品中的糖链还是大部分相同的。另外,在 HCC 患者血清中有 8 种糖链结构没有在健康志愿者血清中鉴定到,它们分别是富含甘露糖的 *m/z* 1 226.71、1 536.757、1 548.375、1 725.103、1 904.048 和岩藻糖化的 *m/z* 1 847.073、2 682.536、2 821.65,同时只在健康志愿者血清中鉴定到的糖链则主要是富含甘露糖和末端半乳糖的糖链。从该结果中可以确定的是在肝癌发生过程中岩藻糖化修饰蛋白质增加,而其中富含甘露糖的糖链则出现种类变化,对于岩藻糖化增多这种情况跟以前的研究结果一致。

而纵观整个糖链谱图,经凝集素分离的血清中 *N*－连接糖蛋白的糖链主要分布在 1 200 ~ 3 000 之间,相比于血清中全 *N*－连接糖蛋白糖链 1 500 ~ 2 400 之间范围更广,主要原因可能是凝集素分离后的血清糖蛋白种类减少,糖链种类也随即减少,因此降低了中等相对分子质量的糖链离子化过程当中,由于其相对更易离子化而造成的对其他糖链离子化抑制的现象,所以更大范围的糖链被鉴定到。另外一个很重要的原因是全糖蛋白的 *N*－连接糖链释放时,是从糖蛋白上直接通过 PNGase F 酶解实现的,由于较大相对分子质量的糖链结构空间位阻相对于较小相对分子质量的糖链的要大,导致酶解时 PNGase F 酶无法到达糖基化位点,许多较大相对分子质量的糖链结构没有释放出来,而经凝集素分离的糖链是位于糖肽上比较独立,且糖肽相对分子质量较小,使得糖链释放时更彻底。经过凝集素分离的糖链结构中,主要是高甘露糖型或者富含甘露糖的糖链结构,岩藻糖化和末端暴露的 *N*－乙酰葡萄糖胺修饰的糖链结构,这说明四种凝集素对糖链起到富集作用,有利于研究更感兴趣的糖链结构。因此,这两种方法对糖链的分离鉴定具有一定的偏好性,可以相互补充更好地分析与 HCC 发生相关的糖链结构。

四、注意事项

1. 采用滤膜辅助的糖蛋白糖链分离之前,应该首先去除样品中的杂质,防止小分子物质或者游离的糖链影响实验结果。

2. 在全糖蛋白 *N*－连接糖链分离时可根据最后对体积要求调整洗脱糖链的溶液体积。

3. 利用滤膜辅助的凝集素分离糖蛋白 *N*－连接糖链时,应该注意 PNGase F 酶的酶解时间,防止多肽污染。

4. 应用滤膜辅助糖蛋白 *O* - 连接糖链的分离时,需先用滤膜辅助的全糖蛋白 *N* - 连接糖链分离方法释放 *N* - 连接糖链,可以减少污染。

5. 在糖链除盐的过程中注意不能将 Sepharose 吸到样品中,否则会导致质谱鉴定中出现聚合物杂质峰。

6. 糖链在二级质谱鉴定过程需要特别注意能量的大小,太小会导致断裂不完全,太大会导致断裂过于复杂,无法分析数据。

7. 糖链质谱结构解析时不仅结合质谱结果,还要注意糖链生物合成通路。

■ 参考文献

1. Wang C, Fan W, Zhang P, *et al.* One-pot nonreductive *O*-glycan release and labeling with 1-phenyl-3-methyl-5-pyrazolone followed by ESI-MS analysis. Proteomics, 2011, 11(21), 4 229 - 4 242.
2. Pabst M, Altmann F. Glycan analysis by modern instrumental methods. Proteomics, 2011, 11: 631 - 643.
3. Zhao J, Qiu W, Simeone DM. *N*-linked glycosylation profiling of pancreatic cancer serum using capillary liquid phase separation coupled with mass spectrometric analysis. J Proteome Res, 2007, 6(3): 1 126 - 1 138.
4. Comunale MA, Lowman M, Long RE. Proteomic analysis of serum associated fucosylated glycoproteins in the development of primary hepatocellular carcinoma. J Proteome Res, 2006, 5(2): 308 - 315.
5. Marrero JA, Romano PR, Nikolaeva O. GP73, a resident Golgi glycoprotein, is a novel serum marker for hepatocellular carcinoma. J Hepatol, 2005, 43(6): 1 007 - 1 012.
6. Ludwig JA, Weinstein JN. Biomarkers in cancer staging, prognosis and treatment selection. Nat Rev Cancer, 2005, 5(11): 845 - 856.
7. Stephens E, Maslen SL, Green LG. Fragmentation characteristics of neutral *N*-linked glycans using a MALDI-TOF/TOF tandem mass spectrometer. Anal Chem, 2004, 76: 2343 - 2354.
8. Dell A, Morris HR. Glycoprotein structure determination by mass spectrometry. Science, 2001, 291: 2 351 - 2 356.
9. Shiraki K, Takase K, Tameda Y. A clinical study of lectin-reactive alpha-fetoprotein as an early indicator of hepatocellular carcinoma in the follow-up of cirrhotic patients. Hepatology, 1995, 22(3): 802 - 807.
10. Taketa K, Endo Y, Sekiya C. A collaborative study for the evaluation of lectin-reactive alpha-fetoproteins in early detection of hepatocellular carcinoma. Cancer Res, 1993, 53(22): 5 419 - 5 423.

11. Domon B, Costello CE. A systematic nomenclature for carbohydrate fragmentations in FAB-MS/MS spectra of glycoconjugates. Glycoconjugate J, 1988, 5: 397 - 409.
12. Kornfeld R, Kornfeld S. Assembly of asparagine-linked oligosaccharides. Annu Rev Biochem, 1985, 54: 631 - 664.

第十一章　糖芯片制备技术

糖芯片技术是一种高通量、高灵敏度的快速分析糖链和蛋白质相互作用的芯片技术。本章主要介绍糖芯片的制备技术和应用。

第一节　糖芯片基本原理与操作

糖芯片是将糖链固定到硝酸纤维素膜或玻片等固相载体上，可高通量、系统性、灵敏地检测糖链与糖结合蛋白的相互作用。从 2002 年初次报道至今，糖芯片已经发展成为一种高通量的强大的研究糖链和糖结合蛋白相互作用的工具，该方法使糖及其复合物的作用关系的研究不断革新与深入，进而对生物学与医学中的新发现产生积极作用。

在糖芯片的制作过程中，最关键的步骤是在不破坏其功能的前提下，为化学性质和结构不同的多种糖链确定一种稳定且具有良好重复性的固定方法。在糖链的固定化中，要充分考虑糖链与特异性的配体之间的空间位阻、糖链的连接方向以及糖链在芯片上的排布密度等问题。目前，应用于糖芯片的固定化方法主要有物理吸附法和共价连接法，目前主要的固定化方法见图 11－1。

最早报道的糖芯片采用物理吸附法，Trummer 等将 48 种多糖和糖蛋白通过物理吸附固定于硝酸纤维素膜上制成了最早的糖芯片。总体而言，物理吸附法操作简单，糖结合位点的分布更具灵活性，但是物理吸附的结合力较弱，部分糖分子可能在后续检测中流失，影响结果的准确性。共价连接法利用化学共价键将糖分子结合到固相材料的表面，因此可以有效地避免糖分子的流失。最初的共价连接法会对糖链进一步化学修饰，然后再把经修饰的糖共价偶联到诸如硝酸纤维素膜或玻片等固相载体上，但此类方法过程复杂、成本高、实用性差。大多数芯片制作方法对于糖分子都进行了一定的修饰，这种修饰过程很可能消耗大量时间，并且非常困难，同时可能使得糖链的结合特异性发生改变，因此近年来也产生了一些直接将未经修饰的糖链进行

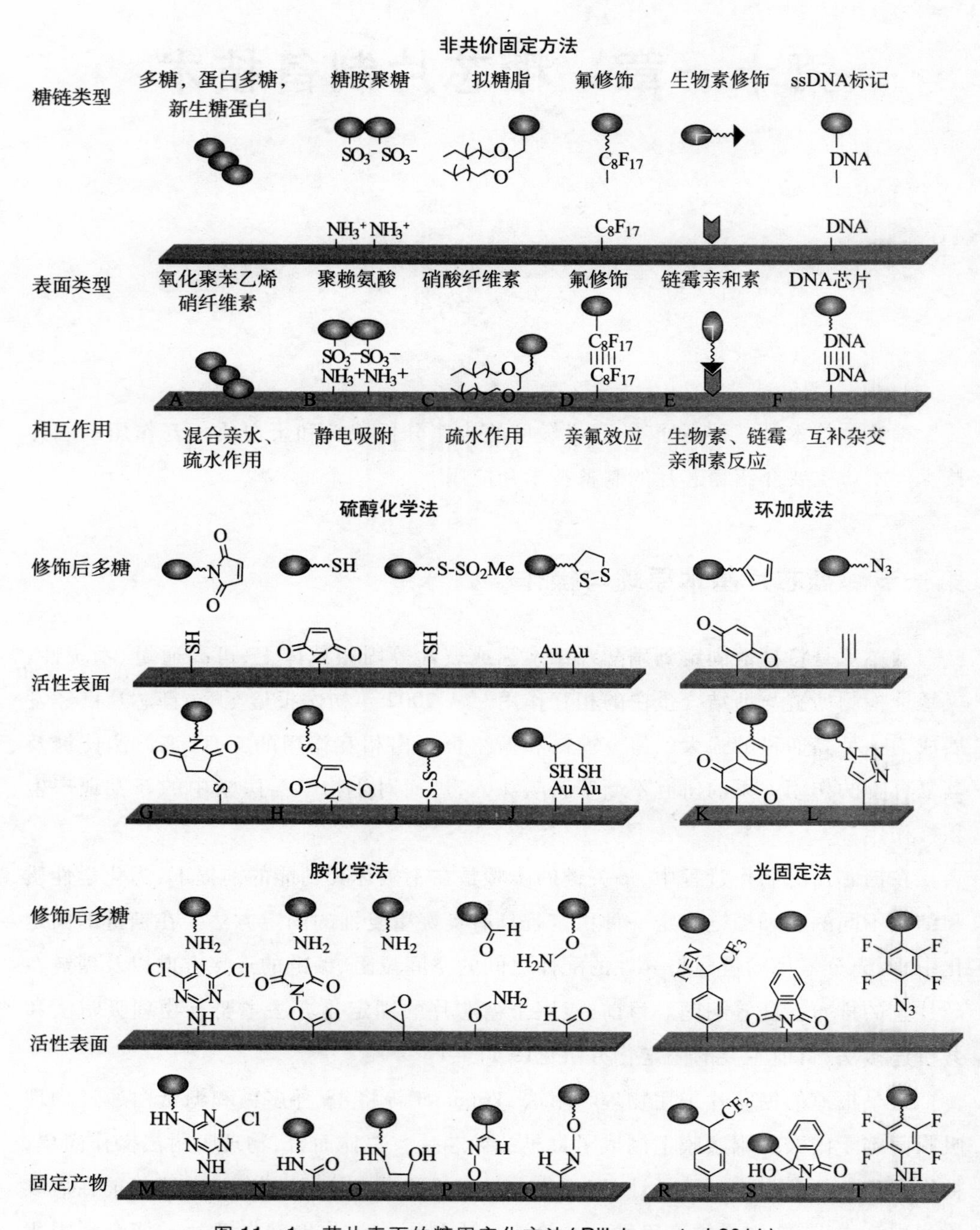

图 11－1　芯片表面的糖固定化方法(Rillahan *et al*,2011)

固定的方法。Shin 等将未经过修饰的糖链分子连接到酰肼化玻片和氨氧基化的玻片上，并对糖芯片上的糖与蛋白质的结合进行了相关分析。同时，未经修饰的糖链分子的还原末端与羟基化的玻片表面的羟基可以形成糖苷键，利用这一原理也可以进行糖芯片的制作。

一、实验原理

糖芯片是将多个不同结构的糖分子通过共价或非共价作用固定于经化学修饰的基质上,进而对糖蛋白等待测样品或糖分子探针本身进行测试、分析的手段(见**彩图 11-1**)。与芯片上糖探针存在特异作用的样品分子会被吸附,其他无特异作用的分子则在清洗液的冲洗下被洗掉。通过荧光染色等检测方法可以简单、快速地筛选出存在特异作用的分子,从而在分析糖蛋白结构和作用等方面起到重要作用。

载体的选择

用于连接、吸附或包埋各种生物分子,使其以水不溶状态行使功能的固相材料统称为载体。制作糖芯片的载体材料必须符合下列要求:①载体表面必须有可以进行化学反应的活性基因,以便于糖结合蛋白分子进行偶联;②使单位载体上结合的糖结合蛋白分子达到最佳容量;③载体应当是惰性的并且有足够的稳定性,包括物理、化学和机械的稳定性;④载体具有良好的生物兼容性。

目前适合用于生物芯片载体的材料包括玻璃片、硅片、金片、聚丙烯酰胺凝胶膜、尼龙膜等。在选择固相介质时,应考虑其荧光背景的大小、化学稳定性、结构复杂性、介质对化学修饰作用的反应、介质表面积及其承载能力以及非特异吸附的程度等因素。

目前应用最多的固相载体是载玻片。载玻片作为一种最常见的糖芯片的基质材料,由于有吸附非特异性蛋白的性质,必须进行预处理和使用阻断剂来减少背景信号。常用的方法包括醛基化、环氧基化、氨基化、羟基化等,也有在载玻片表面覆盖一层膜性物质以形成三维芯片(如聚丙烯酰胺凝胶、硝酸纤维素、琼脂糖等)。与其他方法相比,以载玻片为基质制备糖芯片有许多优点:①来源方便,价格低廉;②检测液体不会扩散到玻片内部;③发生孵育反应后的清洗步骤简单快速;④信号点更均一;⑤和现有芯片检测仪器及软件容易配套,有利于图像的采集和数据处理。下文将以载玻片为标准基底材料,介绍适合糖固定的衍生化芯片。

为了构建糖芯片,糖与玻片的共价连接的化学结构必须符合以下标准:能够连接蛋白质分子的一个末端,该连接要足够长以避免载体和生物分子之间的空间位阻。玻片表面的修饰一般采用含有至少两个功能基团的有机分子,利用有机化合物与糖之间形成的共价键,将糖分子固定于玻片表面,加强样品和基底表面的吸附,使得被固定的糖分子不易从玻片表面脱落,并可能更适合于不同条件下的生物化学反应过程。

笔者研发了一种新型、便捷、有效的方法来制备糖芯片,即在羟基化修饰的玻璃表面上通过糖还原末端的醛基与羟基反应形成糖苷键来将糖固定于载玻片(修饰原理参照图 11-2),结果显示这种方法是可行的,更重要的是,固定的糖无须进行修饰,所形成的糖连接也是自然界中存在的。

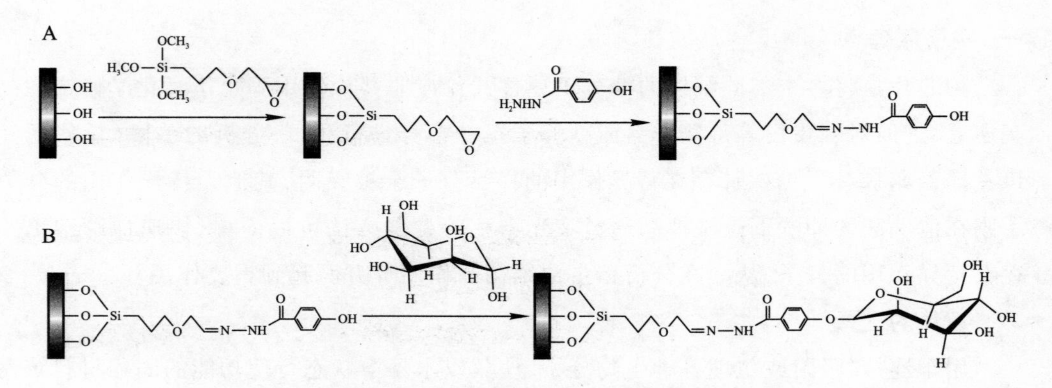

图 11 -2 羟基化糖芯片原理

A. 玻片羟基化修饰过程;B. 糖链结合过程

二、试剂、材料和仪器

1. 玻璃片基 Pre-cleaned micro slides(76 mm × 25 mm × 1 mm;Gold-SEAL)。

2. 芯片上的糖链,在使用时配制成 20 mmol/L 的溶液。

3. 荧光染料 Cy3 或 Cy5(美国 GE 公司)。

4. 4 - 羟基苯甲酰肼(4-hydroxybenzhydrazide):使用时用 DMF 配制成20 mmol/L 的溶液。

5. 环氧基硅烷化试剂:3 - 缩水甘油 - 环氧丙基 - 三甲氧基硅烷(3-glycidyloxypropyl trimethoxy-silane,GPTS)。

6. 牛血清清蛋白(BSA)。

7. *N*,*N* - 二甲基甲酰胺(DMF)(美国 Sigma 公司)。

8. sephadex G - 25 柱(美国 GE Healthcare 公司)。

9. 磷酸盐缓冲液(PBS):NaCl, 137 mmol/L; KCl, 2.7 mmol/L; Na_2HPO_4, 4.3 mmol/L;KH_2PO_4,1.4 mmol/L。

10. PBST:向 10 mmol/L PBS 中加入 0.1% Tween-20。

11. GPTS 溶液:5% GPTS,0.5% 冰乙酸,溶于无水乙醇。

12. 封闭缓冲液:10 mmol/L PBS,含 0.1% Tween-20,1% BSA。

13. 杂交缓冲液:10 mmol/L PBS,含 0.1% Tween-20,1% BSA,100 mmol/L NaCl, pH 6.8。

14. 芯片杂交盒。

15. 点样针(美国 Axon 公司)。

16. 芯片扫描仪(Genepix 4000B,美国 Axon 公司)。

17. 芯片点样仪(博奥晶芯 Smart Arrayer 48 点样仪)。

18. 芯片杂交仪(Robbins 公司)。

19. 离心机(Eppendorf 公司)。

20. 图像分析软件 Genepix pro3.0(美国 Axon 公司)。

三、实验流程

(一)环氧基玻片的制备

1. 将未处理的玻片放到提洗架上,使用无水乙醇中清洗 3 次,每次 10 min,然后离心甩干玻片。

2. 放入 10% NaOH 内,摇床上慢摇,过夜。

3. 在原溶液中超声 15 min。

4. 倒入超纯水,摇床上清洗 4 次,每次 2 min,无水乙醇中清洗 2 次,每次2 min,离心甩干。

5. 一步法制备环氧基修饰表面:将玻片放入 GPTS 溶液中,锡纸封口,摇床上反应 3 h(110 r/min)。

6. 在原溶液中超声 15 min。

7. 无水乙醇中清洗 3 次,每次 10 min,离心机中 600 r/min,离心 15 min,烘箱中 37 ℃加热 3 h。

(二)环氧玻片的羟基化修饰

1. 取 4-羟基苯甲酰肼溶于 DMF 中,配制成 20 mmol/L 的溶液。

2. 将环氧化修饰的玻片浸泡其中,室温下慢摇孵育 3 h。

3. 用 DMF 清洗两次,每次 2 min。再用无水乙醇洗两次,每次 2 min,离心甩干,4 ℃干燥器中保存。

(三)芯片的点制

1. 用设计好的点样缓冲液溶解甘露糖,浓度为 0.1 mmol/L。

2. 用晶芯® 48 点样系统在玻片上点成预先设计的矩阵,室温,湿度 60%,固定 8 h,之后在 60 ℃下,固定 1 h,然后在干燥器中保存过夜。

(四)芯片的封闭

1. 用 PBST(10 mmol/L PBS 中含有 0.05% Tween-20,pH 6.8)和 10 mmol/L PBS(pH 6.8)依次清洗点样后的玻片,除去未结合在玻片上的单糖。

2. 封闭液中常温封闭 45 min。

3. 分别用 PBST,PBS 清洗玻片 2 min,离心甩干,备用。

(五)样品分析

1. 糖结合蛋白的 Cy3 标记

(1) 糖结合蛋白与 pH 为 9.3 的 0.1mmol/L Na_2CO_3 溶液混合,与 Cy3 荧光染料

温和反应45 min,每 15 min 振摇一次。

（2）加 4 mol/L 羟胺并置于冰上 10 min 终止反应。

（3）G-25 柱分离纯化:洗柱—平衡—过样收集—检测,测量标记后的蛋白浓度。

2. 糖芯片的孵育

（1）取适量的标记后蛋白,加入杂交盒,25 ℃孵育 1 h。

（2）用 1×PBST,1×PBS 各洗 10 min,摇床 110 r/min,离心甩干。

3. 数据的扫描与分析

（1）用芯片扫描仪扫描芯片,先进行预扫描,然后选定结果好的区域,进行精确扫描,图像存为 TIFF 格式。

（2）用 GenePix 3.0 软件从扫描结果图中获取荧光信号强度值和背景值等重要信息进行分析。

四、注意事项

1. PBS、PBST、碳酸钠等溶液:可以提前配制,室温下保存,使用量较大时,也可配制母液,使用前观察是否变质,pH 是否正确,最好使用新鲜超纯水配制,不合格的超纯水可能导致芯片背景过高。

2. 加样:小心地将样品加到盖玻片上,然后慢慢地盖上芯片,可以在边缘留有一个气泡(使气泡可以活动),然后放入芯片杂交仪中,旋转杂交可以使样品反应更加充分。

3. 封闭:封闭可以减少非特异性吸附,降低芯片背景。封闭后可以进行芯片扫描观察封闭情况。增加封闭时间,可以提高封闭效果。

4. 背景:在杂交液中加入 10% ~20% 的 4 mol/L 羟胺,可以降低芯片背景。

5. 杂交温度:某些蛋白质在温度过高或过低时可能活性降低甚至失活,所以实验中可根据蛋白质的不同选择杂交温度。

6. 溶液使用:实验中很多溶液保存于 4 ℃或 -20 ℃冰箱中,在使用前需提前取出使其回复至室温。

第二节　应用实例

实例一　凝集素 RCA120 的结合特异性分析

一、实验目的

糖芯片是研究糖组学以及 GBP 与糖链相互作用的最有效的高通量分析工具,其潜在的应用范围非常广泛,例如筛选 GBP、抗体特异性分析、细菌和病毒的黏附以及酶的特性分析等。糖芯片也能帮助研究者发展新的诊断方法、监测疾病状态以及研发治疗疾病的药物。糖芯片在大规模筛选糖和阐明糖在生物系统中所扮演的角色的研究中正在变成一种标准的研究方法。例如,糖芯片技术用于禽流感方面的研究,快速监测 H5N1 等禽流感亚型的暴发以及评估病毒变异对人类潜在的威胁性。

本节以凝集素 RCA_{120} 为例,对使用糖芯片技术分析凝集素的糖结合特异性进行介绍。RCA_{120} 主要与高甘露糖型糖基化蛋白结合。

二、试剂、材料和仪器

1. 玻璃片基 Pre-cleaned micro slides(76 mm × 25 mm × 1 mm;Gold-SEAL)。
2. 芯片上的糖链使用时配制成 20 mmol/L 的溶液。
3. 荧光染料 Cy3 或 Cy5(美国 GE 公司)。
4. 4 - 羟基苯甲酰肼:使用时用 DMF 配制成20 mmol/L的溶液。
5. 环氧基硅烷化试剂:3 - 缩水甘油 - 环氧丙基 - 三甲氧基硅烷(GPTS)。
6. 血清清蛋白(BSA)。
7. *N*,*N* - 二甲基甲酰胺(DMF)。
8. sephadex G - 25 柱(美国 GE Healthcare 公司)。
9. 磷酸盐缓冲液(PBS):NaCl, 137 mmol/L; KCl, 2. 7 mmol/L; Na_2HPO_4, 4. 3 mmol/L;KH_2PO_4,1. 4 mmol/L。
10. PBST:向 10 mmol/L PBS 中加入 0. 1% Tween-20。
11. GPTS 溶液:5% GPTS,0. 5% 冰乙酸,溶于无水乙醇。
12. 封闭缓冲液:10 mmol/L PBS,含 0. 1% Tween-20,1% BSA。
13. 杂交缓冲液:10 mmol/L PBS,含 0. 1% Tween-20,1% BSA,100 mmol/LNaCl, pH 6. 8。
14. 芯片杂交盒。
15. 点样针(美国 Axon 公司)。
16. 芯片扫描仪(Genepix 4000B,美国 Axon 公司)。
17. 芯片点样仪(博奥晶芯 Smart Arrayer 48 点样仪)。
18. 芯片杂交仪(Robbins 公司)。
19. 离心机(Eppendorf 公司)。
20. 图像分析软件 Genepix pro3. 0(美国 Axon 公司)。
21. DAPI:4′6 - 二脒基 - 2 - 苯基吲哚(德国 Applichem)。

三、操作流程

(一) 环氧基玻片的制备(参照本章第一节)

(二) 环氧玻片的羟基化修饰(参照本章第一节)

(三) 芯片的点制

1. 用设计好的点样缓冲液溶解芯片中使用的糖链,浓度为 1 mmol/L。

2. 用晶芯 48 点样系统在玻片上点成预先设计的矩阵,室温,湿度 60%,固定 2 h,温度 60 ℃ 固定 1 h,然后在干燥器中保存过夜,点制好的芯片保存于 4 ℃ 干燥器中。

(四) 芯片的封闭

1. 从 4 ℃ 干燥器中取出芯片,使其回复至室温,并且在空白处做上标记。

2. 用 10 mmol/L PBST 和 10 mmol/L PBS(pH 6.8)依次清洗点样后的玻片,除去未结合在玻片上的单糖。

3. 封闭液中常温封闭 45 min。

4. 分别用 PBST、PBS 清洗玻片 2 min,离心甩干,备用。

(五) 样品分析

1. RCA_{120}的 Cy3 标记

(1) 1 mg/mL RCA_{120}与 pH 为 9.3 的 0.1 mmol/L Na_2CO_3 溶液混合,与 Cy3 荧光温和反应 45 min,每 15 min 振摇一次。

(2) 加 4 mol/L 羟胺并置于冰上 10 min 终止反应。

(3) G-25 柱分离纯化:洗柱—平衡—过样收集—检测,测量标记后的蛋白浓度。

2. 糖芯片的孵育

(1) 取适量的标记后 RCA_{120}(一般为 1 ~ 10 μg),25 ℃ 孵育 2 h。

(2) 用 1 × PBST,1 × PBS 各洗 10 min,摇床 110 r/min,离心甩干。

3. 数据的扫描与分析

(1) 用芯片扫描仪扫描芯片,先进行预扫描,然后选定结果好的区域,进行精确扫描,图像存为 TIFF 格式。

(2) 用 GenePix 3.0 软件从扫描结果图中获取荧光信号强度值和背景值等重要信息进行分析。

四、实验结果与分析

RCA_{120}的糖芯片杂交结果见彩图 11 -2。从芯片扫描图中可以看出,RCA_{120}可以专一性地与 βGal 相关结构结合,尤其对 Galβ1,4 结构结合性更强,与文献报道基本一致。

从分析结果中可以看出，与 RCA_{120}结合性最好的糖为含有 Gal 连接的糖链，尤其是含有 Galβ1,4 的糖（图 11 - 3 中结合性最好的糖为 lactose，Galβ1,4Glc），以往的研究也表明，在 RCA_{120}结合中，Galβ1,4GlcNAc 结构以及其他类型的 βGal 相关结构是必需的。

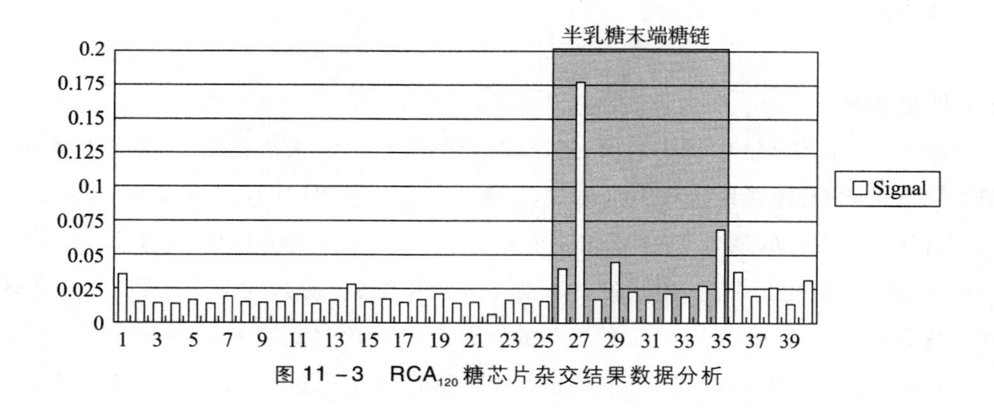

图 11 - 3　RCA_{120}糖芯片杂交结果数据分析

实例二　糖芯片在 TGF-β1 诱导下人肝星状细胞研究中的应用

一、实验目的

肝纤维化（hepatic fibrosis）指各种致病因子导致的肝组织内部结缔组织的异常，致使肝内细胞外基质过度沉淀引起肝发生病变的病理反应，它不是一种独立的肝疾病，是由很多慢性肝疾病引起的综合效果。其诱因有很多，大致可以分为感染型、化学代谢缺陷型及自身免疫、原发性肝汁型等。其中感染型包括血吸虫病、慢性乙型、丙型和丁型病毒性肝炎等情况；化学代谢缺陷型主要包括慢性药物型肝病等。

肝在受到外界病原体侵袭时，引起炎症反应，造成肝的损害，此时肝系统的免疫系统被激活，对肝组织进行修复。

肝星状细胞（hepatic stellate cell，HSC）是目前研究肝纤维化最主要的细胞模型，有维生素 A 贮存细胞（vitaminA-storing cell）、肝贮脂细胞（fat-storing cell，FSC）、Ito 细胞、窦周细胞（perisinusoidal cell）、脂细胞（1ipocyte）等形式。

HSC 是细胞外基质的主要来源，HSC 激活后转化为成纤维状细胞，各种导致纤维化的因子均能把 HSC 作为细胞靶点。在正常情况下，HSC 处于静止状态，HSC 持续激活是诱导纤维化发生的关键环节。当肝受到炎症或者机械化刺激、化学诱导剂如 TGF-β1 等，可以使 HSC 由静止状态转化为活化状态，如果持续的处于激活状态，最后导致纤维化的形成。

本实验中，HSC 经 TGF-β1 诱导处理后，即为活化态的 HSC，与未处理的 HSC 对照,通过糖芯片技术来研究诱导前后肝星状细胞糖结合蛋白的变化。以期寻找与肝纤维化发生相关的差异性 GBP。

二、试剂、材料和仪器

参照第一节及第二节实例一。

三、细胞培养

将 LX-2 细胞从液氮灌中取出,迅速转移到 37 ℃恒温水浴锅中,使其迅速解冻,离心除去 DMSO,转移到含有 10% 胎牛血清(*V/V*),1×10^5 U 青霉素及 100 mg/L 链霉素,pH 7.2 左右的高糖 DMEM 培养基中,置于 5% CO_2 培养箱中 37 ℃恒温培养。当细胞处于对数生长期时,用胰蛋白酶消化液消化细胞,使其处于悬浮状态,用血球计数板计数,按 1×10^6 个/mL 接种于新的培养瓶中培养 24 h,此时将细胞分为实验组与对照组,对照组以含 2% 胎牛血清的高糖 DMEM 培养基进行饥饿处理,实验组加入含 2% 胎牛血清,终浓度 2 ng/mL TGF-β1 的高糖 DMEM 培养基进行处理 24 h,蛋白提取之前实验组与对照组以含有 5% 胎牛血清的高糖 DMEM 培养基再培养 24 h。

四、操作流程

(一)环氧基玻片的制备(参照本章第一节)

(二)环氧玻片的羟基化修饰(参照本章第一节)

(三)芯片的点制

糖芯片矩阵的设计(见**彩图 11-3**),选用 7.5% 甘油作阴性质控,Cy3-BSA 作为位置标记,与 41 种糖共同构成 12×12 矩阵,每张芯片上有 3 个重复矩阵,矩阵中每种糖重复点样 3 次。点样前,点样液按照矩阵设计顺序依次加入 384 孔板中,用博奥晶芯 SmartArrayer48 芯片点样仪进行点样。点样结束后,将芯片置于 55% ~65% 湿度条件下,室温孵育过夜,之后 60 ℃真空干燥 3 h,置于 4 ℃干燥器中,避光保存备用。

(四)芯片的封闭(参照本章第二节)

(五)样品分析

1. 蛋白提取。用 75% 乙醇擦拭台面、移液器、离心机等实验器材,将培养瓶中的培养液弃掉,加入 1 mL 1×PBS 轻摇清洗掉残留的培养液,重复 3 次,然后按照 T-PER® 组织提取试剂盒使用说明进行 LX-2 细胞蛋白提取,其中按 100 :1 的比例加入蛋白酶抑制剂(*V/V*),用移液枪来回吹打使细胞裂解,将裂解液转移到 1.5 mL 离心管中,冰上静置30 min,使细胞充分裂解,然后 4 ℃ 12 000 r/min离心 10 min,吸取上清,用 Bradford 法定量后分装于 -80 ℃保存备用。

2. 样本的 Cy3 标记(参照本章第二节)。

3. 梯度实验。为检测糖芯片荧光信号是否达到饱和状态,分别取 1 μg /mL、2 μg /mL、3 μg /mL 标记好的蛋白进行梯度实验,以寻求最佳实验浓度,在本实验中,最佳实验浓度为2 μg/mL。取标记好的蛋白样本,2 × 孵育缓冲液(含有 2% BSA,15% 甘氨酸,200 mmol/L NaCl,0.2% Tween-20),4 mol/L 羟胺(终浓度为 20%)混匀,不足体积用灭菌水补足,冰上孵育 1 h 后,然后与糖芯片 25 ℃避光孵育 1 ~ 3 h,孵育结束后用 1 × PBST、1 × PBS 各清洗玻片 2 次,每次 5 min,离心甩干。用 Genepix 4000B 芯片扫描仪扫描孵育效果是否合格。

4. 糖芯片的孵育(参照本章第二节)。

5. 数据的扫描与分析(参照本章第二节)。

(六) 验证实验

1. 糖链的标记。将氰基硼氢化钠($NaCNBH_3$)与二甲基亚砜(DMSO)按 7 ∶3 比例配制,然后与1 mg糖链混合,随后加入水合肼、DMSO 乙酸混合液($V/V = 7/3$)各 50 μL,充分混匀,65 ℃,反应 2 h。反应结束后,加入 10 倍体积的乙腈,剧烈混匀,-20 ℃静置 30 min,离心,弃去上清。加热蒸干,重新用 200 μL 水(或下一部使用的溶液)溶解,并除去其中的不溶物。使已和水合肼反应的糖链,在 pH 9.3 Na_2CO_3 缓冲液中与 Cy3 55 ℃避光反应 3 h(参考 Cy3 说明书)。最后用 G25 柱的外壳,内置色谱滤纸制作的漏斗,加入经 Cy3 标记后的糖链,先用乙腈清洗,除去游离的荧光染料,再用 1 × PBS(pH 7.4)洗脱,收集连有荧光标记物的糖链,-20 ℃保存备用。

2. 糖链的免疫荧光组化。将 2×10^5细胞接种于 6 孔板中,实验组经过 2 ng/mL TGF-β1 诱导处理 24 h 后,实验组与对照组同时进行后续实验,倒掉培养基后,用 1 × PBS 清洗 3 次;以除去培养基,然后向每个孔中加入 2 mL 4% 多聚甲醛避光固定 20 min;用 1 × PBS 清洗 3 次,每次 5 min,之后向每个孔中加入 2 mL 0.1% Triton X-100,4 ℃作用 15 min;用 1 × PBS 清洗 3 次,每次 5 min,加入标记好的糖链,室温避光孵育 2 ~ 3 h,然后用 1 × PBS 清洗 3 次,每次 5 min;用 DAPI 染核 10 min,用 1 × PBS 清洗 3 次,每次 5 min;用 50% 甘油封片,然后用激光共聚焦显微镜 FV 1000(Olympus)照相。

五、实验结果与分析

(一) 梯度实验结果分析

为了保证芯片实验数据的可靠性和真实性,需要进行了芯片信号饱和度测试,从中找出最佳上样浓度，以保证后期实验的顺利进行。本实验中分别选取 1 μg、2 μg、3 μg进行梯度实验，扫描图像通过 Genepix Pro 3.0 分析软件进行分析，得到含有荧光强度信息的 GPR 文件，根据本实验室建立的分析方法对荧光信号进行归一化处理，通过计算得出最佳上样浓度（见**彩图** 11－4）。

由**彩图** 11－4 可知：随着上样量的增加，荧光信号值呈现上升趋势，但当蛋白质量为3 μg /mL时，个别糖作用的 GBP 信号出现饱和或过饱和现象，纵观整张芯片的荧光信号，最后选择 2 μg /mL 作为最终蛋白上样浓度。其中**彩图** 11－4A 为芯片梯度实验图，由左往右依次为 1 μg /mL、2 μg /mL、3 μg /mL 上样量扫描图。**彩图** 11－4B 为荧光信号中值曲线图。

（二）糖芯片结果

本实验中利用41 种糖链点制的糖芯片对 TGF-β1 诱导后 HSC 中 GBP（糖结合蛋白）进行初步筛选，芯片扫描图像如**彩图** 11－5A 所示：在芯片实验中，为了更好地对数据进行分析，通常对不同区的荧光信号进行归一化处理，用 ratio 值（ratio = 实验组/对照组）来描述荧光数据，得到的 ratio 值采用 Expander 6.0 软件进行聚类分析，从中筛选出差异最为显著的 GBP，在聚类分析**彩图** 11－5B 中，绿色部位表示 GBP 与此种糖链结合能力较低，红色部位表示其与该种糖链结合能力高（特异性结合力高），黑色部位表示结合能力介于两者之间。

根据糖芯片对经 TGF-β1 诱导前后 HSC 表达的 GBP 进行初步筛选，在活化态的 HSC 中 13 种糖链识别的 GBP 表达水平增加，7 种糖链识别的 GBP 的表达水平降低，结果参见彩表 11－1。

实验中为了验证芯片的重复性和准确性，筛选出差异性表达的糖结合蛋白所对应的糖芯片荧光信号值用 Expander 6.0 软件进行分析，结果如**彩图** 11－6 所示。从**彩图** 11－6A 中可以看出，实验过程中的芯片重复性较好。从**彩图** 11－6B 可以看出实验数据的准确性高，且实验样本在不同批次的实验中稳定性较好，可以用于后续实验的研究。

（三）验证实验结果

为了验证糖芯片数据的可靠性和真实性，本实验中选择 *N*-NeuAc 和 GalNAc 两种糖链经 Cy3 标记后，进行荧光组化验证，组化结果如**彩图** 11－7 所示。

六、结果讨论

1. 从诱导前后 LX-2 细胞样本的糖芯片扫描图（见**彩图** 11－6A）与聚类分析图（见**彩图** 11－6B）中可以看出，41 种不同糖链（单糖、寡糖）与诱导前后 LX-2 细胞样本均有不同程度的识别，说明经 TGF-β1 诱导后，肝星状细胞由静止态转化为活化态

HSC 过程中表达的 GBP 发生了变化；同时，由于糖链与 GBP 识别的差异性，一种糖链可能会对应多种 GBP。

2. 根据诱导前后细胞样本荧光信号中值归一化结果，有 20 种糖链作用的 GBP ratio 值在大于 1.5 或小于 0.66，表明 HSC 经 TGF-β1 诱导后 GBP 表达水平变化较大。其中岩藻糖化糖链（S2279、3494、F7297、B0799）、唾液酸化糖链（S2279）、高甘露糖型糖链（436416、M1050）及半乳糖型糖链（Gal、GalNAc、G9912）对应的 GBPs ratio 值均大于 1.5，表明岩藻糖化、唾液酸化、高甘露糖型及半乳糖基化的 GBP 在活化态的 HSC 中表达水平增加；而 GalNAc-*O*-Ser、GlcNAc 等糖链对应的 GBP ratio 值小于 0.66，表明 GalNAc-*O*-Ser、GlcNAc 等糖链识别的 GBP 在活化态的 HSCs 中表达水平降低。

3. 通过荧光组化，发现 *N*-NeuAc 和 GalNAc 识别的 GBPs 主要分布在细胞膜表面和细胞质基质中。据相关文献报道，在正常细胞中 *N*-NeuAc 表达量较高，而在肿瘤细胞中 *N*-NeuAc 表达量较低。组化结果显示：在活化态 HSC 中 *N*-NeuAc 识别的 GBP 的表达水平降低，而 GalNAc 识别的 GBP 在诱导后 HSC 中表达水平增加。本实验中组化结果与糖芯片结果呈现一致性。

■ 参考文献

1. Rillahan CD, Paulson JC. Glycan microarrays for decoding the glycome. Annu Rev Biochem, 2011, 80: 797-823.
2. Nan G, Yan H, Yang GL, *et al.* The hydroxyl-modified surfaces on glass support for fabrication of carbohydrate microarrays. Curr Pharm Biotechno, 2009, 10(1): 138-146.
3. Stevens J, Blixt O, Paulson JC, *et al.* Glycan microarray technologies: tools to survey host specificity of influenza viruses. Nat Rev Microbiol, 2006, 4: 857-864.
4. Adams EW, Ratner DM, Bokesch HR, *et al.* Oligosaccharide and glycoprotein microarrays as tools in HIV glycobiology: glycan-dependent gp120/protein interactions. Chem Biol, 2004, 11(6): 875-881.
5. Wangn D, Lu J. Glycan arrays lead to the discovery of autoimmunogenic activity of SARS-CoV. Physiol Genomics, 2004, 18: 245-248.
6. Stalnikowitz DK, Weissbrod AB. Liver fibrosis andinflammation. Ann Hepatol, 2003, 2: 159-163.

第十二章　糖结合蛋白分离纯化技术

糖结合蛋白(glycan binding protein,GBP)通过和糖蛋白糖链或糖脂糖链的相互作用调控细胞间的识别、信号传递、细胞的内吞和细胞内物质的运输、细胞生长、分化以及凋亡、外界病原微生物的感染等一些最基本的也是最主要的生物学功能。目前,国内外对GBP分离提取主要采取亲和层析和离子交换层析相结合的方法,但是由于此方法非特异性吸附强、费时费力、操作复杂、目的蛋白需要浓缩等缺点,不利于低丰度蛋白的研究。基于GBP分离技术存在的不足,我们发展了基于磁性微粒分离纯化GBP的新技术,能高效率、快速、简便地对GBP进行分离纯化。本章主要阐述糖结合蛋白分离纯化技术的原理及应用。

第一节　羟基化磁粒的制备

一、实验原理

以磁性微粒(magnetic particle)作为首选载体材料,是因为其具有超顺磁性,即在磁场存在时显示出磁性,当磁场撤走时磁性又迅速消失;同时其具有高分子粒子的特性,可以对其表面进行化学修饰从而赋予其表面多种功能团(如 $-OH$、$-COOH$、$-NH_2$等)。在生命科学领域,以其作为载体的各种生物检测技术已经广泛应用在微生物学、生物化学、分子遗传学、免疫学、电化学及酿酒发酵工业等各个领域。

本节以环氧化磁性微粒为基础,再进一步用4-羟基苯甲酰肼进行修饰得到表面含有羟基的磁性微粒。环氧化磁性微粒采用3-缩水甘油-环氧丙基-三甲氧基硅烷(GPTS)为硅烷化试剂,将Fe_3O_4磁性微粒经一步法制备出表面具有环氧基团的环氧化磁性微粒,环氧化磁性微粒的环氧基团可进一步与4-羟基苯甲酰肼的氨基基团反应,从而使得磁性微粒成为带有羟基的羟基化磁性微粒。原理示意图如图12-1如示。

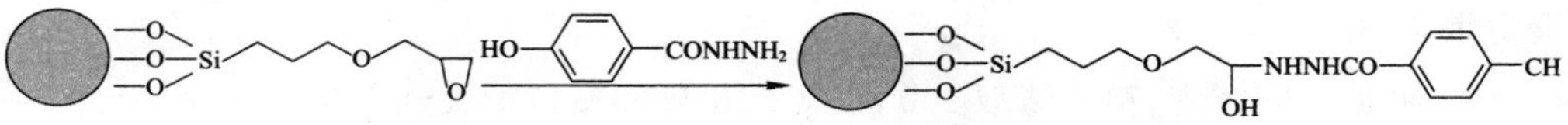

图 12－1 羟基化磁性微粒的制备原理（Sun *et al*,2009）

二、试剂、材料和仪器

1. 0.2 mol/L 4－羟基苯甲酰肼：准确称量1.521 5 g 4－羟基苯甲酰肼，溶于40 mL DMF，定容至50 mL。

2. Fe_3O_4 磁性微粒、无水乙醇、GPTS、冰乙酸、超纯水。

3. 三孔烧瓶、强磁场、电子天平、移液枪、恒温水浴锅、电动搅拌器、氮气瓶、电烘箱、玻璃称量皿（带密封盖）。

三、实验流程

（一）环氧化磁性微粒的制备

1. 量取400 mg Fe_3O_4 磁性微粒，加到三孔烧瓶中，再加超纯水定容至50 mL。

2. 取50 mL无水乙醇加到三孔烧瓶中，再将电动搅拌器装入三孔烧瓶中。

3. 将三孔烧瓶放到40 ℃水浴锅中控制温度，并通入氮气，以600 r/min的转速使之混合。

4. 待搅拌稳定后，加入2 mL GPTS，200 μL冰乙酸，反应2 h。

5. 反应结束后，取出100 mL反应液，在强磁场中使磁性微粒完全沉淀，弃上清液。

6. 再加少量超纯水清洗，在强磁场中使磁性微粒完全沉淀，弃上清，此步骤再重复4次。

7. 加少量无水乙醇清洗磁性微粒，用强磁场使磁性微粒完全沉淀，弃上清，此步骤再重复4次，然后加10 mL无水乙醇保存于4 ℃。

（二）环氧化磁性微粒密度的测定

1. 将三个玻璃称量皿在65 ℃烘箱中烘干，放在干燥器中冷却后称三者总重量，数据记录为 m_1。

2. 取出保存的环氧化磁性微粒摇匀后，向以上三个称量皿中分别加入2 mL。在65 ℃烘箱烘干过夜后，在干燥器中冷却，称三者总重量记录为 m_2。

3. 根据式（12－1）求出环氧化磁性微粒的密度（mg/mL）。

$$\rho = (m_1 + m_2) \div 2 \div 3 \qquad (12-1)$$

（三）羟基化磁性微粒的制备

1. 将装有环氧化磁性微粒的玻璃瓶放在摇床上振荡，使环氧化磁性微粒在瓶中充分混匀。

2. 根据实际密度，精确量取 1.0 mg 环氧化磁性微粒加入到 2.0 mL 离心管，在磁性分离架上磁性分离 3 min，弃上清。

3. 再向管中加入 500 μL 20 mmol/L 4－羟基苯甲酰肼，摇床振荡反应过夜。

4. 反应结束后，磁性分离 3 min，弃上清。

5. 用 500 μL 无水乙醇清洗后，磁性分离 3 min，弃上清。再重复 2 遍，于 4 ℃保存。

四、注意事项

1. 硅烷化试剂对活泼氢敏感，可与其发生反应，同样对潮气非常敏感，在有水的环境中会自行分解失效，所以在环氧化磁性微粒制备时，要避免水分的混入。通常我们会在实验过程中通入适量的氮气以赶走空气中的水分。

2. 量取磁性微粒时，一定要将沉在瓶底的微粒摇起来，以免量取不准确。

3. 在对磁性微粒进行密度测定时，充分干燥后须在干燥器内回温冷却，以免与空气接触产生潮气，使得密度值偏大。

第二节　糖链－磁粒复合物的制备

一、实验原理

还原性糖链的 1 位醛基（还原末端）可以与环氧化磁性微粒表面的活泼环氧基团，直接发生羟醛缩合反应形成糖苷键，使糖链共价偶联在磁性微粒上。原理示意图如图 12－2 如示。

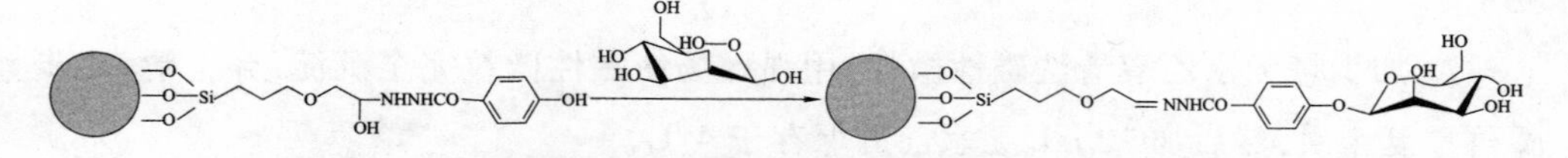

图 12－2　羟基化磁性微粒偶联还原糖链的原理（Sun *et al*,2009）

二、试剂、材料和仪器

1. 羟基化磁性微粒。

2. 偶联缓冲液：14 mL 0.2 mol/L HAc，86 mL 0.2 mol/L NaAc，pH 5.4。

3. 结合缓冲液：20 mmol/L Tris-HCl，0.5 mol/L NaCl，10 mmol/L $CaCl_2$，6 mmol/L $MnCl_2$，pH 7.2。

4. 清洗缓冲液：20 mmol/L Tris-HCl，0.5 mol/L NaCl，0.05% Tween-20，pH 7.2。

5. 保存缓冲液：0.1% BSA，10 mmol/L PBS，0.2% NaN_3。

6. 2 mol/L 甘露糖：1.8 g 甘露糖溶于偶联缓冲液，定容至 5 mL。

7. 磁性分离架、移液枪、恒温培养振荡器、电子天平、紫外－可见分光光度计、移液枪。

三、实验流程

（一）糖磁粒复合物的制备

1. 取保存于 4 ℃的羟基化磁性微粒 1.0 mg，磁性分离 3 min，弃上清。

2. 加入偶联缓冲液清洗，磁性分离 3 min，弃上清，此步骤再重复 2 次。

3. 再加入 40 μL 2 mol/L 甘露糖与 960 μL 偶联缓冲液的混合液，混匀，在 37 ℃条件下振荡反应 6 h。

4. 反应结束后，磁性分离 3 min 并收集上清于 4 ℃保存。再用偶联缓冲液清洗一次后收集上清于 4 ℃保存。

5. 将连有糖链的磁性微粒重悬于保存缓冲液，4 ℃保存。

（二）糖链与羟基化磁性微粒偶联量的测定

1. 实验原理

可溶性糖经无机酸处理，脱水产生糠醛（戊糖）或糠醛衍生物（如羟甲基糠醛）（己糖），生成物能与酚类化合物缩合生成有色物质。通常使用硫酸，常用的酚有地衣酚（又名苔黑酚）、间－苯二酚、α－萘酚等。

2. 试剂与材料

（1）0.1 mg/mL 甘露糖：0.5 mg 甘露糖溶于 5 mL 超纯水。

（2）地衣酚－硫酸试剂：1.6% 地衣酚：称量 0.8 g 地衣酚溶于 50 mL 超纯水，4 ℃储存。

60% H_2SO_4：将 300 mL 冷却到 4 ℃的浓 H_2SO_4 小心地加入到 200 mL 冷水中，4 ℃贮存。

工作液：使用前将 75 ml，60% H_2SO_4 加到 10 mL 地衣酚溶液中，即为地衣酚－硫酸试剂。

3. 实验流程

（1）标准曲线的制备：取 6 个 1.5 mL 离心管，编号，分别加 0.1 mg/mL 甘露糖标准液 0、20、40、60、80、100 μL，再依次加入 100、80、60、40、20、0 μL 的超纯水补至 100 μL，各管再加 850 μL 的地衣酚－硫酸试剂，将离心管放入 80 ℃水浴中加热 15 min。取出后流动水冷却，423 nm 比色（以 0 管调零）。以糖含量为横坐标，以 A_{423} 为纵坐标，制作标准曲线，得到线性方程。

（2）在制备的糖样品适量加入离心管，加超纯水补至 100 μL，再加 850 μL 地衣酚－硫酸试剂，将离心管放入 80 ℃水浴中加热 15 min。冷却后 423 nm 比色。根据

样品的 A_{423} 代入线性方程得到糖含量。

(3) 将 40 μL 2 mol/L 甘露糖与 960 μL 偶联缓冲液混合液测得的含量记为 a,反应后上清测得的含量记为 b,清洗所得上清测得的含量记为 c。

糖链与羟基化磁性微粒偶联量的计算如式(12-2):

$$偶联量 = a - b - c \qquad (12-2)$$

(三) 注意事项

1. 氨基糖存在可导致颜色降低。大量的色氨酸存在也可导致一些误差,但对中性糖的测定结果是可靠的。

2. 如果样品为葡萄糖,加热时间应延长至 45 min,因为葡萄糖显色较慢。

3. 在配置硫酸溶液时,切记将硫酸倒入水中,否则溶液四溅会伤害操作人员。

第三节 糖结合蛋白的分离纯化

一、实验原理

以甘露糖结合蛋白为例,在中性或弱碱性环境下,可与磁性微粒上偶联的甘露糖特异性结合,在经过去除杂蛋白的清洗步骤后,通过一步洗脱得到目的蛋白。

由于采用磁性微粒作为载体,相对于层析技术来说,优点显而易见。使得研究简单化、快速化。但对于一些低丰度糖结合蛋白的提取,应在样本前处理阶段将一些不相关的高丰度蛋白进行处理,避免对低丰度蛋白的遮盖。

二、试剂、材料和仪器

1. 甘露糖磁粒复合物。

2. 正常人血清、PMSF(美国 Sigma 公司)。

3. 结合缓冲液:20 mmol/L Tris-HCl,0.5 mol/L NaCl,10 mmol/L $CaCl_2$,6 mmol/L $MnCl_2$,pH 7.2。

4. 清洗缓冲液:20 mmol/L Tris-HCl,0.5 mol/L NaCl,0.05% Tween-20,pH 7.2。

5. 洗脱缓冲液:将 10% SDS 用超纯水稀释至 0.1%。

6. 磁性分离架、移液枪、恒温培养振荡器、恒温培养箱、制冰机、电子天平、紫外-可见分光光度计、离心机、移液枪。

三、实验流程

(一) 甘露糖结合蛋白的分离纯化

1. 量取 5 mg 甘露糖磁粒复合物加入离心管中,磁性分离 3 min 弃上清。

2. 用 500 μL 结合缓冲液清洗,磁性分离 3 min 弃上清。此步骤再重复 3 次。

3. 向离心管中依次加入 35 μL 健康志愿者血清、2 μL PMSF、463 μL 结合缓冲液,37 ℃振荡反应 3 h。

4. 反应结束后,磁性分离 3 min,收集上清于管 a,4 ℃保存。

5. 用 500 μL 清洗缓冲液清洗若干次,直到 A_{423} 值趋于 0,收集最后一次上清于管 b,4 ℃保存。

6. 再加入 2 μL PMSF 和 298 μL 洗脱缓冲液,37 ℃振荡反应 1.5 h,反应结束后,收集上清于管 c,4 ℃保存。

(二) 丙酮浓缩蛋白样品

1. 实验原理

有机溶剂丙酮可以降低水的介电常数,破坏生物大分子表面的水化膜,使得生物大分子相互聚集,最后析出。此方法的分辨能力比盐析法高,即蛋白质或其他溶剂只在一个比较窄的有机溶剂浓度下沉淀。缺点就是容易使具有生物活性的大分子失活,要求操作在低温中进行。

2. 试剂与材料

(1) 4 ℃预冷丙酮。

(2) 7 mol/L 尿素:42 g 尿素溶于水 60 mL 超纯水,待完全溶解后定容至 100 mL,并过滤。

(3) 低温离心机。

3. 实验流程

(1) 将 4 倍体积的预冷丙酮加入蛋白样中,4 ℃静置 10 min。

(2) 10 000 r/min,4 ℃离心 10 min,弃上清,重复 2 次。

(3) 将样品静置通风橱,使丙酮快速彻底挥发。

(4) 加入适量的 7 mol/L 尿素,使蛋白完全溶解。

4. 注意事项

(1) 常温下,有机溶剂会使蛋白质等生物大分子失活,所以需低温操作。

(2) 为了避免残留的丙酮使蛋白质变性,需要快速将丙酮挥发完全。

(三) BCA 法测糖结合蛋白的浓度

蛋白质测定方法的种类很多,常见如凯氏定氮法、双缩脲法、Folin - 酚试剂法、考马斯亮蓝染色法、BCA 法及胶体金法,每种方法都有其优点及局限性。BCA (bicinchoninninc acid)法因为其试剂稳定,抗干扰能力较强,结果稳定,灵敏度高,且不受样品中离子型和非离子型去污剂影响,也是最常用的蛋白浓度检测的方法之一。

1. 试剂与材料

(1) BCA 试剂 A:1% BCA 二钠盐,2% Na_2CO_3,0.16% 酒石酸钠,0.4% NaOH,0.95% $NaHCO_3$,pH 11.25。

(2) BCA 试剂 B:4% $CuSO_4$。

(3) 工作液:50 份 A 液与 1 份 B 液混合。

2. 实验流程

(1) 取 6 个 0.5 mL 离心管,依次加入 10 μL 0 mg/mL、0.3 mg/mL、0.5 mg/mL、1.0 mg/mL、1.5 mg/mL、2.0 mg/mL BSA 作为标准曲线,同时取洗脱组分样本 5 μL 加入到 0.5 mL 离心管中,用超纯水补至 10 μL。

(2) 再向每个离心管中加入 200 μL 的工作液,37 ℃孵育 30 min。

(3) 反应结束后,待恢复室温后,用紫外 - 可见分光光度计测定光吸收值。再根据标准曲线计算出洗脱组分样品蛋白的浓度。

3. 注意事项

(1) A、B 液混合时会产生蓝色沉淀,待工作液中的沉淀混匀重新溶解后再使用。

(2) BCA 工作液与蛋白在常温条件下就能进行反应,为了保证各样品间反应时间的一致性,须在低温或冰上进行加样操作。

(3) BCA 法测定蛋白浓度的线性范围是 50 ~ 500 μg/mL。

第四节　糖结合蛋白的鉴定方法

目前常用的蛋白鉴定方法同样适用于糖结合蛋白,譬如 SDS-PAGE、2DE、质谱技术。

一、SDS-PAGE 蛋白电泳

(一) 实验原理

聚丙烯酰胺凝胶是由丙烯酰胺(简称 Acr)和交联剂 *N*,*N*′ - 亚甲基双丙烯酰胺(简称 Bis)在催化剂作用下,聚合交联而成的具有网状立体结构的凝胶,并以此为支持物进行电泳。聚丙烯酰胺凝胶电泳可根据不同蛋白质分子所带电荷的差异及分子大小的不同所产生的不同迁移率,将蛋白质分离成若干条区带。如果分离纯化的样品中只含有同一种蛋白质,蛋白质样品电泳后,就应只分离出一条区带。SDS 是一种阴离子表面活性剂,能打断蛋白质的氢键和疏水键,并按一定的比例和蛋白质分子结合成复合物,使蛋白质带负电荷的量远远超过其本身原有的电荷,掩盖了各种蛋白分子间天然的电荷差异。因此,各种蛋白质 - SDS 复合物在电泳时的迁移率,不再受原有电荷和分子形状的影响。这种电泳方法称为 SDS－聚丙烯酰胺凝胶电泳（简称 SDS-PAGE）。SDS-PAGE 可分为圆盘状和垂直板状、连续系统和不连续系统。本实验采用垂直板状不连续系统。所谓“不连续”是指电泳体系由两种或两种以上的缓冲液、pH 和凝胶孔径等所组成。

在不连续电泳过程中，浓缩胶对蛋白样品具有浓缩效应，而分离胶对蛋白样品则起到分子筛作用。

1. 样品的浓缩效应

在不连续电泳系统中，存在三种缓冲液，分别为电极缓冲液（Tris-Gly，pH 8.3）、浓缩胶缓冲液（Tris-HCl，pH 6.8）、分离胶缓冲液（Tris-HCl，pH 8.8），并且两种凝胶的浓度（即孔径）也不相同。在浓缩胶中，缓冲液中的 HCl 几乎全部解离成 Cl^-，Gly（$pI = 6.0$，$pK_a = 9.7$）只有很少部分解离成 Gly 的负离子，而酸性蛋白质也可解离出负离子。这些离子在电泳时都向正极移动。Cl^- 速度最快（先导离子），其次为蛋白质，Gly 负离子最慢（尾随离子）。由于 Cl^- 很快超过蛋白离子，因此在其后面形成一个电导较低、电位梯度较陡的区域，该区电位梯度最高，这是在电泳过程中形成的电位梯度的不连续性，导致蛋白质和 Gly 负离子加快移动，结果使蛋白质在进入分离胶之前，快、慢离子之间浓缩成一薄层，有利于提高电泳的分辨率。

2. 分子筛效应

蛋白质离子进入分离胶后，条件发生了很大变化。由于分离胶缓冲液的 pH 升高，使 Gly 解离成负离子的效应增加，缓冲系统中不存在先导离子和尾随离子。同时因凝胶的浓度升高（孔径变小），蛋白质的泳动受到影响，迁移率急剧下降。此时的 Gly 负离子的移动超过蛋白质，浓缩胶中的高电压梯度不复存在，蛋白质便在一个较均一的 pH 和电压梯度环境中，按其分子的大小移动。分离胶的孔径有一定的大小，对不同相对分子质量的蛋白质来说，通过时受到的阻滞程度不同，即使净电荷相等的颗粒，也会由于这种分子筛的效应，使不同大小的蛋白质相互分开。

表 12－1 Tris－甘氨酸 SDS－聚丙烯酰胺凝胶电泳不同浓度分离胶配制表

溶液成分		不同体积（mL）分离胶所需各溶液体积（mL）							
		5	10	15	20	25	30	40	50
6%	水	2.6	5.3	7.9	10.6	13.2	15.9	21.2	26.5
	30% 丙烯酰胺溶液	1	2	3	4	5	6	8	10
	1.5 mol/L Tris（pH 8.8）	1.3	2.5	3.8	5	6.3	7.5	10	12.5
	10% SDS	0.05	0.1	0.15	0.2	0.25	0.3	0.4	0.5

续表

溶液成分		不同体积(mL)分离胶所需各溶液体积(mL)							
		5	10	15	20	25	30	40	50
6%	10% 过硫酸铵	0.05	0.1	0.15	0.2	0.25	0.3	0.4	0.5
	TEMED	0.004	0.008	0.012	0.016	0.02	0.024	0.032	0.04
8%	水	2.3	4.6	6.9	9.3	11.5	13.9	18.5	23.2
	30% 丙烯酰胺溶液	1.3	2.7	4	5.3	6.7	8	10.7	13.3
	1.5 mol/L Tris(pH 8.8)	1.3	2.5	3.8	5	6.3	7.5	10	12.5
	10% SDS	0.05	0.1	0.15	0.2	0.25	0.3	0.4	0.5
	10% 过硫酸铵	0.05	0.1	0.15	0.2	0.25	0.3	0.4	0.5
	TEMED	0.003	0.006	0.009	0.012	0.015	0.018	0.024	0.03
10%	水	1.9	4	5.9	7.9	9.9	11.9	15.9	19.8
	30% 丙烯酰胺溶液	1.7	3.3	5	6.7	8.3	10	13.3	16.7
	1.5 mol/L Tris(pH 8.8)	1.3	2.5	3.8	5	6.3	7.5	10	12.5
	10% SDS	0.05	0.1	0.15	0.2	0.25	0.3	0.4	0.5
	10% 过硫酸铵	0.05	0.1	0.15	0.2	0.25	0.3	0.4	0.5
	TEMED	0.002	0.004	0.006	0.008	0.01	0.012	0.016	0.02
12%	水	1.6	3.3	4.9	6.6	8.2	9.9	13.2	16.5
	30% 丙烯酰胺溶液	2	4	6	8	10	12	16	20
	1.5 mol/L Tris(pH 8.8)	1.3	2.5	3.8	5	6.3	7.5	10	12.5
	10% SDS	0.05	0.1	0.15	0.2	0.25	0.3	0.4	0.5
	10% 过硫酸铵	0.05	0.1	0.15	0.2	0.25	0.3	0.4	0.5
	TEMED	0.002	0.004	0.006	0.008	0.01	0.012	0.016	0.02
15%	水	1.1	2.3	3.4	4.6	5.7	6.9	9.2	11.5
	30% 丙烯酰胺溶液	2.5	5	7.5	10	12.5	15	20	25
	1.5 mol/L Tris(pH 8.8)	1.3	2.5	3.8	5	6.3	7.5	10	12.5
	10% SDS	0.05	0.1	0.15	0.2	0.25	0.3	0.4	0.5
	10% 过硫酸铵	0.05	0.1	0.15	0.2	0.25	0.3	0.4	0.5
	TEMED	0.002	0.004	0.006	0.008	0.01	0.012	0.016	0.02

表 12－2 Tris－甘氨酸 SDS－聚丙烯酰胺凝胶电泳不同体积 5% 浓缩胶配制表

溶液成分	不同体积(mL)分离胶所需各溶液体积(mL)							
	1	2	3	4	5	6	8	10
水	0.68	1.4	2.1	2.7	3.4	4.1	5.5	6.8
30% 丙烯酰胺溶液	0.17	0.33	0.5	0.67	0.83	1	1.3	1.7
1.0 mol/L Tris(pH 6.8)	0.13	0.25	0.38	0.5	0.63	0.75	1	1.25
10% SDS	0.01	0.02	0.03	0.04	0.05	0.06	0.08	0.1
10% 过硫酸铵	0.01	0.02	0.03	0.04	0.05	0.06	0.08	0.1
TEMED	0.001	0.002	0.003	0.004	0.005	0.006	0.008	0.01

(二)试剂与材料

1. 30% 丙烯酰胺单体贮液:29.1% 丙烯酰胺,0.9% *N*,*N'*－甲叉丙烯酰胺,滤纸过滤后于棕色瓶 4 ℃保存。

2. 分离胶缓冲液:1.5 mol/L Tris-HCl,pH 8.9。

3. 浓缩胶缓冲液:1.0 mol/L Tris-HCl,pH 6.8。

4. 10% SDS:称取 1 g SDS 溶于 10 mL 超纯水(注:需加热溶解)。

5. 10% APS:称取 0.1 g 过硫酸铵溶于 1 mL 超纯水(注:现用现配)。

6. 样品缓冲液(5×):1 mol/L Tris-HCl,10% SDS,50% 甘油,0.05% 巯基乙醇,0.1% 溴酚蓝。

7. 电极缓冲液(5×):0.125 mol/L Tris 粉,0.96 mol/L 甘氨酸,17.3 mol/L SDS。

(三)实验流程

1. 将电泳所用到胶板、胶条、样品梳、电泳槽以及各个玻璃器皿都清洗干净并晾干。

2. 将胶板和胶条组装后安装在电泳槽里,先加入大约 4.8 mL 10% 的分离胶,并在顶端空隙处用 1 mL 无水乙醇或超纯水封平。

3. 待分离胶凝聚,用滤纸将无水乙醇吸干后,再加入 1.5 mL 3% 的浓缩胶,并将样品梳小心插入(避免有气泡产生)。待浓缩胶聚合后,小心拔出样品梳,并将胶条卸掉。

4. 把凝胶板的凹槽面向内安装在电泳槽内,并缓缓倒入 1×电极缓冲液,避免在胶板底部有气泡产生。

5. 将与 5×样品缓冲液 1∶1 混合的各个样品以及 Protein Marker 在 100 ℃水中煮沸 3～5 min,待冷却后加入上样孔。

6. 连接电泳仪,先 10 mA/板,让样品在浓缩胶和分离胶之间压成一条线,再调节电流至 20 mA/板，待溴酚蓝条带离凝胶下端大约 1 cm 时就可切断电源，相对分子质量大的蛋白质可根据自己实际需要适当延长跑胶时间。

二、银染显色

SDS-PAGE 凝胶蛋白条带染色通常采用的是考马斯亮蓝染色（简称考染），其灵敏度可以达到0.2～0.5 μg（200～500 ng），最低可检出 0.1 μg 蛋白。而本实验室分离纯化得到的糖结合蛋白含量很低，用考染往往染不出条带，所以采用灵敏度比考染高将近 100 倍的硝酸银染色法，最低可以检出 1 ng 蛋白。

（一）实验原理

在碱性条件下，用甲醛将蛋白带上的硝酸银（银离子）还原成金属银，以使银颗粒沉积在蛋白带上。染色的程度与蛋白中的一些特殊的基团（如巯基、羰基等）有关，不含或者很少含半胱氨酸残基的蛋白质有时候呈负染。银染的详细机制还不是非常清楚。

（二）试剂、材料和仪器

1. 固定液：50% 乙醇，10% HAc，40% 超纯水。
2. 浸泡液：30% 乙醇，1.25% 戊二醛，6.8% NaAc，0.2% $Na_2S_2O_3$。
3. 漂洗液：超纯水。
4. 银染液：0.1% $AgNO_3$，50 μL 甲醛。
5. 显色液：2.5% Na_2CO_3，50 μL 甲醛。
6. 终止液：1% HAc。
7. 电泳仪、摇床、滤纸。

（三）实验流程

1. 将电泳结束的蛋白凝胶装置拆卸，切掉浓缩胶，并从胶板上将凝胶取下来，放入玻璃皿中。
2. 固定：玻璃皿中加入 100 mL 固定液，固定过夜（最少 2 h）。
3. 浸泡：倒掉固定液，换上新鲜的 100 mL 浸泡液，浸泡 30 min。
4. 漂洗：用漂洗液清洗，每次 10 min，重复 6 次。
5. 银染：加入 100 mL 银染液，银染 20 min。
6. 清洗：用漂洗液清洗 3 次，每次 1 min。
7. 显色：再用少量显色液快速清洗 1 次，加入剩余显色液进行显色。
8. 终止：蛋白条带显现到理想程度即可换上终止液终止显色反应。
9. 最后照胶保留结果。

（四）注意事项

1. 由于银染灵敏度很高，所以在染色全过程中都要戴洁净的手套，避免手上的蛋白沾染在胶上，影响结果。

2. 电泳用到的胶板等器具要清洗干净，防止在银染过程中产生背景。

3. 敏化液中添加了戊二醛，它能提高银染的灵敏度和染色结果的重复性，但是因为戊二醛会修饰蛋白质，从而会影响对蛋白质点的质谱鉴定和分析，当用于质谱时需采用与质谱兼容的银染方法。

4. 漂洗这步比较关键，需耐心洗干净，否则易发生染色背景高，影响观察。

三、双向电泳

双向电泳一般是先将蛋白质根据其等电点在 pH 梯度胶内（载体两性电解质 pH 梯度或固相 pH 梯度）进行等电聚焦，即按照它们等电点的不同进行分离；然后按照它们的相对分子质量大小进行 SDS-PAGE 第二次电泳分离。样品中的蛋白质经过等电点和相对分子质量的两次分离后，可以得到分子的等电点、相对分子质量和表达量等信息。值得注意的是，双向电泳分离的结果是蛋白质点而不是条带。根据 Cartesin 坐标系统，从左到右是 p*I* 的增加，从下到上是分子质量的增加。

（一）实验原理

蛋白质在双向电泳的第一向遵循的是等电聚焦原理。蛋白质在不同的 pH 环境中带不同数量的正电或负电，在低 pH 时，蛋白质的净电荷是正的，在高 pH 时，其净电荷是负的，但在某一 pH 时，它的净电荷为零，此 pH 即为该蛋白质的等电点（isoelectric point，p*I*）。蛋白质的等电点值取决于其氨基酸的组成，是一个物理化学常数。等电聚焦电泳时，形成正极为酸性，负极为碱性的连续的、稳定的 pH 梯度。将某种蛋白质（或多种蛋白质的混合物）样品置于负极端时，因 $pH > pI$，蛋白质分子带负电，电泳时向正极移动，在移动过程中，由于 pH 逐渐下降，蛋白质分子所带的负电荷量逐渐减少，蛋白质分子移动速度也随之变慢；当 $pH = pI$ 时，蛋白质所带的净电荷为零，蛋白质即停止移动。同理当蛋白质样品至于阳极端时，因 $pH < pI$，蛋白质分子带正电，电泳时向负极泳动，移动过程中，pH 不断升高，蛋白质所带的正电逐渐减少，速度也随之减慢，直至到达净电荷为零的等电点位置则停止移动。因此在一个有 pH 梯度的环境中，对各种不同等电点的蛋白质混合样品进行电泳，则在电场作用下，不管这些蛋白质分子的原始分布如何，各种蛋白质分子将按照它们各自的等电点大小在 pH 梯度中相对应的位置处进行聚焦。即经过一定时间的电泳以后，不同等电点的蛋白质分子会分别聚集于其相应的等电点位置。这种按等电点的大小，生物分子在 pH 梯度的某一相应位置上进行聚焦的行为就称为“等电聚焦”。各种不同的蛋白

质在电泳结束后,形成很窄的一个区带,很稀的样品也可进行分离。在等电聚焦中蛋白质区带的位置,是由电泳的 pH 梯度的分布和蛋白质的 p*I* 所决定的,而与蛋白质分子的大小和形状无关。

蛋白质到达它的等电点位置后,没有净电荷,就不能进一步迁移。如果蛋白带向阴极扩散,将进入高 pH 范围而带负电,阳极就会将其吸引回去,直到回到净电荷为零的位置;同理,如果它向阳极扩散而带正电,阴极则将其吸引回净电荷为零的位置。因此蛋白质只能在它的等电点位置会被聚集成一条窄而稳定的带。所以等电聚焦不仅能获得不同蛋白质分离和纯化效果,同时也能得到蛋白质的浓缩效果。这种"聚焦效应"或称"浓缩效应"是等电聚焦最大的优点,是高分辨率的保证。

蛋白质在第二向电泳时,它的迁移率取决于它所带净电荷以及分子的大小和形状等因素。但是加入了 SDS 后,基本消除了电荷、形状等因素的影响,使电泳迁移率只取决于相对分子质量的大小。所涉及的原理同 SDS-PAGE。

(二)试剂、材料和仪器

1. 水化液:8 mol/L 尿素,2% CHAPS,0.02 mol/L DTT,0.5% IPG buffer,1% 溴酚蓝。

2. 平衡缓冲液Ⅰ:6 mol/L 尿素,30% 甘油,2% SDS,0.05 mol/L Tris-HCl pH 8.8,1% DTT。

3. 平衡缓冲液Ⅱ:6 mol/L 尿素,30% 甘油,2% SDS,0.05 mol/L Tris-HCl pH 8.8,2.5% 碘乙酰胺。

4. 覆盖油(双向时专用油)。

5. 30% 丙烯酰胺单体贮液:29.1% 丙烯酰胺,0.9% *N*,*N'*-甲叉丙烯酰胺,滤纸过滤后于棕色瓶 4 ℃保存。

6. 分离胶缓冲液:1.5 mol/L Tris-HCl,pH 8.9。

7. 浓缩胶缓冲液:1.0 mol/L Tris-HCl,pH 6.8。

8. 10% SDS:称取 1 g SDS 溶于 10 mL 超纯水(注:需加热溶解)。

9. 10% APS:称取 0.1 g 过硫酸铵溶于 1 mL 超纯水(注:现用现配)。

10. 样品缓冲液(5×):1 mol/L Tris-HCl,10% SDS,50% 甘油,0.05% 巯基乙醇,0.1% 溴酚蓝。

11. 电极缓冲液(5×):0.125 mol/L Tris 粉,0.96 mol/L 甘氨酸,17.3 mol/L SDS。

12. 上端封闭凝胶:1% 琼脂糖(含 0.1% 溴酚蓝)。

13. 下端封闭凝胶:1% 琼脂糖。

14. Ettan IPGPhor Ⅱ等电聚焦电泳系统(美国 GE 公司)、Hoefer SE 600 Ruby™ 制备性垂直电泳系统、扫描仪、摇床、玻璃试管、滤纸。

(三)实验流程

1. 用水化液将洗脱组分样品补至250 μL,从胶条槽的一端开始慢慢加入。

2. 将干胶条从 -20 ℃取出,待恢复室温后,用镊子小心揭去其保护膜。胶面向下,正极指向胶条槽的尖端,从胶条槽一端小心滑入至完全接触溶有样品的水化液中,注意排除气泡。

3. 再加入覆盖油,盖上胶条槽的盖子,避免气泡产生。将胶条槽放入Ettan IPG-Phor Ⅱ等电聚焦电泳系统,设定水化以及第一向电泳程序,如下:

Rehydration at 20 ℃ for 12 hours;

30 μA per strip;

Step 500 V for 1 h;

Step 1 000 V for 1 h;

Grad 8 000 V for 1 h;

Grad 40 000 Vh。

4. 第一向等电聚焦电泳结束后,从胶条槽中取出胶条并用超纯水冲洗若干遍,置于滤纸上将多余水分吸掉。

5. 将胶条放入装有平衡缓冲液Ⅰ的试管中平衡15 min,之后用超纯水冲洗并吸掉多余水分。

6. 再转到装有平衡缓冲液Ⅱ的试管中平衡15 min,再用超纯水清洗。

7. 将第二向电泳装置安装好。制备第二向电泳凝胶(10%分离胶),并用无水乙醇封平胶顶。

8. 在凝胶顶端预留的空隙中加入少量的电泳缓冲液,将平衡好的胶条轻轻放到凝胶上,排除气泡,用滤纸将电泳缓冲液吸干净。

9. 取适量处理过的蛋白质Marker加到小片滤纸上,放在胶条的一端。分离胶上端预留的空隙用上端封闭凝胶封闭。

10. 待凝胶凝固后,将分离胶下端的空隙用下端封闭凝胶封闭。

11. 将分离胶固定于第二向电泳分离系统,加入电泳缓冲液,连接电泳仪,10 mA预电泳10 min,20 mA电泳5 h。电泳完毕后,进行银染显色。

12. 凝胶经Image Scanner扫描仪扫描后以“.Tiff”格式保存,采用ImageMaster 2D软件系统进行双向电泳图谱的分析处理,并对凝胶图谱间的蛋白质点进行匹配。

(四)注意事项

1. 整个操作中需戴洁净手套,以避免蛋白质污染。

2. 蛋白样品一定需完全溶解后再进行水化,否则会导致蛋白点数量过少或者没有。

3. 样品水化时,样品与胶条之间若有气泡存在,会导致烧胶。

4. 覆盖油的作用是防止溶胀的胶条失水从而产生电火花或燃烧。

5. 当进行第二向电泳时,防止胶条与凝胶之间有气泡,以避免溴酚蓝前沿不规则。

第五节　应用实例

实例　肝癌患者和健康志愿者血清中甘露糖结合蛋白的分离纯化与鉴定

一、实验原理

环氧化磁性微粒通过羟基化后,磁性微粒表面的羟基可以与糖链的还原末端(醛基)发生羟醛缩合反应形成糖苷键,这样就使得糖链可以以共价键连接到磁性微粒的表面。利用甘露糖磁性微粒复合物分离纯化出健康志愿者血清和肝癌患者血清中的甘露糖结合蛋白,通过双向电泳分析和质谱鉴定以及进行 GO 分析,找出肝癌患者血清和健康志愿者血清中的差异甘露糖结合蛋白,对肝癌患者血清中特有的甘露糖结合蛋白进行功能分析与预测。运用 emPAI 指数分析方法,对肝癌患者血清和健康志愿者血清中的共同甘露糖结合蛋白进行定量分析。

二、实验材料

40 份混合肝癌患者血清和 40 份混合健康志愿者血清均由陕西省人民医院提供。肝癌患者或健康志愿者血液采取后,室温下放置 30 min,待血液凝集后,低速离心后吸取上清。为降低个体差异对实验结果造成的影响,血清分离后,将 40 份肝细胞癌病人血清和 40 份健康志愿者血清在冰上分别进行等体积混合,分装后立即冻存于 −80 ℃备用。

三、仪器材料

1. ConA(美国 Vector 公司)。

2. 二硫苏糖醇(DTT)、碘乙酰胺(IAM)、岩藻糖(美国 Sigma 公司)。

3. 糖苷酶 PNGaseF(New England Biolabs)公司。

4. Trypsin(美国 Promega 公司)。

5. 磁性分离器。

6. 恒温振荡器。

7. 恒温水浴锅。

8. 冷冻干燥仪 Alpha 2－4(德国 Martin christ 公司)。

9. LCQ－6330 离子阱二级串联质谱仪(美国 Agilent 公司)。

四、操作流程

(一) 羟基化磁性微粒偶联甘露糖

取环氧化磁性微粒(12.75 mg/mL)1 mg 装于 2 mL 离心管中,用磁性分离架分离 3 min,弃上清。用无水乙醇清洗后磁性分离 3 min,弃上清,此步骤重复 2 次。向离心管中加入 100 μL 4－羟基苯甲酰肼和 400 μL DMF 混匀。在 37 ℃,180 r/min 条件下振荡 10 h。然后各离心管先用无水乙醇清洗 3 次,再用乙酸－乙酸钠缓冲液清洗 3 次,每次均磁性分离弃掉上清。最后加入 960 μL 乙酸－乙酸钠缓冲液,40 μL 2 mol/L 甘露糖溶液,混匀,在 37 ℃,180 r/min 条件下振荡 6 h。结束后,磁性分离 3 min 并收集上清保存 b 管于 4 ℃。磁粒用偶联缓冲液清洗一次,收集上清于 c 管。然后各加入 500 μL 封闭缓冲液,混匀,常温下封闭 2 h。

(二) 硫酸－地衣酚法测糖偶联率

硫酸－地衣酚测定糖量法操作简便,可广泛用于测定糖蛋白中总糖含有的可溶性糖量。硫酸－地衣酚法测糖偶联率的原理是:经无机酸处理脱水产生糠醛(戊糖)或糠醛衍生物(如羟甲基醛)(己糖),生成物能与酚类化合物缩合生成有色物质。然后在 423 nm 比色(以 0 管调零)。以糖含量为横坐标,以 A_{423} 为纵坐标,制作标准曲线,得到线性方程。再将制备的糖样品适量加入离心管,加超纯水补至 100 μL,再加 850 μL 地衣酚－硫酸试剂,将离心管放入 80 ℃水浴中加热 15 min。冷却后423 nm比色。根据样品的 A_{423} 代入线性方程得到糖含量。

硫酸－地衣酚法测糖偶联率实验的具体操作步骤如下:

1. 取 6 个 2 mL 离心管分别加入 0.1 mg/mL Man 标准液,分别加入 0 μL、20 μL、40 μL、60 μL、80 μL、100 μL,再向各离心管里依次加入超纯水补至总体积为 100 μL。然后各管中均加入 850 μL 地衣酚－硫酸试剂。

2. 加入 b,c 样品 10 μL。再各加入 90 μL 超纯水。然后也加入 850 μL 地衣酚－硫酸试剂。

3. 将 40 μL 2 mol/L Man 与 960 μL 乙酸－乙酸钠缓冲液混合液作为总糖 a 液。取 a 液 10 μL 加 90 μL 超纯水,再加 850 μL 地衣酚－硫酸试剂。

4. 空白对照为 10 μL 乙酸－乙酸钠缓冲液和 90 μL 超纯水混合液,也加入 850 μL地衣酚－硫酸试剂。

5. 在 80 ℃水浴 15 min,423 nm 比色。实验结果:在 423 nm 处比色测定 3 次光密度值，平均值 a（总糖量）是 0.665 Abs，b 是 0.276 Abs，c 是 0.056 Abs。按照以下公式算出糖链与羟基化磁性微粒的糖偶联率：偶联率 = $(a-b-c)/a \times 100\%$，代入相应数据到公式后，偶联率约为 50%。该结果表明了实验选用的羟基化磁性微粒与甘露糖的结合是可利用与可靠的。能够达到进行下一步蛋白结合的要求。

（三）甘露糖结合蛋白的提取

利用封闭液封闭磁粒 2 h，结束后磁性分离，弃去封闭液。取总蛋白量为 1 mg 的肝癌病人血清和健康志愿者血清，分别加入到清洗后的偶联了甘露糖的磁性微粒里。并分别加入 2 μL PMSF，然后加入结合缓冲液，使终体积为 500 μL。加入后摇动，使磁性微粒和血清液体充分混匀，然后在 37 ℃，180 r/min 条件下振荡反应 3 h。结束后，磁性分离 3 min，收集上清于 A 管，4 ℃下保存。用 500 μL 清洗缓冲液清洗 3 ~ 4 次，收集各次的清洗上清，并用紫外分光光度计（nano）测量每次的 A_{423} 值，直到吸光度趋于零。收集最后一次清洗的上清液于 B 管，4 ℃下保存。向各结合了蛋白的磁性微粒离心管中加入 2 μL PMSF，298 μL 洗脱缓冲液，在 37 ℃，180 r/min 条件下振荡反应 1.5 h，后收集上清于 C 管，4 ℃下保存。

（四）甘露糖结合蛋白的浓度测定

下文介绍使用 BCA（bicinchoninic acid）法对提取的糖结合蛋白质进行浓度测定。PIERCE 的 BCA 蛋白质检测试剂是当前比 Lowry 法更优越的专用于检测总蛋白质含量的产品。该方法以快速灵敏、稳定可靠且对不同种类蛋白质变异系数甚小而深受专业人士的青睐。其中 MicroBCA 产品可检测到 0.5 μg/mL 的微量蛋白，是目前已知的最灵敏的蛋白质检测试剂之一。BCA 法测定蛋白浓度的基本原理是在碱性条件下，蛋白质将 Cu^{2+} 还原为 Cu^{+}，Cu^{+} 与 BCA 试剂形成紫颜色的络合物，测定其在 562nm 处的吸收值，并与标准曲线对比，即可计算待测蛋白的浓度。

BCA 法测定蛋白浓度的实验步骤：

1. 将 BCA 试剂 A、B 液按照 50 : 1 的比例混合，使絮状沉淀重新溶解，配制成苹果绿的工作液待用。

2. 取 6 个 0.5 mL 的离心管，依次加入 10 μL 0 mg/mL，0.2 mg/mL，0.4 mg/mL，0.6 mg/mL，0.8 mg/mL，1.2 mg/mL BSA 试剂作为标准曲线。

3. 同时取样本（A，B，C）各 5 μL 加入到 0.5 mL 离心管中，用超纯水补至 10 μL（注：BCA 测蛋白质浓度线性范围为 0.1 ~ 1.2 mg/mL），同时需做样本的空白对照。

4. 再向每个离心管中加入 200 μL 的配制好的工作液，37 ℃水浴 30 min。等待结束后，恢复室温后，用分光光度计在 562 nm 处进行吸光度的测定。

5. 根据标准曲线，计算出样品的蛋白质浓度。对健康志愿者、肝癌患者血清在与甘露糖磁性微粒结合后清洗最后一次的蛋白分别进行吸光度的测定，结果分别为

0.42和0.41,代入图12－3中的方程式,得到的蛋白质浓度分别为0.06 mg/mL和0.04 mg/mL。对健康志愿者、肝癌患者血清在与糖磁性微粒复合物结合后用洗脱液洗脱后的蛋白分别进行吸光度的测定,结果分别为0.52和0.53,代入图12－3中的方程式,得到的蛋白质浓度分别是0.71 mg/mL和0.73 mg/mL。由上分析可知,清洗最后一次的蛋白质浓度是介于0～0.2 mg/mL之间的,相对于洗脱下来的蛋白质浓度是非常低的,所以可以认为本实验已经基本上清洗掉了非特异性结合的蛋白质。也证明了羟基化磁性微粒偶联甘露糖后对MBP的特异性结合是符合高效率的。保证了后续的双向电泳的可靠性与质谱的有效性。

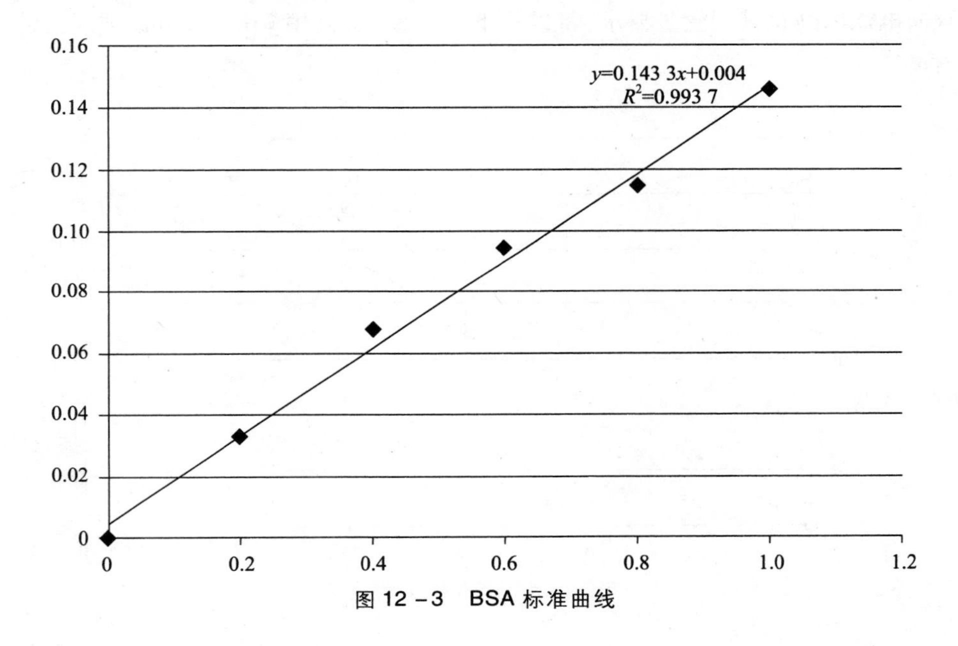

图12－3　BSA标准曲线

(五)甘露糖结合蛋白的双向电泳操作

1. 对前面利用羟基化磁性微粒所提取的MBP进行浓缩:用3×10^{3}的柱子每次加洗脱蛋白液500 μL,然后在Frisco17微量离心机里,14 000 r/min,4 ℃离心15 min。然后依次填满,依旧离心。最后,在离心柱里填满适量的超纯水,依旧离心,重复此过程一次,初步除盐。离心到大约100 μL的时候把柱子下面的废液吸掉。然后倒置柱子,1 000 r/min,离心5 min。然后收集这100 μL的样品。

2. 对浓缩的蛋白质用Bradford法进行蛋白质浓度测定:配制1 mg/mL的BSA。取六个500 μL的离心管,然后分别依次配制0 mg/mL、0.2 mg/mL、0.4 mg/mL、0.6 mg/mL、0.8 mg/mL、1.0 mg/mL的BSA。在酶标板上放置适量的酶标条。然后加入200 μL的Bradford试剂。再后依次加入0 mg/mL、0.2 mg/mL、0.4 mg/mL、0.6 mg/mL、0.8 mg/mL、1.0 mg/mL的BSA各20 μL和所要测定的蛋白样品20 μL。

然后尽快在酶标仪上 595 nm 光波长处检测信号。得到的数据作出标准曲线后，代入方程算得样品浓度。最终使得样品体积在 1 ~ 100 μL（蛋白质含量在 1 ~ 100 μg）之间，这样才有利于双向电泳的进行。

对健康志愿者、肝癌患者血清中提取的 MBP 浓缩后分别进行吸光度的测定，结果分别为 0. 50 和 0. 54，代入图 12 - 4 中的方程式，得到健康志愿者血清提取的 MBP 浓度是 55. 37 μg/μL，肝癌患者血清提取的 MBP 浓度是 92. 85 μg/μL。所得蛋白浓度数据乘以样品体积 130 μL 后，得到：健康志愿者血清中提取的 MBP 浓缩后蛋白量达到 71. 98 mg，肝癌患者血清中提取的 MBP 浓缩后蛋白量达到 120. 70 mg。能够达到双向电泳的纯化试剂盒量要求，将进行下一步实验，利用 2D clean-up 试剂盒纯化蛋白质。

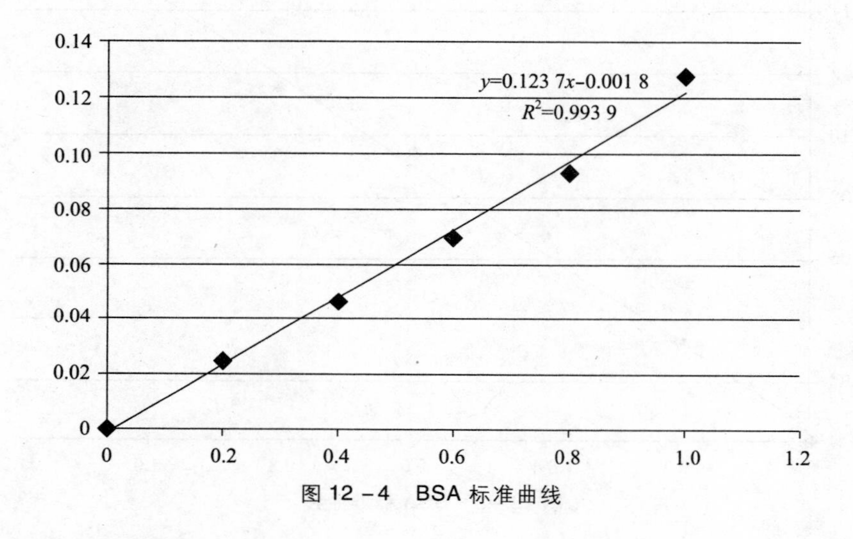

图 12 - 4　BSA 标准曲线

3. 利用 2D clean-up 试剂盒纯化蛋白质：首先将洗涤缓冲液在 - 20 ℃ 条件下预冷 1 ~ 2 h。以下实验步骤如果没有特殊说明均需在冰浴上进行。将样品置于1. 5 mL 的离心管中，然后加入 300 μL 的沉淀剂，涡旋振荡混匀。放入 4 ℃ 冰箱中培育 15 min。然后加入共沉淀剂 300 μL，振荡混匀。将离心管置于离心机中，盖轴向外，14 000 r/min离心 5 min。移出离心管，不要使得沉淀散开，使用大、小枪头尽量吸出上清液。然后重复一次离心，吸掉所有的上清。加入 40 μL 共沉淀剂重悬，冰浴 5 min。再次离心 5 min，并将上清吸出。然后加入 25 μL 超纯水，涡轮振荡 5 ~ 10 s。向离心管中加入 1 mL 洗涤缓冲液和 5 μL 洗涤添加剂，涡轮振荡使得沉淀完全散开。将离心管在 - 20 ℃ 下培育至少 30 min，每 10 min 振荡 20 ~ 30 s。将离心管以 14 000 r/min离心 5 min，移去上清液。然后简单风干白色沉淀，期间胶条回温10 min。

4. 用 250 μL 水化液（现用现加入 IPG buffer 和 DTT）溶解沉淀，然后把胶条胶面朝下放入溶胀盘,使水平,加入水化液,避免气泡,1 h 后加入覆盖油。泡胀过夜。

5. 量出适量的 Immobiline DryStrip 覆盖油。将覆盖油均匀地加入 Manifold 胶条槽的胶条数对应的槽道中。从溶胀盘中取出泡胀的胶条,放入瓷质电泳盘中,使其置于覆盖油下。

6. 胶面朝上,胶条的阳极端(+)对向电泳仪的阳极侧。并将放入胶条的槽两侧相邻的槽中也加满覆盖油。将胶条对准槽道底面上的刻痕标记处(胶条的末端,而不是塑料膜的末端,应与刻痕标记对齐),将胶条置于槽道中央。每个胶条取 2 片将滤纸片相互分开,每个加入 150 μL 蒸馏水润湿,并在滤纸上稍微吸取多余的水。将滤芯置于胶条上,使得滤芯的一端盖住胶条凝胶的末端。电极必须与滤芯接触。将电极凸轮打开,将电极部件置于所有滤芯的顶部,旋转凸轮至闭合位置,位于 Manifold 胶条槽外缘下方)。这时电极应固定不能移动,盖上等电聚焦仪盖子,参照 GE 公司关于双向电泳的使用说明书,设置合适的一向运行参数,运行。待第一向跑完后,可把胶条放入 -80 ℃冰箱中储存。清洗第二向所要用的胶板等,并烘干。制备好分离胶。凝固过夜。

7. 取出 -80 ℃保存的胶条室温解冻后,进行平衡:将 IPG 胶条分别放入单个平衡试管中,使支持膜贴着管壁。准备适当体积的 SDS 平衡缓冲液,然后将缓冲液平均分成两份等体积液体。向一份液体中加 DTT(每 10 mL 液体中加入 100 mg DTT),另一份加碘乙酰胺(每 10 mL 液体中加入 250 mg 碘乙酰胺)。加适当体积的 SDS 平衡缓冲液(加入 DTT),用盖子盖住平衡试管或用封口膜将试管封好,将其平放在摇床上平衡 15 min。倒出上一步骤中的缓冲液,再向每个胶条中加入适当体积的 SDS 平衡缓冲液(加入碘乙酰胺)。再用盖子盖住试管或用封口膜将试管封好,将其平放在摇床上平衡 15 min。

8. 将平衡后的固相 pH 干胶条在 SDS 电泳缓冲液中浸润一下。吸干用来封顶无水乙醇或者正丁醇。用一薄塑料尺将固相 pH 干胶条轻轻地向制备好的胶面下推,使固相 pH 干胶条的下部边缘与板状胶的上侧边完全接触。确保在固相 pH 干胶条与板状胶侧边之间,以及胶条支持膜与玻璃板之间无气泡产生。将相对分子质量标记的蛋白溶液与等体积的 1% 琼脂糖溶液混合后,加入胶面一端剪成小块的滤纸片上,加样后用琼脂糖进行密封,可以防止固相 pH 干胶条在电泳缓冲液中滑动或漂浮。

9. 进行第二向电泳,具体参照 GE 公司关于第二向操作的说明。

10. 银染显色:银染显色的原理是在碱性条件下,用甲醛将蛋白质带上的硝酸银(银离子)还原成金属银,以使银颗粒沉积在蛋白质带上。染色的程度与蛋白质中的一些特殊的基团有关,不含或者很少含半胱氨酸残基的蛋白质有时候呈负染。银染因其具有很强的灵敏性，而被广泛采用。银染显色的具体步骤参照本章第四节，双向电泳获得的每片凝胶一般需要 250 mL 溶液体系。

（六）甘露糖结合蛋白的质谱鉴定

1. 目的糖结合蛋白的浓缩

用 3×10^3 的柱子每次加洗脱蛋白液 500 μL，然后 14 000 r/min，4 ℃离心 15 min。然后依次填满，依旧离心。最后，在离心柱里填满适量的超纯水，同前离心，重复此过程一次，初步除盐。离心到大约 100 μL 的时候把柱子下面的废液吸掉。然后倒置柱子，1 000 r/min，离心 5 min。最后收集这100 μL的样品。

2. 蛋白质溶液内酶解

（1）将经过浓缩后的蛋白质溶液用 10×10^3 的分子筛过滤，加入 500 μL 超纯水，14 000 r/min，离心 10 min。然后倒置柱子 1 000 r/min，2 min 离心。收集大约 10 μL蛋白质溶液于离心管中。用 Bradford 法测蛋白浓度，使得蛋白浓度大约为 4 μg/μL。加入10 μL 10 mmol/L DTT 溶液，37 ℃，1 h 进行 DTT 还原。

（2）加入 20 μL 20 mmol/L IAM 溶液，避光 1 h 进行 IAM 烷基化。

（3）加入 10 μL 10 mmol/L DTT 溶液，37 ℃，1 h 进行 DTT 中和。

（4）加入 40 μL 12.50 ng/μL 胰酶溶液，37 ℃，酶解过夜。

（5）加入 0.5 μL TFA（三氟乙酸）来终止反应。

（6）放入 -80 ℃冰箱冷冻，并用冷冻干燥仪干燥样品，干燥后放于 -20 ℃冰箱以待质谱鉴定。

3. LC-MS/MS 鉴定浓缩后的甘露糖结合蛋白质

（1）样品预处理：用 20 μL 0.1% 甲酸溶解已冻干的样品。

（2）每次取 5 μL 样品进行 LC-MS/MS 分析。安捷伦 1200 系列纳流高效液相色谱系统，Zorbax 300SB C18 分析柱（150 ×0.075 mm，3.5 mm particles）和富集柱，LCQ-6330 离子阱质谱仪和/或 Q-TOF 6530 系列质谱仪进行 LC-MS/MS 分析。流动相 A 液为 0.1% FA（甲酸）溶液，B 液为 90% ACN/0.1% FA 溶液。自动进样系统进样后，5% B 液 5 min，5% ~12% B 液 5 min，12% ~50% B 液 80 min，50% ~100% B 液20 min，最后 95% B 液 10 min，每个样品分析总分析时间为 120 min，流速为 0.3 mL/min。采用自动采集模式采集 MS/MS 信息。每次全 MS 扫描后进行 5 次 MS/MS 分析。每个样品中肽段的提取重复至少 3 次，每次提取的肽段进行 3 次 LC-MS/MS 重复。

（3）质谱数据的数据库检索 LC-MS/MS 质谱数据通过 Mascot V2.3.02 软件进行数据检索，检索数据库为 IPI_human_v3.74。选择 Mascot 打分高于 25，$p<0.05$ 的肽段作为鉴定到的肽段。

五、实验结果与分析

（一）双向电泳结果分析

分析软件分析的图像如**彩图** 12 –1，**彩图** 12 –2 和图 12 –5 所示。

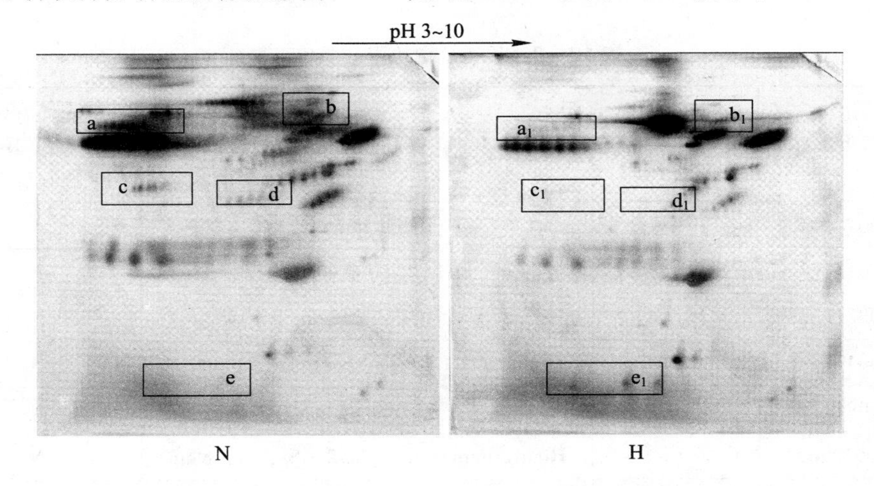

图 12 –5 健康志愿者与肝癌患者血清中提取的甘露糖结合蛋白双向电泳图谱差异对比

N：健康志愿者血清中提取的甘露糖结合蛋白双向电泳图谱；H：肝癌患者血清中提取的甘露糖结合蛋白双向电泳图谱；a、b、c、d、e、a_1、b_1、c_1、d_1、e_1 分别表示 N 图和 H 图中的差异处

结论

本节主要是对实验中提取的健康志愿者和肝癌患者血清中的 MBP 进行浓缩，BCA 法测定浓缩后的蛋白质浓度，然后对其进行双向电泳及银染显色。得到如下结论：

1. 浓缩后的 BCA 法测得健康志愿者血清提取的 MBP 浓度是 55.37 μg/μL，肝癌患者血清提取的 MBP 浓度是 92.85 μg/μL。所得浓度数据乘以样品体积 130 μL 后，得到：正常血清中提取的 MBP 浓缩后蛋白量达到 71.98 mg，肝癌患者血清中提取的 MBP 浓缩后蛋白量达到 120.70 mg。

2. 经过双向电泳及银染显色之后的凝胶，应用 ImageMaster 2D Platinum 图像分析软件对扫描的图像进行分析比对，从图 12 –5 中可以看出，健康志愿者血清中的 MBP 和肝癌患者血清中的 MBP 在图中主要有 5 处明显的差异。肝癌患者血清中的 MBP 相对于健康志愿者血清中的 MBP 在 a、b、c、d 4 处都有明显减少，在 e 处却有 2 个肉眼明显可观察到的增加点。

3. 利用 ImageMaster 2D Platinum 分析软件，对健康志愿者血清和肝癌患者血清中的 MBP 图谱进行背景消减后进行分析。得知健康志愿者血清中的 MBP 图谱中有 92 ±8个蛋白点，而肝癌患者血清中的 MBP 图谱中有 73 ±3 个蛋白点。

(二)质谱结果分析

从数据库 http://www. uniprot. org 中查询质谱鉴定后的结果整理如表 12 - 3 和图 12 - 6 所示。

表 12 - 3　质谱鉴定的蛋白质信息表

数据库蛋白序号	基因名称	蛋白质名称	健康志愿者(N)或肝癌患者(H)血清中特有蛋白质
IPI00784985*	IGK@	IGK@ protein	N
IPI00154742	IGLV2-14	IGLC2 IGL@ protein	N
IPI00719373	IGLC1	IGL@ protein	N
IPI00477597	HPR	Isoform 1 of Haptoglobin-related protein	N
IPI00942787	HP	42 000 protein	N
IPI00922262*		Highly similar to Alpha-2-HS-glycoprotein	N
IPI00478493*	HP	haptoglobin isoform 2 preproprotein	N
IPI00020091	ORM2	Alpha-1-acid glycoprotein 2	N
IPI00022391	APCS	Serum amyloid P-component	N
IPI00299778	PON3	Serum paraoxonase/lactonase 3	N
IPI00020096	KLC1	Isoform A of Kinesin light chain 1	N
IPI00020996	IGFALS	Insulin-like growth factor-binding protein complex acid labile subunit	N
IPI00021347	UBE2L3	Ubiquitin-conjugating enzyme E2 L3	N
IPI00185038	DUOX1	Isoform 1 of Dual oxidase 1	N
IPI00333197**	GCC2	Isoform 2 of GRIP and coiled-coil domain-containing protein 2	N
IPI00216142	DNA2	DNA2	N
IPI00784865*	IGK@	IGK@ protein	H
IPI00853045*	IGKC	Anti-RhD monoclonal T125 kappa light chain	H
IPI00658130*	IGLV2-11	IGL@ protein	H
IPI00829640*	IGLV3-19	IGL@ protein	H
IPI00003469		Ig kappa chain V-I region WEA	H
IPI00385252		Ig kappa chain V-III region GOL	H
IPI00022426	AMBP	Protein AMBP	H

续表

数据库蛋白序号	基因名称	蛋白质名称	健康志愿者(N)或肝癌患者(H)血清中特有蛋白质
IPI00294004	PROS1	Vitamin K-dependent protein S	H
IPI00023019	SHBG	Isoform 1 of Sex hormone-binding globulin	H
IPI00292530	ITIH1	Inter-alpha-trypsin inhibitor heavy chain H1	H
IPI00022395	C9	Complement component C9	H
IPI00032311	LBP	Lipopolysaccharide-binding protein	H
IPI00431645*	HP	HP protein	H
IPI00019591*	CFB	cDNA FLJ55673	H
IPI00292950*	SERPIND1	Serpin peptidase inhibitor, clade D (Heparin cofactor), member 1	H
IPI00735451*	IGVH	Immunolgoobulin heavy chain	H
IPI00010252	TRIM33	Isoform Alpha of E3 ubiquitin-protein ligase TRIM33	H
IPI00006499	KIAA0753	Isoform 1 of Uncharacterized protein KIAA0753	H
IPI00305457*	SERPINA1	PRO2275	H
IPI00480042	ASPM	Isoform 2 of Abnormal spindle-like microcephaly-associated protein	H
IPI00384938*	IGHG1	IGHG1	N, H
IPI00783987	C3	Complement C3 (Fragment)	N, H
IPI00021841	APOA1	Apolipoprotein A-I	N, H
IPI00032258	C4A	Complement C4-A	N, H
IPI00745872	ALB	Isoform 1 of Serum albumin	N, H
IPI00892870*	IGHM	IGHM Protein	N, H
IPI00022431*	AHSG	cDNA FLJ55606	N, H
IPI00304273	APOA4	Apolipoprotein A-IV	N, H
IPI00847179	APOA4	apolipoprotein A-IV precursor	N, H
IPI00418153*	IGHM	Putative uncharacterized protein DKFZp686I15212	N, H
IPI00029739	CFH	Isoform 1 of Complement factor H	N, H
IPI00291262	CLU	Isoform 1 of Clusterin	N, H
IPI00298497	FGB	Fibrinogen beta chain	N, H
IPI00021854	APOA2	Apolipoprotein A-II	N, H

续表

数据库蛋白序号	基因名称	蛋白质名称	健康志愿者(N)或肝癌患者(H)血清中特有蛋白质
IPI00021885	FGA	Isoform 1 of Fibrinogen alpha chain	N,H
IPI00021856	APOC2	Apolipoprotein C-II	N,H
IPI00021727	C4BPA	C4b-binding protein alpha chain	N,H
IPI00719452*	LOC100290557	IGL@ protein	N,H
IPI00807428*		Putative uncharacterized protein	N,H
IPI00022432	TTR	Transthyretin	N,H
IPI00218732	PON1	Serum paraoxonase/arylesterase 1	N,H
IPI00399007*	IGHG2	Putative uncharacterized protein DKFZp686I04196(Fragment)	N,H
IPI00555812	GC	Vitamin D-binding protein precursor	N,H
IPI00019568	F2	Prothrombin(Fragment)	N,H
IPI00021891	FGG	Isoform Gamma-B of Fibrinogen gamma chain	N,H
IPI00386879*	IGHA1	cDNA FLJ14473 fis	N,H
IPI00022371	HRG	Histidine-rich glycoprotein	N,H
IPI00021842	APOE	Apolipoprotein E	N,H
IPI00642632	IGLC7	Ig lambda-7 chain C region	N,H
IPI00021857	APOC3	Apolipoprotein C-III	N,H
IPI00017696	C1S	Complement C1s subcomponent	N,H
IPI00019580	PLG	Plasminogen	N,H
IPI00296165	C1R	cDNA FLJ54471	N,H
IPI00020986	LUM	Lumican	N,H
IPI00025204	CD5L	CD5 antigen-like	N,H
IPI00215894	KNG1	Isoform LMW of Kininogen-1	N,H
IPI00478003	A2M	Alpha-2-macroglobulin	N,H
IPI00021855	APOC1	Apolipoprotein C-I	N,H
IPI00025862	C4BPB	Isoform 1 of C4b-binding protein beta chain	N,H
IPI00879709	C6	Complement component 6 precursor	N,H
IPI00019399	SAA4	Serum amyloid A-4 protein	N,H
IPI00298971	VTN	Vitronectin	N,H
IPI00305461	ITIH2	Inter-alpha(Globulin) inhibitor H2, isoform CRA_a	N,H
IPI00022895	A1BG	Alpha-1B-glycoprotein	N,H
IPI00030739	APOM	Apolipoprotein M	N,H

续表

数据库蛋白序号	基因名称	蛋白质名称	健康志愿者(N)或肝癌患者(H)血清中特有蛋白质
IPI00006146	SAA2	SAA1 serum amyloid A2 isoform a	N,H
IPI00022418	FN1	Isoform 1 of Fibronectin	N,H
IPI00000892*	CARKD	HSPC237	N,H
IPI00007444	EPYC	Epiphycan	N,H
IPI00856012	COL6A6	Isoform 1 of Collagen alpha-6(VI) chain	N,H
IPI00017601	OPTN	Isoform 1 of Optineurin	N,H
IPI00218192	ITIH4	Isoform 2 of Inter-alpha-trypsin inhibitor heavy chain H4	N,H
IPI00005751	SPTLC2	Serine palmitoyltransferase 2	N,H
IPI00445610**		- similar to Argininosuccinate	N,H
IPI00382424		- Ig lambda chain V-II region NEI	N,H
IPI00470360	KIRREL	Isoform 1 of Kin of IRRE-like protein 1	N,H
IPI00001701*	DCDC5	doublecortin domain containing 5	N,H
IPI00304189	OPTN	Optineurin	N,H
IPI00555595*	UCHL1	Ubiquitin carboxyl-terminal esterase L1 (Ubiquitin thiolesterase) variant (Fragment)	N,H

注:N 代表健康志愿者血清中特有的蛋白质;H 代表肝癌患者血清中特有的蛋白质;N,H 代表在肝癌患者血清和健康志愿者血清中都存在的蛋白质;*标注 IPI 号的蛋白质是在数据库中没有 GO 注释的蛋白质;**标注 IPI 号的蛋白质是在数据库中未发现的蛋白质。

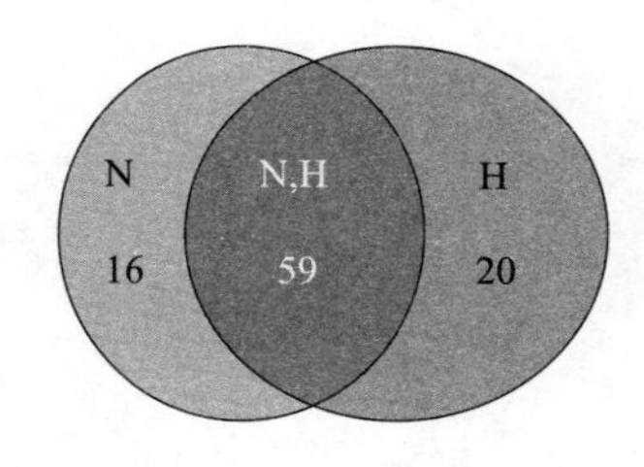

图 12-6 正常和肝癌血清中蛋白质的分布韦恩图

结论

对提取的蛋白质进行浓缩和溶液内酶解后,进行 LC-MS/MS 质谱鉴定,得到了一系列的质谱数据,这些数据经过数据库查询与分析比对后,得到了如下结论:

1. 健康志愿者血清中含有糖结合蛋白 75 个,肝癌病患血清中含有糖结合蛋白 79 个,健康志愿者血清和肝癌患者血清中的 MBP 共鉴定到了 95 个。

2. 在鉴定到的 MBP 中,健康志愿者血清中特有的 MBP 有 16 个,肝癌患者血清中特有的 MBP 有 20 个。

3. 在鉴定到的 95 个蛋白质中,经过数据搜库查询发现:鉴定到的蛋白质中有 23 个在 http://www.uniprot.org 数据库中是没有 GO 注释的,2 个(Isoform 2 of GRIP and

coiled-coil domain-containing 和- similar to Argininosuccinate）在此数据库中是未发现的蛋白质。

■参考文献

1. Yang G, Chu W, Zhang H, *et al.* Isolation and identification of mannose-binding proteins and estimation of their abundance in Hepatocellular Carcinoma Sera. Proteomics, 2013, 13: 878 – 892.
2. Sun X, Yang G, Sun S, *et al.* The hydroxyl-functionalized magnetic particles for purification of glycan-binding proteins. Curr Pharm Biotechno, 2009, 10(8): 753 – 760.
3. Sun X, Nan G, Yang GL, *et al.* High-throughput screening, isolation and analysis for glycan-binding proteins. Clinical Proteomics, 2009, 5(S1): 32.
4. Pilobello KT, Krishnamoorthy L, Slawek D, *et al.* Development of a lectin microarray for the rapid analysis of protein glyeopattems. Chembiochem, 2005, 6(6): 985 – 989.
5. Nishimura SI, Niikura K, Kurogochi M, *et al.* High-throughput protein glycomics: combined use of chemoselective glycoblotting and MALDI-TOFITOF mass spectrometry. Angew Chem Int Edit, 2004, 44(1): 91 – 96.

第十三章　糖结合蛋白基因芯片技术

近年来,人们已经认识到细胞表面糖链与蛋白质的相互作用促进了细胞与细胞间的黏附、参与了脊椎动物胚胎发育等。这种与糖链相互作用的蛋白被称为糖结合蛋白(glycan-binding protein,GBP)。广义地说,GBP 的范围包括:①凝集素;②以糖类为底物的酶,包括糖基转移酶和糖苷水解酶等;③针对糖类抗原的抗体;④参与糖类在机体中转运的体系,包括转运糖蛋白和糖脂的蛋白质等。狭义的 GBP 通常为凝集素。

糖结合蛋白可通过识别体液中或细胞表面的糖链介导细胞间通讯,如介导细胞迁移、信号传导、调节细胞之间、细胞与基质之间的反应等。糖结合蛋白所对应的糖链结构,参与了 B 细胞的活化、抗原的处理与递呈、T 细胞活化与凋亡。所以在免疫过程中,包括抗原识别和清除、细胞的黏附、淋巴细胞的激活与凋亡、信号传递和内吞作用,扮演了重要的角色。目前大多数研究主要为了阐明这些糖结合蛋白的识别特异性,对细胞行为的影响,配体糖链相关基因的分离和配体的表达调控机制。

糖结合蛋白基因芯片是利用基因芯片技术,高通量地研究人体内糖结合蛋白的基因表达。它的意义不仅在于为某些疾病检测提供分子标记,而且可以推测出所对应糖链分子发生的变化,进一步研究疾病的发生与糖链变化之间的关系。为疾病的诊断、治疗及新药的研发提供平台。

第一节　糖结合蛋白基因芯片制备技术

一、实验原理

基因表达谱芯片是指将数量众多寡核苷酸固定在特定的载体基质上制备成的生物芯片;待测样品中的 mRNA 被提取出来后,经过逆转录扩增获得 cRNA,并在此过程中对样本进行荧光标记;经过 6 ~ 14 h 的芯片杂交反应,通过配制的洗液将未与探针发生特异结合的样品清洗掉,随后对芯片进行激光共聚焦扫描,测定芯片上各点的荧光发光强度,推算出各基因在不同的细胞系中的相对表达水平。寡核苷酸芯片通常采用双色荧光系统进行平行的实验组与对照组对比。实验组与对照组两种组织的 mRNA 在逆转录线性扩增成 cRNA 的过程中，分别标记上两种荧光，制备成靶标，可以竞争性地和芯片上的核酸片段进行杂交，两种波长的激光扫描读取竞争杂交结果，经计算机处理确定芯片上基因组所结合探针的量，通过计算两种荧光强度的比值判断两种组织中基因表达的变化。糖结合蛋白基因芯片实验流程见图 13－1。

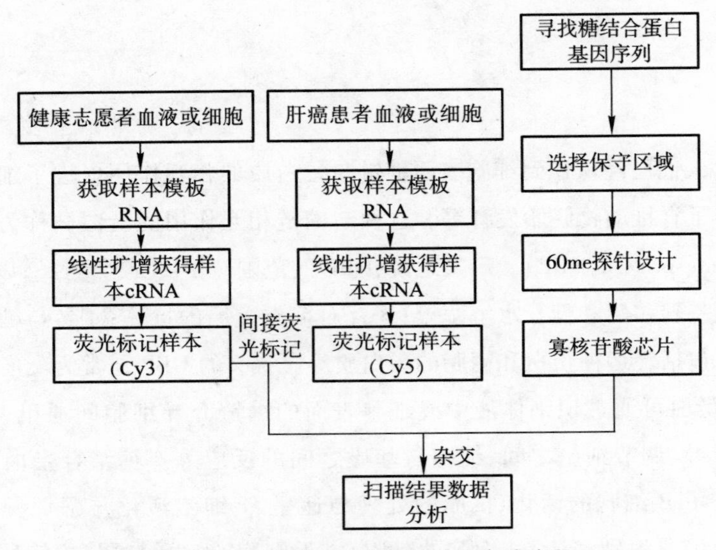

图 13－1　糖结合蛋白基因芯片实验流程

二、试剂、材料和仪器

1. 寡核苷酸探针：5′氨基修饰。

2. 寡核苷酸点样液：1.5 mol/L betaine，3×SSC。

3. Cy3、Cy5 荧光染料（美国 GE 公司）、DMSO（美国 Sigma 公司）。

4. 10×PBS：称取 80 g NaCl、2 g KCl、2.4 g KH_2PO_4、36.3 g $Na_2HPO_4 \cdot 12H_2O$ 溶解于 800 mL 超纯水中，定容至1 000 mL，0.2 μm 滤膜过滤。

5. 封闭液：1.0 g $NaBH_4$，300 mL 1×PBS，100 mL 无水乙醇。

6. 5×TBE：称取 Tris 碱 54 g，硼酸 27.5 g，量取 20 mL pH 8.0 的 0.5 mol/L EDTA，加超纯水至1 000 mL。

7. 10% 琼脂糖凝胶：琼脂糖 0.2 g，0.5×TBE 缓冲液 20 mL 微波加热待溶化后加入 1 μL EB。

8. 10% SDS：称取 10 g SDS 干粉溶于 100 mL 超纯水中，过 0.2 μm 的滤膜。

9. 0.5 mol/L EDTA 贮液：在 800 mL 水中加入 186.1 g EDTA，在磁力搅拌器剧烈搅拌，用 NaOH 调节溶液的 pH 至 8.0，然后定容至 1 L，分装后高压灭菌备用。

10. 20×SSC：称取 NaCl 175.3 g，柠檬酸钠 88.29 g 溶于 800 mL 去离子水，用 10 mol/L NaOH 调 pH 至 7.0，定容到1 000 mL，过 0.45 μm 的滤膜。

11. 杂交液：4×SSC，0.1% SDS，20% 甲酰胺。

12. DEPC 水、DTT、dNTP、混合物 NTP、RNaseOUT、T7 RNA polymerase、无机焦磷酸酶、MMLV RT 等 cRNA 线性扩增试剂。

13. RNeasy Mini Kit，384 孔板，玻璃片基，0.2 μm/0.45 μm 滤膜。

14. 生物芯片点样仪博奥晶芯 SmartArrayer 48 点样仪，芯片杂交孵化仪，生物芯片扫描仪，真空干燥器，分光光度计，超速冷冻离心机，离心机。

三、主要技术条件

（一）探针设计

根据 www.uniprot.org 和 www.functionalglycomics.org 网站数据库筛选出人类糖结合蛋白相关信息，从 GenBank 数据库获取相关基因的 mRNA 序列。（参照第二章探针设计方法）

（二）芯片矩阵设计及点制

将所有设计的工作探针和质控点（包括阳性质控点、阴性质控点、空白点和荧光点）用无菌水溶解稀释成统一浓度后，与点样 buffer 1∶1 比例均匀混合，按照一定的阵列分布排序，按顺序加入 384 孔板，4 ℃下备用。使用生物芯片点样仪，设置相应参数，在醛基化修饰片基上点制芯片。

（三）GAL 文件制作（参照第二章）

（四）醛基化片基的制备

1. 片基氨基化

（1）清洗超声仪、玻片架、塑料方缸、玻璃棒、镊子等，加入洗液在超声仪中清洗 10 min，然后用清水冲洗，再用超纯水清洗。

（2）用镊子将玻片（20 片）放在提洗架上，用无水乙醇（约 400 mL）摇洗三次（第一次用回收无水乙醇，第二次用干净的无水乙醇，第三次可以回收再利用），摇速为 110 r/min 以上，每次 10 min。

（3）用 75% 乙醇将离心机内壁及盖子内部擦拭干净，将玻片架离心干燥，24 ℃ 600 r/min，离心 5 min。

（4）将甩干的玻片架放到 250 mL 10% NaOH 的方缸内，避光，低速摇洗过夜。摇速在 90 r/min 左右。

（5）把装有玻片的 NaOH 溶液方缸，放入超声清洗仪中，超声 15 min。

（6）取出方缸，倒掉 NaOH 溶液，加入超纯水（约 250 mL）摇洗四次，每次 2 min，然后加入干净的无水乙醇清洗两次,每次 2 min。

(7) 配制 200 mL APTES(1%)溶液:198 mL 的无水乙醇,加入 2 mL 的 APTES。

(8) 将清洗后的玻片用离心甩干,600 r/min,5 min。放入 APTES 溶液中(液面必须将玻片全部浸入),避光,摇床上反应 3 h(摇速 80 r/min 左右)。

2. 片基醛基化

(1) 将上述装有氨基化片基的方缸放入超声清洗仪中超声 15 min(功率为 90%)。

(2) 用无水乙醇彻底摇洗三次(摇速 110 r/min),每次 10 min。

(3) 室温下,用离心机甩干玻片,600 r/min,5 min。

(4) 甩干后的玻片浸泡于 250 mL 2.5% 的戊二醛磷酸盐缓冲液中(22.5 mL 10×PBS,25 mL 戊二醛,202.5 mL 水),避光缓慢摇洗 3 h(80 r/min)。

(5) 放入超声仪中超声处理 10 min(功率为 90%)。

(6) 加入超纯水摇洗 3 次,每次 5 min,摇床 110 r/min。

(7) 室温下,600 r/min,5 min,离心甩干。

(8) 将玻片放置于 37 ℃烘箱中,抽真空,烘干 3 h。

(9) 将烘干的玻片放置于干燥器中,室温下避光保存,备用。

3. 随机抽取醛基衍生化玻片 1~2 张,用芯片扫描仪检测片基表面的均匀性。用下面方法进行质量控制:将 Cy3 标记的 BSA(原液),用 1×PBS(pH 7.5~9.3)稀释至100~1 000倍,用移液器点样(0.1 μL,重复 5 次)于随机抽取的醛基衍生化玻片,37 ℃下放置 2 h,用芯片扫描仪扫描片基,检测荧光信号值 F_1。然后将玻片在 1×PBS,0.1% Tween-20(pH 7.5)缓冲液里清洗 15 min(摇速 100 r/min 左右),再次用芯片扫描仪扫描,检测到荧光信号值 F_2。如果 F_2/F_1 大于 0.6,即视为质量合格的醛基化片基。

(五) 总 RNA 的提取(参照第二章第四节“总 RNA 提取”有关内容)。

(六) 总 RNA 质量验证

1. 1% 琼脂糖凝胶电泳检测

样品准备:分别取 1 μL 总 RNA 用 DEPC 水稀释至 10 μL 放入 70 ℃,45 min。1 μL总 RNA 用 DEPC 水稀释至 10 μL 放入 -20 ℃。

(1) 从双氧水中取出胶槽,胶板,梳子,安装好,用 DEPC 水冲洗,再用 0.5×PBE 冲洗。

(2) 1% 琼脂糖凝胶制备:量取 20 mL 0.5×TBE,加入 0.2 g 琼脂糖,微波炉加热 1 min,摇匀,微凉后加入 2 μL EB,混匀,缓慢倒入胶板上,静置 15 min,待胶片凝固后,拔掉梳子,取出胶板。

(3) 在加样孔中分别加入混有 1.2 μL loading buffer 的样品。

(4) 电泳槽里加入 0.5 × TBE 至槽口 0.5 ~ 1 cm 处,将胶板放入电泳槽中,电压 80 V,30 min。

(5) 紫外照射,观察结果。

2. 紫外定量

取 1 μL 总 RNA 样品,用 RNAse-free 超纯水稀释 20 倍,紫外分光光度计测定 260 nm、280 nm 和 320 nm 的吸收峰。

(七) cRNA 线性扩增及纯化

1. cRNA 线性扩增(参照第二章)。

2. 线性扩增产物纯化(RNeasy Mini Kit)(参照第二章)。

3. cRNA 定量与质检

取 5 μL 纯化后的 cRNA 样品加入到 15 μL DEPC 处理的灭菌水中混匀,进行紫外定量。

1 A_{260} = 5 × 稀释倍数 × 40 μg/mL RNA(按 2 mm 光程测量)

cRNA 总量 = (A_{260} − A_{325}) × 5 × 稀释倍数 × 40 μg/mL × 样品体积(mL)

cRNA 浓度 = (A_{260} − A_{325}) × 5 × 稀释倍数 × 40 μg/mL

cRNA 扩增倍数估算:

[(cRNA 产量) − 0.45 × (起始总 RNA 量)]/[0.02 × (起始总 RNA 量)]

扩增 100 倍以上视为合格样本。

(八) 荧光标记及纯化

1. 荧光标记

(1) 将事先分配好的荧光染料加入 5 μL DMSO,吹打混匀 40 ~ 50 次,短暂涡旋,用铝箔纸包好放入避光抽屉内,室温孵育 1 h。

(2) 计算 cRNA 用量 5 ~ 8 μg 的体积,加入 1.5 mL 的离心管中,真空干燥。

(3) 干燥后加入 3.5 μL 0.3 mol/L 的 $NaHCO_3$ 与 2 μL ddH_2O,充分混匀。再将 cRNA 溶液转入已孵育 1 h 的荧光染料中,充分混匀后,短暂涡旋。铝箔纸包好户放入避光抽屉内,室温作用 2h。

(4) 将 cRNA 样品的体积用 DEPC 水补足至 100 μL,约加入 85 μL 水。

2. 荧光标记产物纯化(同线性扩增产物纯化步骤)

最终得到 60 μL 纯化后的 cRNA 样品,使两次离心的样品混匀。对获得的 cRNA 样品标记,置于 −80 ℃保存。

3. 荧光标记定量与质检

(1) 取 5 μL 荧光标记的 cRNA 样品,用无核酸酶超纯水稀释至 20 μL。选用紫外分光光度计仪 2 mm 光程的比色皿,260 nm 检测 cRNA 产量,然后分别在550 nm和

650 nm检测 Cy3 和 Cy5 的荧光强度。评估 cRNA 产量及两种荧光的标记效率。

(2) cRNA 含量的估算：

1 A_{260} = 5 × 稀释倍数 × 40 μg/mL RNA(按 2 mm 光程测量)

cRNA 产量 = (A_{260} − A_{325}) × 5 × 稀释倍数 × 40 μg/mL × 样品体积(mL)

(3) Cy3 荧光标记量 = (A_{550} − A_{325}) × 5 × 稀释倍数 × 样品体积 μL/0.15

Cy5 荧光标记量 = (A_{650} − A_{325}) × 5 × 稀释倍数 × 样品体积 μL/0.25

荧光标效率 = 荧光标记量 × 324.5/cRNA 含量

(九) 信号检测和结果分析

经过芯片扫描仪和相关软件，将杂交反应后的芯片上每个反应点的荧光位置和荧光强弱进行图像分析，将荧光转换成数据，获得相关生物信息。数据处理分为数据采集、数据筛选、数据标准化和表达差异分析四步。

1. 数据采集

扫描仪扫描后得到图像信息，通过数据采集使这些信息数字化。本实验用 GenePixPro 3.0 软件将杂交后芯片上获得的数据导入 Spotfire 8.0 软件，进行分析。分别得到 Cy3 和 Cy5 的数据，同时采用 Gal 文件，将每个点所对应的基因名称和 ID 导入。

2. 数据筛选

数据筛选包括：去除实验中的坏点数据，没有信号的点的数据和前景与背景值之比小于 1.4 的点的数据。

3. 数据标准化

由于两种荧光发出的荧光强度，两种荧光的标记效率，扫描仪自身所激发的两种荧光的能力存在差别，以及两种颜色的荧光背景强度也是不一样的，所以这些因素都有可能导致实验结果的偏差，因此必须对得到的数据进行标准化，即归一化。

具体步骤为：将一张芯片上分别得到的 Cy3 和 Cy5 信号(荧光信号强度，下面简称信号)的两组原始的杂交结果数据进行比对，按照"Global Normalization"方法来进行归一化。以 a、b 两份数据为例介绍标准化方法：

第一步，先确定出 a 和 b 两份结果数据中，共同参与分析基因的总数目 n。

第二步，分别计算出 a 样本 n 个基因的信号之和 A 及 b 样本 n 个基因的信号之和 B。

第三步，计算出标准化系数 NC = A/B，A 数据作为基线，保持不变，B 数据则用 NC 来进行归一处理。

4. 表达差异分析

将前景和背景数据标准化之后，用前景值减去背景值就得到了净荧光值，然后用 Cy5 标记样本/Cy3 标记样本可以得到表达倍数，表达倍数结果在两倍以上(为上调基因)和 0.5 倍以下(为下调基因)的基因就作为差异表达的基因。

（十）实时定量 PCR 验证

实时荧光定量 PCR 技术是定量 PCR 技术的最新进展，该技术是在 PCR 反应体系中加入荧光基团，利用荧光信号的积累实时检测整个 PCR 进程，最后通过电脑对荧光信号的收集处理而获得数据，从而对反应模板进行定量分析的方法。

1. 根据基因芯片结果，找出上调基因和下调基因序列，用 Primer 3 和 Oligo 6.0 软件设计引物。荧光定量 PCR 引物设计需要遵守以下原则：

（1）熔解温度（T_m）55 ℃ ~65 ℃之间，计算 T_m 值时，建议使用 50 mmol/L 盐浓度和 300 mmol/L 核苷酸浓度。

（2）引物的 GC 含量 50% ~60%。

（3）避免产生二级结构，必要的时候引物结合位置可以设计在目标序列二级结构区域以外。

（4）避免超过 3 个 G 或者 3 个 C 的重复片段。

（5）引物末端碱基为 G 或 C。

（6）检查正向及反向引物以确保 3′端没有互补配对。

（7）应用 NCBI 里的 BLAST 软件检测引物的特异性。

2. 荧光定量 PCR 步骤：

（1）将合成好的引物用灭菌水稀释为 10 μmol/L。

（2）反转录单链 cDNA，方法见 cRNA 线性扩增（参照第二章）。

（3）反转录后的 cDNA 稀释 100 倍，按表 13－1 配制 20 μL PCR 扩增体系。

表 13－1　cRNA 线性扩增反应体系

组分	用量
cDNA 模板（实验组或对照组）	3 μL
上游引物	0.8 μL
下游引物	0.8 μL
SYBR Green Ⅰ Real Time PCR Mix	10 μL
ddH_2O	5.4 μL
总体积	20 μL

PCR 反应条件：

95 ℃　30 s

95 ℃　5 s ⎫
55 ~65 ℃　30 s ⎬ 45 个循环
72 ℃　12 s ⎭

72 ℃　10 s

(4) 每组实验包括两个待测样品(一个肿瘤样品和其对应的正常样品)cDNA;每个样品设一个没有模板的阴性对照样品。每对样品都要做阴性对照,以确定实验的可信度。

四、实验流程

(一) 片基制备

1. 探针设计

遵循探针设计的基本原则,利用 Oligo 6.0 和 Array designer 4.2 软件对从 Genebank 数据库中获取筛选的基因 mRNA 序列(工作探针,阴性对照和管家基因)进行探针的设计。探针合成时在 5′端进行氨基修饰。

2. 片基点制

对合成的探针进行处理:向含有作为杂交探针的 20 μg/mL(1 OD)单链 DNA 的离心管中加入 40 μL 左右无菌水,并调整其浓度统一为 40 μmol/L。根据糖结合蛋白基因芯片矩阵设计的方案,加至 384 孔板上对应的位置,以 1 ∶ 1 的体积加入点样缓冲液(1.5 mol/L betaine,3 × SSC),使每个孔中含有约 40 μL 点样液。根据点样矩阵要求,在加入探针溶液的同时,将空白样品(2 × 点样缓冲液)、荧光质控(稀释 1 万倍的等比例 Cy3 和 Cy5 溶液)等按照要求加入相应位置。384 孔板经过短暂涡旋振荡,离心后进行芯片点制。本实验点样系统采用博奥公司的晶芯 SmartArrayer 48 微阵列芯片点样系统,完成芯片的点制。

3. 点制后处理

湿盒孵育 15 min,120 ℃高温固定 60 ~ 90 min(抽真空),放于干燥盒内避光保存。

(二) 样品准备

从实验组和对照组的细胞、血液、组织中分别提取总 RNA,琼脂糖电泳验证后,进行 cRNA 线性扩增得到 cRNA,实验组用 Cy5 标记,对照组用 Cy3 标记,并使用 RNeasy Mini Kit 纯化试剂盒(QIAGEN 公司)进行分离纯化。分光光度计测量,计算 cRNA 扩增倍数和产量,扩增结果大于 100 倍以上视为合格。

(三) 芯片的封闭、杂交、扫描与数据分析

1. 片基封闭

(1) 将点制好的片基做好标记,用 0.2% SDS 洗两遍,每次 2 min。

(2) 用超纯水清洗两遍,每次 2 min。

(3) 配制封闭液(1.0 g $NaBH_4$,300 mL 1 × PBS,100 mL 无水乙醇),100 mL 封闭液可以作用于 5 张片基。避光,室温轻摇封闭 15 min。

(4) 重复(1)、(2),甩干,扫描。

2. 杂交与清洗

(1) 分别取标记好的实验组和对照组的 cRNA 各 1.5 μg,加入 15 μL 片段化试剂(250 μmol/L $ZnCl_2$),用 DEPC 水补至 50 μL,混匀,60 ℃温浴 30 min。

(2) 配制杂交 buffer(4 × SSC,0.1% SDS,20% 甲酰胺)与片段化的 50 μL 体系样品按 9 : 1 混匀,55 ℃过夜杂交。

(3) 清洗:2 × SSC,0.2% SDS,摇洗 10 min;2 × SSC 摇洗 10 min;0.2 × SSC 摇洗 10 min。(各 100 mL 体系)甩干,扫描。

3. 数据分析

使用 GenePix 4000B 扫描仪对芯片进行 532 nm 和 635 nm 双通道扫描,获得荧光信号图像,用 GenePix Pro 3.0 图像处理软件,对图像进行处理,分析 Cy5 和 Cy3 两种荧光信号的强度和比值。同时采用 Gal 文件,将每个点所对应的基因名称和 ID 导入。去除实验中的坏点、没有信号的点,以及前景和背景值之比小于 1.4 的点,用 Global 标准化方法对数据进行归一化处理。获取的数据导入 Spotfire 8.0 软件进行分析,以 Cy5 荧光值比 Cy3 荧光值得到表达倍数。表达倍数大于 2 视为上调基因,表达倍数小于 0.5 视为下调基因。

(四) 实时荧光定量 PCR 验证

根据基因芯片结果,找出上调基因和下调基因序列,用 Primer 3 和 Oligo 6.0 软件设计引物,用实时定量 PCR 技术进行验证。

五、注意事项

1. 点制片基时湿度为 55%,点制好的片基真空烘干后应避光保存。

2. cRNA 样本标记过程中,每隔 15 min 用手轻轻振动管底,提高荧光标记效率。

3. 杂交温度,时间,杂交液甲酰胺含量可根据探针 T_m 值和实验环境加以调整。

4. 实时定量 PCR 中,退火温度比引物 T_m 值低 5 ℃。另外再以 2 ℃为一个梯度做温度梯度实验,确定最适退火温度。

第二节 应用实例

实例 糖结合蛋白基因芯片在肝癌研究中的应用

一、实验原理

研究表明,肝癌发生发展过程中,一些糖结合蛋白及配体糖链的表达量和结构及功能发生了改变。本实验从基因水平入手,应用快速、高通量的基因芯片技术,筛选并分析肝癌细胞系 HepG2 与正常肝细胞系 LO2 之间差异表达的糖结合蛋白基因。

二、实验材料

HepG2 肝癌细胞系和 LO2 正常肝细胞系。

三、操作流程

1. 片基制备

根据 www. uniprot. org 和 www. functionalglycomics. org 网站数据库,筛选出人类糖结合蛋白相关信息,并通过 Genebank 数据库获取基因的 mRNA 序列。应用 Array designer 4. 2 和 Oligo 6. 0 软件,对 mRNA 序列进行探针设计并进行 BLAST 同源性比对。遵循探针设计的基本原则,共设计 135 条 55-mer DNA 分子。10 条管家基因,1 条阴性对照探针序列来自安捷伦公司网站,另 1 条阴性对照探针序列来自 NCBI 网站的 1 条原核生物核糖体基因。55-mer 探针 5′端经氨基修饰,溶解,调整浓度,与点样缓冲液混合,按顺序点制于醛基化片基上。点样效果图如**彩图 13 -1** 所示。

2. 样品准备

培养 HepG2 肝癌细胞系和 LO2 正常肝细胞系,提取 RNA,线性扩增为 cRNA,用 Cy5 间接标记肝癌细胞 cRNA,Cy3 标记正常肝细胞 cRNA。保证两种标记效率相近。

总 RNA 1% 琼脂糖电泳结果(见图 13 -3)。

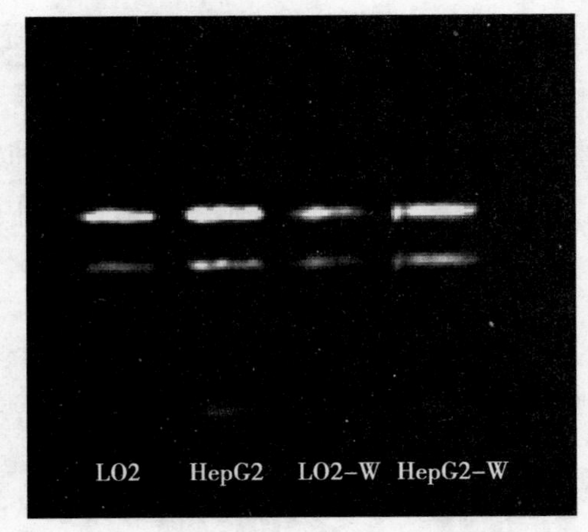

图 13 -3　LO2/HepG2 细胞总 RNA 电泳图谱

LO2:正常肝细胞总 RNA,未温浴;HepG2:肝癌细胞总 RNA,未温浴;
LO2-W:正常肝细胞总 RNA,温浴后;HepG2-W:肝癌细胞总 RNA,温浴后

3. 杂交,清洗,扫描

方法同上节实验流程。使用 GenePix 4000B 扫描仪对芯片进行 532 nm 和635 nm 双通道扫描,杂交结果扫描图如**彩图** 13 - 2。

4. 数据分析

用 GenePix Pro 3. 0 图像处理软件,对图像进行处理,得到 Cy5 和 Cy3 两种荧光信号的强度和比值。采用 Gal 文件,将每个点所对应的基因名称和 ID 导入,应用 Global 标准化方法归一化处理分析有效数据,得到:HepG2 肝癌细胞和 LO2 正常肝细胞中差异表达基因共 24 个;其中,上调 15 个,下调 9 个。结果见表 13 - 2。

表 13 - 2 细胞 LO2/HepG2 为样本筛选出的差异表达糖结合蛋白基因

序号	上调基因	上调倍数	下调基因	下调倍数
1	MGL	3. 66	FBXO44	0. 42
2	Siglec-8	2. 82	CLEC3A	0. 48
3	Galectin-1	2. 96	CLEC3B	0. 48
4	Galectin-3	4. 23	REG4	0. 49
5	ALPP	4. 28	HBEGF	0. 49
6	MLEC	2. 85	FBXO6	0. 49
7	Siglec-9	2. 12	REG3A	0. 48
8	CSF3	2. 44	ITIH3	0. 48
9	DC-SIGN	2. 03	CHI3L2	0. 49
10	Hepatic asialoglycoprotein receptor subunit 2	3. 63		
11	Brevican	2. 36		
12	CLEC11A	3. 04		
13	Layilin	2. 01		
14	Siglec-4	2. 04		
15	Siglec-5	2. 12		

5. 实时荧光定量 PCR

根据基因芯片结果,找出两条上调基因和两条下调基因的核酸序列,用 Primer 3 和 Oligo 6. 0 软件设计引物,用实时荧光定量 PCR 技术验证实验结果。

参考文献

1. Van Kooyk Y,Rabinovich GA. Protrin-glycan interactions in the control of innate and adaptive

immune responses. Nat Immunol,2008,9(6):593 -601.

2. Kuwabara I,Sano H,Liu FT. Functions of galectins in cell adhesion and chemotaxis. Method Enzymol,2003,363(2):532 -552.

3. 王克夷. 糖生物学和糖组学. 生命的化学,2009,29(3):299 -305.

第十四章　糖组学数据统计分析方法

糖组学数据统计分析方法可分为芯片数据分析和质谱数据分析。芯片数据分析主要涉及以下四种芯片：凝集素芯片、糖基因芯片、糖芯片、糖结合蛋白基因芯片。本章主要阐述这四类芯片数据的分析原理及其应用。

第一节　引言

芯片数据分析主要是对从芯片上高密度杂交阵列中提取的信号点的荧光强度信号进行定量分析，通过有效数据的筛选和相关基因、蛋白或糖表达谱的聚类，最终整合信号点的生物学信息，研究生物分子的表达谱与功能可能存在的联系。然而，有关实验都产生海量数据，如何解读芯片上众多信息点的杂交信息，将海量的信息数据与生命活动联系起来，阐释生命特征和规律以及基因的功能，是生物信息学研究的重要课题。

定量过程的快速和简单是芯片实验的优点之一，用户可以在极短时间内获得成千上万个标志物的生物学定量信息。但是，定量过程的快捷绝不意味着它们只需要简单的数学方法。芯片数据定量过程中的绝对定量、比值分析、归一化和其他方面所需要的理论均比较复杂，研究者掌握了相关的概念和公式后，可以顺利进行各方面的工作。

芯片检测的所有原始信息都存储在芯片图像中，芯片图像通常都是 16 位以上的 TIFF、JPEG、RAW 等格式的图像，显示的是灰度值，每个像素点的灰度值在0 ~ 65 535之间。每个灰度值都反映了图像所对应芯片位置的荧光分子相对强度信息，各点代表单个标志物的表达水平，然而其中可能有很多人为的影响。点的形状可能不规则。强度高的信号可能溢出到相邻的点使邻点信号被额外增强，强度值接近本底的像素可能产生偏差的高比值。

芯片图像处理的目的是定位每个点，将每个点所对应的不同形状和强度的杂交量化,并得到一系列数值以形成表格。在比较完善的方法中,图像采集结果还包括对每个点的质量评估,计算每个点相应数据的可信度,标记出数据不可信的点,并对在芯片的制造和杂交过程可能出现的问题提出预警。芯片包括很多种,但图像处理的原理基本相同。糖组学研究中芯片实验多数是单通道设计,一般采用 Cy3 荧光标记完成,比较不同样本的 Cy3 通道数据就可得到基因表达或糖蛋白表达水平的差异。

本章以 Axon 4000B 扫描仪采集的实验数据为例,介绍对芯片数据分析的步骤(图 14-1)。

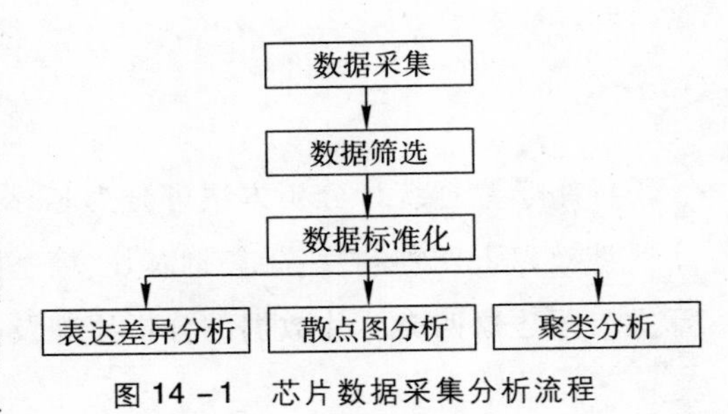

图 14-1　芯片数据采集分析流程

在大批量分析生物分子的实验性差异时,生物芯片方法是一种十分有效的技术。一般芯片扫描仪使用激光束逐个扫过每个像素点,直至芯片上所有的点都被扫描,并被以高解析度图片的形式保存下来。接着进行的是数据提取的过程,以便将表达于芯片上的实验组及对照组的相对荧光强度数值记录下来。期间涉及大量的计算各种双荧光比例值的步骤,也会产生大量的统计数据供进一步分析之用。因为实验目的各异,数据分析方法也不尽相同。通常,使用中值比例值(ratio of median)、比值中间值(median of ratio)、回归比例值(regression ratio),这 3 种计算方法均能得到相近的结果时,我们便认为该数据点是可信的。

第二节　图像采集

当生物芯片和样品探针杂交完毕后,就需要对杂交结果进行图像采集和分析。基因芯片中的信号是通过检测芯片所使用的标记物含量得到的,糖组学研究中使用最普遍的标记物是荧光染料。目前专用于荧光扫描的扫描仪,根据原理可分为两类:一类是基于激光共聚焦显微镜原理的 PMT(photo multiplier tube,光学倍增管)检测系统,如本章介绍使用的 Axon 4000B 芯片扫描仪;另一类是基于 CCD(charge-coupled devices,电荷偶合装置)摄像原理的检测系统。

在基于荧光的芯片实验中,阵列先被激光激发,然后测量其荧光强度,依次测得 Cy3 和 Cy5 通道的数据并得出基因或蛋白表达水平的比值。

一张芯片完成杂交实验,经扫描仪读取后生成图形文件(见**彩图** 14-1),经过划格(griding)、确定杂交点范围(spot identifying)、过滤背景噪音(noise filtering)等图像识别过程,才能最终得到基因表达的荧光信号强度值,并以列表形式输出。随着芯片技术的发展,各种图像处理软件所需要的人工参与程度越来越低,基本可以完成自动定位,实验人员只需导入事先已完成的栅格文件(. gal),再根据具体的情况进行手动微调即可完成定位。确定杂交点范围即前景值和背景值信号强度的分解,也可以说是在背景中识别出信号。识别的方法有多种,不同的软件会采用不同的运算规则分割出背景和前景信号,如 GenePix Pro(图 14-2)。

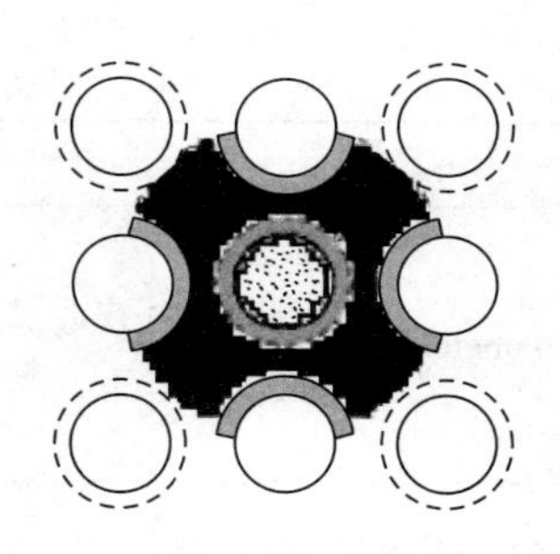

图 14-2 GenePix Pro 的图像处理规则示意图

该软件默认取图中黑色区域为背景区域,中间散点区域为前景信号区域,浅灰色区域不纳入信号采集

GenePix Pro 是一款最为常用的微阵列图像处理软件,它具有易于使用,集图像采集及分析功效于一体,可视化操作,主动化处理等功效。属于 Axon Instruments 4000 及以上系列的微阵列芯片扫描仪附带的图像分析软件,也可单独购买。该系列扫描仪价格适中,要求芯片规格通用,且仪器和软件使用方便,所以目前在全球相当普及。图像的格式以扫描仪的多幅 TIFF 为主。Gene Pix Pro 软件可自动提供多种影像、数据报告及图标,自动形成各项分析的散点图,能够自动接收其他扫描仪的 16 位灰度图像,可通过互联网连接到基因数据库。**彩图** 14-2 是该软件视窗布局。对芯片实验图像数据采集的结果会以 . gpr 格式报告出来,可使用 Excel 打开阅读,其具体分析项目名称及对应生物学意义详见表 14-1。

表 14-1 GenePix 分析结果及其生物学相关信息的完整描述(译自 GenePix Manual)

名称	定义	生物学相关信息
Block(矩阵)	由 Gene Pix 指定,编号按先从左到右,再由上到下的顺序依次增大。矩阵是由数行、数列的数据点组成的基本结构单位	一个矩阵对应芯片点样仪上的一根针。因此针头的弯曲或缺陷会在点相应的矩阵时一览无余
Column/Row(列/行)	数据点的行列号	行列号可配合其他数值信息在“散点图”中绘图,以使芯片上的信号在排列方向上的趋势直观化,这种趋势能够指出芯片中可能存在的系统性错误
Name/ID(名称/ID 号)	数据点的名称或编号	名称或编号可配合其他数值信息在“散点图”中绘图,以得到初步数据显示
X/*Y*	用微米为单位,以表示该点在芯片上的物理位置。扫描区域的左上角的坐标为(0,0)	*X*、*Y* 坐标显示当前数据点的精确位置,并对于在“图像页”中数据点的快速定位十分有帮助。另外,在“散点图”中用 *X* 或 *Y* 的值作图可确定在芯片或杂交操作中可能存在的误差

续表

名称	定义	生物学相关信息
Diameter(直径)	数据点设置圈的直径,以微米为单位	直径值可用于在"散点图"中作图以评价点的一致性。如果数据点的直径大于一定的值(由用户设定),则表明芯片在点样时有错误或玻片表面有问题
F635 Median(635 nm 数据点中间值) F635 Mean(635 nm 数据点平均值) F532 Median(532 nm 数据点中间值) F532 Mean(532 nm 数据点平均值)	数据点设置圈中所有像素在两种波长下扫描所得的强度中值或强度平均值	这些数据是当前数据点在减去背景值前的强度中间值或强度平均值,因此是实验的"原始数据"。在散点图中,可与比例值(或其他数值)配合进行数据的分析。污染(如灰尘或多余的染料)会加大中间值与平均值之间的差异;反之,高质量的芯片得到的结果是相近的。在"散点图"中以荧光强度的中间值和平均值作图是一项十分有效的质量控制工具
F635 SD(波长 635 nm 荧光强度标准差) F532 SD(波长 532 nm 荧光强度标准差)	在两种波长下,数据点设置圈中所有像素的强度的标准差	是反映当前数据点强度分布的数据。较大的标准差表明芯片本身存在着技术问题或杂交程序有问题(如染色不充分或染色不均匀)。通过在"散点图"中用 F635 SD 或 F532 SD 与矩阵、列或行组合作图可测定系统误差
B635 Median(635 nm 背景中间值) B635 Mean(635 nm 背景平均值) B635 SD(635 nm 背景标准差) B532 Median(532 nm 背景中间值) B532 Mean(532 nm 背景平均值) B532 SD(532 nm 背景标准差)	对于某一数据点,在两种波长下,满足成为背景像素条件的所有像素的强度中间值、平均值或标准差	背景强度中间值和平均值之间的比较是一个十分有用的质量控制的工具。一定的差异(10%或更大)表明当前数据点受到污染或其他因素的干扰。此外背景强度也是一项十分有用的芯片质量的指标。例如,高背景表明 PMT 的设定可能过高,或是非特异性吸附,或洗片彻底
F635% Saturated F532% Saturated	在两种波长条件下,荧光强度达到 16 位强度最大值约 65 535 的像素数占所有数据点像素比例	这两项数据任一项大于 0,表明该数据点中有某些像素的信号强度已超过了检测系统的检测极限,达到饱和。而饱和像素的真正荧光强度是不能被精确测量的。这时便需要将一种或两种波长 PMT 的强度调低,重新扫描,以确保比例值分析时的精确性。观测柱形图的分布情况是防止 F635 或 F532 强度过高的一种快速而方便的调控手段

续表

名称	定义	生物学相关信息
Ratio of Median——RM(中值比例值) Ratio of Mean(均值比例值)	由计算整体数据点而得到的,强度中间值或强度平均值的比例值(635 nm/532 nm*,已减去背景值)	特定区域的平均强度经常应用于各种不同类型的定量荧光成像系统,平均强度值传统上应用于细胞荧光成像。在芯片分析时由于关注的是一块很小的区域,而各种微粒状的污染物与芯片上点的尺寸相当,这必然会引入一些极端数值。而中间值受极端值的影响较小,因此在处理数据时,中值比例值是比较合理的计算方法。在"散点图"中可用中值比例值或均值比例值与 index(芯片上的每个数据点的编号)作图,以观测芯片上数据的总体情况
Median of Ratio——MR(比值中间值) Mean of Ratio(比值平均值)	所有特征像素强度比例值的中间值或平均值	此方法为测定样品的活性变化提供了另一个选择。用以计算此比值的像素分布,显示于"图像页"中的数据点查看器中。计算均值比例值的一个优点是可得到比例值的标准差,为直观地观察芯片的比例值分布提供了又一条途径。高质量的芯片用两种比例值的计算方法(整体计算与逐像素计算)得到的值将非常相似。两者之间差异较大表明芯片的质量或实验的程序可能有问题
Ratio SD(比例值的标准差)	数据点中所有像素的强度比例值的标准差。该数值的获得是以逐个计算像素的比例值为基础的,并且已去除背景	Ratio SD 表示当前数据点比值中间值的分布情况。在"散点图"中用 Ratio SD 与 index 作图,可更方便的根据用户的要求来选择和标记数据点(例如当 Ratio SD 大于 3 便标为"坏点")。也可与比值中间值配合,用来验证表达差异较大的数据点,在数值分布水平方面是否可接受(Ratio SD <2)
Rgn ratio——rR(回归比例值)	计算 635 nm/532 nm* 强度比例值的第三种方法。它是以两种荧光的强度(635 nm,532 nm)作图,并通过回归的方法确定最适曲线的斜率	回归比例值并不区分背景像素和特征像素,在计算时也不去除背景。因此回归比例值可作为独立的参照与比值中间值、中值比例值进行比较。回归比例值在检验单个数据点的质量时很有效,这是因为由饱和像素和灰尘引起的过强信号对回归比例值的计算的影响很大。如整张芯片的回归比例值显著大于比值中间值或中值比例值,则可能是 PMT 的设定过高或是芯片上的灰尘污染较多造成的

* 635 nm/532 nm:像素点 635 nm 波长信号值与 532 nm 波长信号值的比值。

续表

名称	定义	生物学相关信息
Rgn R2(回归修正系数的平方值)	Rgn R2是计算给定数据点的最小方差回归拟合时的一个系数,它决定了最终回归的适合度。它是回归修正系数的平方值,数值分布于0~1之间	Rgn R2代表能用回归曲线描述的像素数占所有回归像素的比例。Rgn R2为1时代表所有的回归像素都能用回归曲线描述(像素都在一条直线上);Rgn R2为0时代表回归曲线不能描述任何一个像素。Rgn R2能有效的表述某一数据点的一致性。点的强度不均匀(可能是样品分布不均或杂交效率低)或意外缺失某一荧光,将导致Rgn R2的值变小。在某一块或整个芯片中大量点的Rgn R2值都较低,说明点样的质量较差或杂交的程序可能有问题
F Pixels(特征像素数)	数据点中像素的数目。请注意,这里的特征像素数指的是构成数据点的像素数,而不是数据点查看器中的特征像素强度值	特征像素数是数据点中的可观测的像素数
B Pixels(背景像素数)	构成当前数据点背景的像素数,在数据点查看器的底部,紧接着数据像素数(F Pixels)以B='n'的形式显示	背景像素数,作为一项质量控制的数值,可以与芯片上的所有的数据点进行比较。也可应用于"散点图"来进行快速评价(用index序号与背景像素数作图)。假定整张芯片上的数据点的尺寸一致的话,特征像素数与背景像素数的之间的比值应是稳定的(数目大致相差8倍)。如芯片的背景像素数异常增大(大于8倍特征像素数),说明数据点的定位圈比正常的要来得大。这种情况有可能是由于背景异常而引起的数据点的定位圈尺寸增大,在处理时要谨慎对待
Sum of Median(中间值之和) Sum of Mean(平均值之和)	在两种波长条件下,已去除背景的像素中间值或平均值的总和	如某一数据点的双荧光的信号都较差,则将得到较小的中间值之和。当像素强度与背景水平相当时,两种波长的中值任何微小的变化会使比例值显著的变大或变小。因此对于中间值之和较小的数据点应谨慎处理。与中间值之和相同,平均值之和也向我们提供了数据点的一部分信息。然而正如前面提到的,用平均值进行分析时,其稳定性比用中间值的要来得差些

续表

名称	定义	生物学相关信息
Log Ratio（对数比例值）	中值比例值的以 2 为底的对数	对数比例值提供了一个反映表达活性成倍数变化的指标。负数代表对照组样品的表达强于实验组样品；正数代表对照组样品的表达弱于实验组样品。连续整数的变化代表相对活性比增大或减少 2 倍（如 log Ratio = 2，代表实验组活性比对照组强 4 倍；如 log Ratio = 3，代表实验组活性比对照组强 8 倍）
F635 Median-B635 B635F532 Median-B532 B532F635 Mean-B635 B635F532 Mean-B532	当前数据点的已减去背景的像素强度中间值或平均值	这些值常应用于中值比例值或均值比例值的计算。因为已减去背景（因此不需要在脚本文件中加入额外的代码来实现去除背景的功能），所以这些数值比较适合于脚本文件的编写。在去除背景时，高背景和弱表达的数据点会受到不同程度的影响，因此这些值不应再被应用于质量控制，这时应采用 635 nm、532 nm 的中间值、平均值或中间值之和
Flags（标记）	数据点类型	影像数据经过软件内部粗略分析后，会标示出“Bad”、“Good”、“Absent”及“Not Found”，并且分别以数值“－100”、“0”、“－75”和“－50”表示；“Bad”代表数据不合规格，“Good”表示资料符合实验的要求，“Absent”表示数据数组表的某一 feature 是遗漏数据（missing data），“Not Found”表示在自动排列时有缺失

第三节　数据预处理

对基因表达数据进行聚类、分类等数据分析之前，往往需要进行预处理，包括对丢失数据进行填补、清除不完整的数据或合并重复数据等数据处理，根据分析的目的进行数据过滤，以及针对分析方法选择合适的数据转换方法等。数据预处理的目的就是尽最大可能除去转录或表达过程中，因生物学内在相关改变的误差造成系统内在的偏差。

一、数据点的可靠性

1. 背景的校正

预处理的第一步是背景的校正。芯片上点的荧光强度是由背景荧光和标记探针荧光的共同作用产生。只有经过背景校正的荧光强度才能真正反映基因或蛋白真实的转录或表达水平。

2. 弱信号的处理

在芯片上存在很多弱信号，这些点的信号强度虽然很弱，但可能并不是低质量的点。因此在判断上不能武断地把它们都删除掉，需要具体问题具体判断。一个通用规则是：比背景中位值高 1.5 倍的信号才是可信的，而低于 1.5 倍的信号是不可靠数据；也有采用空白点或阴性对照点的平均信号值加两倍标准差作为阈值的方法。

除以上两点之外，芯片图像中还存在缺失点、荧光污染点和其他假象，它们也为归一化增加了难度，因此在归一化和比值计算前必须尽可能地确定或去掉这些可疑点。

二、数据转换

芯片扫描仪所得的数据都以“荧光计数”来表示，16 位二进制数表征范围是 1 ~ 65 535。可以直接对原始数据进行挖掘和建模，但通用的方法是将原始数据转换为另一种不同的数量级，使之更适于统计计算。常用的思路是将微阵列数据转化为对数。对数转换时将指定的芯片数值表示为以 10 为底的幂。经过转换后，16 位二进制数据的数值范围变为从 0(log 1)到 4.8(log 65 536)。这样的数据较之前有更为统一的分布，类似于正态分布，从而可以直接使用统计分析的参数程序。同时对数数据也便于进行比值分析，它使基因或蛋白的表达变化可简单表示为正整数或负整数。转换后的微阵列数据可以通用于散点图、聚类和其他类型的数据分析及可视化分析。

三、归一化

在芯片实验中，各个芯片的绝对吸光度值是不一样的，直接比较多个芯片表达的结果易导致错误的结论。对于不同通道和不同芯片来源的数据进行分析前，消除各系统误差的过程即归一化(normalization)。对不同数据集进行归一处理的数值称为归一化因子(normalization factor)。无论是单通道(one-channel)还是双通道(two-channel)的芯片数据实验，归一化都是必需的。归一化使得多个芯片实验的表达数据能够相互比较。

整体归一化——也叫全局归一化(global normalization)，是根据图像的信号总和获得平衡信号。因为在糖组学研究中，只涉及物种的部分基因或部分蛋白，使用整体归一化有较好的理论基础，不会导致较大的实验偏差。其步骤为：①以其中一个样本作为标准(baseline)计算出其中全部荧光的总值求平均值(mean)；②另一个样本荧光的平均值也计算出来；③使两个平均值相等，计算比值(Ratio，R)；④非标准样本的所有荧光值都乘以 R,将两个样本数值归一。

管家基因归一化——与使用芯片上所有基因进行归一化的方法不同,管家基因归一化方法只选择小部分非差异表达的基因作为归一化参考组。在人类基因表达谱研究中,科学家共发现了 451 个在大多数情况下表达一致的基因(*Genetics*,2003,19:362 - 365),这些基因在人类的大部分组织中表达都是相同的,称其为管家基因(housekeeping gene)。通过在芯片设计中引入这些基因可对实验结果进行归一化处理。但近年研究表明,管家基因的表达水平绝非一成不变,一定情况下也会发生显著的变化,因此使用管家基因对芯片数据进行归一化处理,也有可能得到错误的结果。因此管家基因归一化更适用于相似样本的比较。

Quantile 归一化——也称分位数归一。这是一种全局标准化方法,其主要目标是要使任何特定芯片和通道的直方图看起来都相同。一般芯片的杂交实验很容易产生误差,所以经常一个样本要做 3 ~6 次的重复实验。平行实验间的数据差异可以通过该方法去除掉。总平行实验的前提条件是假设 n 次实验的数据具有相同的分布,其算法(图 14 - 3)主要分为三步:①对每张芯片的数据点排序;②求出同一位置的几次重复实验数据的均值,并用该均值代替该位置的基因的表达量;③将每个基因还原到本身的位置上。完成这些操作之后,即可得到标准化的数据。

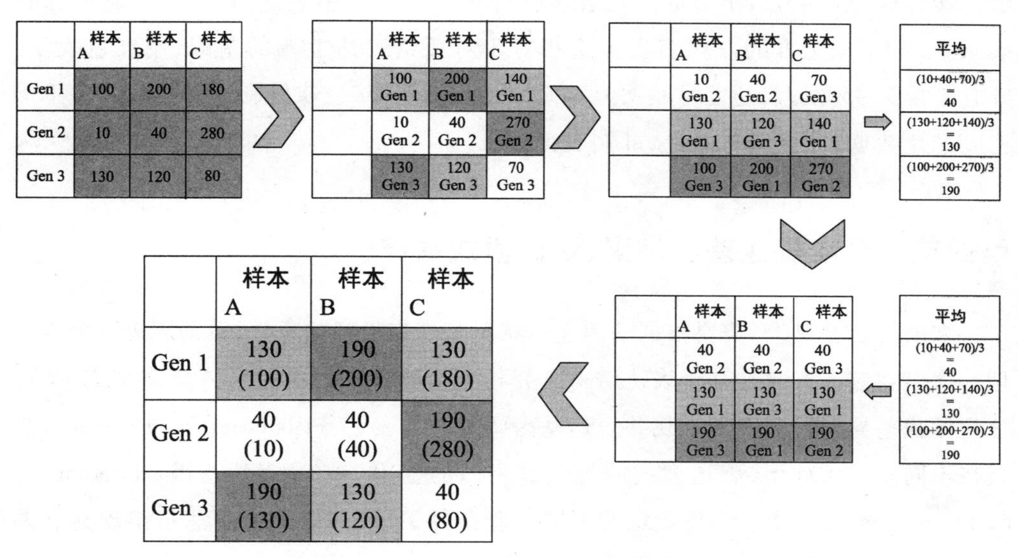

图 14 -3 Quantile 归一化算法范例

Spikein 归一化——也称对照基因归一化,即在每一次标记反应中添加少量的外源性对照样本,并根据相应对照点的信号强度对每一图像进行归一化。该方法多为商业化芯片所采用。

除了上述归一化方法外,为比较多个芯片表达的数据,还应严格控制每次实验的条件,例如目标核酸或蛋白标记的程度、荧光激发和发射的效率、测定的条件等,使实验在相同的环境和条件下进行。

四、视图分析

视图分析是最简单、最直接、最直观的分析方法。通常用散点图(二维和三维)、直方图和饼图直观地显示芯片表达的结果,对于结果较为明显的数据,可以直接做出判断。而散点图是最有用的基因表达数据的表征方式。

从**彩图** 14－3 可以看出,多数数据点都落在散点图的45°线上,但是对于那些基因表达值相对于正常表达量高或低的数据就会偏离该线。这样通过散点图就能很直观地观察到哪些基因受到了比较重要的调控。一般比较关注那些远离45°线的数据点,因为这些点代表着受到了重要调控的基因。

散点分析图为芯片实验所得基因或蛋白表达数据提供了一个最基本的分析方法。如**彩图** 14－3 所示,Cy5 染料信号(实验组)在 *Y* 轴上,Cy3 染料信号(对照组)在 *X* 轴上。在图里每个点代表一个基因,并且代表低表达值的基因或空白信号的点都位于左下方,而代表高水平表达的基因点都位于右上方。图中的45°线将数据点分成了两部分。在45°线下方的点代表实验组相对于对照组表达下调的基因,用绿色表示。在45°线上方的点代表实验组相对于对照组表达上调的基因,用红色表示。并且越偏离45°线,表达差异越明显。此图是利用 Spotfire 软件制作得到的。对于低密度芯片数据,可直接利用 Excel 制表得到。

第四节　寻找表达差异基因、蛋白质或糖链

在前一步基础上,需要根据基因表达状况与事先设定的条件,对基因进行分类处理。大多数芯片实验是基于表达谱来研究相关生物样本间的关系。具体来说,又可分为寻找差异表达基因和寻找共表达基因两种。共表达基因(co-expressed genes)是指在不同实验条件下,表达模式或表达量相似的基因。差异表达基因(differentially expressed genes)是指在预先设定的不同实验条件下,表达模式或表达量出现显著差异的基因。

通过表达比率(ratio)值可以直观地看出表达水平的变化,即倍数法。比值计算即将两张微阵列图像的信号强度做除法,得到的每一个数据点的商的过程。通常使用(0.5,2)作为筛选标准。当实验组表达值/对照组表达值 >2,表示实验组相对对照组表达上调超过了 2 倍;反之,当实验组表达值/对照组表达

值<0.5，表示实验组相对对照组表达下调超过了2倍。可以说，两样本间表达水平的比率是体现表达差异的最有效参数，已经成为芯片分析的金标准。许多实验室都发表了相关文章，证实这一方法的实用性。根据实验设计和数据的质量差异，这个筛选标准是可以改变的，如(0.333,3)或(0.667,1.5)。但是这一方法没有考虑到差异表达的统计显著性，因此，研究者们更多地是采用统计学假设检验来解决这一问题。

假设检验分参数检验和非参数检验。参数检验建立在样本的数据集呈正态分布的前提上，最基本的包括 t-检验和向量分析法。非参数检验对样本数据的分布则没有任何假设前提，它们只对结果向量进行从高到低的分类排布，并对这些分类进行分析。在芯片数据分析上，非参数检验的被使用次数远少于参数检验。

在简单的数据阵列分析中，可操作 Excel 使用改进的 t-检验(式14-1)方法来考察实验组和对照组的表达差异显著性。首先计算基因在对照样本表达值的均值(X_1)和实验样本表达值的均值(X_2)，然后估计它们的偏差(σ)，最后用 X_1 和 X_2 的差值与 σ 相除。这样从 t 值表中就可以计算出 P 值。

$$t = \frac{X_1 - X_2}{\sigma} \tag{14-1}$$

表14-2 芯片实验的统计分析

样本类型	参数检验	非参数检验
单样本	单样本 t-检验 (one-samplet-test)	威尔科克森检验(Wilcoxon test)
不配对双样本比较	不匹配 t-检验 (unpaired t-test)	Man-Whitney 检验(Man-Whitney test)
配对双样本比较	匹配 t-检验 (paired t-test)	威尔科克森检验(Wilcoxon test)
3个或多个不匹配样本比较	单向变量分析法 (one-way ANOVA)	Kruskal-Wallis 检验
3个或多个匹配样本比较	反复测定分析法 (repeated-measures ANOVA)	Friedman 检验

而对于中高密度芯片，数据处理就需要使用软件了。SAM 可作为 Excel 的一个插件，利用改进的 t-统计方法(式14-1)来寻找受到重要调控的基因。可以从斯坦福大学网站 http://www.stat.stanford.edu/~tibs/SAM/ 上下载该软件。SAM 也称芯片显著性分析(见**彩图**14-4)，是基于芯片实验中基因表达值的改变(标准差)对每个基因打分，根据分数的多少来判断基因的重要程度。其输入值不局限于芯片数据，

也可以是其他可观察量。样本的数据矩阵中每一行是一个基因或蛋白在各种实验条件下的表达值，而每一列对应的是不同的样本。SAM 利用随机重排（random permutation）的方法来决定每个基因统计值的置信度。软件分析的输出结果为收到重要调控基因的列表（**彩图** 14－5）。用户根据假阳性率（FDR）或再加上基因表达的倍数（fold-change）来保证可重复验证性，从而选择关注的差异基因。在使用时要注意需要做足够多的交叉实验和足够多的样本（例如，每个实验条件下最少要 5 个样本），这样才能得到比较真实的值。

此外，还有很多软件可用于显著性统计分析，详见本章第六节。

第五节　聚类分析

对于单个芯片且只有两个样本数据的实验，可以用散点图来分析，并且受调控基因的显著性可以用 t－检验来获得。多个芯片实验的数据可以用多个散点图来分析，另外也可以对它们含有的基因或样本进行聚类分析。

聚类分析（clustering analysis）是 1930 年发展形成的一种新的多元分类方法，根据数据与数据间的相似性将各种数据进行分组。最早于 20 世纪 90 年代晚期开始应用于微阵列分析，现在成为表达数据分析最常见的多变量技术。

有多种聚类算法，在芯片数据分析中最常用的是层级聚类算法，其结果是输出一个系统发生树。在典型的基因表达聚类图中，基因和基因组被垂直列表显示，而每一次基因表达实验则在水平轴上显示。基于表达的比值通常以不同颜色划分（如红色和绿色），如**彩图** 14－6 所示，上调基因以红色表示，无变化基因以黑色显示，而下调基因则显示为绿色。为确保实验结果可靠性，实际生物学研究中，经常采用 RT-PCR、Western Blotting 等低通量表达分析手段，对选择出来的基因或蛋白进行进一步验证。

一、Cluster 软件使用

许多软件都可以用于芯片数据的聚类分析，其中最重要的一个软件是 Cluster 及其相关树可视化软件 Tree View（由 Mike Eisen 在美国斯坦福大学 Dr. P. Brown 实验室的工作室开发）原代码。

图 14－4 为 Cluster 3.0 界面。下面以具体的操作来介绍聚类分析步骤。详细方法可见“Cluster 3.0 Manual”。

（一）导入数据

Cluster 3.0 软件只识别以制表符分隔的文本文件（＊.txt）。文件中至少应包含

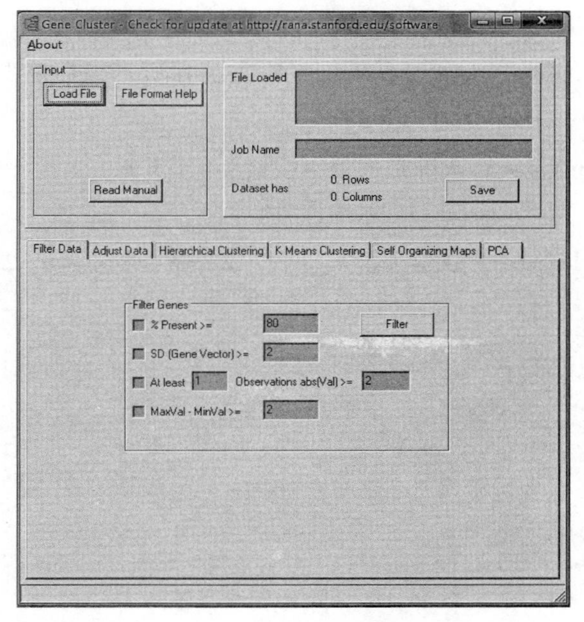

图 14－4 Cluster 软件界面(一)

图 14－5 中的信息：

	A	B	C	D	E	F	G	H	I
1	Name	EXP1	EXP2	EXP3	EXP4	EXP5	EXP6	EXP7	EXP8
2	Jacalin	1907	1741	1755	2026	928	1050	229	329
3	ECA	1722	1905	1960	1435	1388	1258	1120	1053
4	HHL	1872	833	867	2505	1195	1234	1275	1178
5	GSL-II	1766	1493	1433	1481	485	633	473	311
6	MAL-II	3545	4228	4076	3970	1744	1804	2097	2214
7	PHA-E	482	425	545	644	281	281	192	251

图 14－5 原始数据列表

打开 Cluster 3.0 软件，File⇒Open Data File，选择之前保存的文本文件，在界面的上方将显示该文件的信息(图 14－6)。

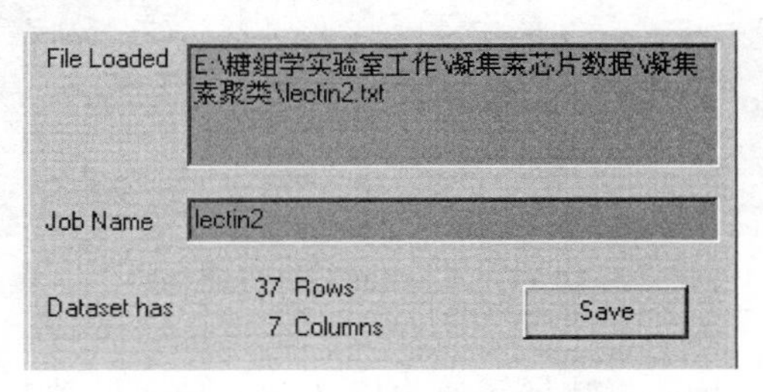

图 14－6 Cluster 软件界面(二)

(二) 过滤数据

Cluster 3.0 软件提供对数据进一步筛选的功能。可供筛选的条件有(图 14－7)：

1. % Present $\geq X$：去除在大于 $(100-X)\%$ 的组中没有数据的基因(图中示例 $X=80$)。

2. SD(Gene Vector)≥X:去除标准方差(组间)小于 X 的基因(图中示例 $X=2$)。

3. At least X,Observations abs(Val)≥Y:去除在所有组中至少有 X 组的绝对值小于 Y 的基因(图中示例 $X=1$,$Y=2$)。

4. MaxVal-MinVal≥X:去除最大值减去最小值(组间)小于 X 的基因(图中示例 $X=2$)。

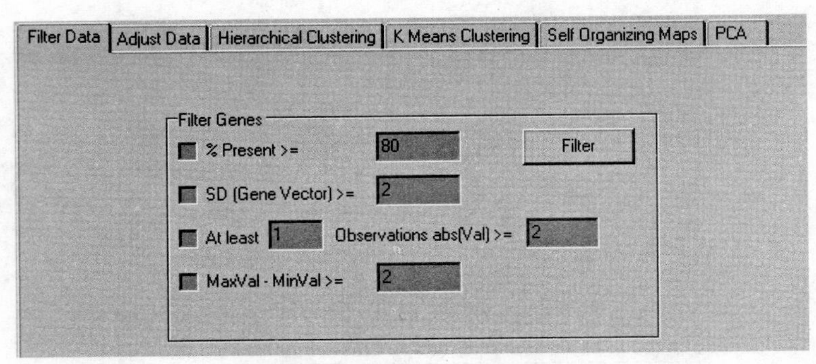

图 14-7　Cluster 软件界面(三)

选中并设置好筛选条件,点击“Apply Filter”键,进行筛选,待结果显示后,检查基因数是否合适(一般在 100~500 个基因)。不合适的话修改筛选条件重新筛选;合适的话可以点击 Accept Filter 键接受结果,在 File⇒Save Data File 中将结果保存为文本文件。

(三)调整数据

在 Cluster 分析之前,可选择一些操作使导入的数据能更客观地反映实验结果(见图 14-8,具体算法可见“Cluster 3.0 Manual”,p11)。

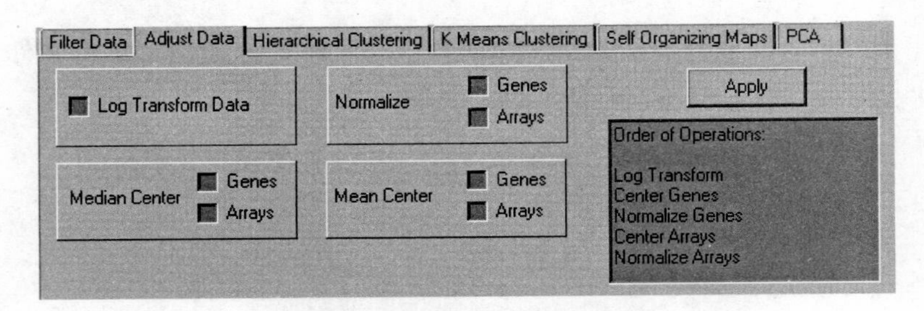

图 14-8　Cluster 软件界面(四)

1. Log Transform Data:将数据转换为以 2 为底的对数值(在导入的数据为自然数时)。

2. Center Genes [mean or median]:使每行数据的平均值或中位数为 0。

3. Center Arrays [mean or median]:使每列数据的平均值或中位数为 0。

4. Normalize Genes:使每行数据平方的和为 1.0。

5. Normalize Arrays:使每列数据平方的和为1.0。

一般导入的数据均已经过Normalize,所以不必再调整了。选中并设置好条件,点击“Apply”,在File⇒Save Data File中将结果保存为文本文件。

(四)分层聚类

分层聚类(Hierarchical Clustering)是在芯片数据分析中最常用的聚类方法。选择Genes和Arrays Cluster分别对基因和组进行聚类分析,在Similarity Metric下拉框中选择Genes间和Arrays间相似性距离的计算方法(见图14-9,具体算法可见“Cluster 3.0 Manual”,p13)。Clustering method是基因簇之间相似性距离的计算方法,其中Single Linkage clustering与Complete Linkage clustering分别取两个簇之间的最小距离与最大距离,Average Linkage clustering则是取两个簇之间的距离平均值。点击所需的“Linkage”clustering,将在与导入的文本文件路径下得到结果文件。

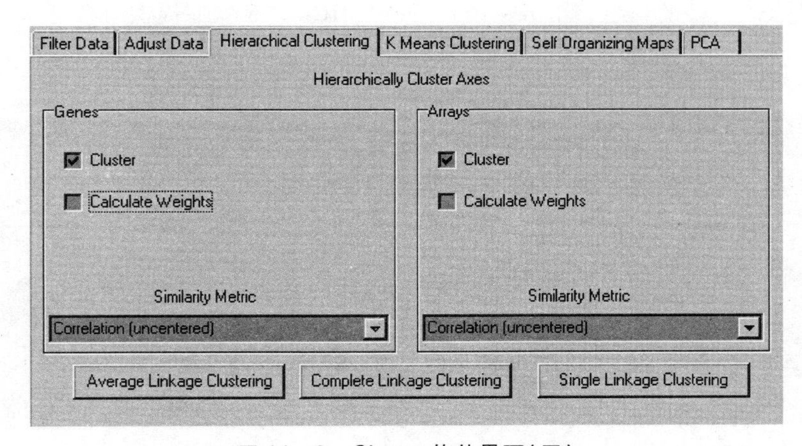

图14-9 Cluster软件界面(五)

(五)逐步聚类

逐步聚类(K-means Clustering)与Hierarchical Clustering相同,选择Organize Genes与Organize Arrays分别对基因和组进行聚类分析,在Similarity Metric下拉框中选择Genes间和Arrays间相似性距离的计算方法(具体方法可见“Cluster 3.0 manual”,p13)。“method”确定每组中心点的计算是用平均值(means)或是中位数(medians)。“the number of clusters”(k)确定Genes与Arrays的分组数,“the number of runs”确定分组的计算次数。点击“Execute”,将在与导入的文本文件路径下得到结果文件。

与Cluster程序配套的Tree View程序是用户交互式的树型数据结构的图形显示程序。这两个程序可从http://rana.lbl.gov/FisenSoftware.htm/下载。

二、HCE软件使用

由于糖组学研究中涉及的基因数相对较少,在实际使用中使用HCE 3.5软件进行聚类分析可以得到更直观的数据结果。该软件可在 http://www.cs.umd.edu/hcil/hce/下载。HCE 全称为 Hierarchical Clustering Explorer，由美国 Maryland 大学 HCIL 实验室建立，它是一个集数据分析及可视化于一体的软件，使用广泛。除了进行聚类分析操作外，HCE 软件还可以对数据进行四分位数箱图分析、单个样本直方图分析、信号强度两两比较、整体数据矩阵折线视图分析，更可以与 GO(gene onyology)连接，对所分析的基因进行相关基因注释(见彩图 14－7)。

(一) 导入数据

HCE 3.5 软件只识别以制表符分隔的文本文件(＊.txt)。文件中至少应包含图 14－5中的信息。

数据信息可为原始数据类型或经过转换后的数据类型。

打开 HCE 3.5 软件，File⇒Open Data File，选择之前保存的文本文件，在界面的上方将显示该文件的信息(图 14－10)。同时，HCE 3.5 软件提供对数据进一步筛选的功能。

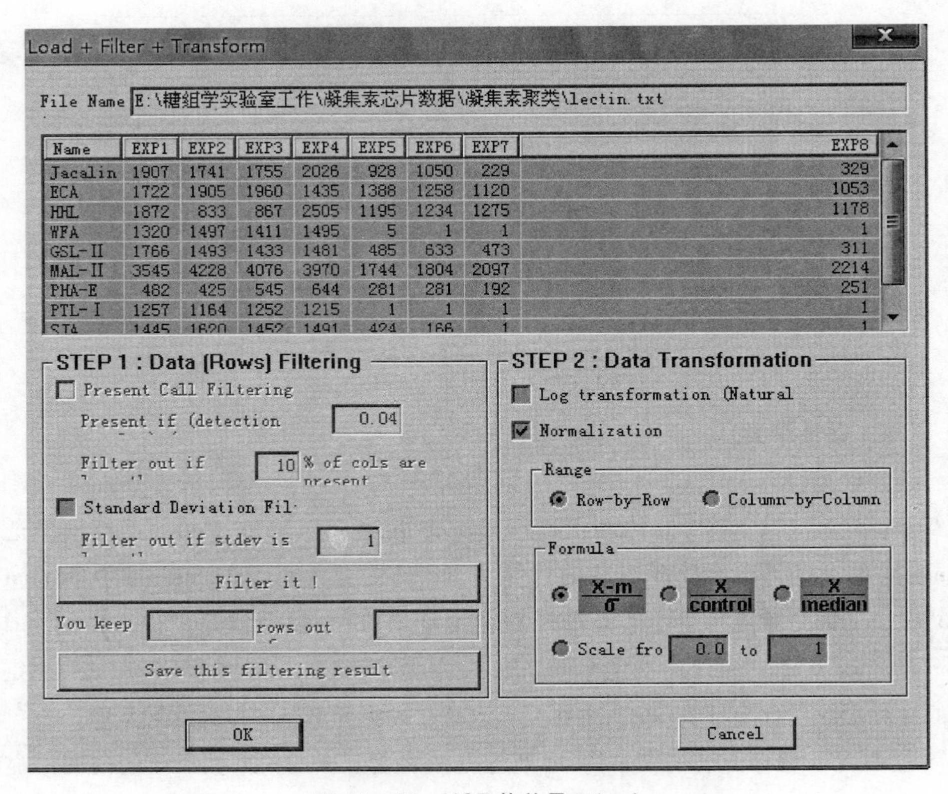

图 14－10　HCE 软件界面(一)

(二) 过滤数据

一般不经常使用。

（三）数据转换

1. Log Transform Data：将数据转换为以 2 为底的对数值（在导入的数据为自然数时）。

2. Row-by-Row：将文件中的数据逐行转换。

3. Column-by- Column：将文件中的数据逐列转换。

4. Formule：一共有 4 个选项，依次代表——标准化后，每行或每列将有相同的均值(0)，相同的标准差(1)；以数据矩阵的第一行或第一列为标准；以数据矩阵的行中位值或列中位值为标准；向数据倒换为 0 ~ 1 区间的数。选中并设置好条件，点击"OK"，软件自动在界面中将结果展示为图像。

（四）分层聚类

选择 Cluster Rows 和 Cluster Cloumns 分别对基因和样本组进行聚类分析，在 Linkage Methods 下拉框中选择 Genes 间和 Arrays 间相似性距离的计算方法（见图 14－11，具体算法可见"HCE guide"）。点击所需的 Linkage 和 Measure，将在界面上直接得到结果图像文件（见**彩图** 14－8）。保存文件或直接打印。

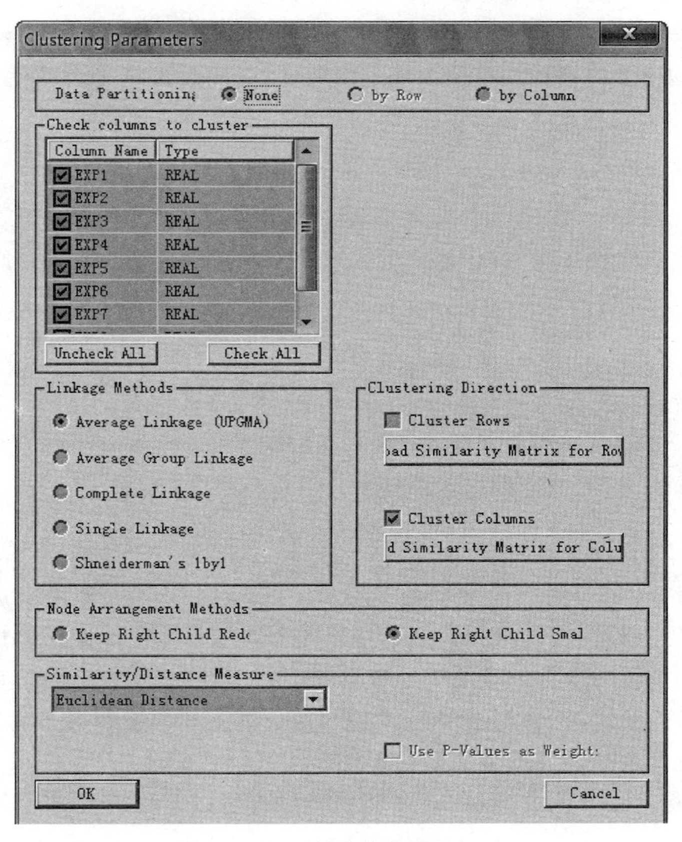

图 14－11 HCE 软件界面（二）

第六节　统计分析软件及专家系统

基因和蛋白表达的数据分析离不开多种分析手段和工具，只有用好了工具才能尽可能地挖掘数据中的信息，下文将简要介绍 TM4 和 Graph Pad Prism。

一、TM4

TM4 是一组由 TIGR 公司开发的生物芯片分析工具包，Java 语言编写。可同时支持双色和单色 cDNA 芯片，以及 Affymetrix 的单色寡核苷酸芯片分析。TM4 提供了对于芯片实验流程的全面支持，大大方便了用户使用。在糖芯片相关研究中可以参考使用。

TM4 主要由四个模块和一个后台数据库组成。

1. 芯片数据管理工具 Microarray Data Manager（MADAM），负责为用户提供统一的操作界面，管理实验流程及产生的数据。为便于数据交换，MADAM 将所有数据按照 MIAME 格式（Minimum Information About a Microarray Experiment，微阵列实验基本信息系统）统一存放在后台 MySQL 数据库中。

2. 图像分析软件 Spotfinder，负责从扫描得到的图像中提取基因表达荧光信号强度值。Spotfinder 支持多种扫描仪生成的图像文件，同时提供半自动化划格（griding）及杂交点识别（spot identifying）功能。

3. MIDAS（microarray data analysis system）是数据预处理模块，支持 LOWESS、Iterative Linear Regression、Slice Analysis 等多种常用归一化算法。同时，MIDAS 还支持通过标准的 t - 检验、MAANOVA、SAM 等方法寻找差异表达基因。除了以直观的图形显示所处理的数据（图 14 - 12），还对各种微阵列数据进行标准格式转换，输出格式为 TAV 格式。

4. MeV（multiexperiment viewer）用来进行聚类和分类，以及结果的可视化显示。目前支持包括层次聚类（hierarchical clustering）、K-mean 聚类、自组织图聚类（self-organizing map，SOM）等多种聚类算法，以及支持向量机（support vector machine，SVM）等多种分类算法。

二、GraphPad Prism

GraphPad Prism 是著名的数据处理软件（见图 14 - 13），常用来进行生物学统计、曲线拟合以及作图。其操作简便而功能齐全许多科学家都使用 Prism 来分析、绘图和呈现他们的科学数据。在简单的数据分析中，以糖芯片实验数据为例，可使用该软件对其进行检验统计，输出结果见图 14 - 14。图中实验组相对于对照组，在 36 种凝集素中有显著表达差异的凝集素共 4 种。

此外，还有 GeneSpring、SpotFire 等商业化软件可以配套使用，具体可查阅相关软件说明书。

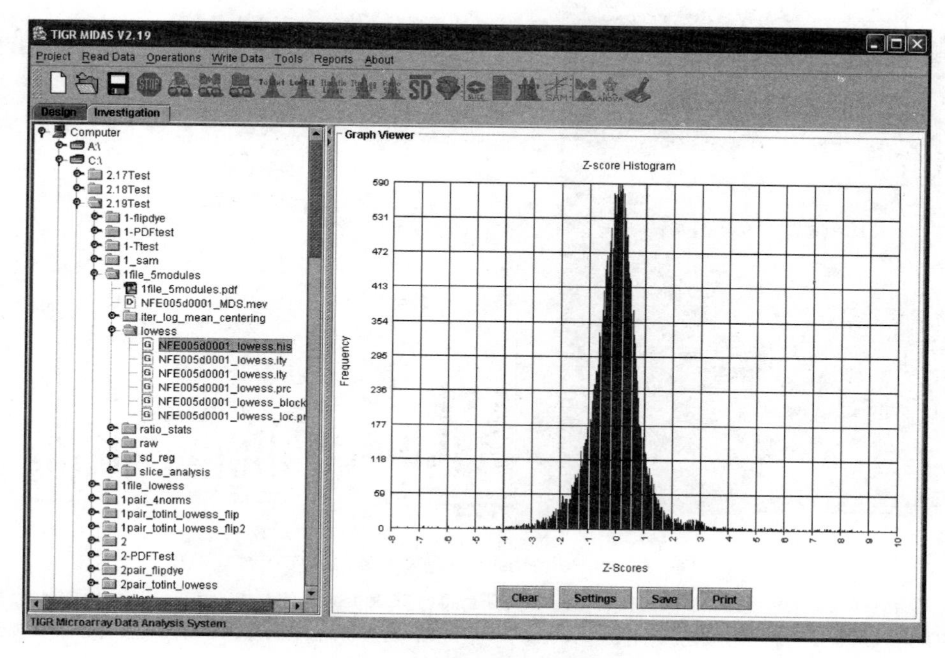

图 14－12　MIDAS 软件界面

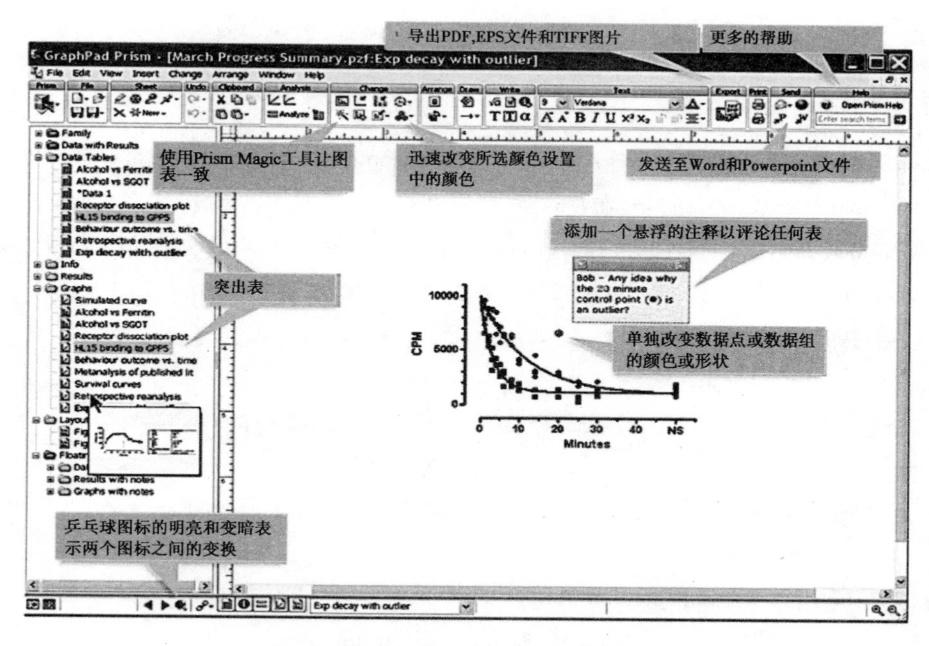

图 14－13　GraphPad Prism 软件界面

右侧的树形目录包括元数据文件、统计计算过程文件、统计结果文件、图表输出文件等。对元数据文件的修改可以即时反映在其他对应链接文件上，处理迅速

2way ANOVA Tabular results				
Row Factor	Difference	t	P value	Summary
AAL	-262.3	0.6819	P > 0.05	ns
ACA	23.79	0.06185	P > 0.05	ns
BPL	-1123	2.920	P > 0.05	ns
BS-Ⅰ	341.0	0.8863	P > 0.05	ns
ConA	112.1	0.2913	P > 0.05	ns
DBA	329.6	0.8568	P > 0.05	ns
DSA	53.07	0.1380	P > 0.05	ns
ECA	-461.8	1.201	P > 0.05	ns
EEL	-1500	3.900	P<0.01	**
GNA	-4774	12.41	P<0.001	***
GSL-Ⅰ	133.0	0.3456	P > 0.05	ns
GSL-Ⅱ	-175.2	0.4554	P > 0.05	ns
HHL	-217.9	0.5665	P > 0.05	ns
Jacalin	-432.3	1.124	P > 0.05	ns
LCA	334.5	0.8696	P > 0.05	ns
LEL	114.6	0.2980	P > 0.05	ns
LTL	1796	4.668	P<0.001	***
MAL-Ⅰ	-463.8	1.206	P > 0.05	ns
MAL-Ⅱ	708.9	1.843	P > 0.05	ns
MPL	173.0	0.4498	P > 0.05	ns
NPA	-22.84	0.05937	P > 0.05	ns
PHA-E	-27.75	0.07214	P > 0.05	ns

A　　B

图 14－14　GraphPad Prism 处理凝集素芯片实验数据范例

左侧的数据表格文件为统计计算过程文件，本次分析所得的 36 种凝集素的对应 t 值和 P 值均一一列出，按照显著性判断标准给出对应标注（＊，＊＊，＊＊＊）。右侧图为分析结果图，颜色区分正常组样本和处理组样本，直观地表现了 27 例重复实验的信号分布结果，并对检验标线进行标注

■ 参考文献

1. Schunchhardt J，Beule D，Malik A，*et al.* Normalization strategies for cDNA microarrays. Nucleic Acids Res，2000，28（10）：E47.
2. Eisen MB，Spellman PT，Briwn PO，*et al.* Cluster analysis and display of genome-wide expression patterns. Proc Natl Acad Sci USA，1998，95：14 863－14 868.
3. 李瑶．基因芯片数据分析与处理．北京：化学工业出版社，2006.
4. 陈忠斌．生物芯片技术．北京：化学工业出版社，2005.
5. 伯纳德·罗斯纳．生物统计学基础．孙尚拱译．北京：科学出版社，2004.
6. http：//www. bioon. com/biology/class422/3733. shtml
7. http：//www. bioon. com/biology/class18/70330. shtml
8. 有关软件

〔SAM〕http：//www. stat. stanford. edu/～tibs/SAM/

〔Cluster & TreeView〕http：//rana. lbl. gov/FisenSoftware. htm

〔HCE〕http：//www. cs. umd. edu/hcil/hce/

〔TM4〕http：//www. tm4. org

〔Graphpad Prism〕http：//www. graphpad. com

第十五章　用于糖组学研究的生物信息学技术

糖组学研究领域产生的大量数据主要来自质谱和生物芯片分析，因此用于糖组学研究的数据分析软件可分为两类。一类是从蛋白质组学衍生发展而来的质谱数据分析软件，包括糖基化位点预测、鉴定和糖链结构解析软件；另一类与芯片数据分析方法通用，主要涉及数据提取、归一化和差异分析。目前，Mascot、Sequest、Trans-Proteomic Pipeline（TPP）、OMSSA、Scaffold 等质谱数据库搜索软件，均可结合质量标记糖基化位点的方法鉴定糖基化位点。本章主要介绍用 Mascot 和 TPP 等质谱数据库搜索软件在鉴定糖基化位点方面的应用，以及糖结合蛋白（或称凝集素）的预测及分类方法。

第一节　糖基化位点预测与鉴定方法

本节首先介绍一款糖基化位点预测软件，之后介绍用 Mascot 和 TPP 鉴定糖基化位点所需要的参数设置。

一、Sequon Finder 预测潜在 *N*-糖基化位点

糖基化位点预测一般分为 *N*－糖基化位点预测与 *O*－糖基化位点预测，其中 *N*－糖基化位点预测可以借助作者所在实验室开发的工具 Sequon Finder 1.0 实现。

（一）设计原理

蛋白质 *N*－糖基化主要发生在糙面内质网内侧，由糖基转移酶将合成好的糖链连接到肽链上特殊的糖基化位点的天冬氨酸残基上形成的。*N*－糖基化过程是一种边翻译边修饰的过程，糖基化程度对肽链折叠产生影响。*N*－糖基化的位点符合 Asp-X-Thr/Ser（N-X-T/S）的序列，其中 X 不能是 Pro。并且糖基化与否还与周围氨基酸的亲水性、电荷性质等因素有关。

Sequon Finder 首先分别查找输入序列所有 *N*－糖基化模式序列，发现潜在糖基

化位点,将包含潜在糖基化位点且前后为胰蛋白酶酶切位点的肽段进行多序列比对并统计保守性,根据序列保守性判断糖基化位点存在可能性。

此种糖基化位点推断方法基于如下假设:①糖基化位点及其上的糖链具有保守性,糖基化位点增加、缺失或位置改变影响糖蛋白质的生物学功能。②由于存在自然选择,非糖基化的天冬氨酸转变为其他氨基酸的替换速率与糖基化的天冬氨酸替换速率不同。因此保守性高的潜在糖基化位点可能在生物体中确实发生了糖基化,糖基化位点的鉴定通常需要采用基于质谱的鉴定方法。

软件工作流程如图 15 - 1 所示。

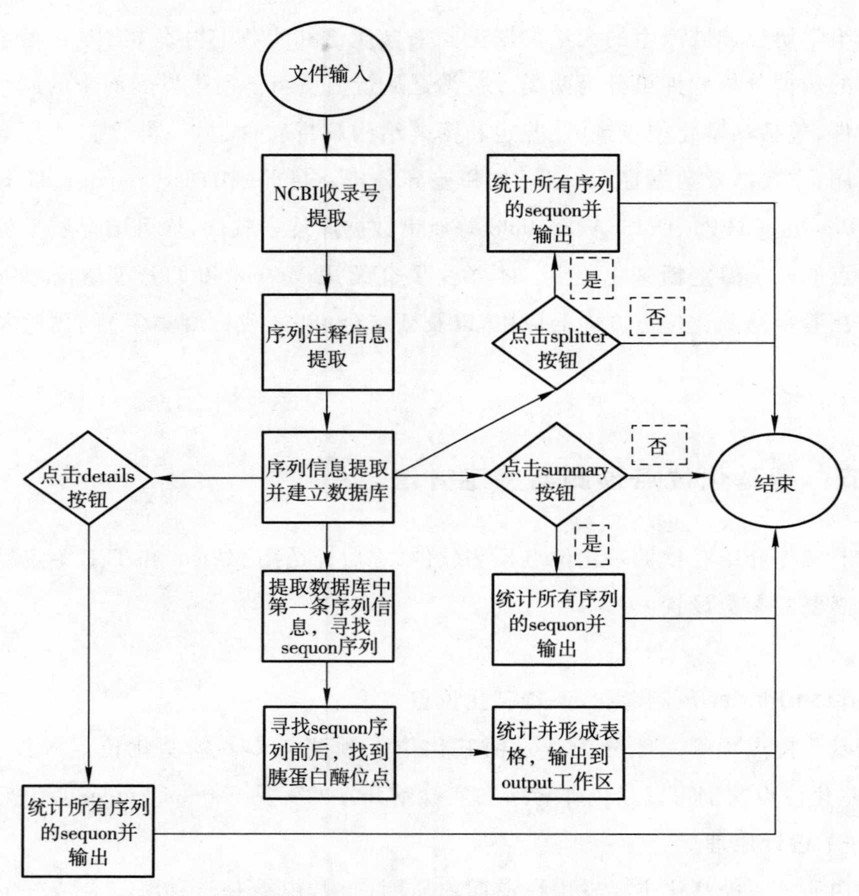

图 15 - 1　Sequon Finder 工作流程

(二) 单条序列潜在糖基化位点查找

以从 NCBI 流感病毒数据库中下载的一条 2009 甲型 H1N1 病毒血凝素氨基酸序列为例,说明单条序列分析过程。本序列的基因识别号为 238695709,蛋白质数据库收录号为 ACR54994。样品采自中国北京。

1. 运行“Sequon Finder”:信息提供区域出现“Ready!”字样表示启动正常。

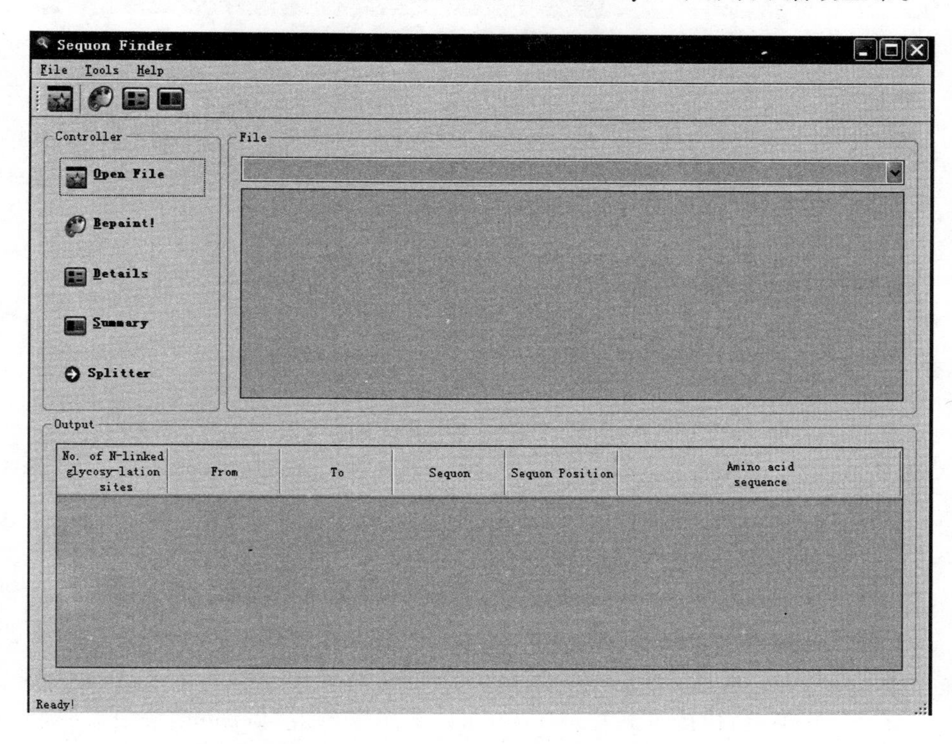

2. 载入序列:可以看到“File”工作区标题变为载入的文件名(ACR54994. fa)。上半部分显示蛋白质或肽序列的 NCBI 数据库录入号(gi|238695709|gb|ACR54994|),下半部分显示完整序列:

MKAILVVLLYTFATANADTLCIGYHANNSTDTVDTVLEKNVTVTHSVNLLEDKHNG
KLCKLRGVAPLHLGKCNIAGWILGNPECESLSTASSWSYIVETSSSDNGTCYPGDFID
YEELREQLSSVSSFERFEIFPKTSSWPNHDSNKGVTAACPHAGAKSFYKNLIWLVKK
GNSYPKLSKSYINDKGKEVLVLWGIHHPSTSADQQSLYQNADAYVFVGSSRYSKKF
KPEIAIRPKVRDQEGRMNYYWTLVEPGDKITFEATGNLVVPRYAFAMERNAGSGIII
SDTPVHDCNTTCQTPKGAINTSLPFQNIHPITIGKCPKYVKSTKLRLATGLRNVPSIQS
RGLFGAIAGFIEGGWTGMVDGWYGYHHQNEQGSGYAADLKSTQNAIDEITNKVNS
VIEKMNTQFTAVGKEFNHLEKRIENLNKKVDDGFLDIWTYNAELLVLLENERTLDY
HDSNVKNLYEKVRSQLKNNAKEIGNGCFEFYHKCDNTCMESVKNGTYDYPKYSEE
AKLNREEIDGVKLESTRIYQILAIYSTVASSLVLVVSLGAISFWMCSNGSLQCRICI。

在“Output”工作区中以表格形式输出了分析结果。

信息提供区域显示了注释信息:/Human/HA/H1N1/China/2009/05/15/hemagglutinin[Influenza A virus(A/Beijing/01/2009(H1N1))]。

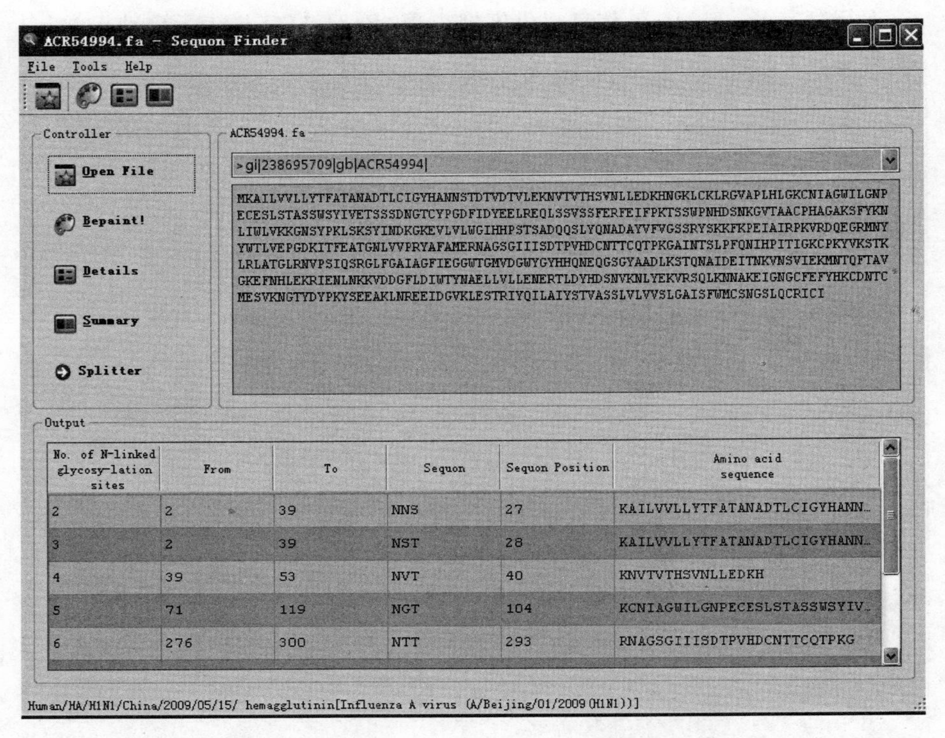

3. 在 Help 菜单、快捷方式栏或 Controller 工作区单击“Bepaint”按钮后，氨基酸序列中可能的糖基化位点序列将显示为红色（即上图中“NNS”、“NST”、“NVT”、“NGT”、“NTT”位置）。

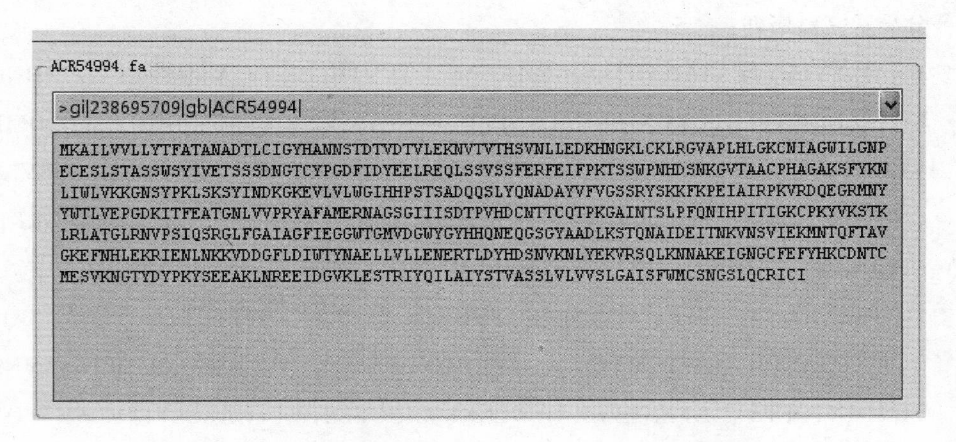

4. 结合以上信息可知 ACR54994 序列含有 8 个 sequon 序列，即在这 8 个位置的天冬氨酸残基上有可能发生糖基化，具体的糖基化发生的比率和在哪一些 sequon 更容易发生糖基化依赖于多序列分析结果。

5. File 工作区和 Output 工作区的显示结果均可以采用复制 - 粘贴的方法保存在其他文件中，如文本文件（txt）、word 等。

（三）潜在糖基化位点保守性分析（多序列比较分析）

多序列比较除了能够协助质谱分析，发现糖基化位点外，还可以进行分子进化方面的研究。通过比较不同时期、不同地点采集的样本的氨基酸序列中潜在糖基化位点数目、潜在糖基化位点位置、胰蛋白酶切割肽段多态性的变化，有助于了解病毒变异的信息。下文以 2009 年 12 月 5 日从 NCBI 流感病毒数据库中下载的甲型 H1N1 病毒血凝素数据为例，介绍软件使用方法。文件名为“H1N1_human_china_ha_20091205 蛋白质序列搜索结果 . fa”，表示 2009 年 12 月 5 日搜索、以人为宿主、地域范围为中国、病毒亚型为 H1N1 的 HA 蛋白序列，共得到 85 条序列。

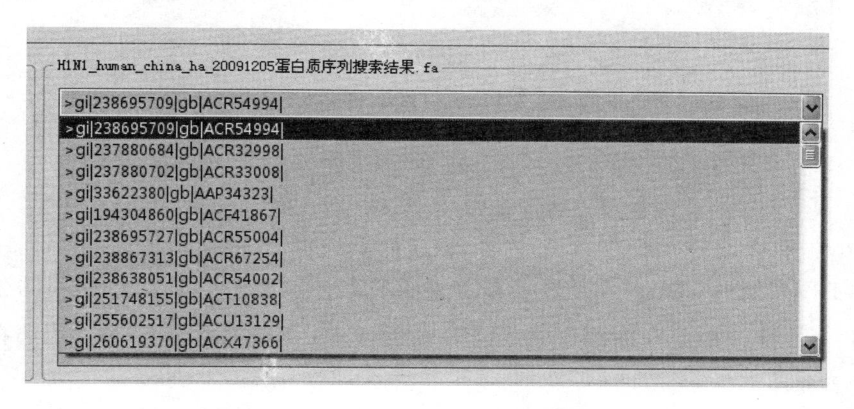

1. 对感兴趣的序列进行单条序列分析。待分析的多条序列必须按照 fasta 格式要求，分行包含在同一个文件中。可以在 File 工作区上半部分选择需要分析的序列。

2. 在 Controller 工作区中点击“summary”按钮，弹出 summary 对话框，此时主窗口变为灰色（不可编辑），分析这 85 条序列的糖基化位点和每个位点在序列中的比例。

summary 对话框显示的是输入的所有序列的糖基化位点统计情况，同样以列表形式显示。分为 3 列，前两列是数目统计和糖基化位点统计（和单序列分析时 output 工作区的意义一样）。第三列名为“percent（number）strains with sequence conserved”，括号外的数值为该糖基化位点在所有序列中出现的百分比，括号内为出现的条数。只要在某一位点出现 sequon，就认为是一个潜在的糖基化位点，由于所有序列并没有经过序列比对，summary 中的糖基化位点数目将远远超过单条序列的糖基化位点的统计数目。这种方法的缺点是如果一条病毒序列在前几位发生少数个氨基酸增加或缺失，之后所有的糖基化位点都会发生错位，被认为是完全不同的糖基化位点。这种方法的优点是尽最大可能保留了多条序列的细节信息，避免了由于寻找一致序列忽视了个别氨基酸序列的变异。在统计总体糖基化位点数目的时候，只要设定一定的阈值，就能够排除大量由于上述氨基酸错位产生的对糖基化位点数目的错误估计。具体地说，对于 1 号糖基化位点，第三列的括号内（83）表示在 83 条序列的 26 位出现了糖基化位点，括号外的97.6471表示这个数值约占序列总条数85的97.6%。

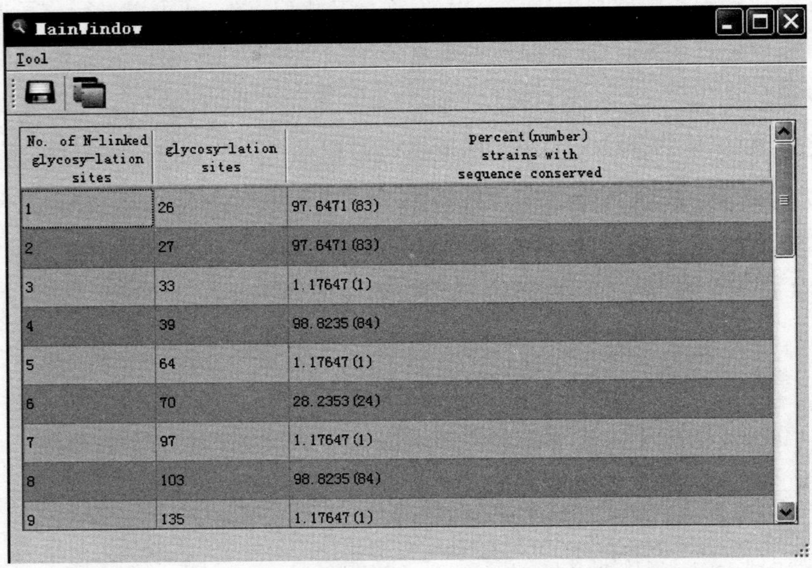

MainWindow

Tool

No. of N-linked glycosy-lation sites	glycosy-lation sites	percent (number) strains with sequence conserved
1	26	97.6471 (83)
2	27	97.6471 (83)
3	33	1.17647 (1)
4	39	98.8235 (84)
5	64	1.17647 (1)
6	70	28.2353 (24)
7	97	1.17647 (1)
8	103	98.8235 (84)
9	135	1.17647 (1)

如下图所示，summary中统计的潜在糖基化位点有25个，而对单序列的分析结果知道，每个序列的潜在糖基化位点也就是7~8个，一般不超过10个。说明在解释时确实需要小心。

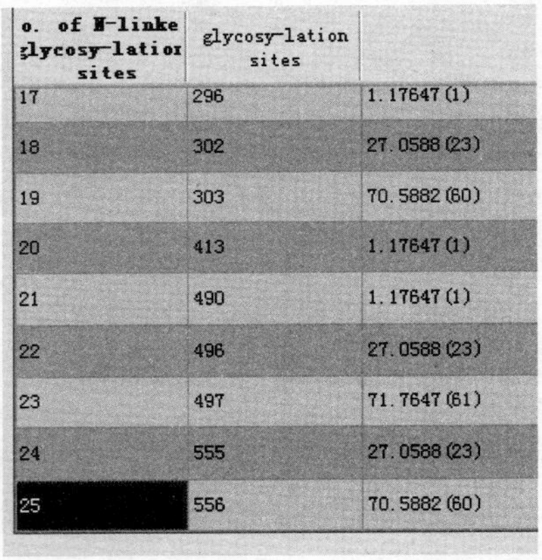

o. of N-linke glycosy-latio sites	glycosy-lation sites	
17	296	1.17647 (1)
18	302	27.0588 (23)
19	303	70.5882 (60)
20	413	1.17647 (1)
21	490	1.17647 (1)
22	496	27.0588 (23)
23	497	71.7647 (61)
24	555	27.0588 (23)
25	556	70.5882 (60)

3. 左键点击相应糖基化位点所在的行，可以观察胰蛋白酶切割得到的片段是否存在多态性。

对于1号位点的83条序列，具有6种多态形式。

对于3号位点，只有1条序列，很有可能是由于发生了序列中氨基酸增加或缺失造成的错位。

4. 如果想了解1号位点中的多态性到底来自哪些序列，可在controller工作区中点击“details”按钮打开详细列表。

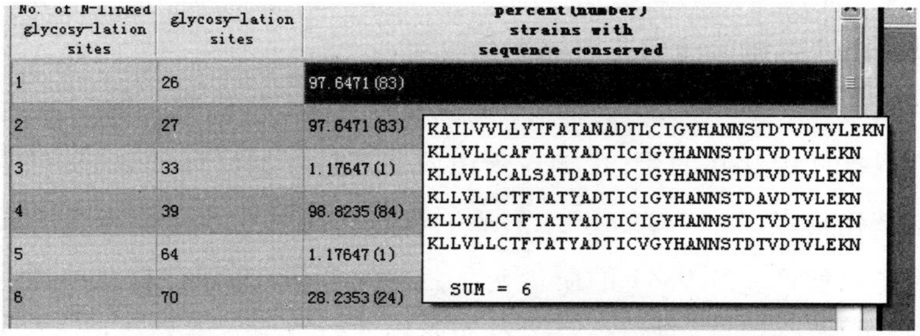

No. of N-linked glycosy-lation sites	glycosy-lation sites	percent (number) strains with sequence conserved
1	26	97.6471 (83)
2	27	97.6471 (83)
3	33	1.17647 (1)
4	39	98.8235 (84)
5	64	1.17647 (1)
6	70	28.2353 (24)

KAILVVLLYTFATANADTLCIGYHANNSTDTVDTVLEKN
KLLVLLCAFTATYADTICIGYHANNSTDTVDTVLEKN
KLLVLLCALSATDADTICIGYHANNSTDTVDTVLEKN
KLLVLLCTFTATYADTICIGYHANNSTDAVDTVLEKN
KLLVLLCTFTATYADTICIGYHANNSTDTVDTVLEKN
KLLVLLCTFTATYADTICVGYHANNSTDTVDTVLEKN

SUM = 6

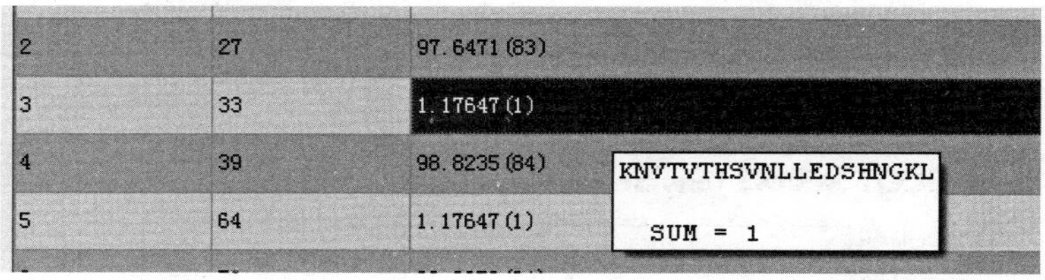

2	27	97.6471 (83)
3	33	1.17647 (1)
4	39	98.8235 (84)
5	64	1.17647 (1)

KNVTVTHSVNLLEDSHNGKL

SUM = 1

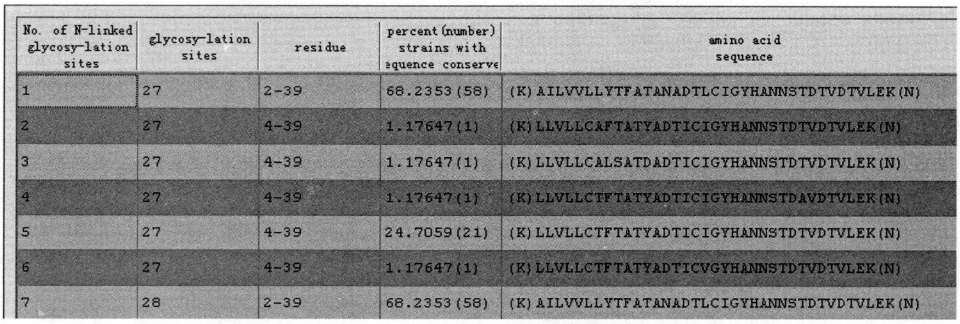

No. of N-linked glycosy-lation sites	glycosy-lation sites	residue	percent (number) strains with sequence conserve	amino acid sequence
1	27	2-39	68.2353 (58)	(K) AILVVLLYTFATANADTLCIGYHANNSTDTVDTVLEK (N)
2	27	4-39	1.17647 (1)	(K) LLVLLCAFTATYADTICIGYHANNSTDTVDTVLEK (N)
3	27	4-39	1.17647 (1)	(K) LLVLLCALSATDADTICIGYHANNSTDTVDTVLEK (N)
4	27	4-39	1.17647 (1)	(K) LLVLLCTFTATYADTICIGYHANNSTDAVDTVLEK (N)
5	27	4-39	24.7059 (21)	(K) LLVLLCTFTATYADTICIGYHANNSTDTVDTVLEK (N)
6	27	4-39	1.17647 (1)	(K) LLVLLCTFTATYADTICVGYHANNSTDTVDTVLEK (N)
7	28	2-39	68.2353 (58)	(K) AILVVLLYTFATANADTLCIGYHANNSTDTVDTVLEK (N)

details 表将氨基酸序列中 summary 表中同一位置(27 位)的潜在糖基化位点统计成了 6 条。第三列 residue 表示胰蛋白酶切割产生的片段的起止位置。在 details 表中,胰蛋白酶切割产生的片段的起止位置不同和切割片段的多态现象都会被统计为不同的糖基化位点。由此确定多态肽段中哪些含量比较多,哪些是个别现象。

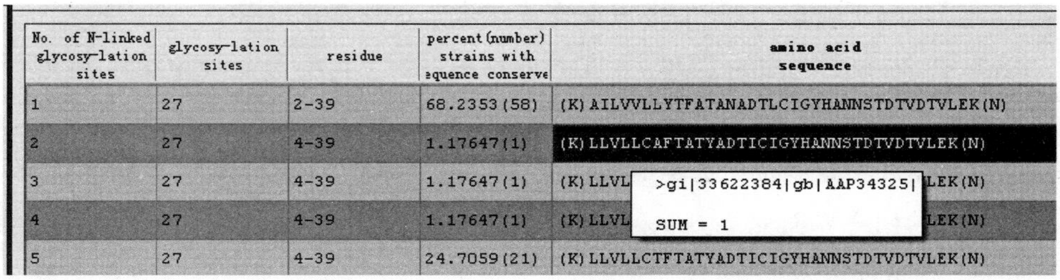

No. of N-linked glycosy-lation sites	glycosy-lation sites	residue	percent (number) strains with sequence conserve	amino acid sequence
1	27	2-39	68.2353 (58)	(K) AILVVLLYTFATANADTLCIGYHANNSTDTVDTVLEK (N)
2	27	4-39	1.17647 (1)	(K) LLVLLCAFTATYADTICIGYHANNSTDTVDTVLEK (N)
3	27	4-39	1.17647 (1)	(K) LLVL … LEK (N)
4	27	4-39	1.17647 (1)	(K) LLVL … LEK (N)
5	27	4-39	24.7059 (21)	(K) LLVLLCTFTATYADTICIGYHANNSTDTVDTVLEK (N)

>gi|33622384|gb|AAP34325|

SUM = 1

单击感兴趣的糖基化位点,可以得到满足该糖基化位点的序列在 NCBI 上的基因识别代码和蛋白质识别代码。对于个别现象,可以根据这些代码在 NCBI 或相关数据库中搜索,确定病毒是否出现新的变异。

二、基于质谱数据库检索的糖基化位点鉴定方法

（一）Mascot 数据库搜索鉴定糖基化位点

Mascot 由 Matrixscience 公司开发并不断升级更新，最初用于通过分析质谱峰数据鉴定序列数据库中存在的蛋白，随着蛋白质翻译后修饰研究的兴起，可用不同方法质量标记糖基化位点，如 PNGase F 水解 *N* - 糖链的同时糖基化位点处的天冬酰胺残基转换为天冬氨酸产生 0.9841 的质量变化，选择 Mascot 数据库搜索参数时加入 N-D 的可变修饰（见图 15 - 2），寻找含有该可变修饰并符合 *N* - 糖基化位点特征序列（在哺乳动物中通常为连续的三个氨基酸，天冬酰胺 - 不为脯氨酸任意氨基酸 - 丝氨酸/苏氨酸）的肽段，可变修饰处极为可能是糖基化位点。

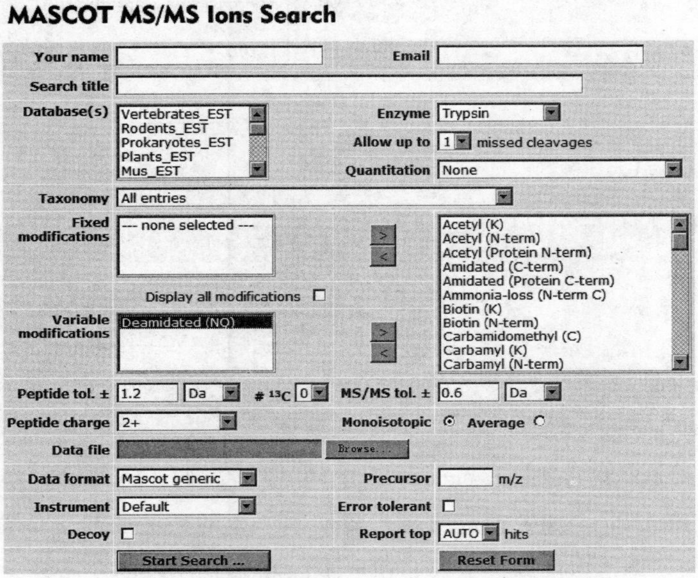

MASCOT MS/MS Ions Search

Your name / Email
Search title
Database(s): Vertebrates_EST, Rodents_EST, Prokaryotes_EST, Plants_EST, Mus_EST
Enzyme: Trypsin
Allow up to 1 missed cleavages
Quantitation: None
Taxonomy: All entries
Fixed modifications: --- none selected ---
Acetyl (K), Acetyl (N-term), Acetyl (Protein N-term), Amidated (C-term), Amidated (Protein C-term), Ammonia-loss (N-term C), Biotin (K), Biotin (N-term), Carbamidomethyl (C), Carbamyl (K), Carbamyl (N-term)
Display all modifications
Variable modifications: Deamidated (NQ)
Peptide tol. ± 1.2 Da # 13C 0 MS/MS tol. ± 0.6 Da
Peptide charge 2+ Monoisotopic Average
Data file Browse...
Data format: Mascot generic Precursor m/z
Instrument: Default Error tolerant
Decoy Report top AUTO hits
Start Search ... Reset Form

图 15 - 2　Mascot 展示糖基化位点示意图

（二）Trans-Proteomic Pipeline 数据库搜索鉴定糖基化位点

Trans-Proteomic Pipeline（TPP）是美国西雅图系统生物学研究所开发的蛋白质组学质谱数据分析平台。该软件最大的特点是提出了不依赖质谱仪的质谱峰数据、鉴定到肽段数据和鉴定到蛋白数据的三种文件格式，mzXML、pepXML 和 protXML，并可以通过统一的用户界面完成 Sequest、Mascot 和X！Tandem三种算法的肽段检索。由于 Sequest 和 Mascot 是分别属于 Thermo 公司和 Matrixscience 公司的商业化软件，TPP 并没有包含 Sequest 和 Mascot 的肽段检索算法，因此一般使用 TPP 内置的X！Tandem算法。

TPP 搜索鉴定蛋白质流程包括四个基本部分：质谱原始数据格式转换、肽段匹配

(即数据库检索)、肽段匹配结果验证、蛋白匹配及验证。也可以通过 TPP 实现蛋白质标记定量和结果解释。TPP 的基本使用流程(见图 15－3)可参考文献(A guided tour of the Trans-Proteomic Pipeline)或网址 tools. proteomecenter. org/TPP. php,中文可参考《DNA 和蛋白质序列数据分析工具(2 版)》。

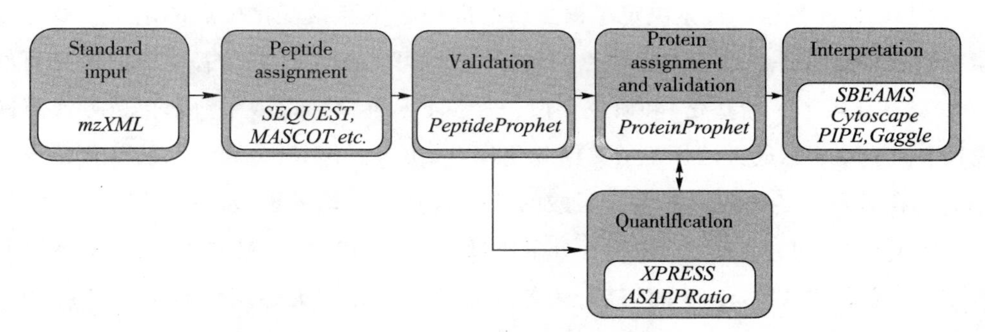

图 15－3 TPP 搜索鉴定蛋白质流程

应用 TPP 内置的 X!Tandem 鉴定糖蛋白质并分析糖基化位点,需采用与鉴定一般蛋白质不同的参数设置。主要包括添加适用于 *N*－糖基化和 *O*－糖基化的 X!Tandem 搜索参数、选择适合糖蛋白的 PeptideProphet 参数和适合 ProteinProphet 的参数(见图 15－4)。

```
1  <?xml version="1.0" encoding="UTF-8"?>
2  <bioml>
3  <note> DEFAULT PARAMETERS. The value of "isb_default_input_kscore.xml" is recommended. Change to "isb_default_in
4    <note type="input" label="list path, default parameters">C:\Inetpub\wwwroot\ISB\data\parameters\isb_default_in
5  <note> FILE LOCATIONS. Replace them with your input (.mzXML) file and output file -- these are REQUIRED. Optiona
6    <note type="input" label="spectrum, path">full_mzXML_filepath</note>
7    <note type="input" label="output, path">full_tandem_output_path</note>
8    <note type="input" label="output, log path"></note>
9    <note type="input" label="output, sequence path"></note>
10 <note> TAXONOMY FILE. This is a file containing references to the sequence databases. Point it to your own taxon
11   <note type="input" label="list path, taxonomy information">C:\Inetpub\wwwroot\ISB\data\parameters\taxonomy.xml
12 <note> PROTEIN SEQUENCE DATABASE. This refers to identifiers in the taxomony.xml, not the .fasta files themselve
13   <note type="input" label="protein, taxon">protein_database</note>
14 <note> PRECURSOR MASS TOLERANCES. In the example below, a -2.0 Da to 4.0 Da (monoisotopic mass) window is search
15   <note type="input" label="spectrum, parent monoisotopic mass error minus">2.0</note>
16   <note type="input" label="spectrum, parent monoisotopic mass error plus">4.0</note>
17   <note type="input" label="spectrum, parent monoisotopic mass error units">Daltons</note>
18     <note>The value for this parameter may be 'Daltons' or 'ppm': all other values are ignored</note>
19   <note type="input" label="spectrum, parent monoisotopic mass isotope error">no</note>
20     <note>This allows peptide candidates in windows around -1 Da and -2 Da from the acquired mass to be consider
21 <note> MODIFICATIONS. In the example below, there is a static (carbamidomethyl) modification on C, and variable
22     <note type="input" label="residue, modification mass">57.021464@C</note>
23   <note type="input" label="residue, potential modification mass">15.994915@M</note>
24   <note type="input" label="residue, potential modification motif"></note>
25     <note> You can specify a variable modification only when present in a motif. For instance, 0.998@N!{P}[ST] i
26   <note type="input" label="protein, N-terminal residue modification mass"></note>
27   <note type="input" label="protein, C-terminal residue modification mass"></note>
28     <note> These are *static* modifications on the PROTEINS' N or C-termini. </note>
29 <note> SEMI-TRYPTICS AND MISSED CLEAVAGES. In the example below, semitryptic peptides are allowed, and up to 2 m
30   <note type="input" label="protein, cleavage semi">yes</note>
31   <note type="input" label="scoring, maximum missed cleavage sites">2</note>
32 <note> REFINEMENT. Do not use unless you know what you are doing. Set "refine" to "yes" and specify what you wan
33   <note type="input" label="refine">no</note>
34   <note type="input" label="refine, maximum valid expectation value">0.1</note>
35   <note type="input" label="refine, modification mass">57.012@C</note>
36   <note type="input" label="refine, potential modification mass">15.994915@M</note>
37   <note type="input" label="refine, potential modification motif"></note>
38   <note type="input" label="refine, cleavage semi">yes</note>
39   <note type="input" label="refine, unanticipated cleavage">no</note>
40   <note type="input" label="refine, potential N-terminus modifications"></note>
41   <note type="input" label="refine, potential C-terminus modifications"></note>
42   <note type="input" label="refine, point mutations">no</note>
43   <note type="input" label="refine, use potential modifications for full refinement">no</note>
44 </bioml>
```

图 15－4 X!Tandem 数据库检索参数文件格式

灰色显示糖基化位点鉴定需要修改的参数

X!Tandem 数据库检索参数文件采用扩展标记语言(eXtensible Markup Language, XML)编写,在<bioml>和</bioml>这一对标签内编写 X!Tandem 检索参数,主要有:质谱数据文件 mzXML 存放目录、指定蛋白质序列数据库、母离子质量容忍度(*parention mass tolerance*)、氨基酸修饰(固定修饰与可变修饰)、胰蛋白酶半酶切或漏切、精细调整。

X!Tandem 数据库检索决定了糖蛋白的准确鉴定和糖基化位点的确定。修改搜索参数文件是软件识别糖基化位点的基础,选择可变修饰的类别需要根据研究目的(*N*-糖基化或 *O*-糖基化)和研究手段(PNGase F 催化标记 *N*-糖基化位点或不同物质 β-消除-加成方法标记 *O*-糖基化位点)决定。例如,分析 *N*-糖基化位点一般需要在满足天冬酰胺-不为脯氨酸的任意氨基酸-丝氨酸/苏氨酸(N-X-S/T)特征序列的天冬酰胺残基上添加相对分子质量 0.998×10^3 的质量修饰,模拟天冬酰胺残基上的糖链在 PNGase F 酶切后,天冬酰胺残基转化为天冬氨酸残基的过程;*O*-糖基化分析需要根据不同的实验方法,在苏氨酸或丝氨酸残基上添加不同的质量修饰,例如,甲胺 β-消除 *O*-糖链后会引入相对分子质量 130×10^3 质量增加,而氨水会减少相对分子质量 1.00×10^3(见图 15-5)。

```
<note> MODIFICATIONS.

  <note type="input" label="residue, modification mass">57.021464@C</note>
  <note type="input" label="residue, potential modification mass">15.994915@M</note>
  <note type="input" label="residue, potential modification motif">0.998@N!{P}[ST]</note>
  <note type="input" label="residue, potential modification motif">13@[TS]</note>
  <note type="input" label="protein, N-terminal residue modification mass"></note>
  <note type="input" label="protein, C-terminal residue modification mass"></note>
```

图 15-5 糖基化位点分析需要添加可变修饰参数

实线方框内为 *N*-糖基化位点鉴定用,虚线方框内为 *O*-糖基化位点鉴定用

用 PeptideProphet 验证肽段匹配结果时,需选中"Use *N*-glyc motif information"。经多次运行后总结,对于同源性较高的样本,选中"Only use Expect Score as the discriminant-helpful for data with homologous top hits, e. g. phospho or glyco(Tandem only)"效果较好(见图 15-6)。

用 ProteinProphet 匹配及验证蛋白时,选中"*N*-glycosylation data(color NXS/T)",能够凸显出 *N*-糖基化位点。另外,选中"Do not include zero probability protein entries in output",排除错误鉴定到的蛋白(见图 15-7)。

N-糖基化位点鉴定结果如图 15-8 所示,可见 ProteinProphet 验证该蛋白存在的可能性为 100%。该蛋白有 4 个潜在糖基化位点,已鉴定到 2 个,若其他肽段等电点和相对分子质量在质谱检测范围内,又经过平行实验和技术重复验证均只发现这 2 个糖基化位点,则可以认为该蛋白的潜在糖基化位点有 4 个,糖基化位点有 2 个,位点占用率为 50%。由图 15-8C 可以看出二级质谱肽段测序结果较好。该糖蛋白和*N*-糖基化位点鉴定较成功。

PeptideProphet Options [Show / Hide]

- [x] RUN PeptideProphet
- [ ] Use icat information
- [ ] Do not use icat information
- [x] Use N-glyc motif information
- [ ] Use pI information
- [ ] Use Hydrophobicity / RT information
- [ ] Use Phospho information
- [ ] Use accurate mass binning
- [ ] Do not use the NTT model
- [ ] Do not use the NMC model
- [ ] MALDI data
- [x] Only use Expect Score as the discriminant - helpful for data with homologous top hits, e.g. phospho or glyco (Tandem only)
- [ ] Use Gamma distribution to model the negatives (Tandem only)

Specify CLEVEL: 0

This parameter defines how conservative the model will be in number of standard deviations from negative mean that positive results are allowed to come from (positive is more conservative, negative is more permissive, default 0)

- [ ] Force the fitting of the mixture model (bypass automatic mixture model checks)
- [ ] Use decoy hits to pin down the negative distribution.Decoy Protein names begin with: (whitespace not allowed)
  - [ ] Use Non-parametric model (can only be used with decoy option)

Ignore charge states: [ ] +1 [ ] +2 [ ] +3 [ ] +4 [ ] +5

- [ ] Run ProteinProphet afterwards
- [ ] Do not assemble protein groups in ProteinProphet analysis
- [ ] Do not use Occam's Razor in ProteinProphet analysis to derive the simplest protein list to explain observed peptides

图 15－6　PeptideProphet 运行参数(一)

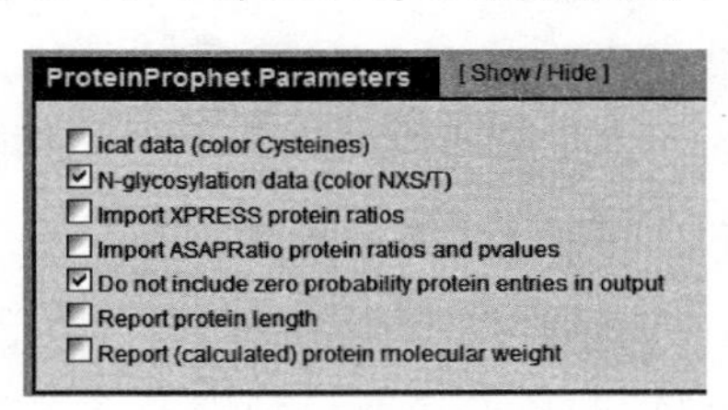

图 15－7　ProteinProphet 运行参数(二)

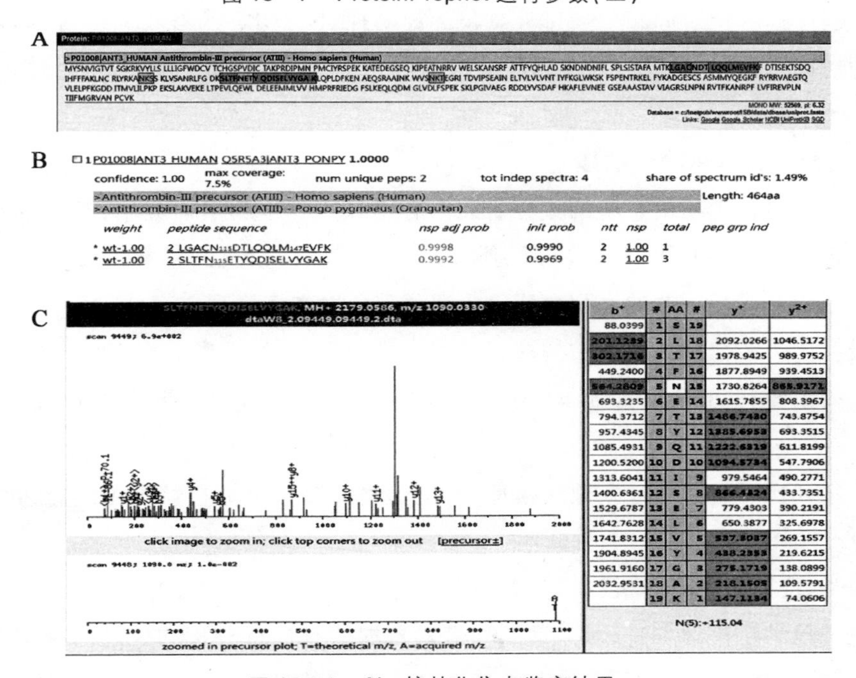

图 15－8　*N*－糖基化位点鉴定结果

A. 鉴定到的 *N*－糖蛋白,潜在糖基化位点与已鉴定到的糖基化位点;B. 蛋白质鉴定信息;

C. 肽段"SLTFNETYQDISELVYGAK"的测序结果,可见天冬酰胺残基质量变化

第二节　糖结合蛋白预测及分类

随着功能蛋白质组学与糖蛋白质组学的发展,高通量的蛋白质分析技术导致了蛋白质序列数据库中收录的氨基酸序列数据急剧增加,如何利用数据库中海量的数据进行分析研究,从中发掘出有价值的生物学信息就成为摆在生命科学研究者面前的一大难题,使用电子计算机和生物信息学软件进行相关工作,可以在一定程度上使难题得以解决。

糖类也是一类重要的生物信息分子,而且是基因信息的延续。糖蛋白糖链和糖脂糖链多存在于细胞表面和细胞分泌的蛋白上,它们不仅可通过糖基化影响蛋白质功能,更重要的是还通过与糖结合蛋白的相互作用调控细胞识别、信号传递、细胞内吞以及细胞生长、分化和凋亡等生物学行为。肿瘤发生时,蛋白质和脂质糖基化的异常会导致糖链发生结构和数量的改变,相应地和这些糖链相互作用的糖结合蛋白(glycan-binding protein,GBP)的表达也发生异常改变。

本节应用数学建模的方法研究和处理糖结合蛋白的信息和数据,将相关生物信息抽象为数学模型,运用点阵法、集合求交模型以及 Needleman-Wunsch 算法解决蛋白质一级序列的比对问题。通过计算机编程实现对于 GBP 的查找和比对,以及对存在同源性序列的 GBP 进行分类和特征描述。

一、糖结合蛋白分析模型的建立

序列比对是生物信息学的核心研究内容之一。在生物学研究中,通过判断两个序列是否具有足够的相似性,从而判断两者是否具有同源性,常常需要进行序列比对。根据同时进行比对的序列数目分为双序列比对和多序列比对。

蛋白质一级序列由氨基酸构成,天然的氨基酸现已经发现的有 300 多种,其中编码氨基酸主要有 20 种。参照 NCBI 上的数据,一条多肽链的一级序列用一连串字母表示。

在序列比对时需要建立数学模型,模型建立的基础是分析特征糖结合蛋白的序列信息。

(一)特征凝集素分析

通过数学建模的方法,对大量的凝集素数据信息进行分析和处理。凝集素按照氨基酸序列的同源性,以及进化上的相关性为基础的进行分类。其中 C 型、S 型、肝素(GAG)结合蛋白,在糖识别结构域(CRD)中有高度保守的氨基酸序列模体,以及识别 Man-6-P 的两种 P 型凝集素,是笔者目前研究的重点。

C 型凝集素代表一个 Ca^{2+} –依赖的凝集素大家族。在糖识别域中,它们具有一级结构的同源性。这个非常大的家族,包括很多内吞作用的受体(在动物细胞中广泛存在),蛋白聚糖以及所有已知的胶原凝素和选凝素能够高度亲和识别的糖类结构。C 型凝集素参与多种免疫反应,诸如炎症和对肿瘤及病毒感染的细胞免疫,而胶原凝素则和先天免疫有关。

负责结合糖的 C 型凝集素结构域最初是在分析蛋白酶解片段时鉴定到的,这些片段均含有 CRD。C 型凝集素家族的 CRD 是一种 115 ~ 130 个氨基酸的可识别的共有序列节段(见图 15 –9)。

$$-\underline{C}-\begin{pmatrix}L\\I\\V\\M\\F\\Y\\A\\T\\G\end{pmatrix}-(X-X-X-X-X)_{5\sim12}-\begin{pmatrix}W\\L\end{pmatrix}-X-\begin{pmatrix}D\\N\\S\\R\end{pmatrix}-X-X-\underline{C}-(X-X-X-X-X)_{5\sim6}-\begin{pmatrix}F\\Y\\W\\L\\I\\V\\S\\T\\A\end{pmatrix}-\begin{pmatrix}L\\I\\V\\M\\S\\T\\A\end{pmatrix}-\underline{C}-$$

图 15 –9 C 型凝集素同源序列

C 型动物凝集素 CRD 中保守的一级结构中,下面有横线的是不变的半胱氨酸残基,括号中为高度保守的残基。位于残基之间的氨基酸用括号中的 X 表示

S 型凝集素,因其活性的完全表达通常依赖巯基而得名。S 型凝集素定名为半乳凝素(galectin),代表一组蛋白质,与含有 β –半乳糖基糖缀合物结合,并在它们的 CRD 中共有一级结构同源性。它们在结构和不需要二价离子这方面与 C 型凝集素完全不同。半乳凝素遍及整个动物界,多数是可溶性蛋白,通过独特的途径分泌,在无配体情况下保持活性(要求还原性环境)。半乳凝素家族的某些成员可促进细胞间的黏附;有些则具有“烈性”的生物活性,例如具有诱导细胞凋亡的能力;有些可诱导代谢改变,例如细胞的激活和有丝分裂。

规范的半乳凝素 CRD 约有 130 个氨基酸,然而只有少数的残基构成糖结合部位,直接与糖配体接触(见图 15 – 10)。以近 30 种不同来源的半乳凝素序列进行比较,X –射线晶体分析表明参与结合糖的 8 个残基是不变的;另外的十多个残基表现为高度保守。

$$\text{-}h\text{-}\begin{pmatrix}p\\m\\l\\c\\v\\i\end{pmatrix}\text{-}n\text{-}\begin{pmatrix}p\\l\\v\\a\\h\\i\end{pmatrix}\text{-}r\text{-}[x]_{5\sim10}\text{-}v\text{-}\begin{pmatrix}c\\f\\r\\m\\n\\l\end{pmatrix}\text{-}n\text{-}\begin{pmatrix}s\\t\end{pmatrix}\ \text{-}x\text{-}x\text{-}x\text{-}x\text{-}x\text{-}w\text{-}\begin{pmatrix}g\\e\\k\end{pmatrix}\text{-}x\text{-}\begin{pmatrix}e\\q\end{pmatrix}\text{-}x\text{-}\begin{pmatrix}r\\k\\e\end{pmatrix}\text{-}[x\text{-}x\text{-}x]_{0\sim3}\ \text{-}x\text{-}x\text{-}x\text{-}\begin{pmatrix}p\\c\\t\\f\end{pmatrix}\text{-}\begin{pmatrix}l\\i\\v\\m\\f\end{pmatrix}\text{-}\begin{pmatrix}n\\q\\e\\g\\s\\k\\v\end{pmatrix}\text{-}x\text{-}\begin{pmatrix}g\\h\end{pmatrix}\text{-}x\text{-}x\text{-}x\text{-}\begin{pmatrix}d\\e\\n\\k\\h\\s\end{pmatrix}\text{-}\begin{pmatrix}l\\i\\v\\m\\f\\c\end{pmatrix}$$

图 15 –10 半乳凝素家族成员中 CRD 内保守的一级结构

动物凝集素中，另一种是 P 型凝集素，因其主要配体为甘露糖 －6 － 磷酸盐（mannose-6-phosphate）而得名。P 型凝集素有两种，根据配体即可判断，一般无需提取同源序列。

$$-x-\binom{r}{k}-\binom{r}{k}-x-\binom{r}{k}-x-$$

$$-x-\binom{r}{k}-\binom{r}{k}-\binom{r}{k}-x-x-\binom{r}{k}-x-$$

图 15 －11　肝素结合蛋白的同源序列

值得一提的是，肝素（GAG）结合蛋白，虽然没有进化上的相关性，但它们很多都包含相似的模体，如图 15 －11 所示。

（二）建立数学模型

根据这三类凝集素在糖识别结构域（CRD）中存在高度保守的氨基酸序列模体，建立数学模型，并编写糖结合蛋白预测分析软件——集合求交模型，如图 15 －12 所示。

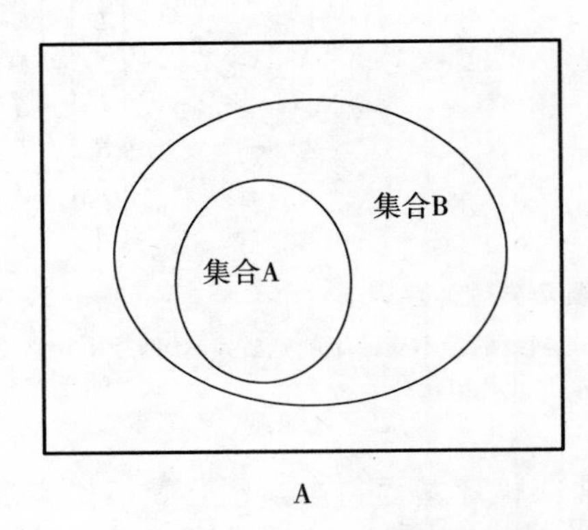

A

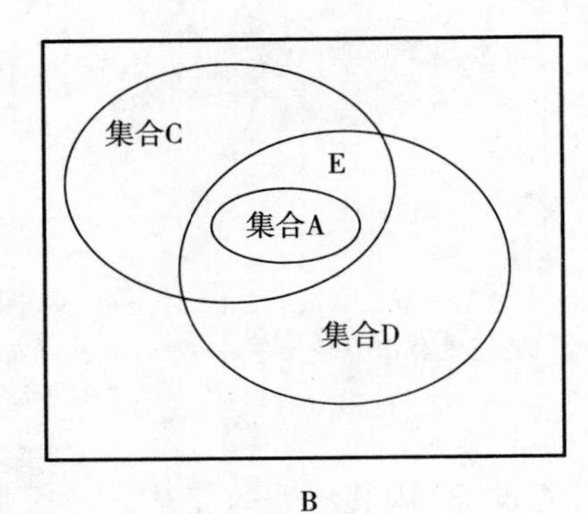

B

图 15 －12　集合求交模型示意图

对于同源性序列，假设为集合 A；对于任意糖结合蛋白的氨基酸序列，假设为集合 B。如果 $A \subset B$，则该任意糖结合蛋白在糖识别结构域（CRD）中有高度保守的氨基酸序列模体，我们就可以根据模体序列特征预测该蛋白质的类型。

对于同一类型的两种或若干种蛋白质，假定它们的氨基酸序列信息分别为集合 C 和集合 D，它们的交集 E 将包含集合 A，即 $A \subset E$。接下来可以对它们的序列同源性、进化上的相关性进行预测，这种建立在一定基础上的预测也显得较为有意义，而不是任意两种蛋白质之间无意义的对比。

二、序列分析算法

（一）点阵法

对于单纯的氨基酸序列比对，也就是对于任意两个蛋白质，只需要知道它们序列的匹配情况和相似性，并不需要对其同源性进行预测，此时可以选取点阵法（dot matrix analysis）。

点阵法首先由 Gibbs 和 McIntyre 于 1970 年提出。进行点阵分析时,首先建立一个矩阵,两条序列的长度分别是矩阵的行数和列数,一条序列(A)置于矩阵顶部,另一条序列(B)则列在矩阵左侧。从 B 的第一个氨基酸开始,然后沿着该矩阵的第一行移动,在 A 中具有同样氨基酸的单元用点标志。然后,将 B 中的第二个氨基酸与整个 A 序列比较,在匹配的位置以点标志。继续该过程,直到整个矩阵填充完毕。这是按行填充的模式,按列填充同理。矩阵中的点表示了两条序列所有可能的匹配。所有的相似区域表现在图上都是沿对角线方向的一连串点。对角线以外的孤立点表示随机匹配,一般不具生物学意义。

表 15-1 大鼠 MBP-C 和小鼠 L-选凝素部分 CRD 序列的点阵分析法

	E	N	W	G	A	G	E	P	N	N	K	K	S	K	E	D	C	V
T																		
N		●							●	●								
W			●															
N		●							●	●								
E	●						●								●			
G						●												
E	●						●								●			
P								●										
N		●							●	●								
N		●							●	●								
V																		●
G				●		●												
S													●					
G				●		●												
E	●						●								●			
N		●							●	●								
C		●							●	●							●	
V																		●

为了降低点阵图的噪声,并且明确地指出两条序列间具有显著相似性的区域,需要过滤掉随机匹配。过滤是指通过一个滑动窗口(sliding window)来比较两条序列。滑动窗口需要设定两个参数:窗口大小(window size)和阈值(threshold or stringency)要求。窗口大小设置的是每次检查的相邻氨基酸数目,阈值就是在这些相邻的氨基

酸中需要完全匹配的最小字符数。为突出匹配区域,可选取3作为窗口大小,阈值为2。首先将序列A的第1~3个字符与序列B的第1~3个字符进行比较。如果在第一次比较中这3个字符中有2个或2个以上相同,那么就在点阵空间(1,1)的位置画上点标记。然后窗口沿 X 轴向右移动一个字符的位置,比较 X 轴序列的第2~4个字符与 Y 轴的第1~3个字符。不断重复该过程,直到A序列中所有长度为3的字符串都与B序列中第1~3个字符串比较过为止。然后,将B序列的窗口向下移动一个字符的位置(2~3个字符),重复以上过程,直到两条序列中所有长度为3的字符串都被两两比较过为止。

(二)比对矩阵

在序列比对时可引入得分系统。序列比对的得分系统包括对于匹配、错配、替换、插入、缺失的得分,它的选择直接影响着序列比对的结果。DNA序列比对时,得分系统比较简单,通常是匹配记正分,错配和空位记负分。蛋白质序列中存在不显著改变蛋白质结构和功能的氨基酸的保守替换,所以需要应用相关蛋白质中这方面的信息,以此为基础,构建合适的打分系统。

科学家很早就发现某些氨基酸的替换一般都发生在不同物种中的功能相关的蛋白质序列中。通常这些替换的氨基酸具有相似的化学性质,因此发生氨基酸替换后并没有显著改变蛋白质的结构和功能。虽然也会发生不同性质的氨基酸间的替换,但是这种现象十分少见。例如,有两条蛋白质序列,其中一条在某一位置上是丙氨酸,如果该位点被替换成另一个质量较小且疏水的氨基酸,如缬氨酸,那么对蛋白质功能的影响可能较小;如果被替换成质量较大且带电荷的残基,如赖氨酸,那么对蛋白质功能的影响可能比前者大。直观的讲,保守的替换比随机替换更可能维持蛋白质的功能,且更不容易被淘汰。理化性质相近的氨基酸残基之间替换的得分,显然比理化性质相差甚远的氨基酸残基替换得分高。同样,保守的氨基酸替换得分应该高于非保守的氨基酸替换。这样的打分方法在比对相似性高的序列及差异极大的序列时,会得到不同的分值,所以设计出打分矩阵。在打分矩阵中,详细地列出各种氨基酸替换的得分,从而使得计算序列之间的相似度更为合理。

在同源性比对时,可使用两种矩阵作为比对基础:适合比较亲缘关系较近的序列的PAM矩阵,用来比较亲缘较远的序列的BLOSUM矩阵。

Dayhoff氨基酸替换矩阵(percent accepted matrix or mutation data matrix)。

在氨基酸替换矩阵中,20种常见氨基酸被同时放在矩阵的行和列上。每个矩阵的位置上都注明一个分值,反映了相关蛋白质中,某个氨基酸与其他氨基酸配对时的得分,并且假设氨基酸从A到B的可能性与从B变到A相同。这样假设是因为任意两个序列在系统发育树上的祖先氨基酸通常是未知的。另外,取代的概率还取决于

表 15－2　PAM1 突变概率矩阵（矩阵中每个元素都扩大了 10 000 倍）

	A	R	N	D	C	Q	E	G	H	I	L	K	M	F	P	S	T	W	Y	V
A	9 867	2	9	10	3	8	17	21	2	6	4	2	6	2	22	35	32	0	2	18
R	1	9 913	1	0	1	10	0	0	10	3	1	19	4	1	4	6	1	8	0	1
N	4	1	9 822	36	0	4	6	6	21	2	1	13	0	1	2	20	9	1	4	1
D	6	0	42	9 859	0	6	53	6	4	1	0	3	0	0	1	5	3	0	0	1
C	1	1	0	0	9 973	0	0	0	1	1	0	0	0	0	1	5	1	0	3	2
Q	3	9	4	5	0	9 876	27	1	23	1	3	6	4	0	6	2	2	0	0	1
E	10	0	7	56	0	35	9 865	4	2	3	1	4	1	0	3	4	2	0	1	2
G	21	1	12	11	1	3	7	9 935	1	0	1	2	1	1	3	21	3	0	0	5
H	1	0	18	3	1	20	1	0	9 912	0	1	1	0	2	3	1	1	1	4	1
I	2	2	3	1	2	1	2	0	0	9 872	9	2	12	7	0	1	7	0	1	33
L	3	1	3	0	0	6	1	1	4	22	9 947	2	45	13	3	1	3	4	2	0
K	2	37	25	6	0	12	7	2	2	4	1	9 926	20	0	3	8	11	0	1	1
M	1	1	0	0	0	2	0	0	0	5	8	4	9 874	1	0	1	2	0	0	4
F	1	1	1	0	0	0	0	1	2	8	6	0	4	9 946	0	2	1	3	28	0
P	13	5	2	1	1	8	3	2	5	1	2	2	1	1	9 926	12	4	0	0	2
S	28	11	34	7	11	4	6	16	2	2	1	7	4	3	17	9 840	38	5	2	2
T	22	2	13	4	1	3	2	2	1	11	2	8	6	1	5	32	9 871	0	2	9
W	0	2	0	0	0	0	0	0	0	0	0	0	0	1	0	1	0	9 976	1	0
Y	1	0	3	0	3	0	1	0	4	1	1	0	0	21	0	1	1	2	9 945	1
V	13	2	1	1	3	2	2	3	3	57	11	1	17	1	3	2	10	0	2	9 901

两个氨基酸出现的频率及物理化学性质的相似性，这种模型假定氨基酸出现频率不随进化时间而改变。

Dayhoff 研究了 71 个相关蛋白质家族，序列相似度大于 85% 的蛋白质序列中的 1 572个突变。首先用相似序列构建系统树，统计每种氨基酸替换为其他氨基酸的次数；同时计算不同氨基酸的相对突变力（relative mutability），即每个蛋白质家族中每种氨基酸发生替换的次数除以该家族中此氨基酸出现的频率与每100 个位点上所有氨基酸替换的次数的乘积，相对突变力是对氨基酸组成、突变率和序列长度差异的标准化处理；然后对所有蛋白质家族中的标准化频率求和。利用以上的氨基酸替换次数和相对突变力，构造 20 × 20 的突变概率矩阵，这个矩阵中的元素给出了所有氨基酸之间替换的概率（见表 15 – 2）。Dayhoff 将此定义为 PAM1 矩阵，这个矩阵在每100 个氨基酸位点上有 1 个可能被自然选择所接受。

氨基酸替换可以用一个马尔可夫模型表示，将 PAM1 自乘 *N* 次，可以得到矩阵 PAMN，因而 PAM250 矩阵代表了 25 亿年中 250% 的预期变化水平。这个变化虽然看起来非常大，但是这种分化水平上的序列仍有 20% 左右的相似性。为了方便理解，将 PAM 突变矩阵转换成 LOD（log-odd）矩阵（表 15 – 3）。

表 15 – 3　PAM250 log-odd 矩阵

	C	S	T	P	A	G	N	D	E	Q	H	R	K	M	I	L	V	F	Y	W	
C	12																				C
S	0	2																			S
T	–2	1	3																		T
P	–3	1	0	6																	P
A	–2	1	1	1	2																A
G	–3	1	0	–1	1	5															G
N	–4	1	0	–1	0	0	2														N
D	–5	0	0	–1	0	1	2	4													D
E	–5	0	0	–1	0	0	1	3	4												E
Q	–5	–1	–1	0	0	–1	1	2	2	4											Q
H	–3	–1	–1	0	–1	–2	2	1	1	3	6										H
R	–4	0	–1	0	–2	–3	0	–1	–1	1	2	6									R
K	–5	0	0	–1	–1	–2	1	0	0	1	0	3	5								K
M	–5	–2	–1	–2	–1	–3	–2	–3	–2	–1	–2	0	0	6							M
I	–2	–1	0	–2	–1	–3	–2	–2	–2	–2	–2	–2	–2	2	5						I

续表

	C	S	T	P	A	G	N	D	E	Q	H	R	K	M	I	L	V	F	Y	W	
L	-6	-3	-2	-3	-2	-4	-3	-4	-3	-2	-2	-3	-3	4	2	6					L
V	-2	-1	0	-1	0	-1	-2	-2	-2	-2	-2	-2	-2	2	4	2	4				V
F	-4	-3	-3	-5	-5	-5	-4	-6	-5	-5	-2	-4	-5	0	1	2	-1	9			F
Y	0	-3	-3	-5	-5	-5	-2	-4	-4	-4	0	-4	-4	-2	-1	-1	-2	7	10		Y
W	8	-2	-5	-6	-7	-7	-4	-7	-7	-5	-3	2	-3	-4	-5	-2	-6	0	0	17	W
	C	S	T	P	A	G	N	D	E	Q	H	R	K	M	I	L	V	F	Y	W	

矩阵中得分大于1的氨基酸对彼此之间的替换，在相关蛋白质中比其在随机蛋白质中常见，表明两个氨基酸可能执行相似的功能。等于1的氨基酸对之间的替换，在相关蛋白质和随机蛋白质中概率相同。得分小于1的氨基酸对之间的替换，在随机序列中比相关序列中替换的概率大，这样一对氨基酸在功能上是截然不同的。

PAM矩阵的数据基础主要是一系列近缘的球蛋白，适合用来比较亲缘较近的蛋白质，对于亲缘较远的蛋白质，可引入BLOSUM矩阵。

BLOSUM矩阵是Henikoff在1990年提出的另一种氨基酸替换矩阵，它也是通过统计相似蛋白质序列的替换率而得到的（表15－4）。但在评估氨基酸替换频率时，它应用了与PAM矩阵不同的策略。BLOSUM矩阵是依据观察到的2 000多个保守的氨基酸模块（block）中实际发生的替换建立起来的。这些模块是从包含500多个蛋白质家族的数据库Prosite中提炼出来的。蛋白质家族由具备相同生化功能的蛋白质所组成，每个蛋白质家族中都有保守的连续氨基酸模块，这些模块可作为蛋白质家族成员识别的标志。

表15－4　BLOSUM62矩阵

	C	S	T	P	A	G	N	D	E	Q	H	R	K	M	I	L	V	F	Y	W	
C	9																				C
S	-1	4																			S
T	-1	1	5																		T
P	-3	-1	-1	7																	P
A	0	1	0	-1	4																A
G	-3	0	-2	-2	0	6															G
N	-3	1	0	-2	-2	0	6														N
D	-3	0	-1	-1	-2	-1	1	6													D
E	-4	0	-1	-1	-1	-2	0	2	5												E

续表

	C	S	T	P	A	G	N	D	E	Q	H	R	K	M	I	L	V	F	Y	W	
Q	−3	0	−1	−1	−1	−2	0	0	2	5											Q
H	−2	−1	−2	−2	−2	−2	1	−1	0	0	8										H
R	−3	−1	−1	−2	−1	−2	0	−2	0	1	0	5									R
K	−3	0	−1	−1	−1	−2	0	−1	1	1	−1	2	5								K
M	−1	−1	−1	−2	−1	−3	−2	−3	−2	0	−2	−1	−1	5							M
I	−1	−2	−1	−3	−1	−4	−3	−3	−3	−3	−3	−3	−3	1	4						I
L	−1	−2	−1	−3	−1	−4	−3	−4	−3	−2	−3	−2	−2	2	2	4					L
V	−1	−2	0	−2	0	−3	−3	−3	−2	−2	−3	−3	−2	1	3	1	4				V
F	−2	−2	−2	−4	−2	−3	−3	−3	−3	−3	−1	−3	−3	0	0	0	−1	6			F
Y	−2	−2	−2	−3	−2	−3	−2	−3	−2	−1	2	−2	−2	−1	−1	−1	−1	3	7		Y
W	−2	−3	−2	−4	−3	−2	−4	−4	−3	−2	−2	−3	−3	−1	−3	−2	−3	1	2	11	W
	C	S	T	P	A	G	N	D	E	Q	H	R	K	M	I	L	V	F	Y	W	

BLOSUM 矩阵是通过保守模块每一列上的氨基酸替换类型和数目来构建的，矩阵中的元素显示了任何两种氨基酸之间发生替换的频率。BLOSUM 矩阵同样转换为 LOD 矩阵。

但是计算每一列的氨基酸替换数目时，此蛋白质家族中亲缘关系近的序列中的替换被重复计算了多次，为了减小近缘成员替换数重复计算的影响，在计算模型中氨基酸的替换之前，将这些近缘序列首先组合成一条序列，对于这条序列中氨基酸的替换取其平均值。将相似度为 60% 的模块组合到一起，用来构建 BLOSUM60 矩阵；同理，相似度为 80% 的模块用来构建 BLOSUM80 矩阵。研究中常以应用最广的 BLOSUM62 矩阵为比对基础，它能在较宽的相似度范围内，给出两条序列的最优比对。

3. Needleman-Wunsch 算法分析同源序列

凝集素是目前生命科学研究的热点之一，新的凝集素不断被发现，各凝集素家族和数据库不断扩大。现有的同源序列可能会发生改变，这时，需要针对新的凝集素，进行其糖识别域的局部比对，来确定新的同源序列，可采用 Needleman-Wunsch 算法。

Needleman 和 Wunsch 在 1970 年首先提出全局比对动态规划算法。首先假设要对两条序列 a 和 b 进行比对分析，它们的长度分别为 M 和 N。序列 a 的第 i 个残基为 a_i，序列 b 的第 j 个残基为 b_j。积分矩阵采用上面所说的 PAM250 或 BLOSUM62，同时再加入空位罚分模型。

两条序列动态规划算法由 4 部分组成：最优分的递归计算方法；存储子问题的最优分的动态规划矩阵；给出子问题最优解的矩阵填充过程；寻找最优比对路径的回溯方法。

两条序列比对的结果由一列列的字符表示的，情况有 3 种：某一列的两个字符完全相同则为匹配，不同则为错配，或者某条序列中引入空位。两条序列比对结束的方式也有 3 种：①两个残基 a_M 和 b_N 匹配或错配而出现在同一列中；②a_M 与一个空位出现在同一列中，b_N 出现在之前的某列中；③b_N 与一个空位出现在同一列中，a_M 出现在之前的某列中。最优比对结果就是上述情况中得分最高的那一个。动态规划算法给出了计分方法，$[S(M-1,N-1)+S(a_M,b_N)]$、$[S(M-1,N)-d]$、$[S(M,N-1)-d]$三者中的最大值就是到达 a_M 和 b_N 的最优比对结果。这里 d 为这个位置的空位罚分值，$S(a_M,b_N)$为 a_M 和 b_N 匹配或错配的计分值。按照递归的方法，可以写出一个概括性的公式：

$$S(i,j)=\max\begin{cases}S(i-1,j-1)+S(a_i,b_j)\\S(i-1,j)-d\\S(i,j-1)-d\end{cases}\tag{15-1}$$

以 BLOSUM62 作为计分矩阵，每个空位 -8 分，对任意两序列（-HEAGAWGHEE-和-PAWHEAE-）比对，如图 15-13 所示。

	-	H	E	A	G	A	W	G	H	E	E
-	0	-8	-16	-24	-32	-40	-48	-56	-64	-72	-80
P	-8	-2	-9	-17	-25	-33	-41	-49	-57	-65	-73
A	-16	-10	-3	-4	-12	-20	-28	-36	-44	-52	-60
W	-24	-18	-11	-6	-6	-14	-9	-17	-25	-33	-41
H	-32	-16	-18	-13	-8	-8	-16	-11	-9	-17	-25
E	-40	-24	-11	-19	-15	-9	-11	-18	-11	-4	-12
A	-48	-32	-19	-7	-15	-11	-12	-11	-19	-12	-5
E	-56	-40	-27	-15	-9	-16	-14	-14	-11	-14	-7

图 15-13 计分矩阵及回溯路径

从最后一个单元格开始，回溯最优比对路径，可得到如表 15-5 的比对结果：

表 15－5　比对结果

H	E	A	G	A	W	G	H	E	_	E
	|	|			|		|	|		|
_	P	A	_	_	W	_	H	E	A	E

注:“|”代表匹配,“_”代表空位。

三、糖结合蛋白分析软件

笔者实验室以 VC⁺⁺6.0 为平台编写程序,设计了糖结合蛋白序列分析软件 GBP Finder,并分为 GBP Finder 和 GBP Finder 2 两个功能模块。目前已在功能糖组学实验室网站公布并提供下载:http://www.functionalglycomics.com.cn/。在编写程序的同时,建立了相应的凝集素数据库,以 NCBI(美国国立生物信息中心)上已公布的所有凝集素信息为基础,输入文件格式参考 NCBI fasta 标准格式,并作相应修改,以便于程序的读取。

运用 GBP Finder,分析 NCBI 上编号为 NP_001040251 的凝集素 lectin 5 [Bombyx mori]。在程序中输入凝集素的一段序列,并进行查找,得到如图 15－14 所示结果。

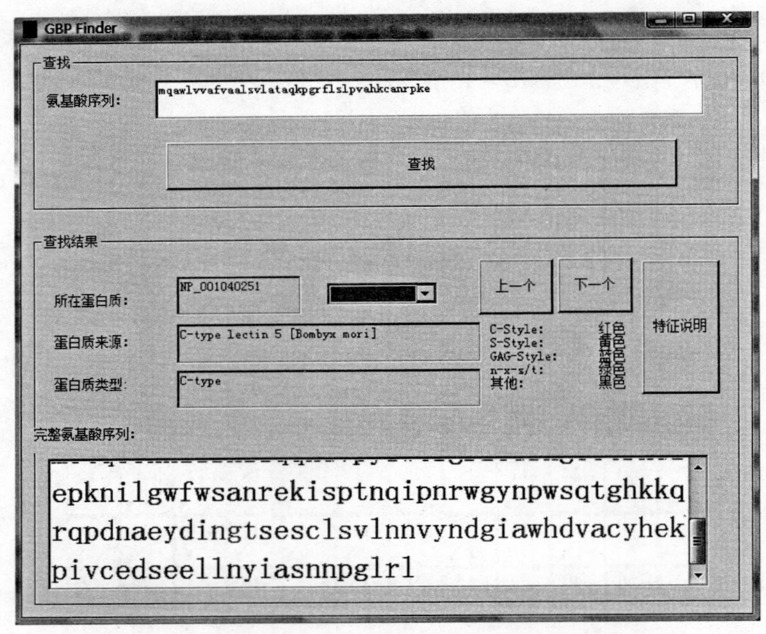

图 15－14　GBP Finder 界面

如图 15－14,相应的氨基酸序列对应着 NCBI 上编号为 NP_001040251 的凝集素 lectin 5 [Bombyx mori],它包含 C 型凝集素的同源序列,在搜索结果中以红色显示图中氨基酸序列中“clsv～pivc”位置,同时标志出它的糖基化位点(N-X-S/T),以绿色

表示(图中序列中“ngt”位置)。在搜索结果中同样可以获得该类凝集素的特征(图 15-15):

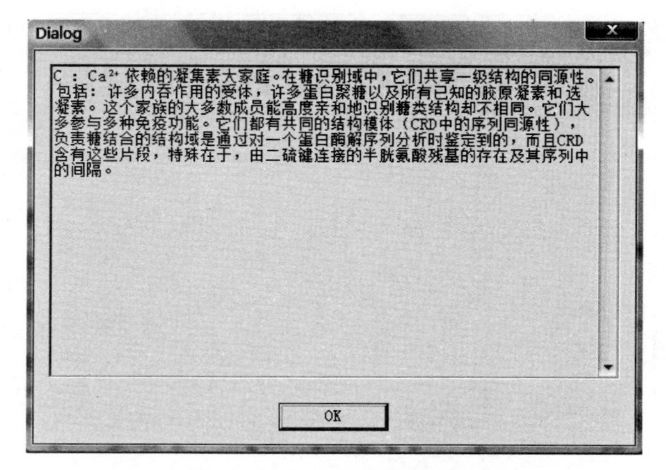

图 15-15 凝集素功能描述

运用另一个功能模块 GBP Finder 2,可以分类型了解各类凝集素的特征以及数据库中凝集素的详细信息。以糖胺聚糖结合蛋白为例进行搜索,结果如图 15-16 所示。在蛋白质(凝集素)类别选择栏选择 GAG-Type(糖胺聚糖结合蛋白),特征型凝集素列表框中会显示出数据库中所有的 GAG 凝集素。任选 XP_807732(NCBI 编号),来自于克氏锥虫;右侧的氨基酸序列框会显示该凝集素的完整序列信息,并用蓝色表示出 GAG 凝集素的同源性序列。

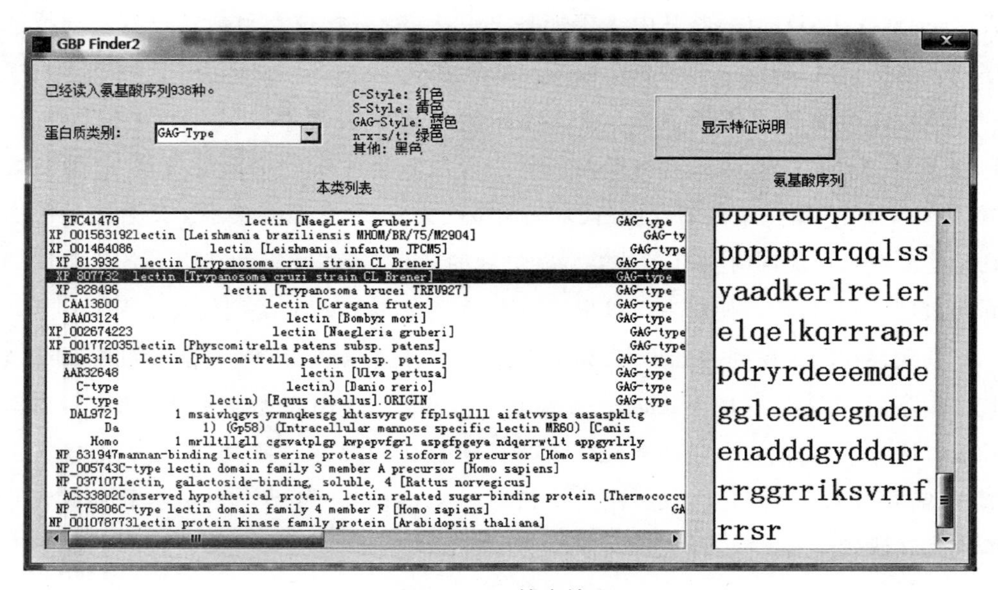

图 15-16 搜索结果

当需要知道该型凝集素的特征时，点击“显示特征说明”按钮即可。

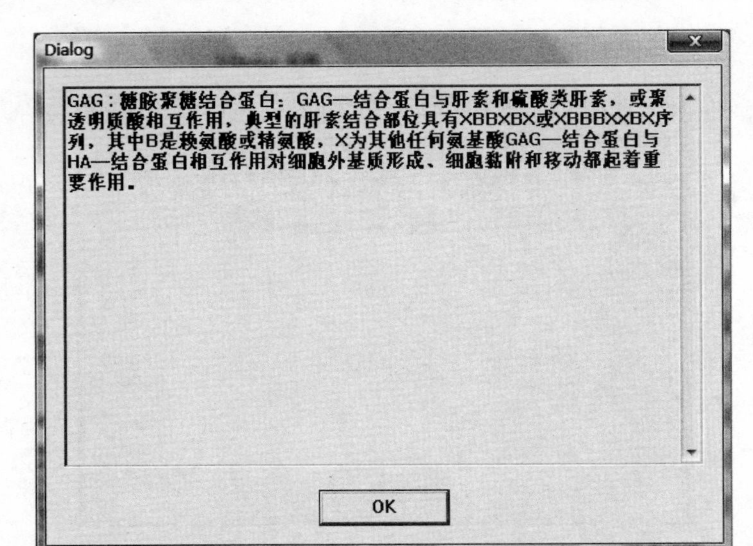

对于不同类型的凝集素，用不同的颜色表示出其同源性序列，在软件操作界面上会显示出：

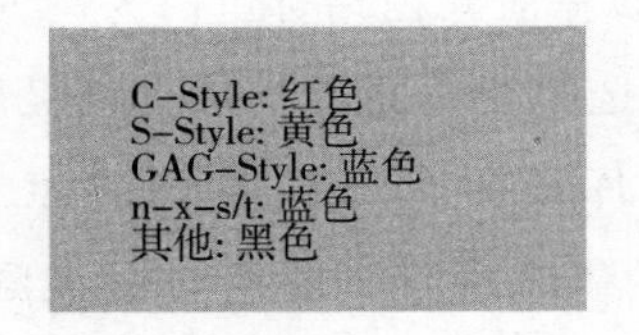

对于蛋白质而言，存在糖链修饰的糖基化位点。*N*－糖基化的位点符合 Asp-X-Thr/Ser(N-X-T/S)的序列，其中 *X* 不能是 Pro；*O*－糖基化位点目前还没有发现特征序列。这些信息，在这一栏中也会以特殊颜色表示。

该软件目前还在不断升级，可以选择的凝集素类型有 ALL-Types、C-Type、S-Type、GAG-Type、Unknown、Muti-Type。分别表示数据库中的全部凝集素、C 型凝集素、S 型凝集素、糖胺聚糖结合蛋白、未知类型凝集素、复合型凝集素。复合型是考虑到某些凝集素可能同时具有多种类型凝集素的特点，这些凝集素在归为各自类型的同时，也归为复合型。使用者可以根据查询的需要，选择相应类型的凝集素。

其他存在同源序列的凝集素，如 P 型凝集素、植物凝集素等，目前还没有归纳出其同源序列，因此暂时用 Unknown 来表示。同时，在 NCBI 的数据库中，部分凝集素并没有区分类型，而且大量的凝集素本身并不存在同源性序列，也不像 C 型凝集素那样，需要有 Ca^{2+} 参与这样的特点，也归为 Unknown 型。更详细的分类软件笔者实验室正在研发。

■ 参考文献

1. Deutsch EW, Mendoza L, Shteynberg D, *et al*. A guided tour of the Trans-Proteomic Pipeline. Proteomics, 2010, 10(6): 1 150 – 1 159.
2. Asthana S, King OD, Gibbons FD, *et al*. Predicting protein complex membership using probabilistic network reliability. Genome Res, 2004, 14: 1 170 – 1 175.
3. Cooper CA, Joshi HJ, Harrison MJ, *et al*. GlycoSuiteDB: a curated relational database of glycoprotein glycan structures and their biological sources. Nucleic Acids Res, 2003, 31(1): 511 – 513.
4. Drickamer K. C-type lectin-like domains. Curr Opin Struc Biol, 1999, 9(5): 585 – 590.
5. Drickamer K, Taylor ME. Biology of animal lectins. Annu Rev Cell Dev Bi, 1993, 9: 237 – 264.
6. 薛庆中. DNA 和蛋白质序列数据分析工具. 2 版. 北京:科学出版社, 2010.
7. A. 瓦尔基. 糖生物学基础. 2 版. 北京:科学出版社, 2007.
8. 陶士珩. 生物信息学. 北京:科学出版社, 2007.

第十六章　糖组学数据库

毋庸置疑，随着糖生物学与糖组学的发展，大量相关数据库与信息学工具有待开发。随着糖组学研究的推进，必将产生大量的数据，因此想要研究糖链结构与生物学功能之间的关系并与其他工作者进行资源共享，就需要通过互联网来储存、整合和加工这些数据。

众多与糖组学相关的科学研究机构开设了互联网站点，将自己的研究内容或者某些研究领域的成果进行整理并展现给来访者。这些网站所提供的数据库与程序软件成为研究糖组学研究的一个基础平台。

第一节　糖组学相关数据库

不同类型的数据库有着不同的研究定位，例如对于 NCBI、EMBL 这样的大型数据库来说，做大做全是发展目标。与此同时，深入拓展研究某一个领域的专业数据库却在某些层面发挥着更加专业的功能，如糖链结构数据库。

有关糖链数据库的发展历史，最早可以追溯到 20 世纪 80 年代初期，一些期刊杂志按照各自的结构阐述方式报道大量糖链结构信息。80 年代中期，随着数字化体系和数据库知识进入到糖科学领域，将已经报道的糖链信息收入到专门的数据库成为首要任务。在此背景下，由美国 NIH（the national institutes of health）赞助的 CCSD（complex carbohydrate structure database，也被称为 CarbBank）诞生，它隶属于美国佐治亚州立大学的复合糖研究中心。到了 1990 年，荷兰的一个研究小组将 NMR 研究结果也加载在 CCSD 数据库 SugaBase 中，这也诞生了第一个糖链 NMR 数据库。

令人遗憾的是，受于对 CCSD 未来发展的分歧，NIH 在 1990 年中期停止了对其的赞助，CCSD 在 1996 年停止了更新，但是现在仍可以通过网络获得整个数据库内容。截至 CCSD 停止更新时为止，该数据库收录了 49 897 条糖链内容。不过值得庆幸的是，作为初期的基础平台，在 CCSD 数据库之后发展起来了众多类似数据库，提供了更多更新的糖链结构信息。

CCSD 时代之后，位于德国海德堡的 DKFZ（德国癌症研究中心）的一些生物信息工作者将注意力集中到了糖链之间所形成的构象。这些工作极大地促进了生物信息学的一个分支：糖生物信息学的全面发展。同时他们意识到通过现代的互联网技术与网页工具对糖链研究工作进行查询和处理的需求，于是诞生了“GLYCO-SCIENCES. de”与“EUROCarbDB”项目。

21 世纪之始，随着信息技术的日趋完善，许多公司也开始提供一些从文献或其他来源中抽提糖相关数据服务。然而，由于很难取得商业性的成功，大多数此类数据库都没有继续维持下去。目前，澳大利亚的 GlycoSuite 公司数据库是少数坚持下来的，它也为研究者提供了很多的糖链数据。

糖生物信息学发展的一个里程碑是 2001 年 CFG（the consortium for functional glycomics，功能糖组学协会）的建立。它可在大规模范围内处理并解释糖组学实验过程中产生的大量数据。例如，如何快速准确解读质谱数据曾经是高通量糖组学实验结果分析的瓶颈，而 CFG 的专家开发出了一系列对应的算法与软件。

另一重大成果是 KEGG（the kyoto encyclopedia of genes and genomes，东京基因与基因组百科全书）的诞生，该数据库创新性地将网站中自有的“KEGG GLYCAN”数据库中糖链结构与已知生物酶反应相互关联，由此研究者可以获得与某条糖链形成的有关代谢通路。此外，KEGG 研究团队开发出了一种对糖链结构相似性打分的算法，并为糖链与代谢通路的相互关系建立全局视图。

基于糖组学研究的迅猛发展和互联网 Web 2.0 技术的不断成熟，近些年来越来越多的数据库随之诞生。由此，整合了许多独立研究团队的工作，统一了大量应用标准，例如，对糖链输入标准的格式曾历经多代演化发展，但目前由 GLYDE-Ⅱ 提出的 XML 糖链处理格式已经得到了广泛的认可与应用。

随着糖生物学研究的深入与扩展，相关实验数据被进一步挖掘并得到了细致的阐述。目前，按照研究领域的不同，与糖组学研究相关的互联网资源可以分为以下几个方面：

（1）单糖与糖链的命名、表示、结构与分析。

（2）与糖生物学相关的基因和蛋白质数据库。

（3）糖蛋白与糖结合蛋白研究。

（4）糖生物学中三维结构与分子动力学研究。

以下按照这些研究方向进行糖组学网站的简单介绍。

一、单糖与糖链的命名、表示、结构与分析

生物体的糖链组成多种多样，它们在生命活动中扮演着极其重要的角色。在过

去的很长一段时间里，糖科学的研究重点主要集中在糖代谢和结构多糖，处于糖蛋白和糖脂表面的糖链很少有系统性的研究。近 20 年来，随着糖组学思想和实验技术的发展，相关的研究也纷纷展开。糖链在受精、发育、免疫应答、癌细胞异常增殖等生命活动中所发挥的重要功能，也逐渐被研究工作者深刻体会，这最终导致了糖组学时代的到来。

作为第三类生命活动大分子，糖分子相比核酸或者蛋白质而言，具有截然不同的特点。组成糖链的单糖分子有更多的连接形式，即除了单糖之间以线性连接方式结合外，因为醇基（ROH）的位置不同还可能形成分支的糖苷键。此外，糖链的性质还会受到单糖的旋光性、构型等影响，因此相比核苷酸和氨基酸分子，单糖之间的组合方式呈指数型增长。有统计表明，在三种生命大分子可能的连接方式中，6 种核苷酸会形成4 096种构象，6 种氨基酸会形成64 000 000种构象，而 6 种单糖会形成多达192 780 943 360种构象。

由此可见，生物体内的糖链蕴含着惊人的信息量。存在于生物体糖链中的单糖的种类也丰富多彩，一项针对 GlycomeDB 数据库中组成4 936条糖链序列的43 780种单糖研究显示，总共约有 170 种不同的单糖（尽管由于数据库中糖链信息的不完善会造成一些虚高，但是这个数目依旧惊人）。

目前含有糖链结构信息的众多数据库中，对于糖链的表示方法（包括单糖种类以及连接方式等）都有各自的规则，这在很大程度上造成了研究者的使用障碍。例如，图 16－1 所示不同数据库对 α－D－甘露糖的简称表示。前文曾介绍储存核苷酸、氨基酸的数据库通常以线性方式对生物信息进行储存，但是面对糖链的分支结构，不同数据库采用不同的处理方法。早期各种数据库的糖链收录与输出文件格式各有差异，造成了来访者和机器阅读时工作量的增加。随着糖组学的进展，统一糖链格式标准的工作得到了较大改善。例如，Glyde-Ⅱ将 XML 语言应用于糖链表示的方法已经得到了广泛的认可（见图 16－2）。

此外，由 CFG 所提供的基于不同几何形状和色彩的图像化单糖表示方法也得到广泛认可（见**彩图** 16－1），成为现在应用最广泛的糖分子二级结构图像化表示方法。根据 CFG 符号法则，一个 *N*－糖链五糖核心结构如图 16－2 和**彩图** 16－2 所示。更多的单糖表示以及命名规则可以参考 CFG 网站。

二、与糖生物学相关的基因和蛋白质数据库

众所周知，生命体的遗传信息主要是由 DNA 与 RNA 组成的核酸物质所承载，要发挥一定的生物学功能，需要经过 DNA 转录翻译成蛋白质的过程。但是初生的蛋白质一般不会立刻具有生物学功能，这往往涉及蛋白质的后修饰过程。以哺乳动物为

Scheme: ?	Name:
MonosaccharideDB	a-dman-HEX-1:5
CarbBank	a-D-Manp
Glycosciences	a-D-Manp
GlycoCT	a-dman-HEX-1:5
CFG	Ma
BCSDB	aDManp
GLYCAM	OMA

图 16－1 不同数据库对 α－D－甘露糖的简称表示

```
<Glycan>
<aglycon name="Asn"/>
<residue link="4" anomeric_carbon="1" anomer="b" chirality="D" monosaccharide="GlcNAc">
<residue link="4" anomeric_carbon="1" anomer="b" chirality="D" monosaccharide="GlcNAc">
<residue link="4" anomeric_carbon="1" anomer="b" chirality="D" monosaccharide="Man" >
<residue link="3" anomeric_carbon="1" anomer="a" chirality="D" monosaccharide="Man" >
<residue link="2" anomeric_carbon="1" anomer="b" chirality="D" monosaccharide="GlcNAc" >
</residue>
<residue link="4" anomeric_carbon="1" anomer="b" chirality="D" monosaccharide="GlcNAc" >
</residue>
</residue>
<residue link="6" anomeric_carbon="1" anomer="a" chirality="D" monosaccharide="Man" >
<residue link="2" anomeric_carbon="1" anomer="b" chirality="D" monosaccharide="GlcNAc">
</residue>
</residue>
</residue>
</residue>
</residue>
</Glycan>
```

图 16－2 Glyde-Ⅱ基于 XML 语言表示五糖核心

例，当遗传物质通过转录翻译成蛋白质后，大多数外分泌蛋白质会随即进入内质网系统，在内质网腔内进行不同程度的糖基化、磷酸化等修饰，最后才被加工成为成熟的蛋白质。

事实上，蛋白质表面的糖链形成过程主要依靠内质网形成。以 *N*－糖链为例，在五糖核心形成的前期阶段，一种称为“Glc3Man9GlcNAc2-P-P-Dol”的长醇前体在内质网表面与内质网腔内形成，最后经过修饰加载在新生肽的糖基化位点上。从合成糖链前体到糖基化位点上糖链的形成，这一过程涉及种类繁多的生物酶参与。这些生物酶通常包括糖基转移酶（glycotransferase）与糖苷酶（glycosidase），有些糖链的形成还需要磺基转移酶（sulfotransferase）的参与。例如，*ALG* 家族 13 种糖基转移酶参与了 *N* - 糖链前体的形成，而 GCS1、GANAB 等糖苷酶涉及 *N* - 糖链前体末端糖基的切除和五糖核心的形成，MGAT、FUT8、FUT11、ST6GALT1 等糖基转移酶涉及糖链进一步的修饰（图 16 - 3）。

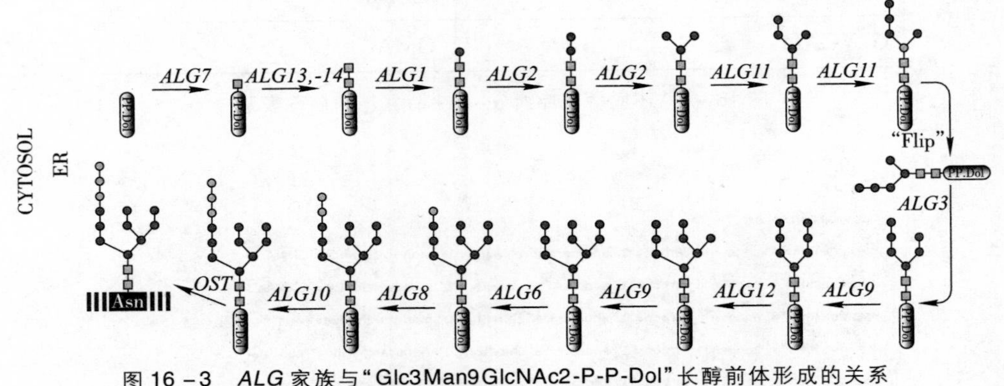

图 16 - 3　*ALG* 家族与"Glc3Man9GlcNAc2-P-P-Dol"长醇前体形成的关系（Potapenko *et al*,2010）

据估测，人体细胞内的基因组中有 0.5% ～1.0% 的基因参与糖链的合成与代谢，这一类糖链相关的基因被称为糖基因（glycogene）或者糖相关基因（glyco-related gene）。它们在与糖链相关的各种反应中发挥着关键的作用。由于糖基因数量众多，因此不同数据库会根据这些酶的反应特点（如 KEGG GLYCAN）或者序列结构相似性（如 CAZy）将这些基因进行进一步的分类。

糖基转移酶（glycosyltransferase）指在二糖、寡糖、多糖以及糖与脂质类、蛋白质等形成化合物过程中，具有将活性糖类分子（基团）转移功能的数百种酶类分子。国际生物化学联合会（IUBMB）根据糖基转移酶反应底物与产物的立体化学性质，对其进行分类，编号为 EC 2.4。目前 CAZy（carbohydrate-active enzymes）数据库已经建议了一种依照糖基转移酶氨基酸序列同源性等进行分类的方法，并将糖基转移酶分为 92 个亚家族。糖苷酶亦称糖苷水解酶（glycoside hydrolases），是一类具有水解糖基化位点活性的酶类。IUBMB对其编号为 EC 3.2.1，并根据糖苷水解酶作用底物分子对其分类。Henrissat B、Bairoch A 等则对糖苷酶根据其氨基酸和折叠相似性划分为约 125 个亚家族。磺基转移酶（EC 2.8）是一类可以将供体分子的硫酸根基团转移到醇或胺等分子的转移酶。目前，糖基因的研究工作也是糖组学领域的一个重点方向。

研究工作者通过特制的高通量基因芯片来筛选在样本与对照之间发生特异性表达差异的糖基因,以此作为判断糖链结构是否具有特异性变化的标准之一。以肝癌标记物 AFP 蛋白为例,肝癌发生时,AFP 蛋白出现了高度的岩藻糖化。而据文献报道,在导致 AFP 蛋白异常变化的过程中,*Mgat3*、*Mgat5* 与 *FUT8* 等基因均参与了相关的糖链修饰。

根据现有的网络资源,目前可以通过某一个具体的糖基因名称进行该基因不同物种的核苷酸、氨基酸序列查询,并且可以分析该基因所发挥的具体功能以及在代谢通路中所扮演的角色。即使不清楚基因名称,也可以通过 blast 已有的核苷酸或者氨基酸序列,分析相似结果,判断出该基因的名称。如果该糖基因还有三维结构的报道,甚至可以进一步分析研究其发挥生物学功能的功能区域。目前,可以从一级数据库或专业二级数据库进行糖基因信息的搜索。

三、糖蛋白与糖结合蛋白研究

有研究显示,在 Swiss-Prot 一级蛋白数据库中,大概超过 50% 的蛋白质都有糖基化发生,更多的蛋白质具有潜在的糖基化位点。事实上,在蛋白质组学研究中,很早就有人注意到生物体中的糖蛋白异常的丰富,以至于形成了一个专门的研究领方向,即"糖蛋白质组学"。

蛋白质组学的很多研究方法也适用于对糖蛋白质组学的研究。糖蛋白研究的软件与数据库,主要围绕糖蛋白的分类、代谢通路、糖基化位点预测、糖链的测序以及芯片技术等方面。

1. 生物体中糖结合蛋白的糖链按照糖链与蛋白质连接的作用方式,可以主要划分为 N-糖链与 O-糖链。相比复杂多样的 O-糖链,N-糖链的形成机制已经有了更为清楚的了解。通过查阅糖蛋白的专业数据库可以迅速获得主要信息,还可通过跨库链接,了解不同数据库的更多资源。

2. 糖蛋白的种类多种多样,功能也各有不同。如果处理例如芯片等高通量实验结果中所获得的大量糖蛋白,需要对这些蛋白的功能与位置等信息需要进一步了解,那么可以通过 AmiGO 工具进行 GO(gene ontology,基因本体论)功能分析;而针对某一具体糖蛋白的功能与生物体中的上下游调控研究,可以通过一级数据库进行搜索或者 KEGG pathway 进行分析。

3. 蛋白质的糖基化位点研究虽然已经比较清楚,但在实际工作中,对于糖基化位点的研究还是会带来新的研究思路。例如,有研究指出,在禽流感病毒演化过程中,通过分析氨基酸序列,发现 HA 蛋白通过增加头部抗原周围的N-糖基化位点以逃避宿主免疫体系的攻击。此外,基于人工神经网络(ANN)训练出的系统对于高效预测糖基化的位点大有裨益,可以通过互联网获得该项服务。

4. 无论是质谱、NMR 或者 HPLC 技术获得的糖链结构可以通过一些数据库获得。这些实验结果有来自不同文献报道的数据,也有网站所在实验室的数据结果。来访者除了可以查阅这些信息外,还可以将自己的实验结果与之比对和提交。

5. 芯片技术与糖蛋白的研究。通常对糖蛋白采取的芯片技术是利用糖结合蛋白芯片与样本进行杂交反应,根据不同糖结合蛋白所识别的糖链结构特征判断糖蛋白表面的糖链特征。对于一些芯片与样本的杂交结果可以通过 CFG 免费提供的一些结果进行分析。

6. 凝集素/糖结合蛋白的研究。一些文献报道中,通常把生物体中具有糖链识别功能的一类蛋白质称为凝集素。按照不同的受体方式可分为 C 型、P 型、S 型等。而糖结合蛋白特指动物体内的凝集素。糖结合蛋白可能是一种糖蛋白,有些糖蛋白也可能具有糖结合蛋白功能,但是两者之间并不一定具有必然关系。

糖芯片技术是研究糖结合蛋白的一种最常见高通量方法,该技术根据不同糖结合蛋白对糖链识别的特异性,评估糖结合蛋白表达的差异。而相应的糖芯片实验结果也出现在 CFG 网站中。也有通过将特异的糖链包被在磁性材料表面,通过磁性材料分离纯化某类糖结合蛋白,之后进行经典的蛋白质组学技术流程,即双向电泳分离 - 质谱检测,双向电泳结果数据库可以在 SWISS 2D-PAGE 或者 Proteome 2D-PAGE 数据库获得。

四、糖生物学中三维结构与分子动力学研究

糖蛋白或者糖结合蛋白的三维构象,可以从目前研究大分子三维结构最全的 PDB 数据库中获取。在 PDB 数据库中收录的蛋白结构主要是通过 X - 射线晶体衍射实验或者 NMR 方法获得。通常 X - 射线晶体衍射实验需要纯化结晶的蛋白质,而 NMR 需要通过蛋白质溶液获得,较之 X - 射线衍射方法,NMR 的精确程度更胜一筹。不过从开始分离一种蛋白质到最后获得三维结构,这一过程很可能比较漫长并且耗费精力,据估计,获得一个蛋白质三维结构平均花费在 10 万美元左右。总之,多种因素限制了蛋白质三维晶体数据的发掘,相比核酸序列或者氨基酸一级序列数据的增长非常缓慢。

对于小分子(如单糖或寡糖)的三维结构数据相对容易获取,例如获取一个两分子 α - D - Glc 组成的麦芽糖结构文件,可以在小分子结构数据库 CCSD(cambridge crystallographic structure database,剑桥晶体结构数据库)或者 ZINC 数据库搜索框输入麦芽糖英文名称“maltose”获取,或者利用一些专业的三维结构软件 chemdraw、SYBYL 等进行手动的绘制,并存成“. pdb”或“. mol2”格式进行下一步操作。事实

上,受益于糖生物信息学的发展,"glycoscience. de"网站提供了一种糖链构建服务"SWEET2"。来访者如果构建一条具有分支结构糖链,需要在 SWEET2 所提供的绘图输入框中输入单糖名称和成键方式即可,处理分支结构只用在所加载单糖位置上方或下方继续输入对应的单糖名称和成键方式提交之后,SWEET2 程序会自动地将库存的单糖模板按照指定的成键方式生成,经过 MM3 力场,分子优化生成数种常见格式的糖链三维结构文件。使用者可以通过 PYMOL、VMD 或 RasMol 等三维结构展示软件进行查看(见**彩图** 16 -3)。

对于糖链结构的分析,"glycoscience. de"网站还有其他的相关服务,例如研究两个单糖结构之间的拉马钱德兰图的"GlycoMap",以及分析糖链单糖间扭角的"GlycoTorsion"。进一步的工具包括了糖蛋白建模,如果访问者判断某种蛋白质具有 *N* - 糖链结构并希望建立一个糖蛋白模型,那么可以借助 GlycoProt。

20 世纪 50 年代,Alder 等人首先利用分子动力学(molecular dynamics, MD)研究了凝聚态系统的气体与液体,开创了计算机模拟真实分子的先河。在 70 年代 *Nature* 发表的有关结晶牛胰岛素研究的论文,第一次报道了关于蛋白质大分子的分子动力学模拟,将从事 MD 领域的科学家研究兴趣迅速转向到了大分子领域。近年来,随着计算机硬件技术的不断完善和 MD 配套理论体系和软件、算法以及力场文件的专业化,使得开展这类研究工作的门槛越来越低,也受到了更多生物信息工作者的青睐。

目前针对糖分子/糖蛋白有关的分子动力学模拟力场参数文件(carbohydrate force fields)有四大主要类型:CHARMM、GLYCAM、GROMOS 以及 OPLS-AA-SEI。在 AMBER 平台上的 GLYCAM 力场是应用最为广泛的一类,它是由美国佐治亚州立大学 CCRC 的 Woods Hukece 团队所开发优化。

通过对受体(糖结合蛋白)与配体(糖链)相互作用的 MD 模拟,可以了解糖结合蛋白与特异糖链之间的构象、作用键以及整体结合自由能,进一步研究复合物,有助于分子层面理解糖结合蛋白的作用机理。

在病毒侵染宿主的过程中,位于病毒包膜表面的一些蛋白在识别宿主的过程中发挥着糖结合蛋白的功能,例如艾滋病病毒的 gp120 蛋白和禽流感病毒的 HA 蛋白(见**彩图** 16 -4)。因此如何抑制这类蛋白对宿主的识别和结合,成为抗病毒药物的研究方向之一,这也促使大量的财力投向对糖结合蛋白的研究。在此研究过程中,计算机辅助药物设计(computer-aided drug design, CADD)成了抗病毒药物筛选的上游技术手段之一。具体工作中,首先探索靶蛋白的特定区域与一些分子的空间结构进行结合,随后虚拟筛选数据库(ZINC, SINC)中上百万的小分子配体进行虚拟筛选,最后优化出的小分子往往具有通过结合大分子功能区域而使得整个复合物的活性降低,从而达到抑制病毒侵染宿主的能力。例如抑制 HIV 蛋白水解酶的 Saquinavir 和抑制流感病毒神经氨酸酶的 Relenza 都是通过 CADD 技术筛选出来的。

第二节 糖组学研究主要网络平台

一、CFG 美国功能糖组学协会

http://www.functionalglycomics.org/

CFG(consortium for functional glycomics,功能糖组学协会)是由 NIH(national institutes of health,美国国立卫生研究院)下属的 NIGMS(national institute of general medical sciences,美国国立综合医学研究所)于 2001 年发起建立,是一所旨在研究蛋白与糖相互作用并如何调节细胞通讯的大型研究机构。

2006 年,CFG 与英国的自然出版集团(nature publishing group)合作建立了功能糖组学协会实验室站点,也就是功能糖组学门户(the functional glycomics gateway)。该网站提供了糖组学领域最新的进展,研究资源以及 CFG 的实验数据与数据库。

(一)网站布局

由 CFG 网站提供的免费资源包括了扫描的糖芯片和基因芯片结果、不同鼠系表型的分析、糖链结构库、试剂查询库以及数据分析工具等。一些实验结果产生的数据集被整合,并可以通过 CFG 中央数据库获取。此外,糖链结构、糖结合蛋白以及糖基转移酶等相关信息也可从网站中的专业数据库获取。随着越来越多的研究者加入到 CFG,他们公布的实验结果或者文章不断加大 CFG 的影响力。

如图 16-4 所示,进入 CFG 的网站中,可以看到三列排布的页面内容。在左边的导航内容中可以依次查询【最新更新(Functional Glycomics Update)】、【CFG 介绍】、【示例页面(CFG Paradigm Pages)】、【资源(resources)】、【数据(CFG data)】、【数据库(CFG databases)】、【与 CFG 有关的发表文章(CFG Published Articles & Newsletter)】以及与自然出版集团相关的链接。在网页中正中部分可以看到网站的简介,一个站内搜索引擎以及最新推荐的糖组学领域的文章。

(二)CFG 基本工作的组成

CFG 的网站是由一个管理部门和七个科研核心团队组成。这些科研核心团队提供众多实验数据,新颖的程序算法等。不同的团队所做的工作可以由表 16-1 大概了解,这些对应的信息可以从 CFG 主页的左侧导航条中的【Consortium for Functional Glycomics】中查询得到。

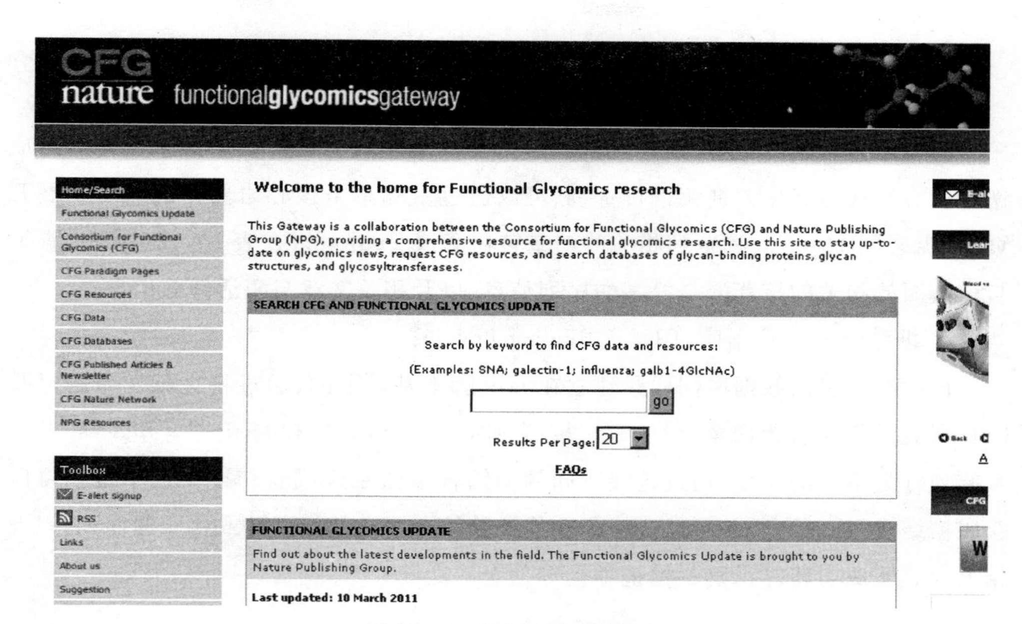

图 16－4 CFG 网站主界面

表 16－1 科研核心团队与相关工作介绍

核心团队	主要工作	进展与结果
生物信息学 Core(B)	• 编程算法的开发 • 建立专门数据库	• 糖结合蛋白数据库 • 糖链结构数据库
糖链分析 Core(C)	• 人或鼠的糖链结构分析 • 细胞系以及糖结合蛋白配体的研究	• 糖链分析
糖芯片合成 Core(D)	• 产生糖链的文库 • 为设计糖芯片产生修饰的糖链 • 产生重组的糖结合蛋白	• 糖类化合物的获得 • 糖结合蛋白的获得 • 抗体的获得
基因芯片 Core(E)	• 设计制备糖基因芯片 • 分析正常与样本的 mRNA 分析变化 • 从鼠组织中分离 RNA 进行基因表达分析	• 糖基因芯片分析 • 糖基因统计
转基因实验鼠 Core(F)	• 建立敲除掉糖结合蛋白或者糖基转移酶基因的小鼠 • 为 G 团队等提供转基因小鼠	• 统一实验鼠系时间轴 • 完成载体的设计 • 实验鼠系的分发
实验鼠表型 Core(G)	• 引导糖结合蛋白或糖基转移酶基因敲出实验鼠的表型分析	• 实验鼠表型时间轴统一 • 表型结果的分析
蛋白糖链的相互作用 Core(H)	• 分析糖结合蛋白的糖链特异性 • 为高通量扫描糖结合蛋白的特异性设计糖链芯片扫描格式	• 糖链芯片扫描的获取 • 糖芯片产生的数据

(三) CFG 的三大数据库

1. 糖酶数据库(Glyco Enzymes)

在糖酶数据库网页中,CFG 提供了一个 java 脚本支持的界面。如果需要对形成糖链核心岩藻糖基化的糖酶进行查询,可以通过鼠标单击核心岩藻糖进入一个展开页面(见彩图 16-5),浏览到相关的糖基转移酶情况,并可以在表 16-2 进一步查询与该基因的相关的核苷酸与氨基酸序列信息,以及相关文章与酶活性等信息。

2. 糖结合蛋白数据库(Glycan Binding Proteins)

该糖结合蛋白数据库同样是建立在 java 脚本基础上的,通过将文献发布的以及 CFG 研究的糖结合蛋白整合在一起,按照"C-type lectins"、"Galectins"、"Siglecs"等亚家族划分为不同的类型,通过选择不同的糖结合蛋白家族或者在搜索框中搜索可以获取糖结合蛋白信息,并可以进一步获得该糖结合蛋白的氨基酸或核苷酸序列,以及相关发表文章与特异识别的糖链结构等信息。

表 16-2　与核心岩藻糖基化相关的糖酶结果

<table>
<tr><td colspan="6">Glyco Enzymes</td></tr>
<tr><td colspan="6">N-Linked Core: complex</td></tr>
<tr><td colspan="6">Number of Results: 4 (with 2 distinct enzymes)</td></tr>
<tr><td>View Molecule Page</td><td>Protein Name</td><td>Family</td><td>SubType</td><td>Catalyzed Linkage</td><td>Species</td></tr>
<tr><td rowspan="2">gt_hum_605</td><td rowspan="2">Fucosyltransferase 8</td><td>N-linked</td><td>Hybrid</td><td>Fuc(a6) GlcNAc</td><td rowspan="2">Human (Homo sapiens)</td></tr>
<tr><td>N-linked</td><td>Complex</td><td>Fuc(a6) GlcNAc</td></tr>
<tr><td rowspan="2">gt_mou_615</td><td rowspan="2">Fucosyltransferase 8</td><td>N-linked</td><td>Hybrid</td><td>Fuc(a6) GlcNAc</td><td rowspan="2">Mouse (Mus musculus)</td></tr>
<tr><td>N-linked</td><td>Complex</td><td>Fuc(a6) GlcNAc</td></tr>
</table>

遗憾的是,该数据库在 2006 年之后没有更新,截至 2006 年报告糖结合蛋白共计约 175 种。

3. 糖链数据库(Glycan Database)

在 CFG 网站的糖链数据库中,共计有 7 500 余糖链条目,每个条目含有结构和化学信息等相关内容。这些糖链的信息来源包括了从最初的"CarbBank"数据库移植的糖链信息以及 Glycominds 公司的数据库,还有 CFG 的核心团队所获得的糖链数据信息。

来访者可以通过以下五种模式进行糖链结构的搜索:

（1）基于糖链的核心结构：在该搜索界面中选择糖链来源种类，例如 N - 糖链或者 O - 糖链等。点击对应的图区所代表的糖链核心结构，就可以进入下一层的搜索，通过在搜索结果中进一步精确设定最终得到目标糖链。在最终的结果信息中，包括了 CFG 符号命名法展示出糖链的二级结构、IUPAC 等数据库的编号与其他信息。

（2）基于相对分子质量的搜索：在一定的糖链相对分子质量的区间范围内进行搜索。

（3）基于单糖组成：按照糖链的单糖组成与单糖数量进行搜索。

（4）Linear nomenclature：根据 IUPAC 或者 linear code 的命名法则进行搜索。

（5）多重搜索：相当于上述四种搜索方法的综合，对于有明确目标的糖链进行搜索，可以达到事半功倍的效果。

二、KEGG 日本东京基因与基因组百科全书

http://www.kegg.com/

KEGG（Kyoto encyclopedia of genes and genomes，东京基因与基因组百科全书）是后基因组时代一个集大成的数据库网站。后基因时代的一个重大挑战是利用计算机技术对高层次和复杂细胞活动及生物行为进行诠释。为了满足这一要求，人们在相关知识基础上建立了这个网络预测与计算的平台。

1995 年 5 月，由日本文部科学省发起建立了 KEGG 数据库。经过了十余年的发展，数据库的规模不断地扩大，其应用价值也得到了广泛认可。数据库的维护人员不定期地根据最近出版的一些学术论文和生物学实验得到的数据对该数据库进行更新，以保证数据库的信息与最新的科研成果保持同步。

在 KEGG 的网站中所囊括的子数据库以及相关介绍参见表 16 - 3。

表 16 - 3　KEGG 各个子数据库的名称与基本功能

分类	子数据库名称	相关内容
生物系统信息	KEGG PATHWAY	人工创建的生物体内代谢反应通路图
	KEGGBRITE	基于实验结果推测的功能层级关系
	KEGG MODULE	根据代谢通路或者复合物特点等划分的功能单元
	KEGG DISEASE	收集了目前已知某些疾病与基因或者其他分子关系的数据库
	KEGG DRUG	收集了日本、美国、欧盟等国家和地区报道的一些药物的化学结构与相关信息
	KEGG EDRUG	有关天然药物以及其他自然产物的化学组成与相关信息

续表

分类	子数据库名称	相关内容
基因组信息	KEGG ORTHOLOGY	基于 KEGG PATHWAY 与 KEGG BRITE 系统建立的 KEGG Orthology 数据库,功能类似 GO 数据库
	KEGG GENOME	基于 RefSeq 与其他公共资源建立起来的基因组图以及生物信息
	KEGG GENES	基于 RefSeq 与其他公共资源建立的手工注释全基因组基因分类
	KEGG SSDB	序列相似性以及结构数据库
	KEGG DGENES	利用网络资源建立基因组草图自动注释的基因分类
	KEGG EGENES	基于 dbEST 数据库的 EST 数据基因分类
化学信息	KEGG COMPOUND	手工录入的化学复合物
	KEGG GLYCAN	与糖链相关的研究
	KEGG REACTION	基于 ENZYME 和 PATHWAY 研究的化学反应
	KEGG RPAIR	基于 KEGG REACTION 研究的有关化学结构转化的模式
	KEGG RCLASS	基于 KEGG RPAIR 化学结构转化模式的反应分类
	KEGG ENZYME	由 KEGG 通过 ExplorEnz 进行的酶的系统命名法

(一) KEGG GLYCAN 中的资源

KEGG GLYCAN 是收集了有实验结论支持的糖链结构数据库。它继承了 CarbBank 数据库的所有糖链结构,基本涵盖了最新文献报道的和 KEGG pathway 中所涉及的糖链结构。在该数据库中,每一个结构都有对应的"G number"。

相比手工绘制的 KEGG 结构图,CSM(composite structure map,综合结构图)是根据一定算法,由计算机运算产生出所有可能的结构图形。CSM 可以用于检验由全基因或者转基因组推测出的结构信息。如**彩图** 16-6 所示,进入"KEGG GLYCAN composite structure map "页面,可以根据已知的部分信息从树状图中选择相应的单糖位置,进行精确或模糊搜索。

(二) KEGG Pathway Maps for Glycans

KEGG 数据库特色内容之一。生物系统中,生物分子相互作用所组成的代谢通路一直是国际上的热门研究领域之一,有关糖链的合成与代谢的通路是了解生物体内糖链形成过程的重要手段,甚至可以认为是一把破解"糖密码"的钥匙。

KEGG pathway 中糖链合成与代谢所涉及的酶分子代谢调控,一般用两种方法表示:一种称为通路图(KEGG pathway maps);另一种称为结构注释图(structure map),

按照糖链结构不同的成键方式进行标注。例如,在 KEGG pathway 数据库中,编号 map00513 涉及酵母高甘露糖型 *N* - 糖链分别用 pathway map 与 structure map 表示效果如图16 - 5,鼠标放在单糖间或基因上就可以看到相应的信息。

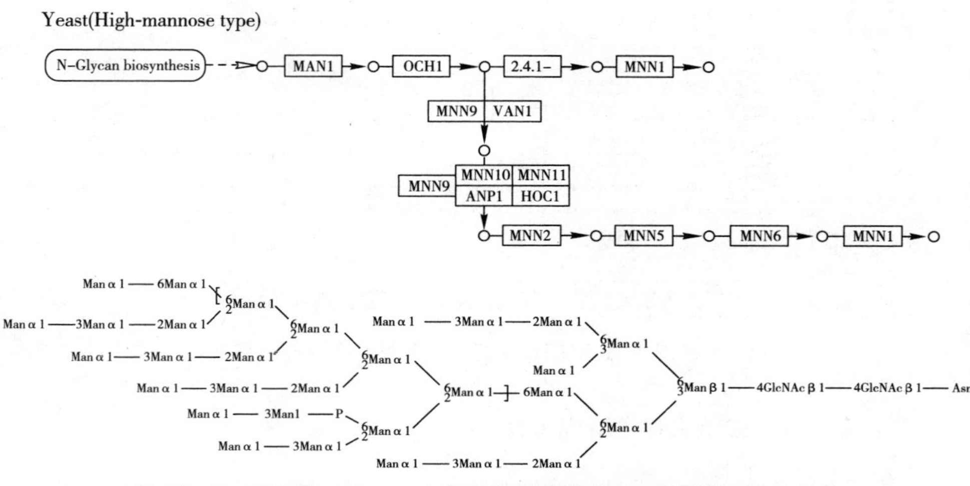

图 16 - 5 KEGG pathway 中代表高甘露糖型 *N* - 聚糖的通路与结构

(三)糖基转移酶与糖结合蛋白基因数据库

KO(KEGG orthology,KEGG 本体)分类系统是用来定义基因或者蛋白功能的一种方法。在一定实验证据的基础上定义的 KO 分类,对了解生物体的基因功能大有帮助。在 KEGG 的 KO 系统中,通常每项收录内容被委以"K"编号,糖基转移酶基因属于具有特定底物的一大类家族,因此在 KO 系统中也有相应的分类。

在 KEGG 数据库中对糖基转移酶的研究内容呈现,主要通过两种具体链接展开。一种是根据 KO 分类系统的层级关系,糖基转移酶被划分为涉及(参与)9 种糖链形成的过程,即 *N* - 糖链的合成、*O* - 糖链的合成、GPI 锚定的合成、糖脂的合成、糖链的延伸结构、末端的延伸结构、多糖链、其他以及未定义相关内容,如图 16 - 6 所示。还有一种是基于参与形成不同糖链通路图的基因展开介绍,网站中被称为"KEGG Orthology(KO)groups for glycosyltransferases"。

不同类型的糖结合蛋白根据 KEGG BRITE 中功能的层级关系同样也按照"K"编码系统被组织成若干家族。展开 KEGG 中介绍的糖结合蛋白的 KO 系统,可以看到糖结合蛋白被划分为 9 种类型,即 C 型凝集素、I 型凝集素(选凝素)、L 型凝集素、M 型凝集素、P 型凝集素、S 型凝集素(半乳凝素)、钙连蛋白(钙网织蛋白)、F-box 凝集素、Ficolins。

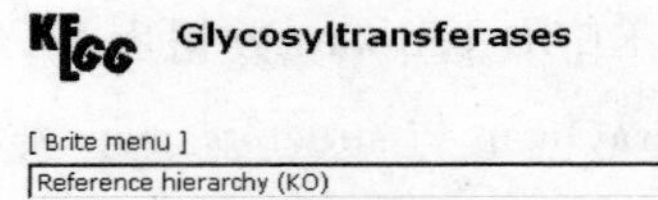
Glycosyltransferases
[Brite menu]
Reference hierarchy (KO)
Go
Linkage
N-Glycan biosynthesis
Dol-linked oligosaccharide
K01001 ALG7; UDP-N-acetylglucosamine--dolichyl-phosphate N-acetylglucosaminephosphotransferas GlcNAc a1- PP-Dol
K07432 ALG13; beta-1,4-N-acetylglucosaminyltransferase [EC:2.4.1.141] GlcNAc b1-4 GlcNAc
K07441 ALG14; beta-1,4-N-acetylglucosaminyltransferase [EC:2.4.1.141] GlcNAc b1-4 GlcNAc
K03842 ALG1; beta-1,4-mannosyltransferase [EC:2.4.1.142] Man b1-4 GlcNAc
K03843 ALG2; alpha-1,3/alpha-1,6-mannosyltransferase [EC:2.4.1.132 2.4.1.-] Man a1-3 Man
K03844 ALG11; alpha-1,2-mannosyltransferase [EC:2.4.1.-] Man a1-2 Man
K03845 ALG3; alpha-1,3-mannosyltransferase [EC:2.4.1.130] Man a1-3 Man
K03847 ALG12; alpha-1,6-mannosyltransferase [EC:2.4.1.130] Man a1-6 Man
K03846 ALG9; alpha-1,2-mannosyltransferase [EC:2.4.1.-] Man a1-2 Man
K00729 ALG5; dolichyl-phosphate beta-glucosyltransferase [EC:2.4.1.117] Glc b1- P-Dol
K03848 ALG6; alpha-1,3-glucosyltransferase [EC:2.4.1.-] Glc a1-3 Man
K03849 ALG8; alpha-1,3-glucosyltransferase [EC:2.4.1.-] Glc a1-3 Glc
K03850 ALG10; alpha-1,2-glucosyltransferase [EC:2.4.1.-] Glc a1-2 Glc
N-linked oligosaccharide
K07151 STT3; dolichyl-diphosphooligosaccharide--protein glycosyltransferase [EC:2.4.1.119] GlcNAc b1- Asn
Dol-P-Man biosyntheisis
K00721 DPM1; dolichol-phosphate mannosyltransferase [EC:2.4.1.83] Man b1- P-Dol
O-Glycan biosynthesis
Mucin-type (GalNAc a1- Ser/Thr)
K00710 GALNT; polypeptide N-acetylgalactosaminyltransferase [EC:2.4.1.41] GalNAc a1- Ser/Thr
O-linked GlcNAc type (GlcNAc b1- Ser/Thr)
K09667 OGT; polypeptide N-acetylglucosaminyltransferase [EC:2.4.1.-] GlcNAc b1- Ser/Thr
K13666 OGNT; UDP-GlcNAc:polypeptide alpha-N-acetylglucosaminyltransferase [EC:2.4.1.-] GlcNAc a1- Thr
K12244 GNT1; [Skp1-protein]-hydroxyproline N-acetylglucosaminyltransferase [EC:2.4.1.229] GlcNAc a1- HyPro
Glycosaminoglycan (Xyl b1- Ser/Thr)

图 16 -6　KEGG 按照 BRITE 功能层级关系收录的部分糖基转移酶

（四）其他的一些糖生物学研究工具

1. KCaM 搜索工具

KCaM 是一个糖链结构的数据库搜索程序，以 KEGG GLYCAN 或者 CarbBank 为搜索对象进行使用。KCaM 的搜索界面如图 16 -7 所示，搜索到的糖链结果可以通过 KegDraw 工具呈现。

KCaM Search
Exact match
Approximate match
KEGG2
Compute
Clear
Enter query glycan: (in one of the three forms)
Glycan ID
(Example) G00021
View structure
KCF File Name
浏览...
KCF File Text
Select target database:
KEGG GLYCAN
CarbBank
Select option:
Global search
Local search

图 16 -7　KCaM 搜索界面

在 KCaM 搜索页面中，输入需要搜索的糖链信息，如 glycan ID 编号或者 KCF 文件，随后进行搜索数据库对象和搜索方式等选择进行运算。网站会给出按照糖链相似性打分从高到低的一系列搜索结果，选择其中的匹配结果，可以从进一步的结果中查找相关的信息。

2. KegDraw 工具

如图 16－8 所示，KegDraw 是一个可以脱机进行化学复合物结构（包括糖链结构）绘制的 java 程序，类似 ChemDraw 软件。它可以在 Mac、Windows 或者 Linux 系统下运行，目前免费使用。KegDraw 也可以通过手工绘制糖链的精确或模糊结构，随后利用软件内嵌式搜索相似性程序进行联网式 KCaM 搜索，并找到相应的结果。

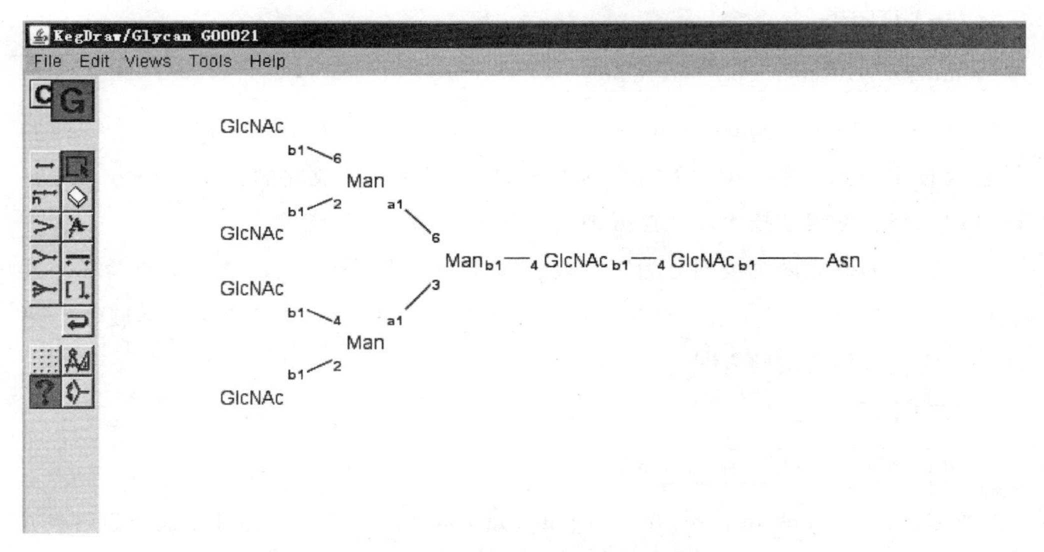

图 16－8　KegDraw 软件使用界面

三、CCRC 美国复合糖研究中心

http://www.ccrc.uga.edu/

在众多的生命现象中，糖链分子扮演着极其重要作用的证据越来越多。随着研究深入与内容扩展，有关糖生物学技术的发展、仪器培训以及各学科专业知识的整合都需要一个平台进行协调服务。在此背景下，受到 NIH 下属 NCRR（national center for research resources）赞助的 CCRC（the complex carbohydrate research center，复合碳水化合物研究中心）于 1995 年 9 月在美国的佐治亚大学成立，以满足日益增长有关复合糖结构与功能研究的需求。

CCRC 目前的研究群体主要是由 18 个学术团体组成，涵盖了植物、微生物和动物的复合糖结构与功能，寄主与宿主的相互作用等领域。这些团体通过使用质谱、核磁共振、计算机建模、分子生物学以及免疫细胞化学等先进的分析技术手段进行科学研究,并将工作结果汇总在 CCRC 的网站中。

在 CCRC 网站中提供了一些定期技术服务,这些服务包括了为科研院所或者企业单位进行糖链的合成与分析,也为一些从事从动、植物以及微生物糖化合物研究的科研工作者提供技术支持。CCRC 同时也为研究生、博士后等研究工作者提供一些包括了原理、方法、分析技术等方面的培训,有关内容可以通过网站的"training"中看到最新的介绍。

在 CCRC 的平台下,还有很多参与实验室的独立网站。这些网站有些并没有在 CCRC 的相关链接中出现,但是也具有重要的参考价值。

(一) ITRBG

http://glycomics.ccrc.uga.edu/

ITRBG(the integrated technology resource for biomedical glycomics,生物医学糖组学整合技术资源)是在 NCRR 的赞助下于 2004 年建立。成立的目的就是为了发展改进用于细胞糖组学技术以及挖掘细胞干细胞分化时的标记物。

该团队的研究内容被划分为四大核心部分:干细胞平台,蛋白质组学与糖缀合物分析,转录组分析以及生物信息学。该子页面提供了 ITRBG 在上述四个领域收集到的一些实验数据与实验方案。

(二) RIG

http://glycotech.ccrc.uga.edu/

RIG(the research resource for integrated glycotechnology,整合糖技术研究资源)团队包括了三个方向的专家学者:Geert-Jan Boons 教授领导的配体鉴定与合成,Kelley Moremen 教授领导的细胞融合和 James Prestegard 教授领导的 GAG(糖胺聚糖) - 蛋白复合物结构研究。

在该网站所提供的自行或合作开发的研究资源与工具,主要与结构生物信息学密切相关。

GLYCAM:GlycaM 是专门针对糖链结构的一系列力场参数文件,可以作为专用力场移植到 AMBER 软件进行分子动力学(molecular dynamic,MD)模拟。Robert J Woods 的团队开发了可视化的建模程序,来访者可建立所需要加工的蛋白质的糖基化三维分子。

REDCAT:(residual dipolar coupling analysis too,残留偶极偶合分析工具)是一种只能在 LINUX 或 MAC 系统进行分析的软件工具。该软件可以通过 GUI 或者输入命令行的操作方式进行计算。

XRambo：是从 NMR 数据中提取相关参数的工具，该程序利用 MMC（metropolis monte carlo）算法取样分析贝叶斯误差（bayesian error）和参数估值（parameter estimation），适用于比较细微差别和高精确测量的研究。该软件最初只是在 Linux 平台上通过 GUI 或者命令行操作，但现在也有 Java 版本（JRambo）。

四、GLYCOSCIENCES. de 德国糖科学

http://www.glycosciences.de

"GLYCOSCIENCES. de"（德国糖科学）网站的服务器位于德国吉森大学（justus-liebig university giessen）。在糖组学研究的过程中，该实验室网站开发出大量糖组学的生物信息学工具与数据库。事实上，GLYCOSCIENCES. de 也加入到了 CFG 统筹的项目中，网站开发的众多应用程序和数据库也受到了德国的"subject oriented networks"项目的资金支持。

GLYCOSCIENCES. de 项目最早始于 20 世纪 90 年代，德国癌症研究中心（Deutsches Krebsforschungszentrum，DKFZ）的 Willi von der Lieth 主持的糖相关数据库与工具的研究开发。SWEET 程序和后继的 SWEET2 在线程序成为最早基于网页基础的糖分子三维结构建模工具。

20 世纪 90 年代的 SWEET 项目从最早的糖链结构数据库 CarbBank/Complex Carbohydrate Structure Database 进行糖链数据的研究和三维模型的建立。数据库的更新采用了 SugaBase 数据库的 NMR 实验数据，并手工收录了后来文献报道的一些 NMR 数据。另外，SWEET 数据库项目还加入了 PDB（protein data bank）数据库中的糖类信息。

然而在 2007 年 11 月 Willi von der Lieth 突然离世之后，DKFZ 一度停止了对该项目的资金支持。之后，由 Thomas Lütteke 教授主持的 GLYCOSCIENCES. de 重新发展起来，并发展出了更多优秀的数据库与研究工具。

（一）GLYCOSCIENCES. de 中的数据库

GLYCOSCIENCES. de 数据库内容涵盖了文献学、糖结构、NMR 数据、MS 数据以及 PDB 数据这五大领域。

表 16－4 收录在 GLYCOSCIENCE. de 中的条目数量（截至 2011 年 6 月）

数据类型	数据库条目	数据类型	数据库条目
Different Structures	24 271	PDB entries with *O*-glycans PDB	141
Different Sugar Structures 糖结构	14 857	PDB entries with ligands PDB	2 588

续表

数据类型	数据库条目	数据类型	数据库条目
N-Glycans 糖/MS 结构	3 415	1HNMR-Shifts NMR 数据	27 844
O-Glycans 糖/MS 结构	505	13NMR-Shifts NMR 数据	14 968
Glycolipids 糖/MS 结构	560	Conformational Maps	2 585
PDB entries with glyco-relevant data PDB	4 653	Literature References 文献学	8 227
PDB entries with *N*-glycans PDB	2 303		

1. 文献数据库

在 GLYCOSCIENCES. de 的文献数据库中，所含的条目基本只与糖生物学相关，相比 NCBI 的 pubmed 还是略显不足，而且该网站的搜索引擎技术并不先进。不过从网站的搜索结果中，一般可以显示文章中所涉及的糖链结构，这也是该文献数据库的主要特色。此外，每个结果还有指向 Pubmed 和 subito 的链接。

在文献数据库中，目前可以按照作者名称或者论文题目进行精确或者模糊搜索。该数据库还提供高级搜索功能，来访者可以输入杂志名称、发表年月、页码或者 pubmed ID 和 Linucs ID（GLYCOSCIENCES. de 的糖链命名数据法）等方式进行搜索。

2. 糖结构数据库

对于糖链结构的获取，来访者可以通过结构搜索、原子构成搜索以及单糖组成等方式进行搜索（如图 16－9）。糖链结构还可以按照 CarbBank 的分类以及 *N*－糖链具体性质进行分类方式搜索。

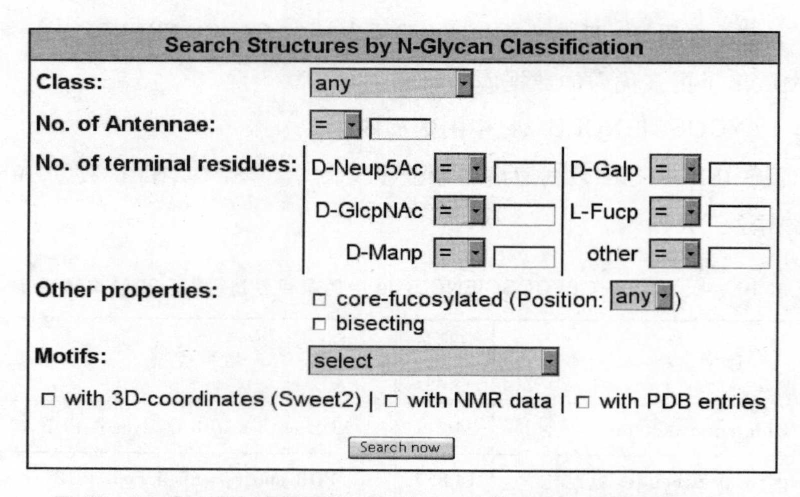

图 16－9　GLYCOSCIENCE. de 基于 *N*－糖链分类的糖链搜索界面

3. NMR 与 MS 数据库

GLYCOSCIENCES. de 提供了不同来源的 NMR 与 MS 实验结果。NMR 数据库的搜索方式有基于原子、峰形和偏估法(shift estimation),MS 数据库搜索方式有 glyco-search-ms 和 profiling 两种。

4. PDB 数据库

GLYCOSCIENCES. de 的 PDB 数据库是在美国布鲁克海文国家实验室管理的 PDB(protein data bank)数据库已有资源的基础上建立。而 GLYCOSCIENCES. de 的主要特色是对糖链相关的蛋白三维结构进行了更好的注释与修正。

(二) GLYCOSCIENCES. de 的建模系统

1. SWEET2

对于糖链建模的方法,SWEET2 可以通过三种渠道实现:工作区下拉菜单选择单糖与糖苷键类型;在工作区文字框中按照糖链结构填写单糖种类和糖苷键类型;在工作区粘贴构建糖链序列。之后 SWEET2 程序会分析单糖种类与糖苷键类型,并将之转换为一种可以机读的线性字符串。计算机程序利用预先构建的单糖分子三维结构模板并通过力场优化进行糖链的构建,并最终可以输出包括“. pdb”在内多种格式。

2. GlycoMaps DB

GlycoMaps DB 是一个研究两种单糖以不同糖苷键所形成的构象图的体系。通过数据库搜索界面提供下拉菜单,可以选择单糖和糖苷键的种类,在生成的类似拉马钱德兰图(Ramachandran plot)的结果中可以分析单糖间扭角(见**彩图** 16-7)。

3. PDB2MultiGif

浏览器或者电脑配置的不同可能会因为没有专业的插件而无法显示三维蛋白结构。为此,PDB2MultiGif 提供了一个在线工具可以将 PDB 结构通过参数设定生成 GIF 格式的动画图片。而“Gif”文件格式在不同配置中均具有良好的兼容性。

4. GlyProt

GlyProt 是一个蛋白糖基化的建模工具。如果访问者判断某种蛋白质具有糖链结构并希望建立一个糖结合蛋白模型,那么可以按照下列步骤进行糖蛋白的构建:首先提交一个蛋白质三维结构或者输入蛋白质在 PDB 数据库的编号,提交后的网站后台会自动判断出潜在的糖基化位点,并根据糖基化位点是否被“包埋”而剔去不合格的位点。来访者可以根据提示的内容,在某个具体的糖基化位点添加简单或者复杂的糖链结构。最终生成一个经过力场优化的糖蛋白分子。不过遗憾的是受限于 O-糖基化位点的不确定性,该程序只适用于对 N-糖链糖蛋白的构建。

(三) 相关工具

1. 糖结构相关工具

(1) PDB-care。一项最新的研究结果显示,PDB 数据库中大概有 30% 含糖链的结果存在信息错误。为了在未来的研究中降低错误率,PDB-care 提供了一种校准方式,它可以检测并校正出 PDB 文件中糖链发生的错误。

(2) CARP。通过 PDB 文件中糖链单糖形成的角度生成类似拉马钱德兰点图。"拉马钱德兰点图"是指将蛋白质碳骨架扭角间以点图的形式综合在一起显示的图形,通常用来评估蛋白质三维结构的质量。对糖链结构而言,连接的角度可以用类似的方法评估。糖苷键扭角的 Φ/Ψ 值主要取决于形成糖苷键的两个单糖类型,也与糖苷键的类型有关。

(3) PDB2 LINUCS。可以自动抓取 PDB 文件中的糖链信息,并将其转换为线性的 LINUCS 注解格式。

2. 统计分析工具

(1) GlyVicinity。该工具对位于糖链所处空间附近的氨基酸进行研究统计。除了位于糖基化位点的序列临近区域的氨基酸外,糖链周围空间中的氨基酸残基也可能对糖链功能有所影响。后者通常在糖结合蛋白中具有特征序列。GlyVicinty 可以利用 PDB 文件比较糖链空间周围氨基酸类型,并且可以从原子层面阐述蛋白和糖链作用关系。

(2) GlyTorsion。从 PDB 数据库中对糖链扭角进行统计学分析。糖链结构主要的特征之一是其连接扭角。通过 PBD2 LINUCS 的帮助,可获得来自 PDB 文件中糖链结构所展现的糖链扭角信息,并展示除连接扭角,同样包含了环或 omega 扭角、*N*-乙酰基团的扭角、糖苷键天冬酰胺残基与侧链的扭角等众多信息。

(3) GlySeq。GlySeq 致力于糖基化位点周围序列的统计分析。GlySeq 是一种可以通过检测 Swiss-Prot 或者 PDB 数据库中非冗余氨基酸序列中糖基化位点前后若干数目残基进行统计的工具。

3. 糖链表示相关工具

(1) LINUCS。以线性字符串描述糖链结构的一种注释方法。该系统将需要转换的糖链,通过提交结构文件而自动生成相应的描述内容。

(2) LiGraph。可以通过提交 LINUCS 格式的糖链序列等方法,生成一个用图示法表示出的二级结构。

五、CAZy 法国糖活性酶数据库

www. cazy. org

CAZy(carbohydrate-active enzymes,糖活性酶)数据库成立于 1998 年,专门收集糖相关基因有关的基因分析、结构以及生物化学活性等研究资源。其创建者是来自法国马赛 AFMB 的糖基因组团队。

CAZy 数据库收录的糖基因数据通过两种方式归类:一种方式是基于 IUPAC 按照底物功能等划分的 EC 酶系统;另一种方式是由 CAZy 数据库对糖基因按照一定的序列相似性序划分的糖基因家族。两种方式收录的糖基因交叉重复,便于访问者从不同方面进行理解。作为一个二级数据库,CAZy 数据库的更新与 GenBank 同步。

CAZy 数据库希望将不同生物体内所有与糖链合成,代谢修饰相关的基因囊括其中。目前收录的这些基因按照反应方式不同分为四大类型:糖苷键水解酶(glycoside hydrolases,GHs),糖基转移酶(glycosyltransferase,GTs),多糖裂解酶(polysaccharide lyases,PLs)和糖脂酶(carbohydrate esterases,CEs)。此外,CAZy 是糖组学一个热门研究领域:糖结合分子也有专门的数据库(Carbohydrate-Binding Module),来访者可以进入这五个子数据库进行关键词句的搜索,也可以按照 CAZy 所划分每种基因的亚家族以及 IUPAC 所划分的 EC 编号进行直接浏览。

六、CBS Prediction Servers 丹麦生物序列分析中心

http://www.cbs.dtu.dk/services/

丹麦技术大学(the technical university of Denmark)的生物序列分析中心(the Center for Biological Ssequence analysis,CBS)成立于 1993 年,致力于生物信息学和系统生物学方向。该研究中心有众多从事分子生物学、生物化学、物理学以及计算科学的工作者进行多学科的研究工作,目前 CBS 是欧洲最大的生物信息学研究团体之一。

由 CBS 开发的一系列生物信息学分析工具可以在线获取其中针对糖组学的研究工具也发挥着重要的作用。糖组学相关的软件被分类在研究蛋白质翻译后修饰的类别中,涵盖了各种糖基化位点的预测(见表 16-5)。这些软件可以通过网页在线提交或者下载在本地电脑上进行脱机运行。

通常,在蛋白质 *N*-糖链发生的位点有一个基本序列,即“Asn-X-Tyr/Ser”,一般的糖基化预测程序只能通过搜索序列中这样的共有序列推测 *N*-糖链潜在位点。事实上,随着蛋白质构象的变化或者细胞融合等原因,并不是所有潜在糖基化位点都会出现糖链。随着人工神经网络概念的引入,根据人为设定的参数和训练系统的加入,对于真实发生糖基化的位点预测的准确率越来越高,有报道甚至可达到 90% 以上。

表 16－5　CBS 网站所提供与糖组学研究领域相关的预测服务(截至 2011 年 5 月 30 日)

DictyOGlyc 1.1 Server	利用神经网络预测盘基网柄菌蛋白系统中 GlcNAc *O*－糖基化位点
NetCGlyc 1.0 Server	利用神经网络预测哺乳动物蛋白中 C 型甘露糖基化位点
NetNGlyc 1.0 Server	利用神经网络在人类蛋白中检测 Asn-X-Ser/Thr 共有序列,预测 *N*－糖基化位点
NetOGlyc 3.1 Server	利用神经网络预测哺乳动物中黏蛋白型 GalNAc *O*－糖基化位点
NetGlycate 1.0 Server	预测赖氨酸残基 ε 氨基基团加糖作用
YinOYang 1.2	"阴阳"(Yin-Yang)预测针对真核蛋白序列中 β-GlcNAc 连接位点

以预测 *N*－糖链位点的 NetNGlyc 服务页面为例,来访者在图 16－10 所示的文本框输入蛋白质的氨基酸序列,或者通过浏览按钮载入氨基酸 fasta 格式文件,还可以输入 Swiss-Prot 数据库中的基因 ID 进行载入。完成提交之后,可以从网站的预测结果进行进一步评估。

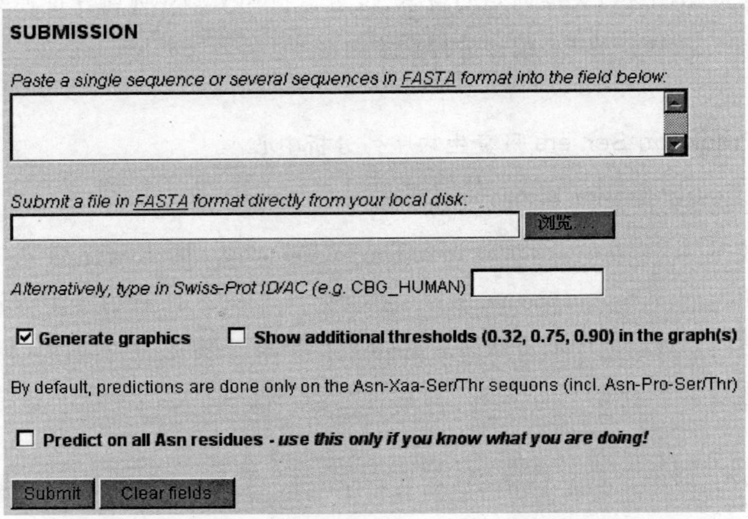

图 16－10　NetNGlyc 预测 *N*－糖基化位点的程序界面

■ 参考文献

1. Fadda E, Woods RJ. Molecular simulations of carbohydrates and protein—carbohydrate interactions: motivation, issues and prospects. Drug Discov Today, 2010, 15: 596－609.
2. Cantarel BL, Coutinho PM, Rancurel C, *et al.* The Carbohydrate-Active EnZymes database (CAZy): An expert resource for Glycogenomics. Nucleic Acids Res, 2009, 37: D233－D238.

3. Ranzinger R, Herget S, Wetter T, *et al.* GlycomeDB-integration of open-access carbohydrate structure databases. BMC Bioinformatics, 2008, 9:384.
4. Nakagawa T, Miyoshi E, Yakushijin T, *et al.* Glycomic analysis of alpha-fetoprotein L3 in hepatoma cell lines and hepatocellular carcinoma patients. J Proteome Res, 2008, 7(6):2 222－2 233.
5. Werz DB, Ranzinger R, Herget S, *et al.* Exploring the structural diversity of mammalian carbohydrates("glycospace") by statistical databank analysis. ACS Chem Biol, 2007, 2:685－691.
6. Lütteke T, Bohne-Lang A, Loss A, *et al.* GLYCOSCIENCES. de:an Internet portal to support glycomics and glycobiology research. Glycobiology, 2006, 16:71－81.
7. Hashimoto K, Kawano S, Goto S, *et al.* A global representation of the carbohydrate structures:a tool for the analysis of glycan. Genome Informatics, 2005, 16(1):214－222.
8. 孙士生,王秦哲,李铮. 流感病毒糖蛋白糖链的作用和功能研究. 中国科学:化学,2011,41(3):424－432.

附　录

一、糖基因列表

类别	通用名称	NCBI 收录号
Glycan-transferase	A4GALT[alpha-1 ,4-galactosyltransferase]	NM_017436
Glycan-transferase	A4GNT[alpha -1 ,4-N-acetylglucosaminyltransferase]	NM_016161
Glycan-transferase	ABO [transferase A, alpha-1, 3-N-acetylgalactosaminyltransferase ; transferase B, alpha 1 ,3-galactosyltransferase]	NM_020469
Glycan-transferase	ALG1 [chitobiosyldiphosphodolichol beta-mannosyltransferase]	NM_019109
Glycan-transferase	ALG10 [asparagine-linked glycosylation 10 homolog]	NM_032834
Glycan-transferase	ALG10B [asparagine-linked glycosylation 10 homolog B]	NM_001013620
Glycan-transferase	ALG11 [alpha-1 ,2-mannosyltransferase]	NM_001004127
Glycan-transferase	ALG12 [alpha-1 ,6-mannosyltransferase]	NM_024105
Glycan-transferase	ALG13 [asparagine-linked glycosylation 13]	NM_018466
Glycan-transferase	ALG14 [asparagine-linked glycosylation 14 homolog]	NM_144988
Glycan-transferase	ALG2 [alpha-1 ,3/1 ,6-mannosyltransferase]	NM_033087
Glycan-transferase	ALG3 [alpha-1 ,3- mannosyltransferase]	NM_005787
Glycan-transferase	ALG5 [asparagine-linked glycosylation 5 homolog]	NM_013338
Glycan-transferase	ALG6 [asparagine-linked glycosylation 6 homolog]	NM_013339
Glycan-transferase	ALG7 [dolichyl-phosphate N-acetylglucosaminephosphotransferase 1]	NM_001382
Glycan-transferase	ALG8 [asparagine-linked glycosylation 8 homolog]	NM_024079
Glycan-transferase	ALG9 [alpha-1 ,2-mannosyltransferase]	NM_024740
Glycan-transferase	B3GALNT1 [beta-1 ,3-N-acetylgalactosaminyltransferase 1]	NM_033169
Glycan-transferase	B3GALNT2 [beta-1 ,3-N-acetylgalactosaminyltransferase 2]	NM_152490
Glycan-transferase	B3GALT1 [betaGlcNAc beta 1 ,3-galactosyltransferase, polypeptide 1]	NM_020981
Glycan-transferase	B3GALT2 [betaGlcNAc beta 1 ,3-galactosyltransferase, polypeptide 2]	NM_003783
Glycan-transferase	B3GALT5 [betaGlcNAc beta-1 ,3-galactosyltransferase, polypeptide 5]	NM_033172

续表

类别	通用名称	NCBI 收录号
Glycan-transferase	B3GALT6[betaGal beta-1,3-galactosyltransferase polypeptide 6]	NM_080605
Glycan-transferase	B3GAT1[beta-1,3-glucuronyltransferase 1]	NM_018644
Glycan-transferase	B3GAT2[beta-1,3-glucuronyltransferase 2]	NM_080742
Glycan-transferase	B3GAT3[beta-1,3-glucuronyltransferase 3]	NM_012200
Glycan-transferase	B3GNT1[betaGal beta-1,3-N-acetylglucosaminyltransferase 1]	NM_006876
Glycan-transferase	B3GNT2[betaGal beta-1,3-N-acetylglucosaminyltransferase 2]	NM_006577
Glycan-transferase	B3GNT3[betaGal beta-1,3-N-acetylglucosaminyltransferase 3]	NM_014256
Glycan-transferase	B3GNT4[UDP-GlcNAc: betaGal beta-1, 3-N-acetylglucosaminyltransferase 4]	NM_030765
Glycan-transferase	B3GNT5[betaGal beta-1,3-N-acetylglucosaminyltransferase 5]	NM_032047
Glycan-transferase	B3GNT6[betaGal beta-1,3-N-acetylglucosaminyltransferase 6]	NM_138706
Glycan-transferase	B3GNT7[betaGal beta-1,3-N-acetylglucosaminyltransferase 7]	NM_145236
Glycan-transferase	B3GNT8[betaGal beta-1,3-N-acetylglucosaminyltransferase 8]	NM_198540
Glycan-transferase	B4GALNT2[beta-1,4-N-acetyl-galactosaminyltransferase 2]	NM_153446
Glycan-transferase	B4GALNT3[beta-1,4-N-acetyl-galactosaminyltransferase3]	NM_173593
Glycan-transferase	B4GALNT4[beta-1,4-N-acetyl-galactosaminyltransferase 4]	NM_178537
Glycan-transferase	B4GALT1[betaGlcNAc beta-1, 4- galactosyltransferase, polypeptide 1]	NM_001497
Glycan-transferase	B4GALT2[betaGlcNAc beta-1, 4- galactosyltransferase, polypeptide 2]	NM_003780
Glycan-transferase	B4GALT3[betaGlcNAc beta-1, 4- galactosyltransferase, polypeptide 3]	NM_003779
Glycan-transferase	B4GALT4[betaGlcNAc beta-1, 4- galactosyltransferase, polypeptide 4]	NM_003778
Glycan-transferase	B4GALT5[betaGlcNAc beta-1, 4- galactosyltransferase, polypeptide 5]	NM_004776
Glycan-transferase	B4GALT7[xylosylproteinbeta 1,4-galactosyltransferase 7]	NM_007255
Glycan-transferase	C1GALT1[core1 synthase, glycoprotein-N-acetylgalactosamine3-beta-galactosyltransferase,1]	NM_020156
Glycan-transferase	C1GALT1C1[C1GALT1-specific chaperone 1]	NM_001011551
Glycan-transferase	ChGn[CSGalNAcT1/ChGalNAcT1;chondroitin beta-1,4]	NM_018371
Glycan-transferase	CHPF[chondroitin polymerizing factor]	NM_024536
Glycan-transferase	CHSY1[carbohydrate (chondroitin) synthase 1]	NM_014918

续表

类别	通用名称	NCBI 收录号
Glycan-transferase	CHSY-2[chondroitin sulfate synthase 3]	NM_175856
Glycan-transferase	CSGlcA-T[chondroitin sulfate glucuronyltransferase]	NM_019015
Glycan-transferase	DAD 1[defender against cell death 1]	NM_001344
Glycan-transferase	DDOST [dolichyl-diphospho oligosaccharide-protein glycosyl-transferase]	NM_005216
Glycan-transferase	DPM1[dolichyl-phosphate mannosyltransferase polypeptide 1]	NM_003859
Glycan-transferase	DPM3[dolichyl-phosphate mannosyltransferase polypeptide 3]	NM_018973
Glycan-transferase	EXT1[exostosin glycosyltransferase 1]	NM_000127
Glycan-transferase	EXT2[exostosin glycosyltransferase 2]	NM_207122
Glycan-transferase	EXTL1[exostosin-like glycosyltransferase 1]	NM_004455
Glycan-transferase	EXTL2[exostosin-like glycosyltransferase 2]	NM_001033025
Glycan-transferase	EXTL3[exostosin-like glycosyltransferase 3]	NM_001440
Glycan-transferase	FUT1[fucosyltransferase 1]	NM_000148
Glycan-transferase	FUT10[fucosyltransferase 10]	NM_032664
Glycan-transferase	FUT11[fucosyltransferase 11(alpha-1,3)]	NM_173540
Glycan-transferase	FUT2[fucosyltransferase 2]	NM_000511
Glycan-transferase	FUT3[fucosyltransferase 3]	NM_001097641
Glycan-transferase	FUT4[fucosyltransferase 4]	NM_002033
Glycan-transferase	FUT5[fucosyltransferase 5]	NM_002034
Glycan-transferase	FUT6[fucosyltransferase 6(alpha-1,3)]	NM_001040701
Glycan-transferase	FUT7[fucosyltransferase 7(alpha-1,3)]	NM_004479
Glycan-transferase	FUT8[fucosyltransferase 8]	NM_178155
Glycan-transferase	FUT9[fucosyltransferase 9(alpha-1,3)]	NM_006581
Glycan-transferase	GALNACT-2[chondroitin beta-1,4]	NM_018590
Glycan-transferase	GALNT1[polypeptide N-acetylgalactosaminyltransferase 1]	NM_020474
Glycan-transferase	GALNT10[GalNAc transferase 10]	NM_198321
Glycan-transferase	GALNT11[polypeptide N-acetylgalactosaminyltransferase 11]	NM_022087
Glycan-transferase	GALNT12[UDP-N-acetyl-alpha-D-galactosamine:polypeptide]	NM_024642
Glycan-transferase	GALNT13[UDP-N-acetyl- alpha-D-galactosamine:polypeptide]	NM_052917
Glycan-transferase	GALNT14[UDP-N-acetyl-alpha-D-galactosamine:polypeptide]	NM_024572

续表

类别	通用名称	NCBI 收录号
Glycan-transferase	GALNT15[UDP-N-acetyl-alpha-D-galactosamine:polypeptide N-acetylgalactosaminyltransferase 15]	NM_054110
Glycan-transferase	GALNT16[UDP-N-acetyl-alpha-D-galactosamine:polypeptide N-acetylgalactosaminyltransferase 16]	NM_020692
Glycan-transferase	GALNT18[UDP-N-acetyl-alpha-D-galactosamine:polypeptide N-acetylgalactosaminyltransferase 18]	NM_198516
Glycan-transferase	GALNT19[UDP-N-acetyl-alpha-D-galactosamine:polypeptide N-acetylgalactosaminyltransferase 19]	NM_145292
Glycan-transferase	GALNT2[polypeptide N-acetylgalactosaminyltransferase 2]	NM_004481
Glycan-transferase	GALNT20[UDP-N-acetyl-alpha-D-galactosamine:polypeptide N-acetylgalactosaminyltransferase 20]	NM_022479
Glycan-transferase	GALNT3[polypeptide N-acetylgalactosaminyltransferase 3]	NM_004482
Glycan-transferase	GALNT4[polypeptide N-acetylgalactosaminyltransferase 4]	NM_003774
Glycan-transferase	GALNT5[UDP-N-acetyl-alpha-D-galactosamine:polypeptide]	NM_014568
Glycan-transferase	GALNT6[polypeptide N-acetylgalactosaminyltransferase 6]	NM_007210
Glycan-transferase	GALNT7[polypeptide N-acetylgalactosaminyltransferase 7]	NM_017423
Glycan-transferase	GALNT8[polypeptide N-acetylgalactosaminyltransferase 8]	NM_017417
Glycan-transferase	GALNT9[polypeptide N-acetylgalactosaminyltransferase 9]	NM_021808
Glycan-transferase	GBGT1[forssmansynthetase;globoside alpha-1,3-N-acetylgalactosaminyltransferase 1]	NM_021996
Glycan-transferase	GCNT1[glucosaminyl (N-acetyl) transferase 1]	NM_001097634
Glycan-transferase	GCNT2[glucosaminyl(N-acetyl) transferase 2, I-branching enzyme(I blood group)]	NM_145649
Glycan-transferase	GCNT3[glucosaminyl(N-acetyl)transferase 3,mucin type]	NM_004751
Glycan-transferase	GCNT4[glucosaminyl(N-acetyl)transferase 4,core 2]	NM_016591
Glycan-transferase	GYLTL1B[glycosyltransferase-like 1B]	NM_152312
Glycan-transferase	HAS1[hyaluronan synthase 1]	NM_001523
Glycan-transferase	HAS2[hyaluronan synthase 2]	NM_005328
Glycan-transferase	HAS3 isoform a[hyaluronan synthase 3]	NM_005329
Glycan-transferase	HAS3 isoform b[hyaluronan synthase 3 isoform b]	NM_138612
Glycan-transferase	LARGE[glycosyltransferase-like 1B]	NM_004737
Glycan-transferase	LFNG[O-fucosylpeptide 3-beta-N-acetylglucosaminyltransferase]	NM_001040167

续表

类别	通用名称	NCBI 收录号
Glycan-transferase	LFNG[O-fucosylpeptide 3-beta-N-acetylglucosaminyltransferase]	NM_001040168
Glycan-transferase	MFNG[O-fucosylpeptide 3-beta-N-acetylglucosaminyltransferase]	NM_002405
Glycan-transferase	MGAT1[mannosyl(alpha-1,3)-glycoprotein beta-1,2-N-acetylglucosaminyltransferase]	NM_002406
Glycan-transferase	MGAT2[mannosyl(alpha-1,6)-glycoprotein beta-1,2-N-acetylglucosaminyltransferase]	NM_002408
Glycan-transferase	MGAT3[mannosyl(beta-1,4)-glycoprotein beta-1,4-N-acetylglucosaminyltransferase]	NM_001098270
Glycan-transferase	MGAT4A[mannosyl(alpha-1,3)-glycoprotein beta-1,4-N-acetylglucosaminyltransferase, isozyme A]	NM_012214
Glycan-transferase	MGAT4B[mannosyl(alpha-1,3)-glycoprotein beta-1,4-N-acetylglucosaminyltransferase, isozyme B]	NM_014275
Glycan-transferase	MGAT5[mannosyl(alpha-1,6)-glycoprotein beta-1,6-N-acetylglucosaminyltransferase]	NM_002410
Glycan-transferase	MGAT5B[mannosyl(alpha-1,6)-glycoprotein beta-1,6-N-acetyl-glucosaminyltransferase, isozyme B]	NM_198955
Glycan-transferase	B3GNT9[UDP-GlcNAc: betaGal beta-1,3-N-acetylglucosaminyltransferase 9]	NM_033309
Glycan-transferase	NGalNAc-T2	NM_173593
Glycan-transferase	OGT[O-linked N-acetylglucosamine(GlcNAc) transferase]	NM_181672
Glycan-transferase	PIGM[phosphatidylinositol glycan anchor biosynthesis]	NM_145167
Glycan-transferase	POFUT1[protein O-fucosyltransferase 1]	NM_015352
Glycan-transferase	POFUT1[protein O-fucosyltransferase 1]	NM_172236
Glycan-transferase	POFUT2[protein O-fucosyltransferase 2]	NM_015227
Glycan-transferase	POMGNT1[O-linked mannose beta1,2-N-acetylglucosaminyltransferase]	NM_017739
Glycan-transferase	POMT1[protein-O-mannosyltransferase 1]	NM_007171
Glycan-transferase	POMT2[Protein-O-mannosyltransferase 2]	NM_013382
Glycan-transferase	RFNG[radical fringe(Drosophila) homolog; O-fucosylpeptide 3-beta-N-acetylglucosaminyltransferase]	NM_002917
Glycan-transferase	RPN1[ribophorin Ⅰ]	NM_002950
Glycan-transferase	RPN2[ribophorin Ⅱ]	NM_002951

续表

类别	通用名称	NCBI 收录号
Glycan-transferase	ST3Gal1[ST3 beta-galactoside alpha-2,3-sialyltransferase 1]	NM_003033
Glycan-transferase	ST3Gal2[ST3 beta-galactoside alpha-2,3-sialyltransferase 2]	NM_006927
Glycan-transferase	ST3Gal3[ST3 beta-galactoside alpha-2,3-sialyltransferase 3]	NM_006279
Glycan-transferase	ST3Gal4[ST3 beta-galactoside alpha-2,3-sialyltransferase 4]	NM_006278
Glycan-transferase	ST3Gal5[ST3 beta-galactoside alpha-2,3-sialyltransferase 5]	NM_003896
Glycan-transferase	ST3Gal6[ST3 beta-galactoside alpha-2,3-sialyltransferase 6]	NM_006100
Glycan-transferase	ST6Gal1[ST6 beta-galactosamide alpha-2,6-sialyltranferase 1]	NM_173216
Glycan-transferase	ST6Gal2[ST6 beta-galactosamide alpha-2,6-sialyltranferase 2]	NM_032528
Glycan-transferase	ST6GalNAc1[ST6 (alpha-N-acetyl-neuraminyl-2,3-beta-galactosyl-1,3)-N-acetylgalactosaminide alpha-2,6-sialyltransferase 1]	NM_018414
Glycan-transferase	ST6GalNAc2[ST6 (alpha-N-acetyl-neuraminyl-2,3-beta-galactosyl-1,3)-N-acetylgalactosaminide alpha-2,6-sialyltransferase 2]	NM_006456
Glycan-transferase	ST6GalNAc3[ST6 (alpha-N-acetyl-neuraminyl-2,3-beta-galactosyl-1,3)-N-acetylgalactosaminide alpha-2,6-sialyltransferase 3]	NM_152996
Glycan-transferase	ST6GalNAc4[ST6 (alpha-N-acetyl-neuraminyl-2,3-beta-galactosyl-1,3)-N-acetylgalactosaminide alpha-2,6-sialyltransferase 4]	NM_175040
Glycan-transferase	ST6GalNAc5[ST6 (alpha-N-acetyl-neuraminyl-2,3-beta-galactosyl-1,3)-N-acetylgalactosaminide alpha-2,6-sialyltransferase 5]	NM_030965
Glycan-transferase	ST6GalNAc6[ST6 (alpha-N-acetyl-neuraminyl-2,3-beta-galactosyl-1,3)-N-acetylgalactosaminide alpha-2,6-sialyltransferase 6]	NM_013443
Glycan-transferase	ST8SIA1 [ST8 alpha-N-acetyl-neuraminide alpha-2, 8-sialyltransferase 1]	NM_003034
Glycan-transferase	ST8SIA2 [ST8 alpha-N-acetyl-neuraminide alpha-2, 8-sialyltransferase 2]	NM_006011
Glycan-transferase	ST8SIA3 [ST8 alpha-N-acetyl-neuraminide alpha-2, 8-sialyltransferase 3]	NM_015879
Glycan-transferase	ST8SIA4 [ST8 alpha-N-acetyl-neuraminide alpha-2, 8-sialyltransferase 4]	NM_005668
Glycan-transferase	ST8SIA4 [ST8 alpha-N-acetyl-neuraminide alpha-2, 8-sialyltransferase 4]	NM_175052
Glycan-transferase	ST8SIA5 [ST8 alpha-N-acetyl-neuraminide alpha-2, 8-sialyltransferase 5]	NM_013305
Glycan-transferase	ST8SIA6 [ST8 alpha-N-acetyl-neuraminide alpha-2, 8-sialyltransferase 6]	NM_001004470

续表

类别	通用名称	NCBI 收录号
Glycan-transferase	UGT1A1[glucuronosyltransferase 1 family, polypeptides A1]	NM_000463
Glycan-transferase	UGT2A1[UDP glucuronosyltransferase 2 family, polypeptide A1]	NM_006798
Glycan-transferase	UGT2B10[UDP glucuronosyltransferase 2 family, polypeptide B10]	NM_001075
Glycan-transferase	UGT2B28[UDP glucuronosyltransferase 2 family, polypeptide B28]	NM_053039
Glycan-transferase	UGT2B4[UDP glucuronosyltransferase 2 family, polypeptide B4]	NM_021139
Glycan-transferase	UGTB17[UDP glucuronosyltransferase 2 family, polypeptide B17]	NM_001077
Glycan-transferase	XYLT1[xylosyltransferase Ⅰ]	NM_022166
Glycan-transferase	XYLT2[xylosyltransferase Ⅱ]	NM_022167
Glycan-transferase	PLOD3[procollagen-lysine, 2-oxoglutarate 5-dioxygenase 3]	NM_001084
Glycan-transferase	B3GALTL[beta-1,3-glucosyltransferase]	NM_194318
Glycan-transferase	CHPF2[chondroitin sulfate glucuronyltransferase]	NM_019015
Glycan-transferase	GLT25D[procollagengalactosyltransferase 1 precursor]	NM_24656
Glycan-transferase	GLT25D2[procollagengalactosyltransferase 2 precursor]	NM_015101.2
Glycan-transferase	GXYLT1[glucosidexylosyltransferase 1 isoform 2]	NM_001099650.1
Glycan-transferase	GXYLT2[glucosidexylosyltransferase 2]	NM_1080393.1
Glycan-transferase	GYG1[glycogenin-1]	NM_1184720.1
Glycan-transferase	GYG2[glycogenin-2]	NM_001079855.1
Glycan-transferase	GYS1[glycogen synthase 1]	NM_001161587.1
Glycan-transferase	GYS2[glycogen synthase 2]	NM_021957.3
Glycan-transferase	UGGT1[UDP-glucose:glycoproteinglucosyltransferase 1 precursor]	NM_020120.3
Glycan-transferase	UGGT2[UDP-glucose:glycoproteinglucosyltransferase 2 precursor]	NM_020121.1
Glycan-transferase	MGAT4C[alpha-1,3-mannosyl-glycoprotein 4-beta-N-acetylglucosaminyltransferase C]	NM_013244.3
Glycan-transferase	MPDU1[mannose-P-dolicholutilization defect 1protein]	NM_004870.3
Glycan-transferase	RUMI[protein O-glucosyltransferase 1 precursor]	NM_152305.2
Glycan-transferase	DPM2[dolichol phosphate-mannose biosynthesis regulatory protein]	NM_003863.3
Glycan-transferase	GALNT10[polypeptide N-acetylgalactosaminyltransferase 10]	NM_198321.3

续表

类别	通用名称	NCBI 收录号
Glycan-transferase	Ganab[neutral alpha-glucosidase AB isoform 2]	NM_198334.1
Sulfo-T	CHST1[carbohydrate(keratan sulfate Gal-6)sulfotransferase 1]	NM_003654
Sulfo-T	CHST10[carbohydrate sulfotransferase 10]	NM_004854
Sulfo-T	CHST11[carbohydrate(chondroitin 4)sulfotransferase 11]	NM_018413
Sulfo-T	CHST12[carbohydrate(chondroitin 4)sulfotransferase 12]	NM_018641
Sulfo-T	CHST13[carbohydrate(chondroitin 4)sulfotransferase 13]	NM_152889
Sulfo-T	CHST14[carbohydrate(N-acetylgalactosamine4-O) sulfotransferase14]	NM_130468
Sulfo-T	CHST15[carbohydrate sulfotransferase 15]	NM_014863.2
Sulfo-T	CHST2[carbohydrate (N-acetylglucosamine-6-O) sulfotransferase 2]	NM_004267
Sulfo-T	CHST3[carbohydrate(chondroitin 6)sulfotransferase 3]	NM_004273
Sulfo-T	CHST4[carbohydrate (N-acetylglucosamine 6-O) sulfotransferase 4]	NM_005769
Sulfo-T	CHST5[carbohydrate (N-acetylglucosamine 6-O) sulfotransferase 5]	NM_024533
Sulfo-T	CHST5[carbohydrate (N-acetylglucosamine 6-O) sulfotransferase 5]	NM_024533
Sulfo-T	CHST6[carbohydrate (N-acetylglucosamine 6-O) sulfotransferase 6]	NM_021615
Sulfo-T	CHST7[carbohydrate(N-acetylglucosamine6-O)sulfotransferase 7]	NM_019886
Sulfo-T	CHST8[carbohydrate (N-acetylgalactosamine 4-O) sulfotransferase 8]	NM_022467
Sulfo-T	CHST9[carbohydrate (N-acetylgalactosamine 4-O) sulfotransferase 9]	NM_031422
Sulfo-T	GAL3ST1[galactose-3-O-sulfotransferase 1]	NM_004861
Sulfo-T	GAL3ST2[galactose-3-O-sulfotransferase 2]	NM_022134
Sulfo-T	Gal3ST3[galactose-3-O-sulfotransferase 3]	NM_033036
Sulfo-T	GAL3ST4[galactose-3-O-sulfotransferase 4]	NM_024637
Sulfo-T	GALNAC4S-6ST[B cell RAG associated protein]	NM_015892
Sulfo-T	HS2ST1[heparan sulfate 2-O-sulfotransferase 1]	NM_012262
Sulfo-T	HS3ST1[heparan sulfate(glucosamine) 3-O-sulfotransferase 1]	NM_005114
Sulfo-T	HS3ST2[heparan sulfate(glucosamine) 3-O-sulfotransferase 2]	NM_006043

续表

类别	通用名称	NCBI 收录号
Sulfo-T	HS3ST3A1[heparan sulfate(glucosamine) 3-O-sulfotransferase 3A1]	NM_006042
Sulfo-T	HS3ST3B1[heparan sulfate(glucosamine) 3-O-sulfotransferase 3B1]	NM_006041
Sulfo-T	HS3ST4[heparan sulfate(glucosamine) 3-O-sulfotransferase 4]	NM_006040
Sulfo-T	HS3ST5[heparan sulfate(glucosamine) 3-O-sulfotransferase 5]	NM_153612
Sulfo-T	HS3ST6[heparan sulfate(glucosamine) 3-O-sulfotransferase 6]	NM_001009606
Sulfo-T	HS6ST1[heparan sulfate 6-O-sulfotransferase 1]	NM_004807
Sulfo-T	HS6ST2[heparan sulfate 6-O-sulfotransferase 2]	NM_147175
Sulfo-T	HS6ST3[heparan sulfate 6-O-sulfotransferase 3]	NM_153456
Sulfo-T	NDST1 [N-deacetylase/N-Sulfotransferase (heparanglucosaminyl) 1]	NM_001543
Sulfo-T	NDST2 [N-deacetylase/N-sulfotransferase (heparanglucosaminyl) 2]	NM_003635
Sulfo-T	NDST3 [N-deacetylase/N-sulfotransferase (heparanglucosaminyl) 3]	NM_004784
Sulfo-T	NDST4 [N-deacetylase/N-sulfotransferase (heparanglucosaminyl) 4]	NM_022569
Sulfo-T	UST[uronyl-2-sulfotransferase]	NM_005715
Sulfo-T	DSEL[dermatan sulfate epimerase-like;NCAG1 similar to sulfotransferase]	NM_032160
Sulfo-T	GAL3ST1[galactose-3-O-sulfotransferase 1]	NM_004861
Sulfo-T	MPST[mercaptopyruvate sulfurtransferase]	NM_001130517
Sulfo-T	PAPSS2[3 ′-phosphoadenosine 5′-phosphosulfate synthase 2]	NM_001015880
Sulfo-T	SULT1E1[sulfotransferase family 1E, estrogen-preferring, member 1]	NM_005420
Sulfo-T	SULT1A2[sulfotransferase family, cytosolic, 1A, phenol-preferring, member 2]	NM_177528
Sulfo-T	SULT1C1[sulfotransferase family, cytosolic, 1C, member 2]	NM_176825
Sulfo-T	SULT2A1 [sulfotransferase family, cytosolic, 2A, dehydroepiandrosterone (DHEA)-preferring, member 1]	NM_177528
Sulfo-T	SULT2B1[sulfotransferase family, cytosolic, 2B, member 1]	NM_004605
Sulfo-T	SULT4A1[sulfotransferase family 4A, member 1]	NM_014351

续表

类别	通用名称	NCBI 收录号
Sulfo-T	TST[thiosulfate sulfurtransferase]	NM_003312
Lysozomal Enzymes/Proteins	LAMP1[lysosomal-associated membrane protein 1]	NM_005561
Lysozomal Enzymes/Proteins	LAMP2[lysosomal-associated membrane protein 2]	NM_002294
Lysozomal Enzymes/Proteins	LAMP2[lysosomal-associated membrane protein 2]	NM_013995
Lysozomal Enzymes/Proteins	LAMP3[lysosomal-associated membrane protein 3]	NM_014398
Lysozomal Enzymes/Proteins	LCT[lactase-phlorizin hydrolase preproprotein]	NM_002299
Lysozomal Enzymes/Proteins	LIPA[lipase A precursor]	NM_000235
Lysozomal Enzymes/Proteins	GM2A[GM2 ganglioside activator precursor]	NM_000405
Lysozomal Enzymes/Proteins	GALC[galactosylceramidase precursor]	NM_000153
Lysozomal Enzymes/Proteins	GALC[galactosylceramidase precursor]	NM_001037525
Lysozomal Enzymes/Proteins	AGA[aspartylglucosaminidase precursor]	NM_000027
Lysozomal Enzymes/Proteins	ASAH1[N-acylsphingosineamidohydrolase]	NM_004315
Lysozomal Enzymes/Proteins	ASAH2[N-acylsphingosineamidohydrolase 2]	NM_019893
Lysozomal Enzymes/Proteins	ASAH3L[N-acylsphingosine amidohydrolase 3-like]	NM_001010887
Lysozomal Enzymes/Proteins	ASAHL[N-acylsphingosineamidohydrolase-like protein]	NM_001042402
Lysozomal Enzymes/Proteins	ASAHL[N-acylsphingosineamidohydrolase-like protein]	NM_014435
Lysozomal Enzymes/Proteins	CTBS[chitobiase Di-N-acetylchitobiase]	NM_004388
Lysozomal Enzymes/Proteins	CTNS[cystinosis, nephropathic]	NM_001031681

续表

类别	通用名称	NCBI 收录号
Lysozomal Enzymes/Proteins	CTSA[cathepsin A precursor]	NM_000308
Lysozomal Enzymes/Proteins	NAGA[alpha-N-acetylgalactosaminidase]	NM_000262
Mannosidase	MAN1A1[mannosidase, alpha class 1A member 1]	NM_005907
Mannosidase	MAN1A2[mannosidase, alpha class 1A member 2]	NM_006699
Mannosidase	MAN1B1[mannosidase, alpha class 1B member 1]	NM_016219
Mannosidase	MAN1C1[mannosidase, alpha class 1C member 1]	NM_020379
Mannosidase	MAN2A1[mannosidase, alpha class 2A member 1]	NM_002372
Mannosidase	MAN2A2[mannosidase, alpha class 2A member 2]	NM_006122
Mannosidase	MAN2B1[mannosidase, alpha class 2B member 1]	NM_000528
Mannosidase	MANBA[mannosidase, beta A, lysosomal]	NM_005908
Mannosidases	NAGLU[alpha-N-acetylglucosaminidase precursor]	NM_000263
Mannosidases	NPL[N-acetylneuraminate pyruvate lyase]	NM_030769
Arylsufatases	ARSA[arylsulfatase A precursor]	NM_001085428
Arylsufatases	ARSB[arylsulfatase B precursor]	NM_000046
Arylsufatases	ARSD[arylsulfatase D precursor]	NM_001669
Arylsufatases	ARSD[arylsulfatase D precursor]	NM_009589
Arylsufatases	ARSE[arylsulfatase E precursor]	NM_000047
Arylsufatases	ARSF[Arylsulfatase F]	NM_004042
Hyaluronogluco-saminidases	HYAL1[hyaluronoglucosaminidase 1]	NM_153282
Hyaluronogluco-saminidases	HYAL2[hyaluronoglucosaminidase 2]	NM_033158
Hyaluronogluco-saminidases	HYAL3[hyaluronoglucosaminidase 3]	NM_003549
Hyaluronogluco-saminidases	HYAL4[hyaluronoglucosaminidase 4]	NM_012269
Hyaluronogluco-saminidases	GAA[acid alpha-glucosidase preproprotein]	NM_001079804
Hyaluronogluco-saminidases	Mgea5[meningioma expressed antigen 5]	NM_012215
Sulfo-T cytosolic	SULT1A2[phenol sulfotransferase]	NM_001054

续表

类别	通用名称	NCBI 收录号
Sulfo-T cytosolic	SULT1A3[catecholamine sulfotransferase]	NM_177552
Sulfo-T cytosolic	SULT1B1[thyroid hormone sulfotransferase]	NM_014465
Sulfo-T cytosolic	SULT1C2[cytosolic sulfotransferase family 1C]	NM_001056
Sulfo-T cytosolic	SULT1C3[cytosolic sulfotransferase family 1C]	NM_001008743
Sulfo-T cytosolic	SULT1C4[cytosolic sulfotransferase family 1C]	NM_006588
glucosidase	GBA1[glucosidase beta, acid 1]	NM_001005741
glucosidase	GBA2[glucosidase beta, acid 2]	NM_020944
glucosidase	GBA3[glucosidase beta, acid 3]	NM_020973
glucosidase	MOGS[mannosyl-oligosaccharide glucosidase]	NM_006302
Sialidases	Neu1[sialidase 1]	NM_000434
Sialidases	Neu2[sialidase 2]	NM_005383
Sialidases	Neu3[sialidase 3]	NM_006656
Sialidases	Neu4[sialidase 4]	NM_080741
Galactosidase	GLA[galactosidase, alpha]	NM_000169
Galactosidase	GLB1[galactosidase, beta 1]	NM_001079811
Galactosidase	GUSB[glucuronidase, beta]	NM_000181
Sulfatases	GNS[glucosamine(N-acetyl)-6-sulfatase precursor]	NM_002076
Sulfatases	IDS[iduronate 2-sulfatase(Hunter syndrome)]	NM_006123
Sulfatases	GALNS[galactosamine (N-acetyl)-6-sulfate sulfatase]	NM_000512
Hexosaminidase	HEXA[hexosaminidase A(alpha polypeptide)]	NM_000520
Hexosaminidase	HEXB[hexosaminidase B]	NM_000521
Heparanases	HPSE[Heparanase]	NM_001098540
Heparanases	HPSE2[Heparanase 2]	NM_021828
Miscellaneous	SLC17A5[solute carrier family 17 (acidic sugar transporter), member 5]	NM_012434
Miscellaneous	PPBP[pro-platelet basic protein]	NM_002704
Sulfo-T Protein tyrosine	TPST2[tyrosylproteinsulfotransferase 2]	NM_003595
Sulfo-T Protein tyrosine	TPST1[tyrosylproteinsulfotransferase 1]	NM_003596
Sulfatases	SULF1[sulfatase 1]	NM_000351
Sulfatases	SULF2[sulfatase 2]	NM_015170

续表

类别	通用名称	NCBI 收录号
Arylsufatases	STS[steroid sulfatase]	NM_001007593
Fucosidases	FUCA1[fucosidase, alpha-L- 1]	NM_000147
Iduronidases	IDUA[iduronidase]	NM_000203
lysozyme G-like 2	LYG2[lysozyme G-like 2]	AF323919
Sulfohydrolases	SGSH[N-sulfoglucosaminesulfohydrolase]	NM_000199

注：基因通用名称来自 KEGG(Kyoto Encyclopedia of Genes and Genomes)数据库，基因 NCBI 收录号来自 NCBI(National Center for Biotechnology Information)数据库。以 SGSH [N - sulfoglucosaminesulfohydrolase]为例，SGSH 为基因简称，N - sulfoglucosaminesulfohydrolase 为基因全称。

二、凝集素列表

缩略语	英文全称	中文全称	特异识别的糖链结构	点样单糖	参考文献
Jacalin	Artocapus integrifolia	木菠萝凝集素	Galβ1-3GalNAcα-Ser/Thr (T), GalNAcα-Ser/Thr(Tn), GlcNAc β1-3-GalNAcα-Ser/Thr(Core3), sialyl-T (ST). not bind to Core2, Core6, and sialyl-Tn(STn)	Galactose	[1,2]
ECA	Erythrina cristagalli	鸡冠刺桐凝集素	Galβ-1, 4GlcNAc (type Ⅱ), Galβ1-3GlcNAc(type Ⅰ)	Galactose	[3,4]
HHL	Hippeastrum Hybrid Lectin	孤挺花凝集素	High-Mannose, Manα1-3Man, Manα1-6 Man, Man5-GlcNAc2-Asn	Mannose	[5]
WFA	Wisteria Floribunda Lectin	紫藤花凝集素	terminating in GalNAcα/β1-3/6Gal	GalNAc	
GSL-Ⅱ	Griffonia Simplicifolia Lectin Ⅱ	加纳子凝集素 -Ⅱ	GlcNAc and agalactosylated tri/tetra antennary glycans	GlcNAc	[6]
MAL-Ⅱ	Maackia Amurensis Lectin Ⅱ	马鞍树凝集素 -Ⅱ	Siaα2-3Galβ1-4Glc (NAc)/Glc, Siaα2-3Gal, Siaα2-3, Siaα2-3GalNAc		[7]
PHA-E	Phaseolus vulgaris Agglutinin(E)	菜豆凝集素 -E	Bisecting GlcNAc, biantennary complex-type N-glycan with outer Gal	GlcNAc	[8]
PTL-Ⅰ	Psophocarpus Tetragonolobus Lectin Ⅰ	四棱豆凝集素 -Ⅰ	GalNAc, GalNAcα-1,3Gal, GalNAcα-1,3Gal β-1,3/4Glc	GalNAc	[9]
SJA	Sophora Japonica Agglutinin	槐凝集素	Terminal in GalNAc and Gal, anti-A and anti-B human blood group	GalNAc	
PNA	Peanut Agglutinin	花生凝集素	Galβ1-3GalNAcα-Ser/Thr(T)	Galactose	[10]
EEL	Euonymus Europaeus Lectin	欧洲卫矛凝集素	Galα1-3(Fucα1-2)Gal(blood group B antigen)	Galactose	
AAL	Aleuria Aurantia Lectin	橙黄网胞盘菌凝集素	Fucα1-6、GlcNAc (core fucose), Fucα1-3(Galβ1-4)GlcNAc	Fucose	[11]

续表

缩略语	英文全称	中文全称	特异识别的糖链结构	点样单糖	参考文献
LTL	Lotus Tetragonolobus Lectin	四棱莲凝集素	Fucα1-2Galβ1-4GlcNAc, Fucα1-3 (Galβ1-4) GlcNAc, anti-H blood group specificity	Fucose	[12]
MPL	Maclura Pomifera Lectin	橙桑凝集素	Galβ1-3GalNAc,GalNAc	GalNAc	[13]
LEL	Lycopersicon Esculentum (Tomato) Lectin	番茄凝集素	$(GlcNAc)_n$, high mannose-type N-glycans	LacNAc	[14]
GSL-I	Griffonia Simplicifolia Lectin Ⅰ	加纳子凝集素－Ⅰ	αGalNAc,αGal,anti-A and B	GalNAc	[15]
DBA	Dolichos Biflorus Agglutinin	双花扁豆凝集素	αGalNAc, Tn antigen, GalNAcα1-3((Fucα1-2))Gal(blood group A antigen)	GalNAc	[16]
LCA	Lens Culinaris Agglutinin	扁豆凝集素	α-D-Man,Fucα-1,6GlcNAc,α-D-Glc	Mannose	
RCA120	Ricinus Communis Agglutinin Ⅰ	蓖麻凝集素	β-Gal, Galβ-1, 4GlcNAc (type Ⅱ), Galβ1-3GlcNAc (type Ⅰ) containing GlcNAc and MurNAc	Galactose	[4]
STL	Solanum Tuberosum (Potato) Lectin	马铃薯凝集素	trimers and tetramers of GlcNAc,core (GlcNAc) of N-glycan, oligosaccharide containing GlcNAc and MurNAc	GlcNAc	[9]
BS-I	Bandeiraea simplicifolia	西非单叶豆凝集素－Ⅰ	α-Gal, α-GalNAc, Galα-1, 3Gal, Galα-1,6Glc	Galactose	[21]
ConA	Concanavalin A	伴刀豆凝集素(A)	High-Mannose, Manα1-6 (Manα1-3) Man,terminal GlcNAc	Mannose	
PTL-Ⅱ	Psophocarpus Tetragonolobus Lectin Ⅱ	四棱豆凝集素-Ⅱ	Gal,blood group H ,T-antigen	Galactose	[9]
DSA	Datura stramonium	曼陀罗凝集素	β-D-GlcNA, $(GlcNAcβ1\text{-}4)_n$, Galβ1-4GlcNAc	GlcNAc	[18]
SBA	Soybean Agglutinin	大豆凝集素	α- or β-linked terminal GalNAc, $(GalNAc)_n$, GalNAcα1-3Gal, blood-group A	GalNAc	[22]

续表

缩略语	英文全称	中文全称	特异识别的糖链结构	点样单糖	参考文献
VVA	Vicia Villosa Lectin	蚕豆凝集素	terminal GalNAc, GalNAcα-Ser/Thr (Tn), GalNAcα1-3Gal	GalNAc	[19]
NPL	Narcissus Pseudonarcissus Lectin	水仙花凝集素	High-Mannose, Manα1-6Man	Mannose	[5]
PSA	Pisum Sativum Agglutinin	豌豆凝集素	α-D-Man, Fucα-1,6GlcNAc, α-D-Glc	Fucose	
ACA	Amaranthus caudatus	尾穗苋凝集素	Galβ1-3GalNAcα-Ser/Thr (T antigen), sialyl-T (ST) tissue staining patterns are markedly different than those obtained with either PNA or Jacalin	Galactose	
WGA	Wheat Germ Agglutinin	麦胚凝集素	Multivalent Sia and(GlcNAc)$_n$	GlcNAc	
UEA-Ⅰ	Ulex Europaeus Agglutinin Ⅰ	荆豆凝集素-Ⅰ	Fucα1-2Galβ1-4Glc(NAc)	Fucose	[12]
PWM	Phytolacca americana	美洲商陆凝集素	Branched(LacNAc)$_n$	GlcNAc	[23]
MAL-Ⅰ	Maackia Amurensis Lectin Ⅰ	马鞍树凝集素-Ⅰ	Galβ-1, 4GlcNAc, Siaα2-3Gal, Galβ1-3GlcNAc, Siaα2-3	Galactose	[7]
GNA	Galanthus nivalis	雪莲花凝集素	High-Mannose, Manα1-3Man	Mannose	
BPL	Bauhinia Purpurea Lectin	羊蹄甲凝集素	Galβ1-3GalNAc, Terminal GalNAc	Galactose	[20]
PHA-E + L	Pus vulgaris Agglutinin Ehaseol + L)	菜豆凝集素-E + L	Bisecting GlcNAc, bi-antennary N-glycans, tri- and tetra-antennary complex-type N-glycan	GlcNAc	
SNA	Sambucus Nigra Lectin	西洋接骨木凝集素	Sia2-6Gal/GalNAc	GlcNAc	[7]

1. Tachibana K, Nakamura S, Wang H, *et al.* Elucidation of binding specificity of Jacalin toward O-glycosylated peptides: quantitative analysis by frontal affinity chromatography. Glycobiology, 2006, 16(1): 46–53.

2. Jeyaprakash A, Jayashree G, Mahanta SK, *et al.* Structural basis for the energetics of jacalin-sugar inter-

actions: promiscuity versus specificity. J Mol Biol, 2005, 347(1): 181 - 188.

3. Wu AM, Wu JH, Tsai MS, *et al.* Differential affinities of Erythrina cristagalli lectin(ECL) toward monosaccharides and polyvalent mammalian structural units. Glycoconj J, 2007, 24(9): 591 - 604.

4. Svensson C, Teneberg S, Nilsson CL, *et al.* Systematic comparison of oligosaccharide specificity of ricinus communis agglutinin I and erythrina lectins: a search by frontal affinity chromatography. J Mol Biol, 2002, 321: 69.

5. Kaku H, Van Damme EJ, Peumans WJ, *et al.* Carbohydrate-binding specificity of the daffodil (Narcissus pseudonarcissus) and amaryllis (Hippeastrum hybr.) bulb lectins. Arch Biochem Biophys, 1990, 279 (2): 298 - 304.

6. Nakamura-Tsuruta S, Kominamil J, Kamei M, *et al.* Comparative analysis by frontal affinity chromatography of oligosaccharide specificity of GlcNAc-binding lectins, griffonia simplicifolia lectin-Ⅱ (GSL-Ⅱ) and boletopsis leucomelas lectin (BLL). J Biochem, 2006, 140(2): 285 - 291.

7. Geisler C, Jarvis DL. Effective glycoanalysis with Maackia amurensis lectins requires a clear understanding of their binding specificities. Glycobiology, 2011, 21(8): 988 - 993.

8. Kaneda, Whittier RF, Yamanaka H, *et al.* The high specificities of phaseolus vulgaris erythro- and leukoagglutinating lectins for bisecting GlcNAc or β1-6-Linked branch structures, respectively, are attributable to loop B. J Biol Chem, 2002, 277(19): 16928 - 16935.

9. Matsuda T, Kabat EA, Surolia A. Carbohydrate binding specificity of the basic lectin from winged bean (Psophocarpus tetragonolobus). Mol Immunol, 1989, 26(2): 189 - 195.

10. Swamy MJ, Gupta D, Mahanta S K, *et al.* Further characterization of the saccharide specificity of peanut (Arachis hypogaea) agglutinin. Carbohydr Res, 1991, 213(25): 59 - 67.

11. Matsumura K, Higashida K, Hata Y, *et al.* Comparative analysis of oligosaccharide specificities of fucose-specific lectins from Aspergillus oryzae and Aleuria aurantia using frontal affinity chromatography. Anal Biochem, 2009, 386(2): 217 - 221.

12. Allen HJ, Johnson EAZ, Matta KL. A comparison of the binding specificities of lectins from ulex europaeus and lotus tetragonolobus. Issue TOC, 1977, 66(6): 585 - 602.

13. Sarkar M, Wu AM, Kabat EA. Immunochemical studies on the carbohydrate specificity of Maclura pomifera lectin. Archives of Biochemistry and Biophysics, doi: 10. 1016/0003-9861(81)90273 - 3.

14. Oguri S. Analysis of sugar chain-binding specificity of tomato lectin using lectin blot: recognition of high mannose-type N-glycans produced by plants and yeast. Glycoconjugate Journal, 2005, 22(7 - 10): 453 - 461.

15. Lescar J, Loris R, Mitchell E, *et al.* Isolectins I-A and I-B of Griffonia (Bandeiraea) simplicifolia crystal structure of metal-free GS I-B4 and molecular basis for metal binding and monosaccharide specificity. J Biol Chem, 2002, 277: 6608 - 6614.

16. Kisailus EC, Kabat EA. Immunochemical studies on blood groups LXVI. Competitive binding assays of

A1 and A2 blood group substances with insolubilized anti-A serum and insolubilized A agglutinin from Dolichos biflorus. J Exp Med,1978,147(3):830 - 843.

17. Pramod SN,Venkatesh YP. Utility of pentose colorimetric assay for the purification of potato lectin,an arabinose-rich glycoprotein. Glycoconj J,2006,23(7-8):481 - 488.

18. Yamashita K,Totani K,Ohkura T,*et al.* Carbohydrate binding properties of complex-type oligosaccharides on immobilized Datura stramonium lectin. J Biol Chem,1987,262(4):1602 - 1607.

19. Puri KD,Gopalakrishnan B,Surolia A. Carbohydrate binding specificity of the Tn-antigen binding lectin from Vicia villosa seeds(VVLB4). FEBS Lett,1992,312(2-3):208 - 212.

20. Allen HJ,Johnson EA,Matta KL. Binding-site specificity of lectins from Bauhinia purpurea alba,Sophora japonica,and Wistaria floribunda. Carbohydr Res,1980,86(1):123 - 131.

21. Kisailus EC,Kabat EA. A study of the specificity of Bandeiraea simplicifolia lectin I by competitive-binding assay with blood-group substances and with blood-group A and B active and other oligosaccharides. Carbohydr Res,1978,67(1):243 - 255.

22. Pereiral MEA,Kabat EA. Immunochemical studies on the specificity of soybeanagglutinin. Carbohydr Res,1974,37(1):89 - 102.

23. Yokoyama K,Terao T,Osawa T. Carbohydrate-binding specificity of pokeweed mitogens. Biochimica et Biophysica Acta,1978,538(2):384 - 396.

三、缩略语

缩略语	英文名称	中文名称
ACN	acetonitrile	乙腈
AFP	alpha fetoprotein	甲胎蛋白
APS	ammonium persulfate	过硫酸铵
APTES	(3-aminopropyl) triethoxysilane	(3-氨基丙基)三乙氧基硅烷
BCA	bicinchoininc acid	二辛可宁酸
BSA	albumin from bovine serum	牛血清清蛋白
CCD	charge-coupled devices	电荷偶合装置
cDNA	complementary DNA	互补 DNA
CHAPS	3-[(3-cholamidopropyl) dimethylammonio] propanesulfonate	3-[3-(胆酰胺基丙基)二甲氨基]丙磺酸盐
CHCA	cinnamic acid	肉桂酸
CL	chang liver	正常肝细胞系
CMPCs	con a-magnetic particle conjugates	Con A-磁性微粒复合物
CRD	carbohydrate recognition domain	糖类识别域
cRNA	complementary RNA	互补 RNA
CSM	composite structure map	综合结构图
Cy3	cyanine 3	青色素 3
Cy5	cyanine 5	青色素 5
DAPI	4′,6-diamidino-2-phenylindole	4′,6-二脒基-2-苯基吲哚
DEPC	diethyl pyrocarbonate	焦碳酸二乙酯
DHB	2,5-dihydroxybenzoic acid	2,5-二羟基苯甲酸
DMEM	dulbecco's modified eagle medium	细胞培养基
DMF	*N*,*N*-dimethylformamide	*N*,*N*-二甲基甲酰胺
DMSO	dimethyl sulfoxide	二甲基亚砜
DTE	dithioerythritol	二硫赤藓醇
DTT	dithiothreitol	二硫苏糖醇
EB	ethidium bromide	溴化乙锭
EC	sulfotransferase	磺基转移酶
ECM	extracellular matrixc	细胞外基质

续表

缩略语	英文名称	中文名称
EDC	1-ethyl-3-(3′-dimethylaminopropyl) carbodiimide	1－(3′－二甲氨基丙基)－3－乙基碳二亚胺盐酸盐
EDTA	ethylene diamine tetraacetic acid	乙二胺四乙酸
emPAI	exponentially modified protein abundance index	指数修饰的蛋白丰度指数
ESI	electrospray ionization	电喷雾
FA	methanoic acid	甲酸
FDR	false positive rate	假阳性率
GAG	heparin	肝素
GBP	glycan binding protein	糖结合蛋白
GO	gene ontology	基因本体论
GPTS	(3-glycidyloxypropyl) trimethoxy-silane	3－缩水甘油－环氧丙基－三甲氧基硅烷
HA	hemagglutinin	血凝素
HCC	hepatocellular carcinoma	肝细胞癌
HFCH	adipic dihydrazide	己二酸二酰肼
HILIC	hydrophilic interaction liquid chromatography	亲水性相互作用色谱
HPLC-ESI-MS/MS	high performance liquid chromatography - electrospray tandem mass spectrometry	高效液相色谱－电喷雾串联质谱
HSCs	hepatic stellate cells	肝星状细胞
IAM	iodacetamide	碘乙酰胺
IPG	immobilized pH gradient	IPG 胶条
LC-MS/MS	liquid chromatography-tandem mass spectrometry	液相色谱－串联质谱
LMPCs	lectin-magnetic particle conjugates	凝集素－磁性微粒复合物
MADAM	microarray data manager	芯片数据管理工具
MALDI	matrix-assisted laser desorption/ionization	基质辅助激光解析电离
MALDI-TOF-MS	matrix-assisted laser desorption/ionization time-of-flight mass spectrometry	基质辅助激光解析电离飞行时间质谱
MBP	mannose-binding protein	甘露糖结合蛋白
MD	molecular dynamics	分子动力学
MES	2-(*N*-morpholino) ethanesulfonic acid sodium salt	吗啉乙磺酸钠盐
M-LMPCs	multi-lectin-magnetic particle conjugates	多凝集素－磁性微粒复合物
mRNA	messenger ribonucleic acid	信使 RNA
NA	neuraminidase	神经氨酸酶

续表

缩略语	英文名称	中文名称
N-glycan-FASP-L	filter aided sample preparation-based lectin binding glycoprotein *N*-linked glycans enrichment	滤膜辅助的凝集素分离糖蛋白 *N*－连接糖链
N-glycan-FASP-T	filter aided sample preparation-based total glycoprotein *N*-linked glycans enrichment	滤膜辅助分离全糖蛋白 *N*－连接糖链
N-glyco-FASP	filter aided sample preparation-based *N*-linked glycopeptides enrichment	滤膜辅助的凝集素分离糖蛋白糖肽
N-glyco-LMPCs	*N*-linked glycoprotein isolation using letin-magnetic particle conjugates	凝集素－磁性微粒复合物分离 *N*－连接糖蛋白质
NMR	nuclear magnetic resonance spectroscopy	核磁共振波谱法
OD	optical density	吸光度
O-glycan-FASP	filter aided sample preparation-based glycoprotein *O*-linked glycans enrichment	滤膜辅助分离糖蛋白 *O*－连接糖链法
PBS	phosphate buffer solution	磷酸盐缓冲液
PCR	polymerase chain reaction	聚合酶链式反应
pH	hydrogen ion concentration	酸碱度
p*I*	isoelectric point	等电点
PMSF	phenylmethyl sulfonyflucride	苯甲基磺酰氟化物
PMT	photo multiplier tube	光学倍增管
PNGase F	*N*-glycosidase F	肽 *N*－糖苷酶 F
REDCAT	residual dipolar coupling analysis Tool	残留偶极偶合分析工具
RNase	ribonuclease	核糖核酸酶
RT-PCR	reverse transcription PCR	反转录 PCR
SDS	sodium dodecyl sulfate	十二烷基磺酸钠
SDS-PAGE	sodium dodecyl sulfate-polyacrylamide gel electrophoresis	聚丙烯酰胺凝胶电泳
SLAC	serial lectin affinity chromato-graphy	连续凝集素亲和层析
S-LMPCs	single-lectin-magnetic particle conjugates	单凝集素－磁性微粒复合物
SSC	standard saline citrate	标准柠檬酸盐溶液
TEMED	teltramethylethylethylenediamine	*N*,*N*,*N*′,*N*′－四甲基乙二胺
TFA	trifluoroacetic acid	三氟乙酸
TGF-β1	transforming growth factor β1	转化生长因子 β1
T_m	melting temperature	解链温度
XML	extensible markup language	可扩展标记语言

四、生物信息学相关数据库

缩略语	全称	中文名称
AFMB	architecture et fonction des macromolécules biologiques	生物大分子结构与功能(法)
CAZy	carbohydrate-active enzymes database	糖活性酶数据库(法)
CBS	center for biological sequence analysis	生物序列分析中心(丹)
CCRC	complex carbohydrate research center	复合碳水化合物研究中心(美)
CCSD	Cambridge crystallographic structure database	剑桥晶体结构数据库(英)
CCSD/carbbank	complex carbohydrate structure database	复合碳水化合物结构数据库(英)
CFG	consortium for functional glycomics	功能糖组学协会(美)
DKFZ	deutsches krebsforschungszentrum	德国癌症研究中心(德)
EMBL	european molecular biology laboratory	欧洲生物分子实验室(英)
ITRBG	integrated technology resource for biomedical glycomics	生物医学的糖组学整合技术资源(美)
IUBMB	international union of pure and applied chemistry	国际理论和应用化学联合会(英)
IUPAC	international union of biochemistry and molecular biology	国际生物化学与分子生物学联盟(英)
KEGG	Kyoto encyclopedia of genes and genomes	东京基因与基因组百科全书(日)
NCBI	national center for biotechnology information	美国国家生物技术信息中心(美)
NCRR	national center for research resources	美国国立研究资源中心(美)
NIGMS	national institute of general medical sciences	美国国立综合医学研究所(美)
NIH	national institutes of health	美国国立卫生研究院(美)
PDB	protein data bank	蛋白数据库(美)
RIG	research resource for integrated glycotechnology	整合糖技术研究资源(美)

郑重声明

彩　　版

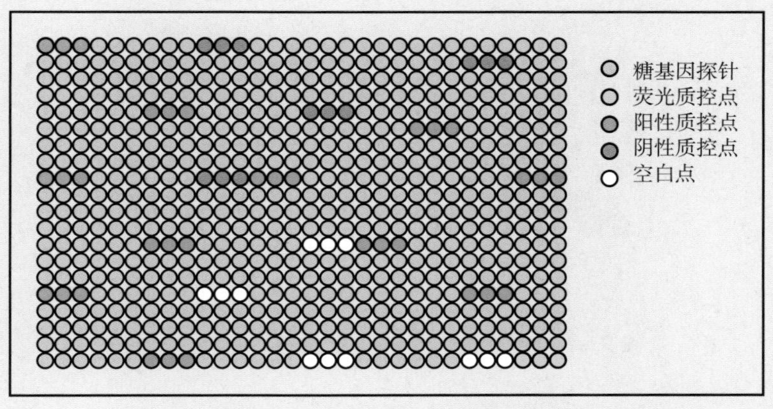

彩图 2－1　糖基因芯片点阵示意图

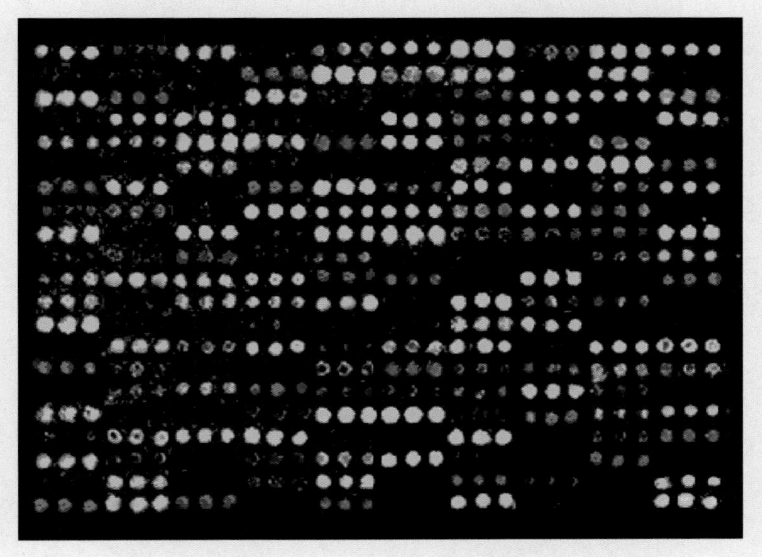

彩图 2－2　肝癌细胞与正常肝细胞 cRNA 芯片杂交结果

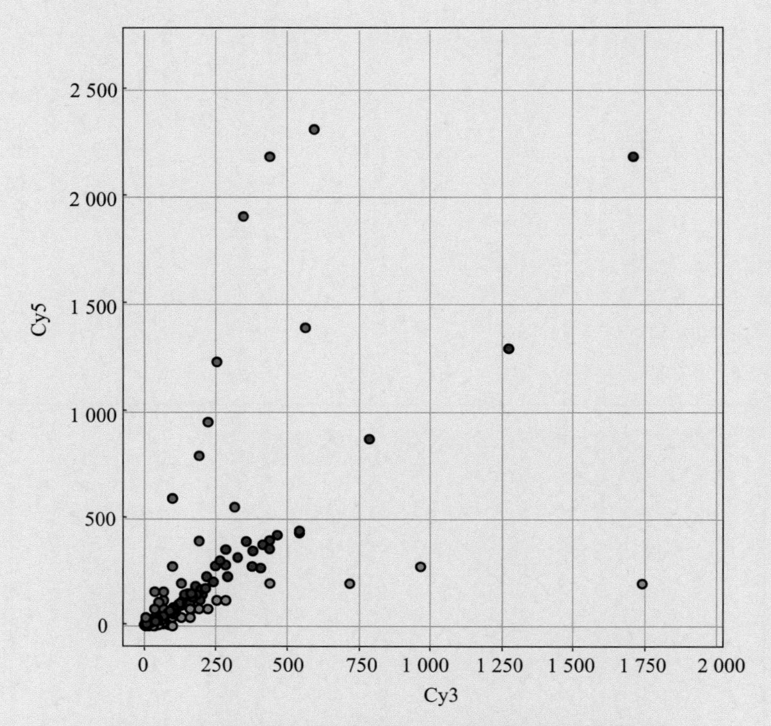

彩图 2-3　Spotfire8.0 软件对杂交结果所做的散点图

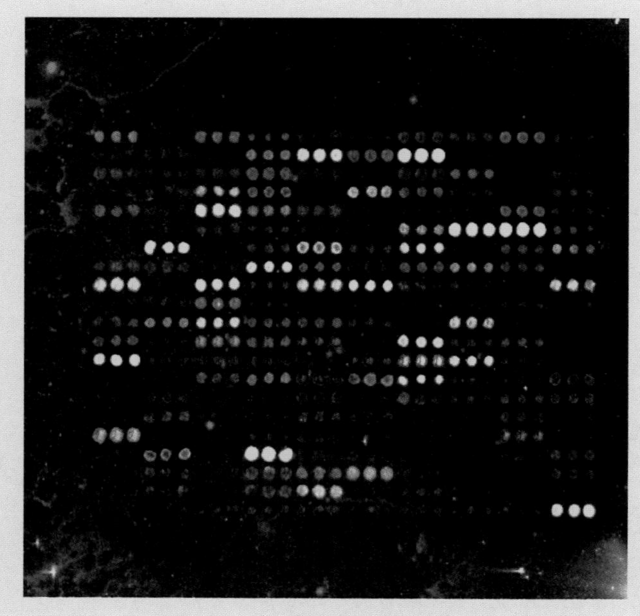

彩图 2-4　糖基因芯片杂交结果

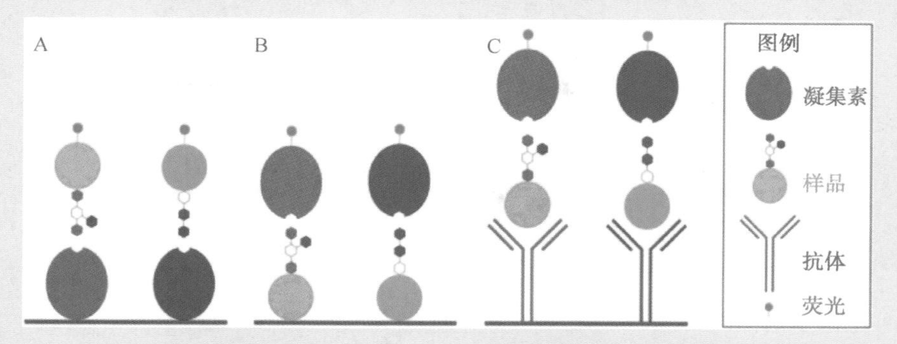

彩图 3－1 凝集素芯片的 3 种制备方法示意图(Gemeiner *et al*, 2009)

A. 直接检测法;B. 反向检测法;C.“三明治”检测法

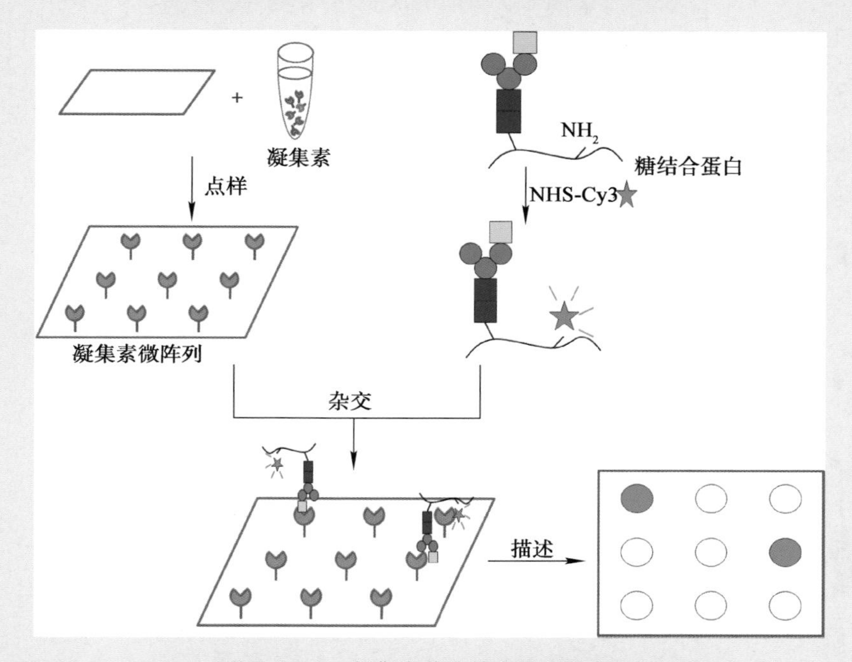

彩图 3－2 凝集素芯片技术原理示意图

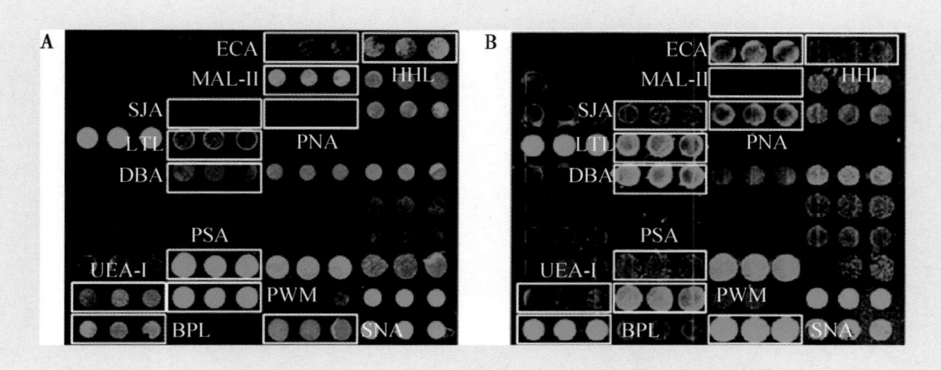

彩图 3－3 活化态 LX－2(A)和静息态 LX－2(B)凝集素芯片扫描图

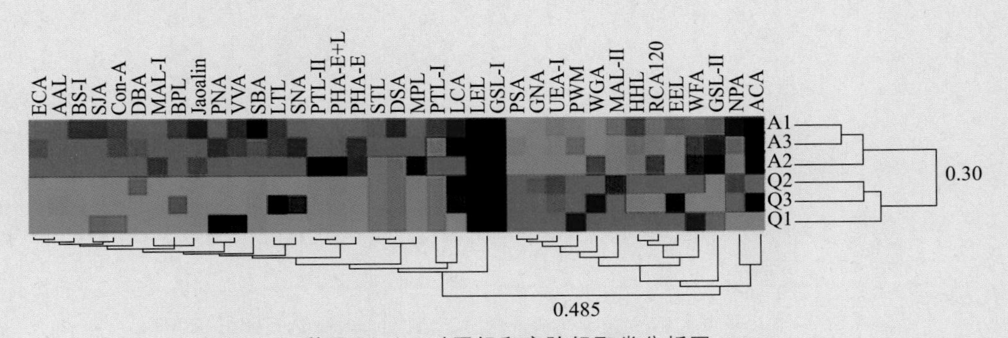

彩图 3－4 对照组和实验组聚类分析图

每组三次重复后聚类分析图。A1～A3：活化态 LX-2；Q1～Q3：静息态 LX-2

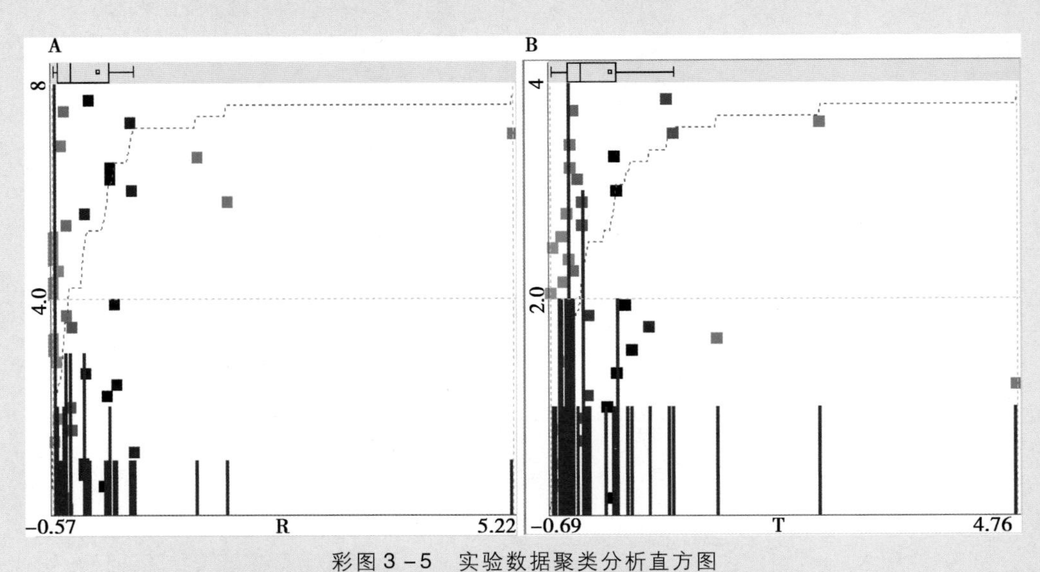

彩图 3－5 实验数据聚类分析直方图

A. 对照组聚类分析直方图；B. 实验组聚类分析直方图

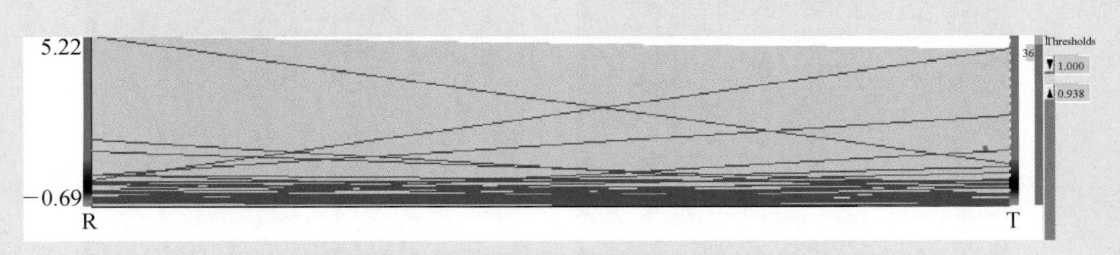

彩图 3－6 实验数据聚类分析曲线图

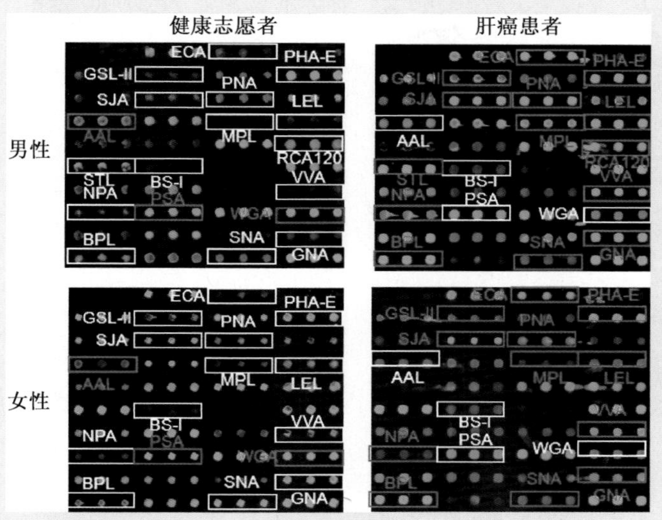

彩图 3 －7　凝集素芯片检测男性/女性健康志愿者唾液和肝癌患者唾液结果图

白色方框表示凝集素在唾液样本中低表达，红色方框表示凝集素在唾液样本中高表达

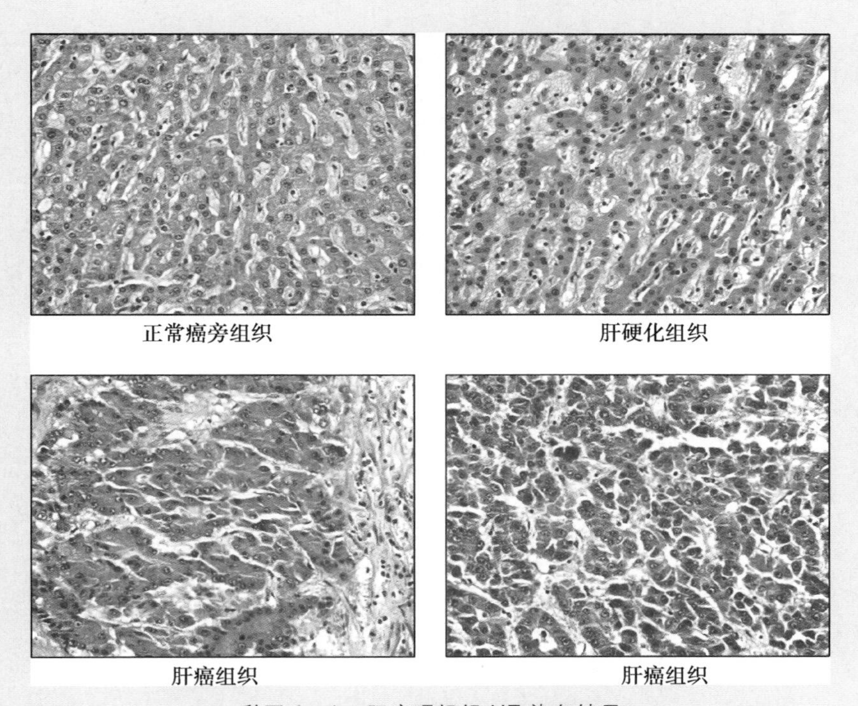

彩图 4 －1　肝病理组织 HE 染色结果

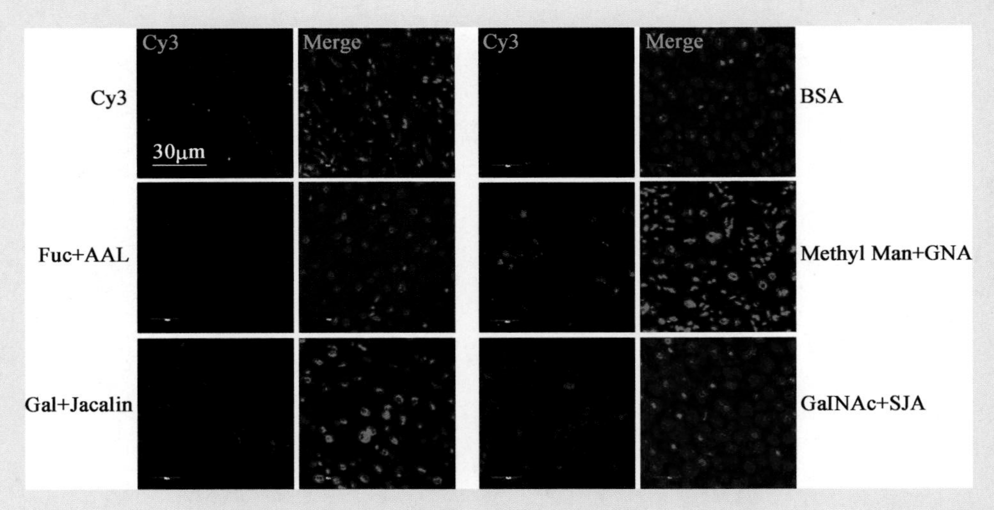

彩图 4－2　凝集素组化的阴性对照和单糖抑制实验结果

蓝色的部分为 DAPI 染色的细胞核结构

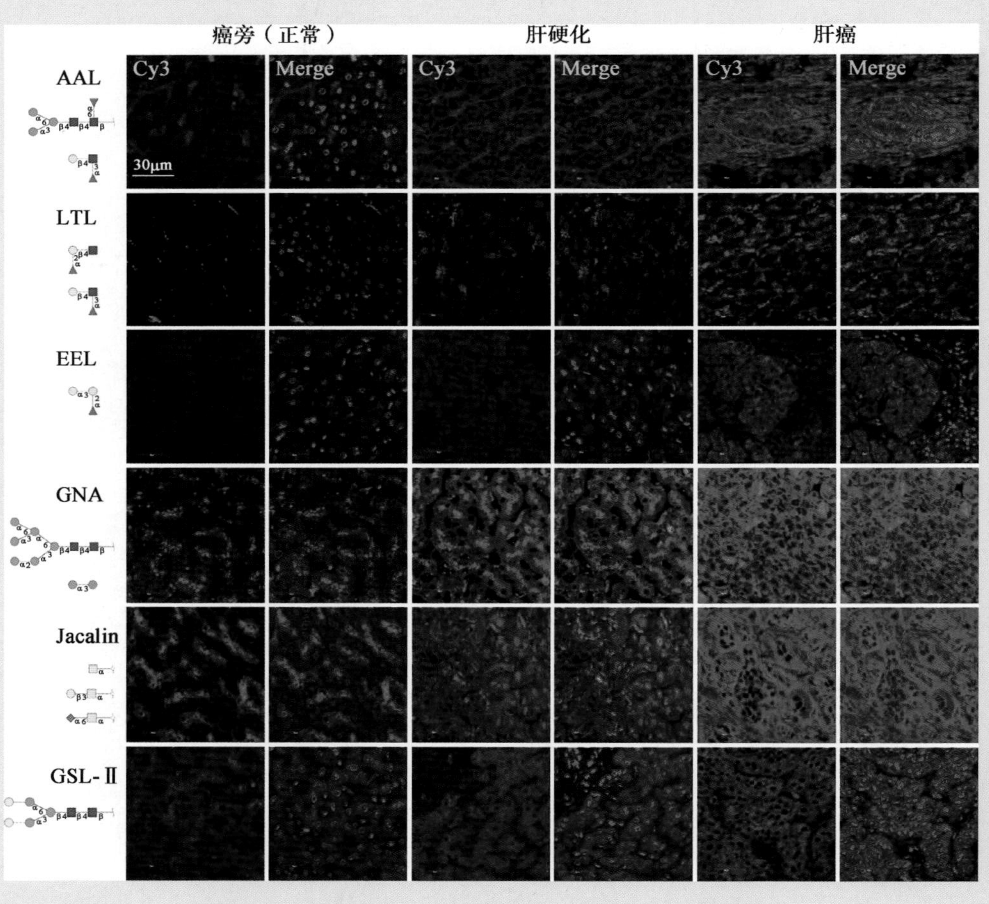

彩图 4－3　在肝硬化组织和肝癌组织中表达上调的糖链

红色的部分为不用凝集素特异性识别的糖链，蓝色的为 DAPI 染色的细胞核结构

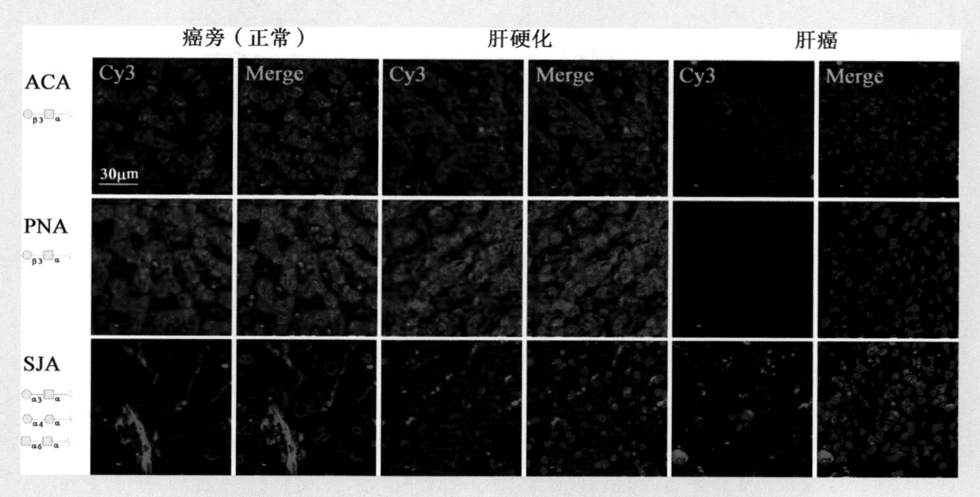

彩图 4－4　在肝硬化组织和肝癌组织中表达下调的糖链

红色的部分为不用凝集素特异性识别的糖链，蓝色的为 DAPI 染色的细胞核结构

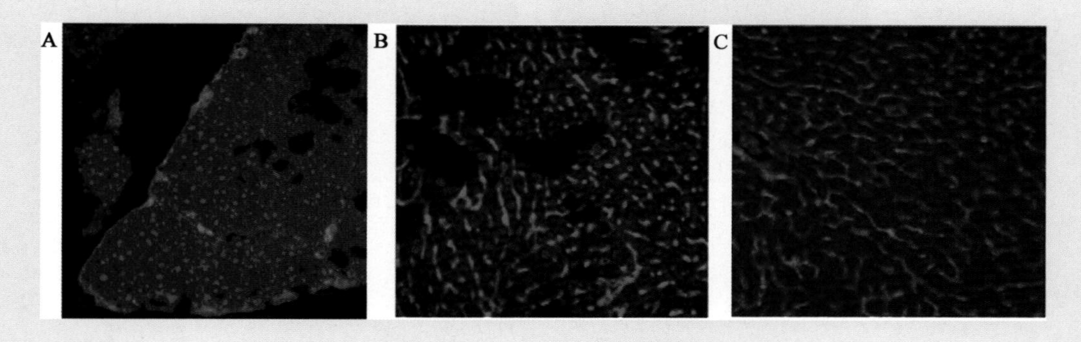

彩图 4－5　WGA 组化结果

A. 低倍镜下肝纤维化组织切片；B. 肝纤维化；C. 对照（正常）

红色的部分为不用凝集素特异性识别的糖链，蓝色的为 DAPI 染色的细胞核结构

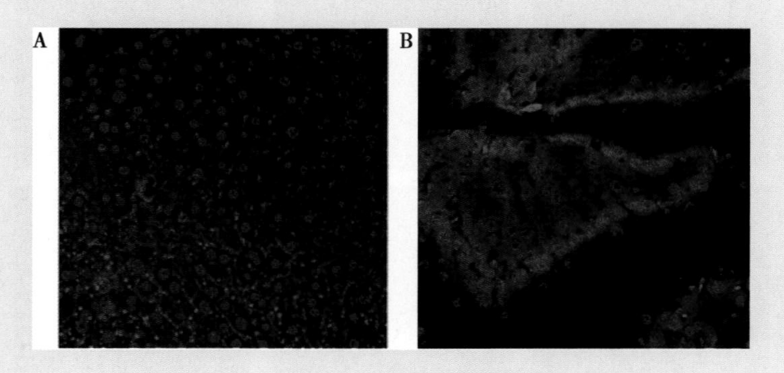

彩图 4－6　SBA 组化结果

A. 肝纤维化；B. 对照（正常）

红色的部分为不用凝集素特异性识别的糖链，蓝色的为 DAPI 染色的细胞核结构

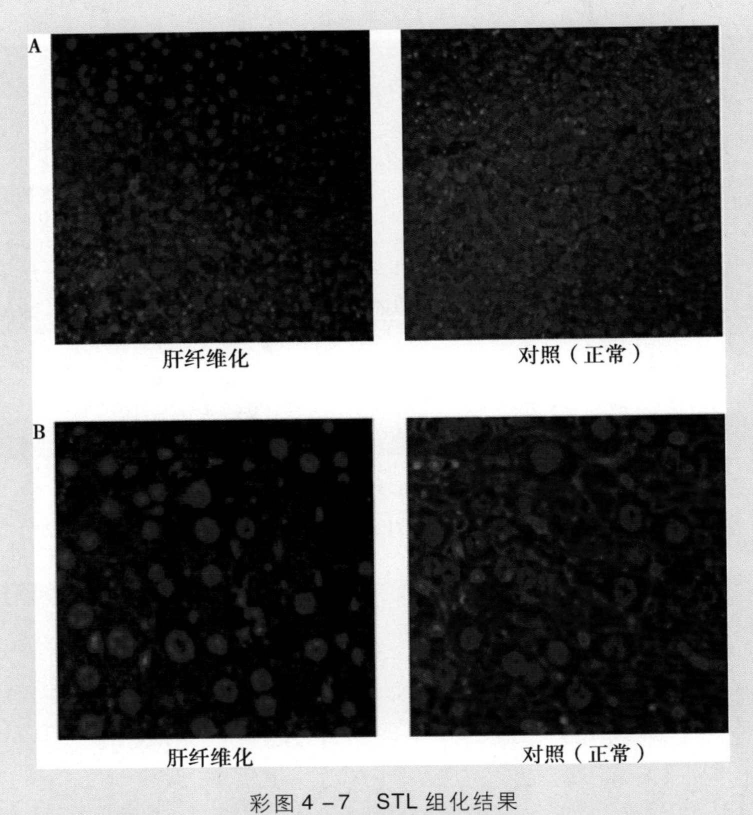

彩图 4－7 STL 组化结果

A. 低倍镜下扫描组化切片；B. 高倍镜下扫描切片

红色的部分为不用凝集素特异性识别的糖链，蓝色的为 DAPI 染色的细胞核结构

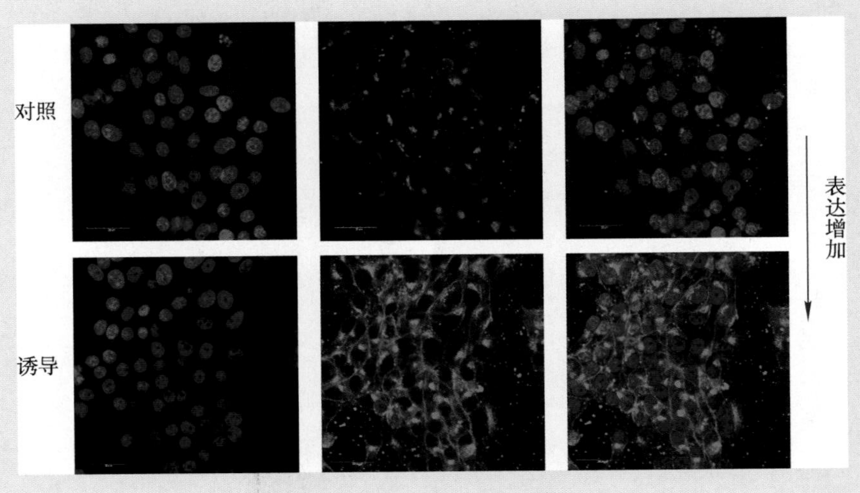

彩图 4－8 AAL 组化结果

红色的部分为不用凝集素特异性识别的糖链，蓝色的为 DAPI 染色的细胞核结构

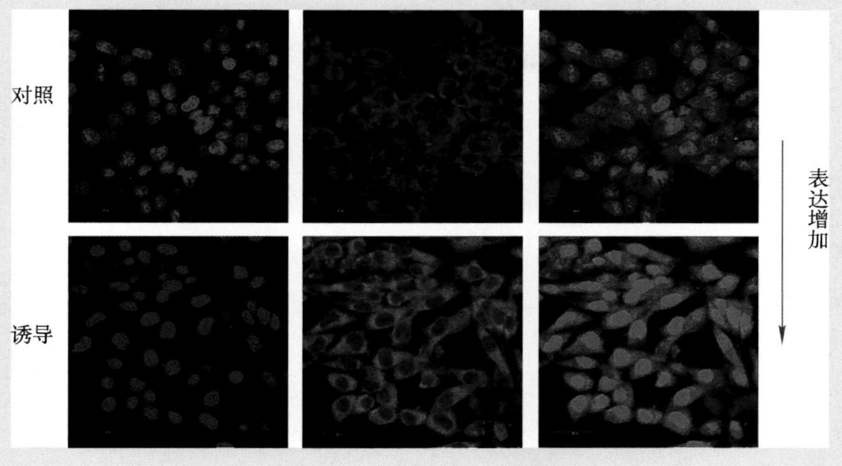

彩图 4－9　ConA 组化结果

红色的部分为不用凝集素特异性识别的糖链，蓝色的为 DAPI 染色的细胞核结构

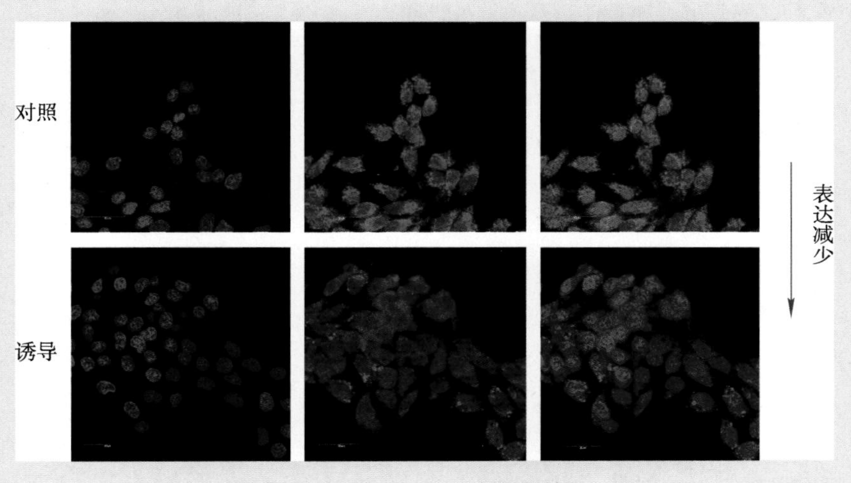

彩图 4－10　UEA－Ⅰ组化结果

红色的部分为不用凝集素特异性识别的糖链，蓝色的为 DAPI 染色的细胞核结构

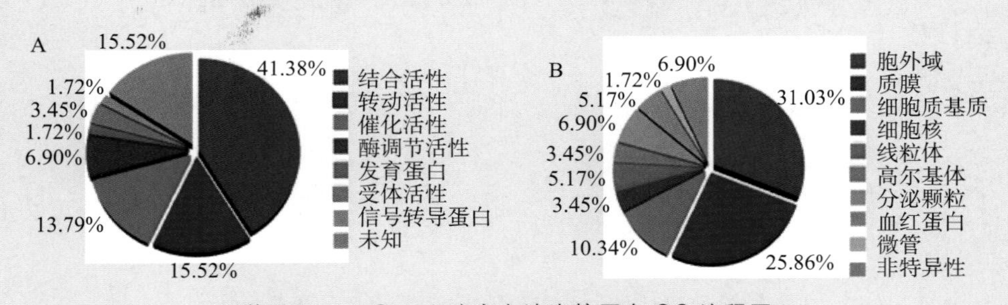

彩图 5－1　Con A 分离血清中糖蛋白 GO 注释图

A. 生物分子功能；B. 细胞定位

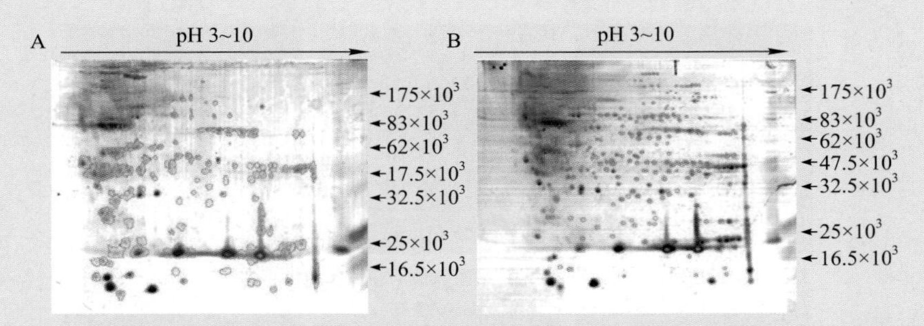

彩图5－2　正常肝细胞 Chang Liver(A)及肝癌细胞 SMMC－7721 LCA(B)结合糖蛋白

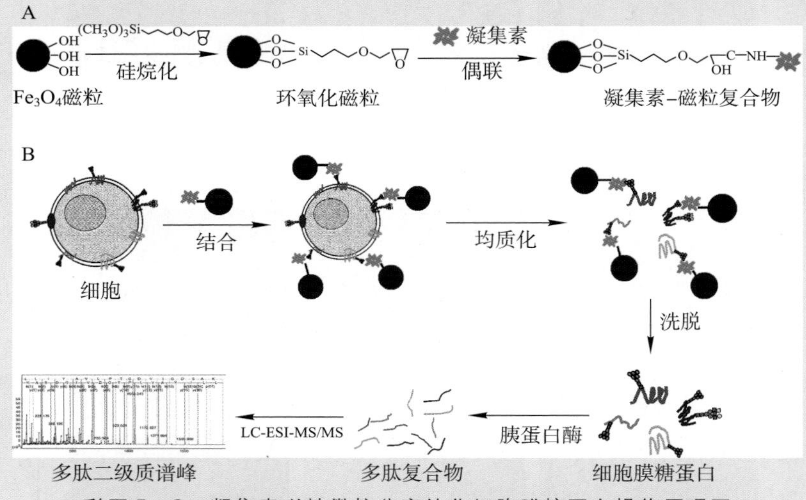

彩图5－3　凝集素磁性微粒分离纯化细胞膜糖蛋白操作原理图

A. 凝集素磁性微粒制备；B. 分离纯化细胞膜糖蛋白过程

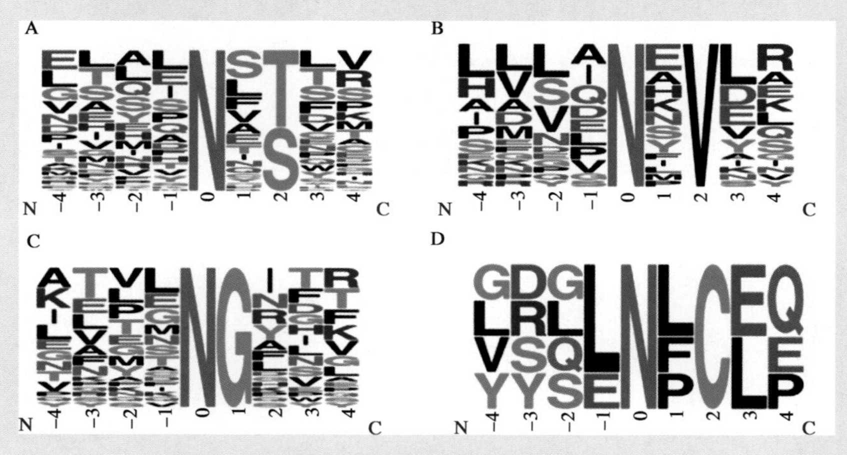

彩图7－1　*N*－连接糖基化位点的序列子特征图

A. 糖基化位点的经典特征序列子 N-!P-[S/T]；B. N-X-V 糖基化位点特征序列子；

C. N-G-X 糖基化位点特征序列子；D. N-X-C 糖基化位点特征序列子

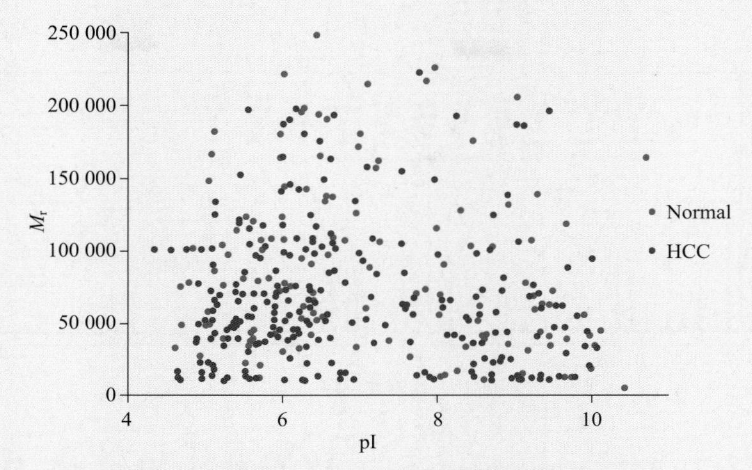

彩图 7－2　凝集素分离的血清中糖蛋白的 GO 分析图

红点（即 Normal）表示从健康志愿者血清中分离的糖蛋白；蓝点（即 HCC）表示从肝细胞癌患者血清中分离的糖蛋白

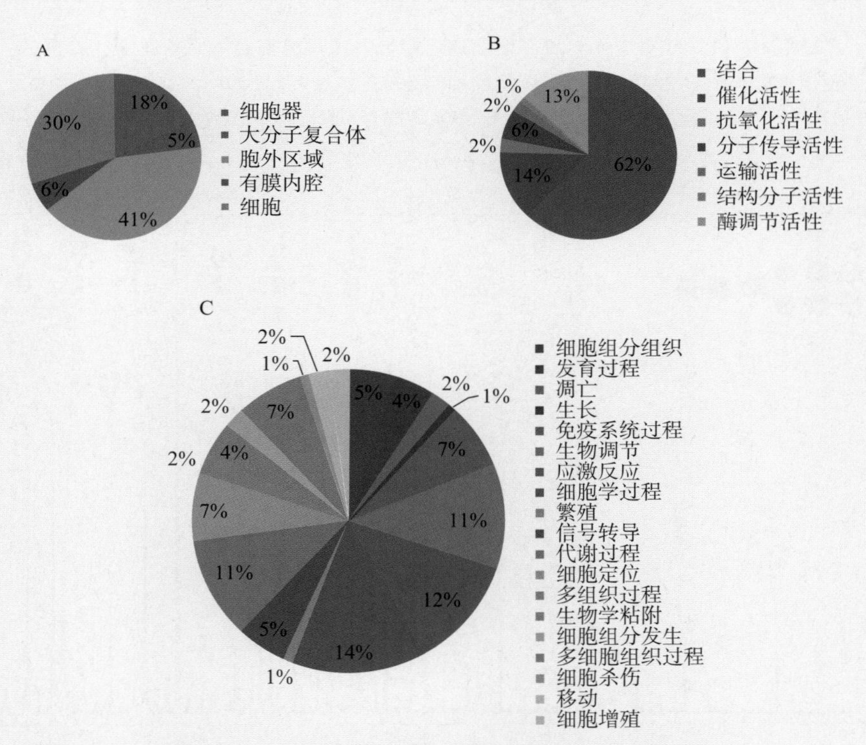

彩图 9－1　人唾液中鉴定到的全部 *N*－糖蛋白 GO 分析

A. 细胞定位，第 2 级；B. 分子功能，第 2 级；C. 生物学过程，第 2 级

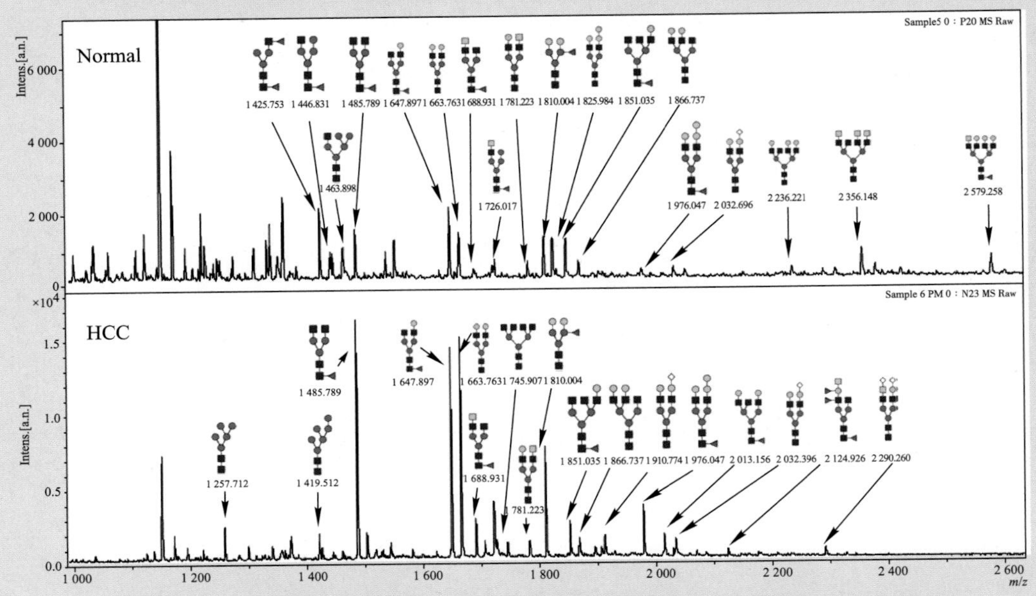

彩图 10－1　健康志愿者和肝细胞癌癌患者血清总糖蛋白 *N*－糖链指纹图谱

Normal 为健康志愿者血清中的总糖蛋白 *N*－糖链，HCC 为肝细胞癌患者血清中的总糖蛋白 *N*－糖链。彩图 10－1～10－5 中，糖链结构中蓝色方框为 GlcNAc，绿色圆圈为 Man，黄色圆圈为 Gal，黄色方框为 GalNAc，白色菱形方框为 NeuAc

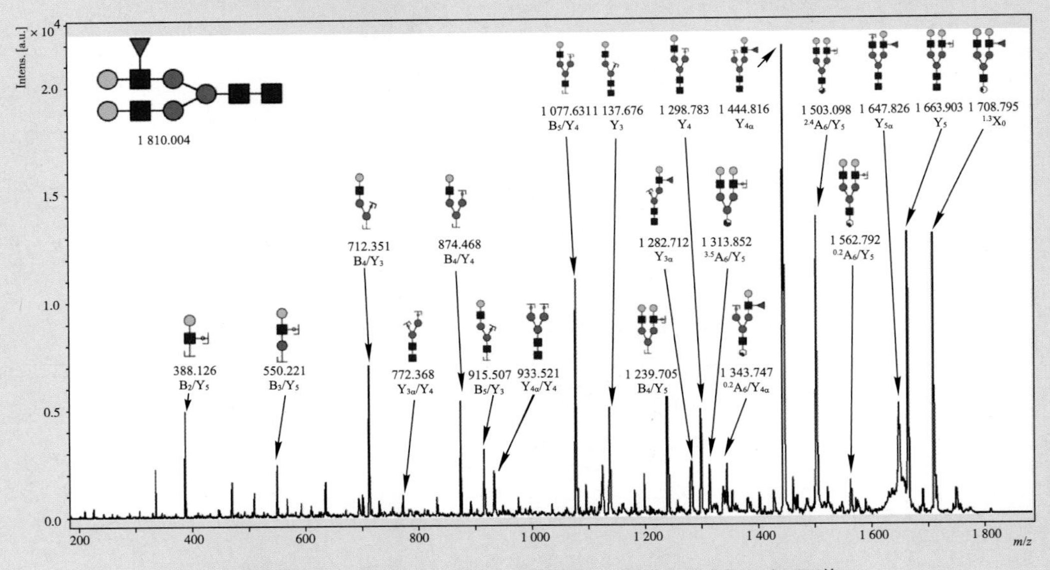

彩图 10－2　*m/z* 1 810.004 的 MALDI-TOF/TOF 二级图谱

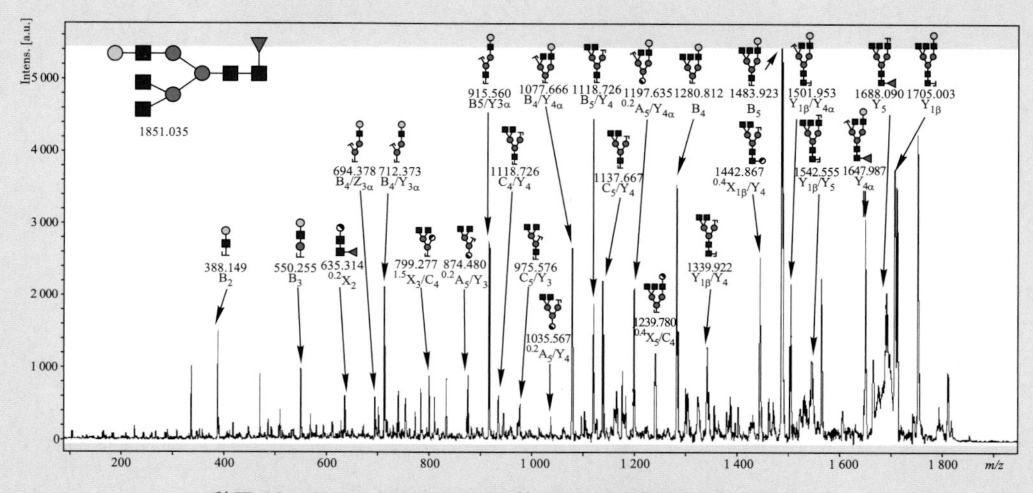

彩图 10－3　m/z 1 851.035 的 MALDI-TOF/TOF 二级图谱

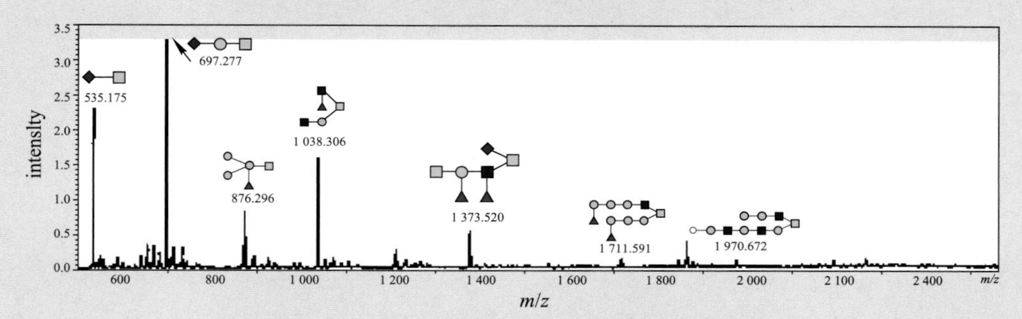

彩图 10－4　滤膜辅助的血清糖蛋白 O－连接糖链指纹图谱

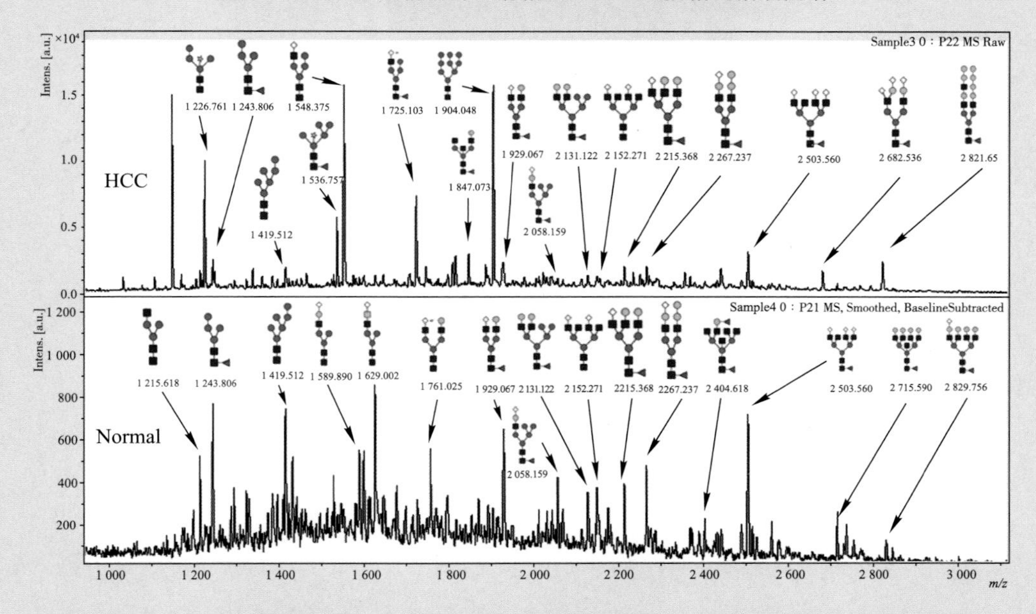

彩图 10－5　健康志愿者(Normal)和肝细胞癌患者(HCC)血清中滤膜辅助凝集素分离的糖蛋白 N－连接糖链指纹图谱

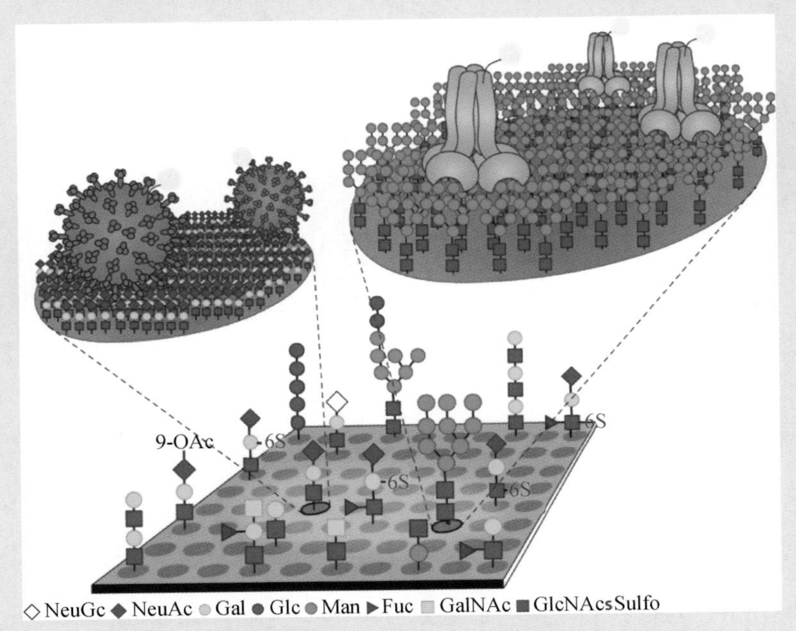

彩图 11－1 糖芯片的基本原理(Rillahan *et al*, 2011)

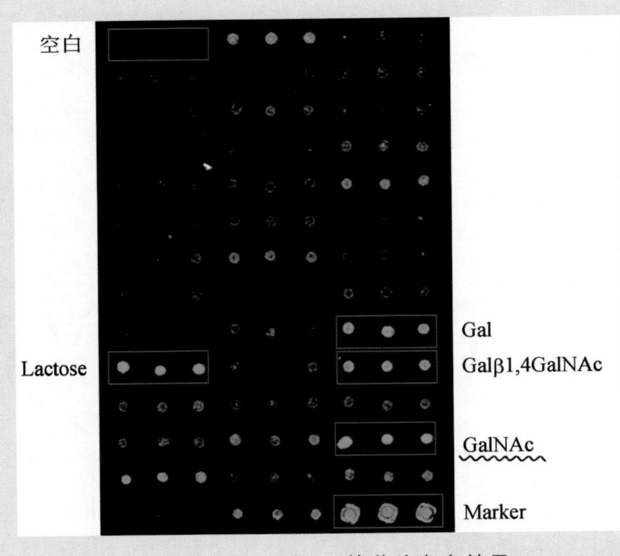

彩图 11－2 RCA_{120} 糖芯片杂交结果

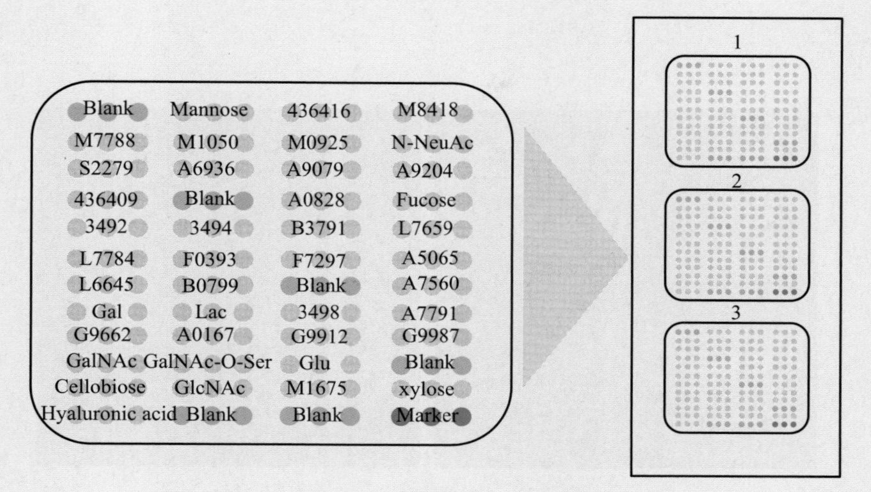

彩图 11－3 糖芯片点样阵列

灰色点代表各种糖链，绿色荧光点为 1.5 万倍稀释的 Cy3，黄色点为阴性质控点

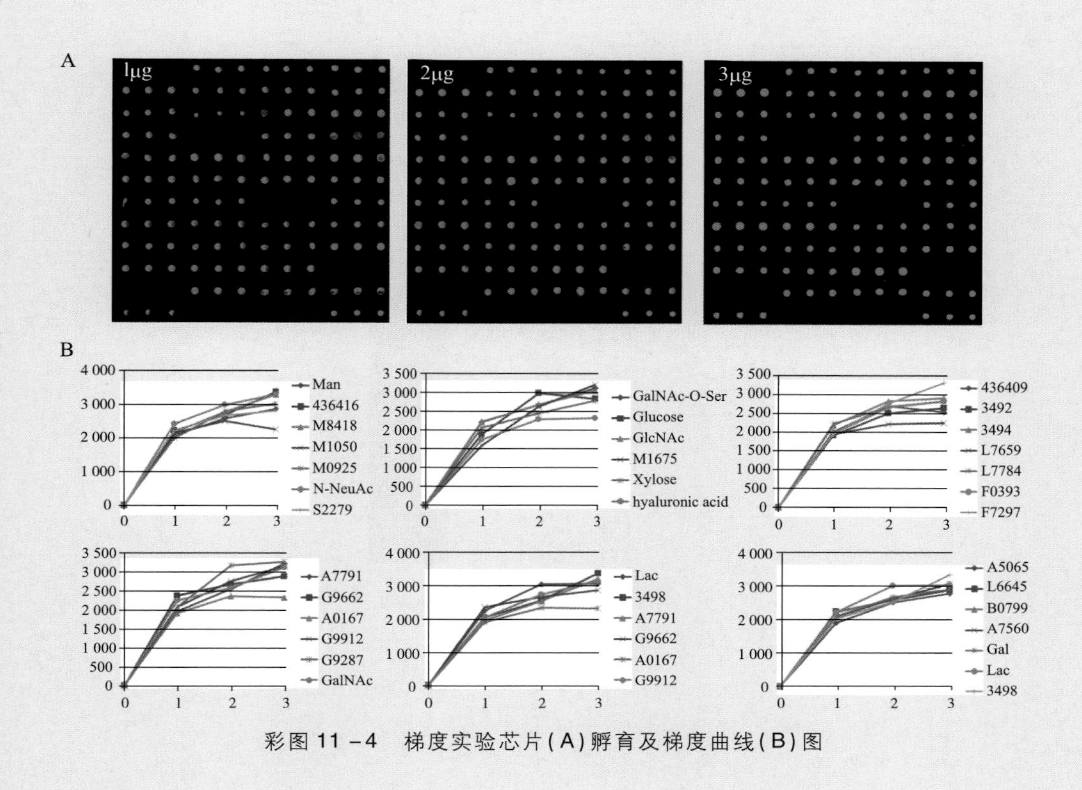

彩图 11－4 梯度实验芯片(A)孵育及梯度曲线(B)图

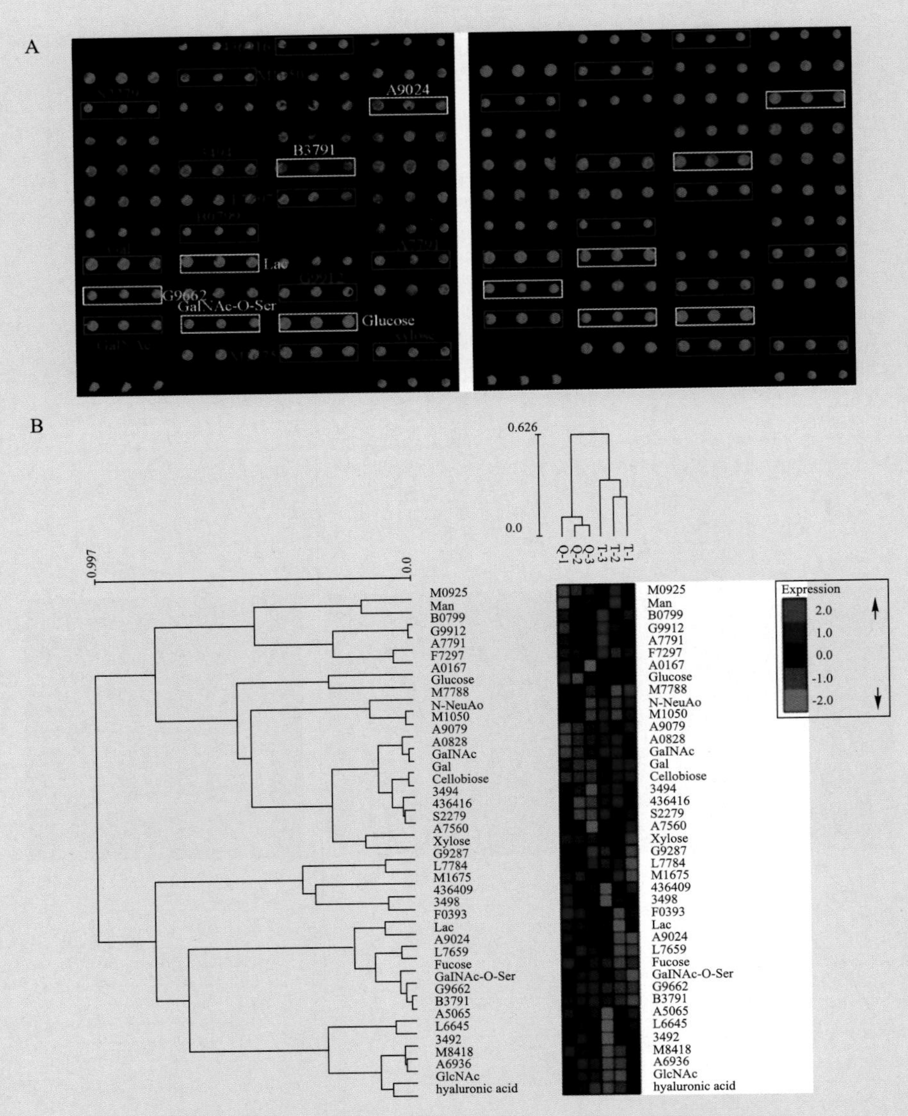

彩图 11－5　糖芯片孵育结果（A）和聚类分析（B）图

彩表 11-1　差异性糖结合蛋白列表

糖链	糖链结构	ratio	糖链	糖链结构	ratio
		T/Q			T/Q
436416	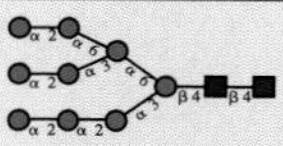	3.5**	Cellobiose	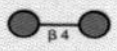	3.3**
M1050	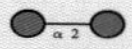	1.7*	M1675	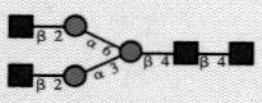	1.9*
S2279	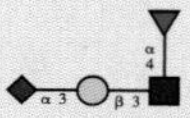	1.6**	Xylose		3.2**
3494	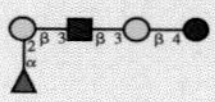	1.7*	A9024		0.61**
F7297	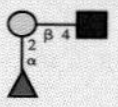	2.8***	3492	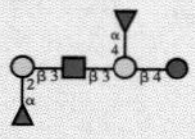	0.65*
B0799	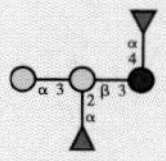	3.0**	B3791	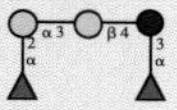	0.52*
Gal		4.6*	Lac	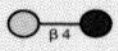	0.57**
A7791	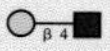	2.6**	G9662		0.63*
G9912	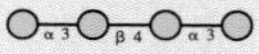	3.2*	GalNAc-O-Ser	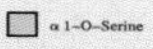	0.56*
GalNAc		2.9*	GlcNAc		0.56***

注：*Q* 示静止状态的 HSCs；*T* 示经 TGF-β1 诱导后的活化态的 HSCs；* 示 $P<0.05$；** 示 $P<0.01$；*** 示 $P<0.001$。

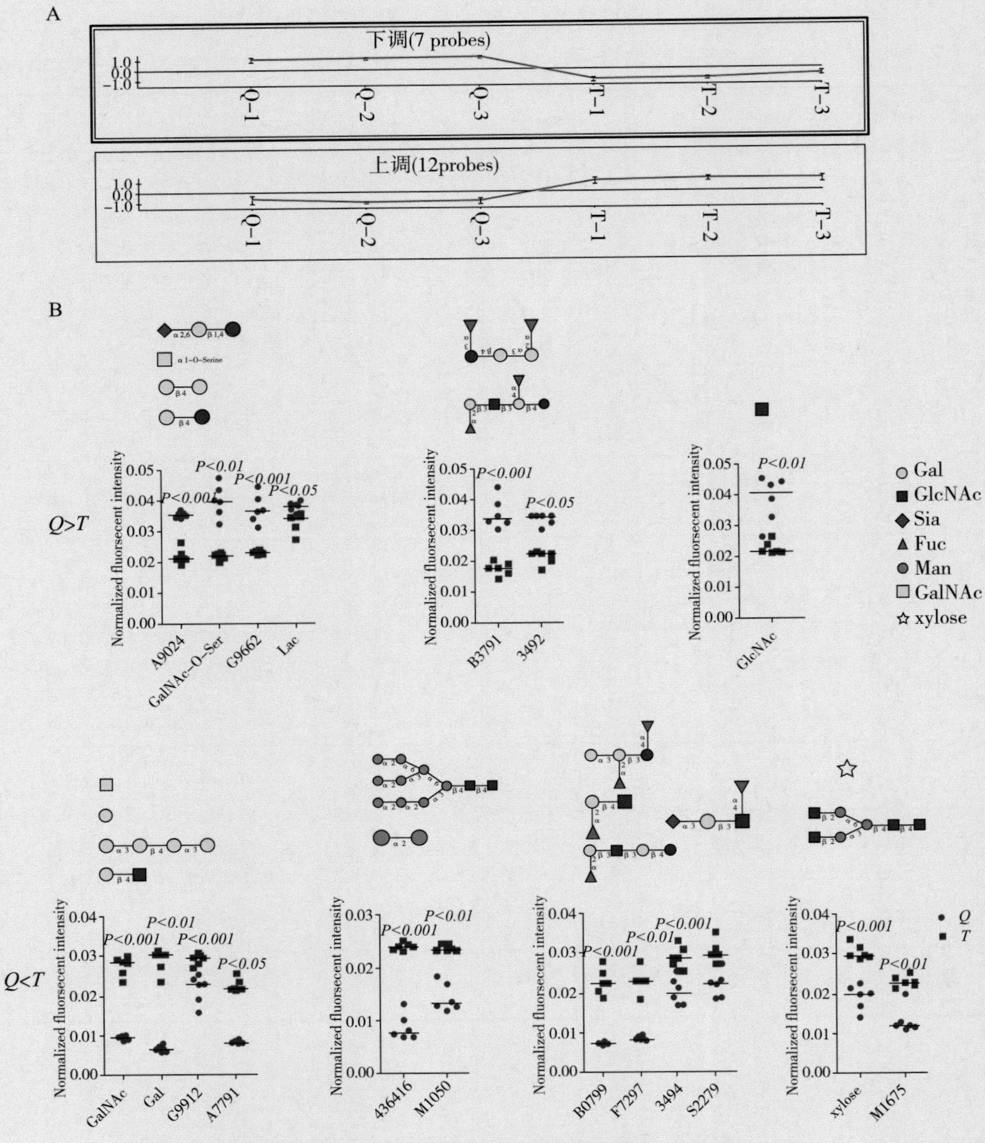

彩图 11-6 糖芯片筛选出的差异性表达的 GBPs

A. 糖芯片筛选出的差异性表达的 GBPs 对应的荧光信号值经 Expander 6.0 软件分析结果；B. 糖芯片重复实验结果，其中，横坐标对应各种糖链，纵坐标为归一化的荧光信号强度。*Q* 为静止状态的 HSCs；*T* 为经 TGF-β1 诱导后的 HSCs

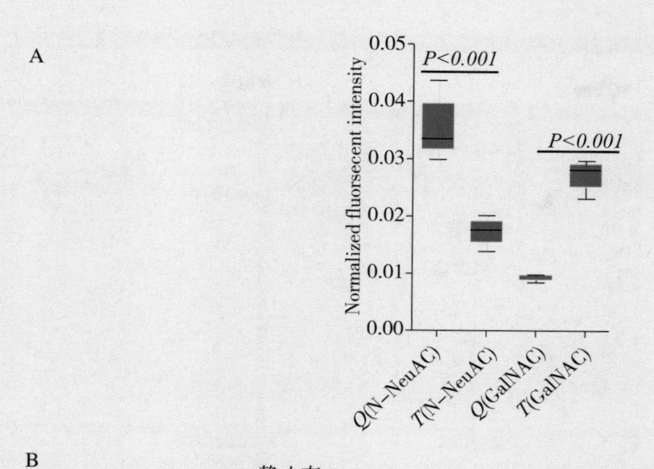

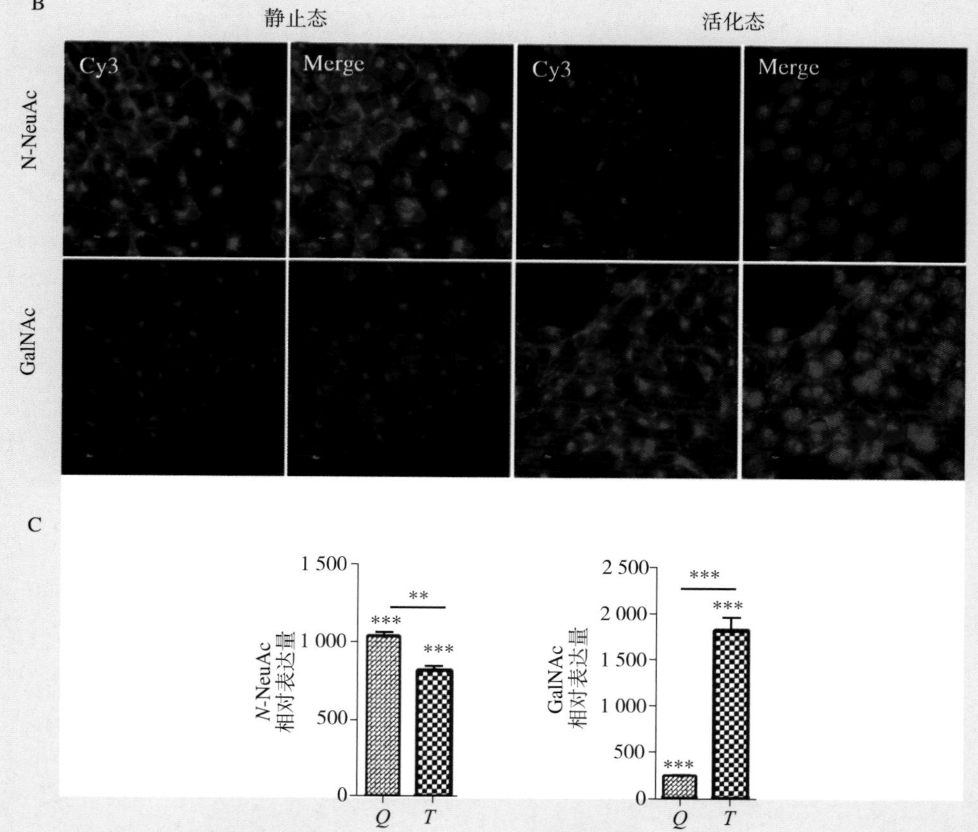

彩图 11－7　免疫荧光组化及灰度分析图

A. *N*－NeuAc 及 GalNAc 在糖芯片上的相对荧光信号，纵坐标为归一化的荧光信号强度；B. *N*－NeuAc 及 GalNAc 糖链的荧光组化，其中，Quiescent 表示静止态，Activated 表示活化态；C. 用 Quantity One 软件读出的 *N*－NeuAc 及 GalNAc 糖链荧光组化灰度值

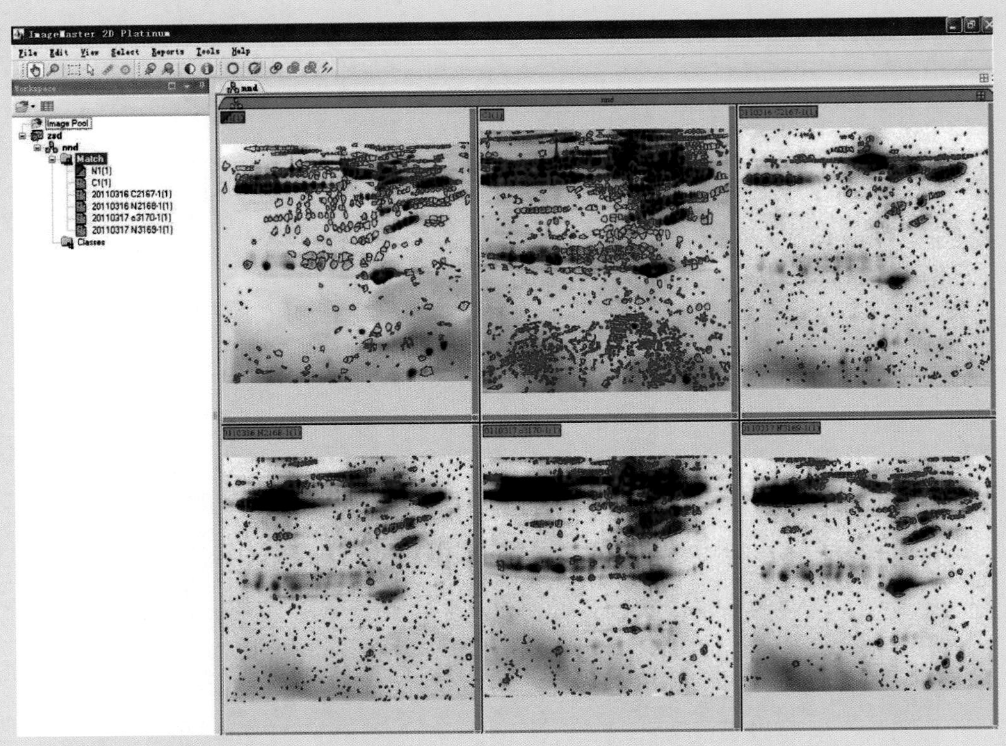

彩图 12－1　利用分析软件对扫描的图像进行找点分析页面截图

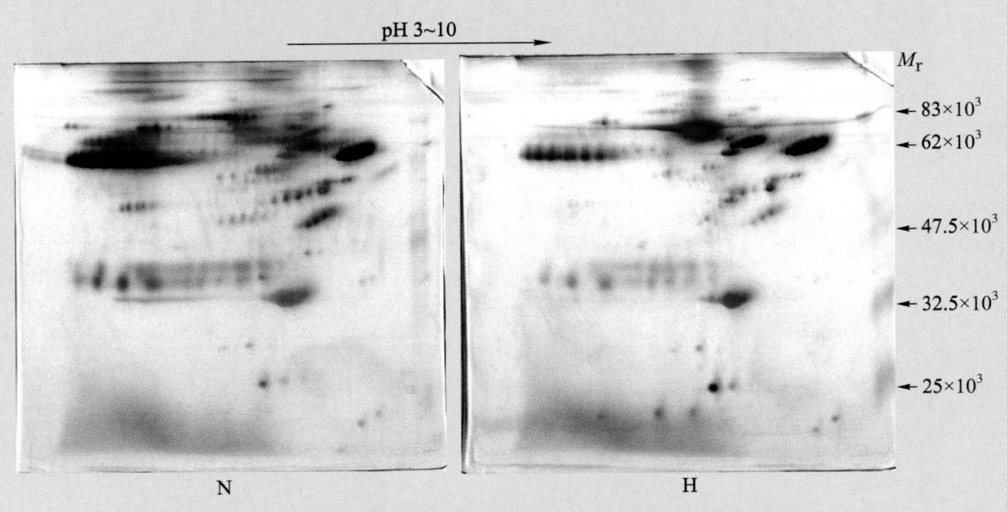

彩图 12－2　健康志愿者与肝癌患者血清中甘露糖结合蛋白双向电泳图谱

N:健康志愿者血清中提取出来的甘露糖结合蛋白电泳图谱;H:肝癌患者血清中提取出来的甘露糖结合蛋白电泳图谱

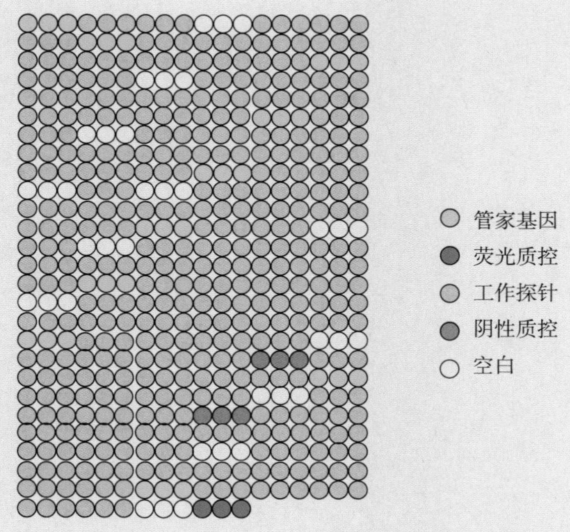

彩图 13－1　糖结合蛋白点样效果图

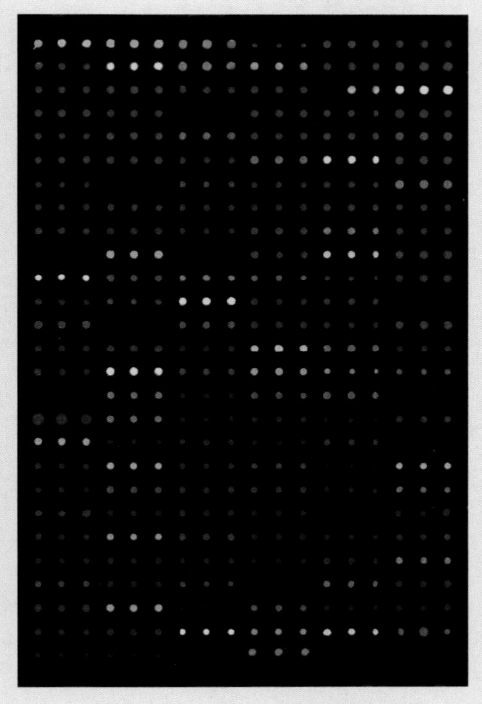

彩图 13－2　细胞 LO2/HepG2 cRNA 基因芯片杂交结果

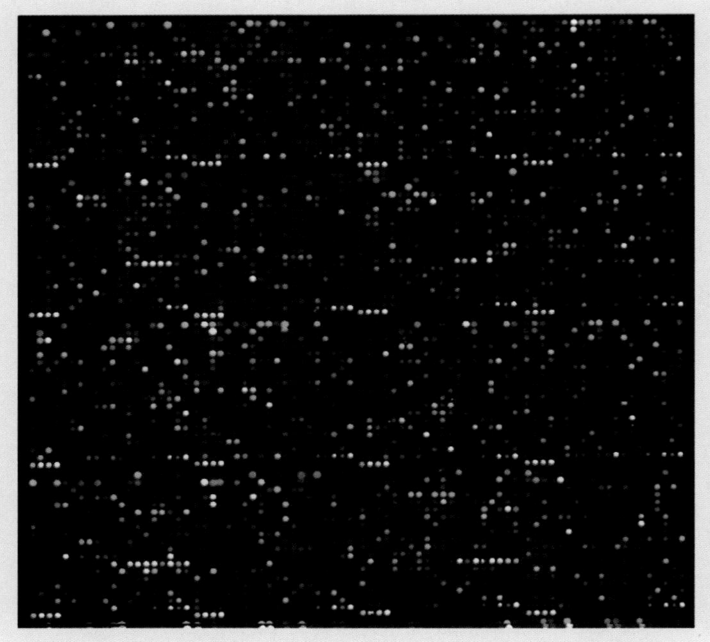

彩图 14－1　使用双通道荧光标记探针的芯片实验范例

每个基因为单独的一个点。绿色点为 Cy3 荧光激发，红色点为 Cy5 荧光激发，两个通道均表达的基因点反应为黄色

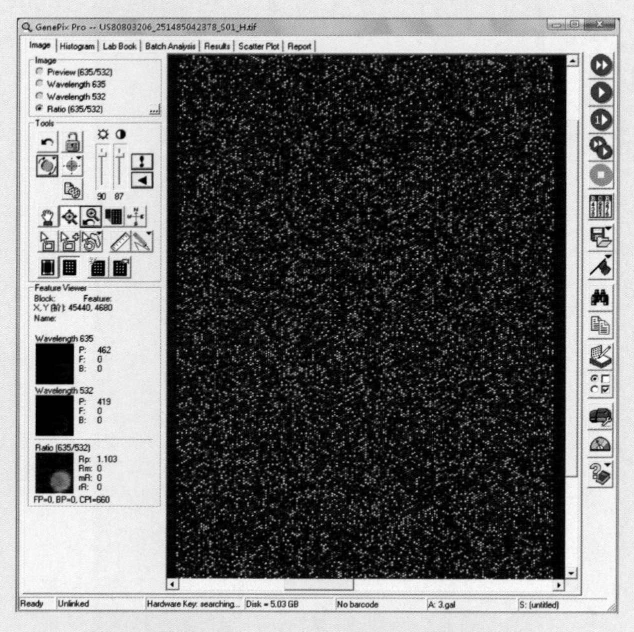

彩图 14－2　GenePix 软件界面

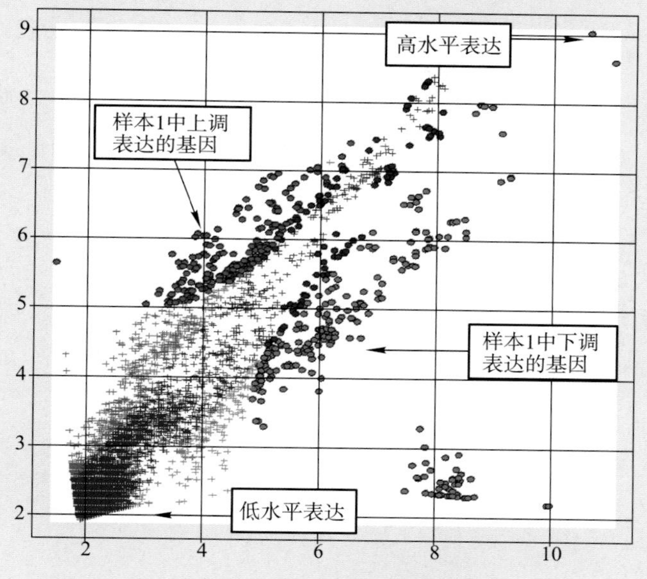

彩图 14－3　散点分析图

散点分析图为芯片实验所得基因或蛋白表达数据提供了一个最基本的分析方法。图中，Cy5 染料信号（实验组）在 Y 轴上，Cy3 染料信号（对照组）在 X 轴上。在图里每个点代表一个基因，并且代表低表达值的基因或空白信号的点都位于左下方，而代表高水平表达的基因点都位于右上方。图中的 45°线将数据点分成了两部分。在 45°线下方的点代表实验组相对于对照组表达下调的基因，用绿色表示。在 45°线上方的点代表实验组相对于对照组表达上调的基因，用红色表示。并且越偏离 45°线，表达差异越明显。此图是利用 Spotfire 软件制作得到的。对于低密度芯片数据，可直接利用 Excel 制表得到

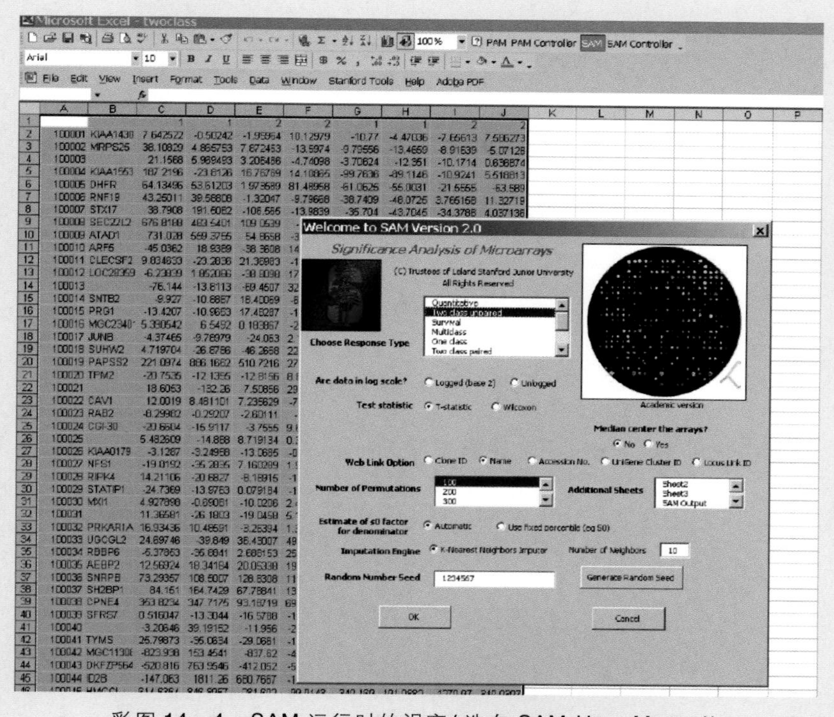

彩图 14－4　SAM 运行时的视窗（选自 SAM User Manual）

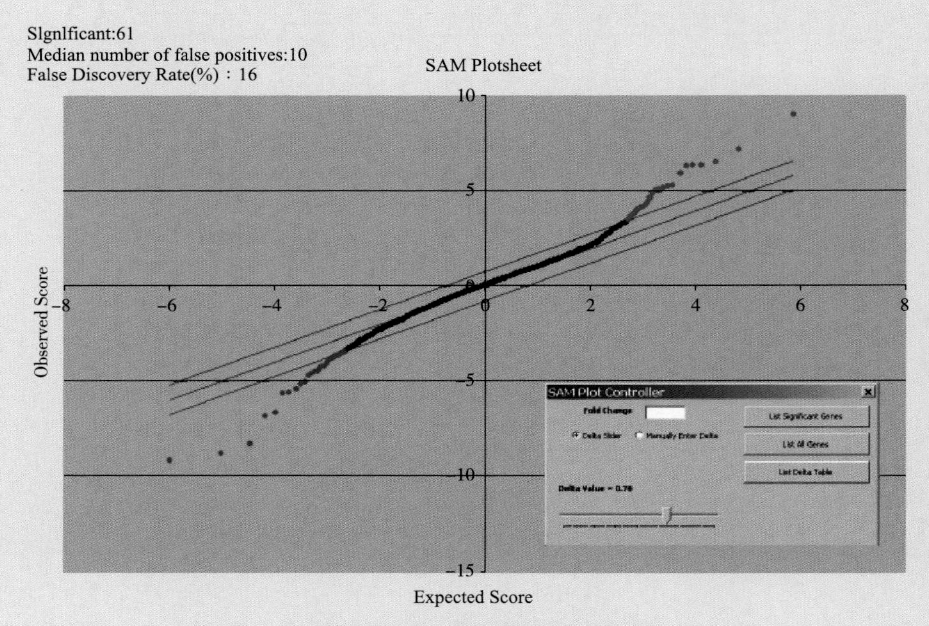

彩图 14－5　SAM 算法的输出结果图

软件做图显示通过检验统计得到的基因分类,表示了预期值和观察值之间的关系。表达上调的基因用红色表示,表达下调的基因用绿色表示,这些就是收到重要调控的基因。用户可以在假阳性率允许的范围内选择参数 Delta 作为阈值,也可以选择以倍数改变(fold－change)值作为参数来决定阈值(见图右下方对话框)

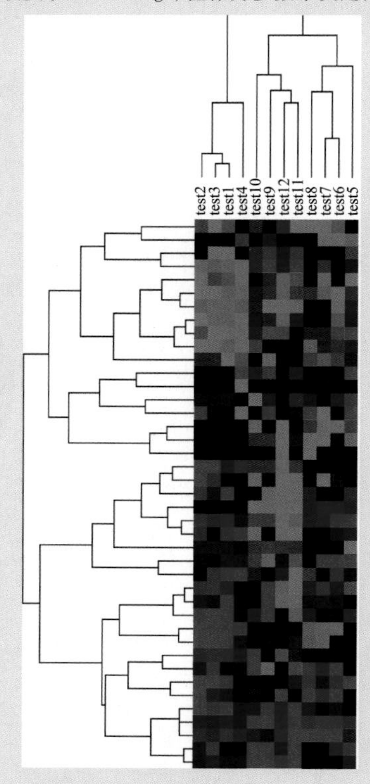

彩图 14－6　聚类分析范例图

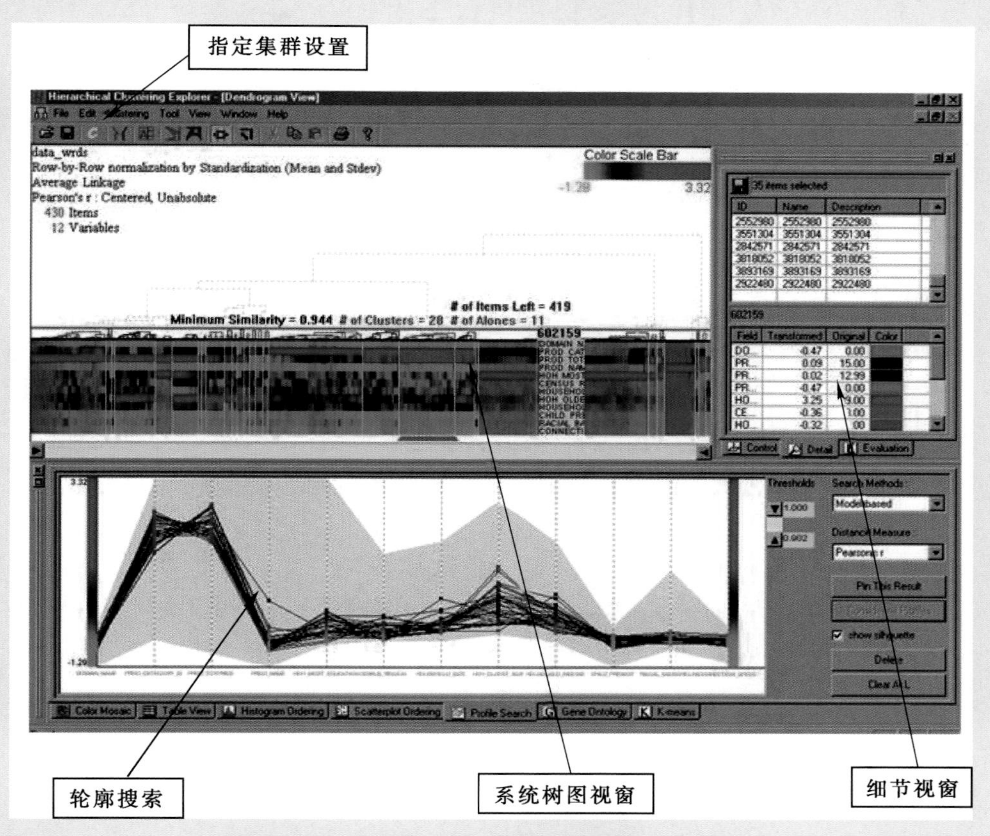

彩图 14－7　HCE 软件界面

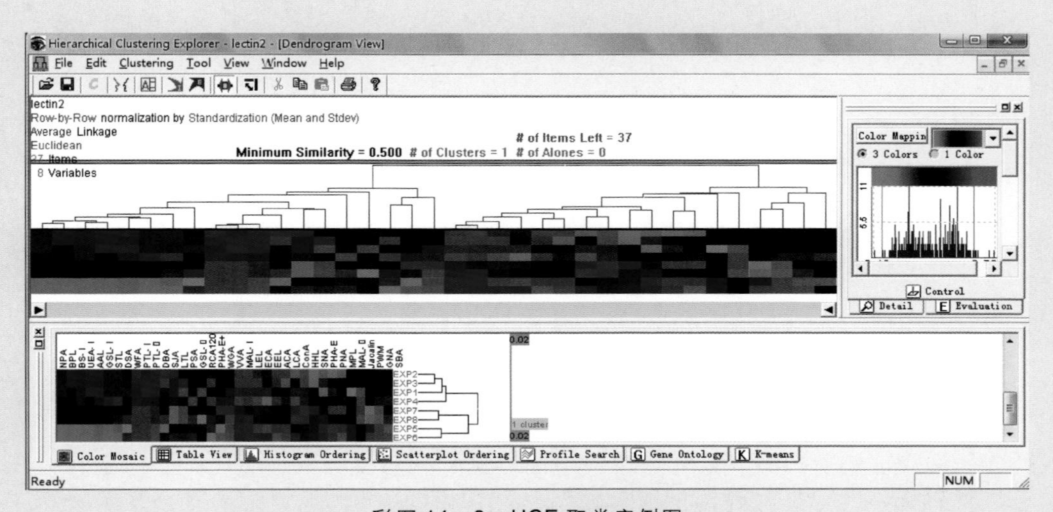

彩图 14－8　HCE 聚类案例图

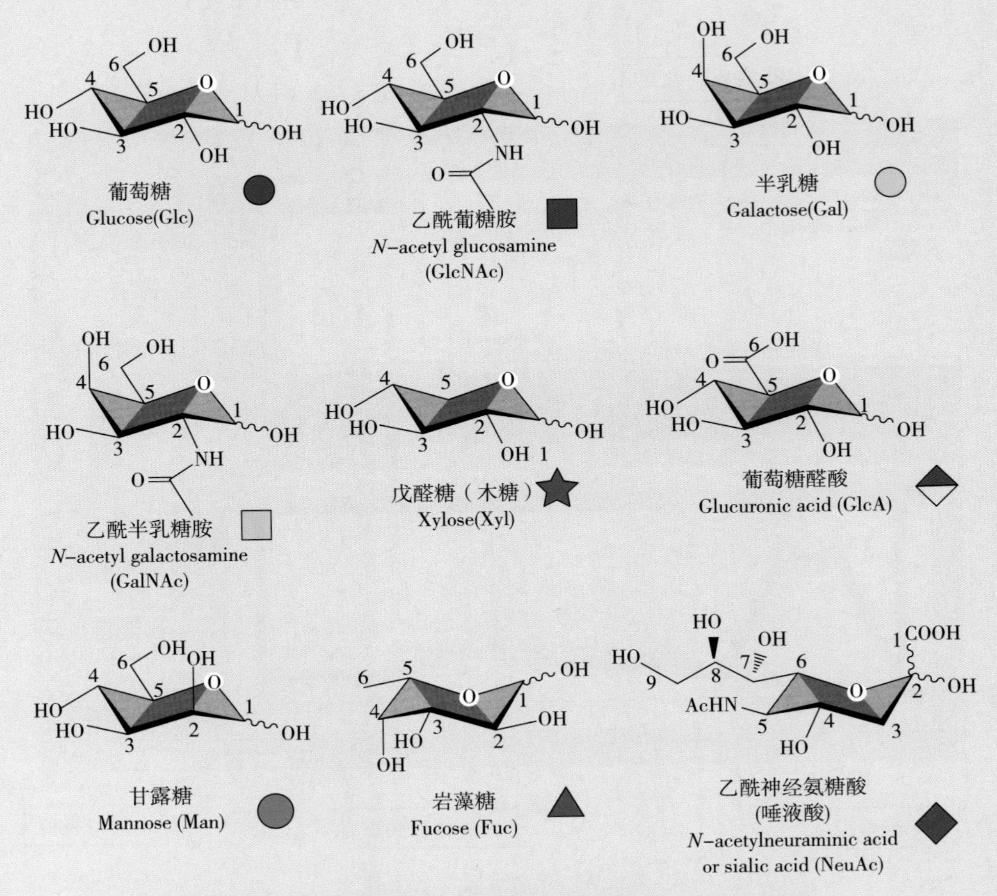

彩图 16－1　哺乳动物体内常见的八种单糖与 CFG 中符号表示法

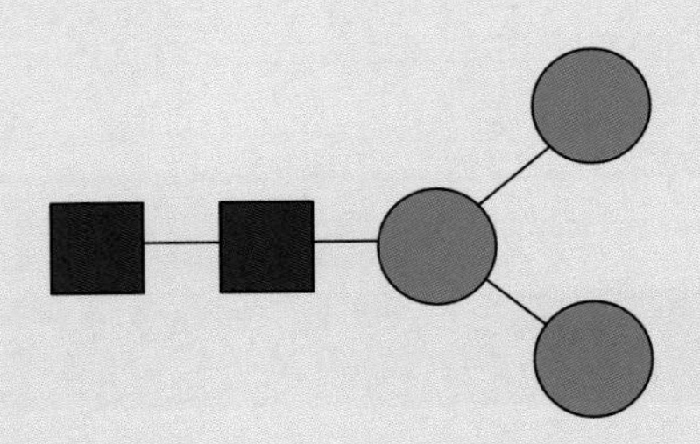

彩图 16－2　五糖核心结构的 CFG 符号表示法

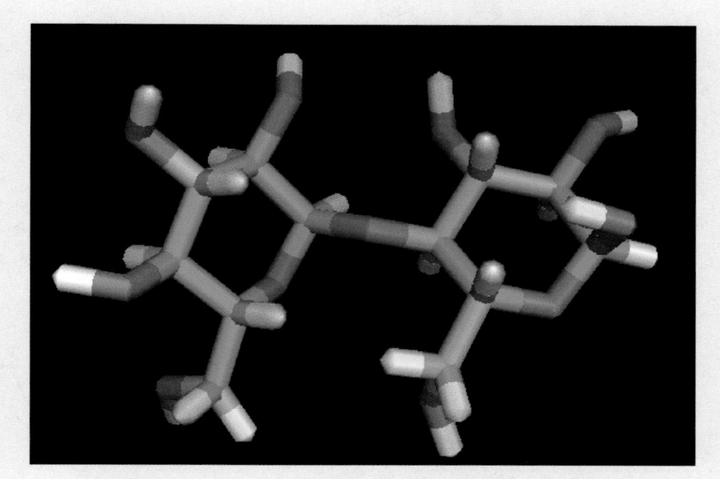

彩图 16-3 利用 Pymol 0.99 对麦芽糖三维结构的展示

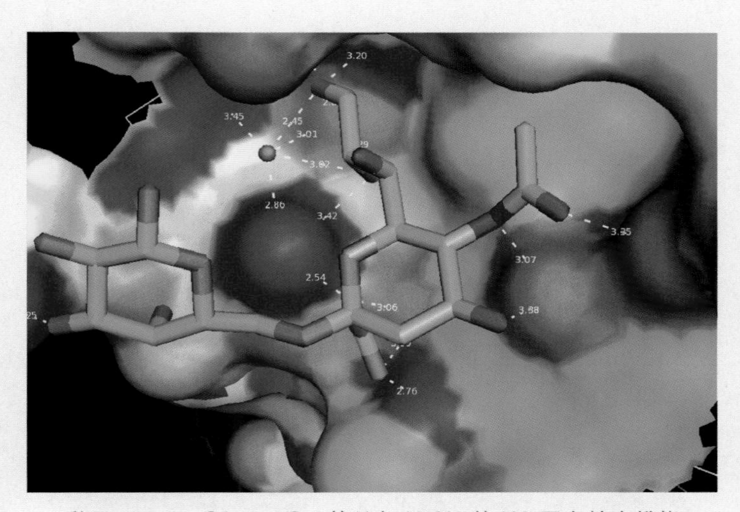

彩图 16-4 SAα2,6Gal 糖链与 H1N1 的 HA 蛋白结合模拟

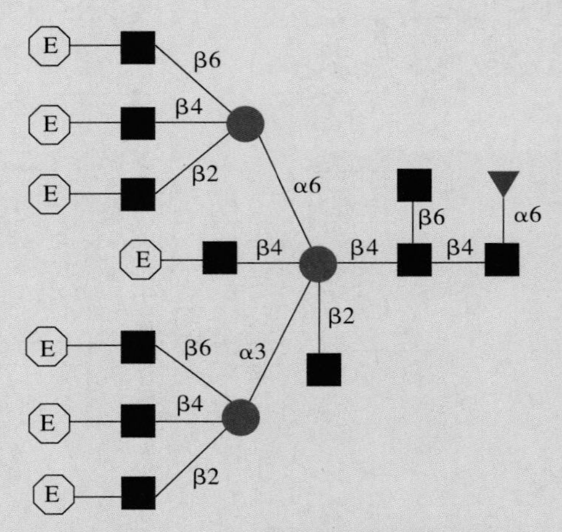

彩图 16－5　CFG 糖酶数据库界面之一

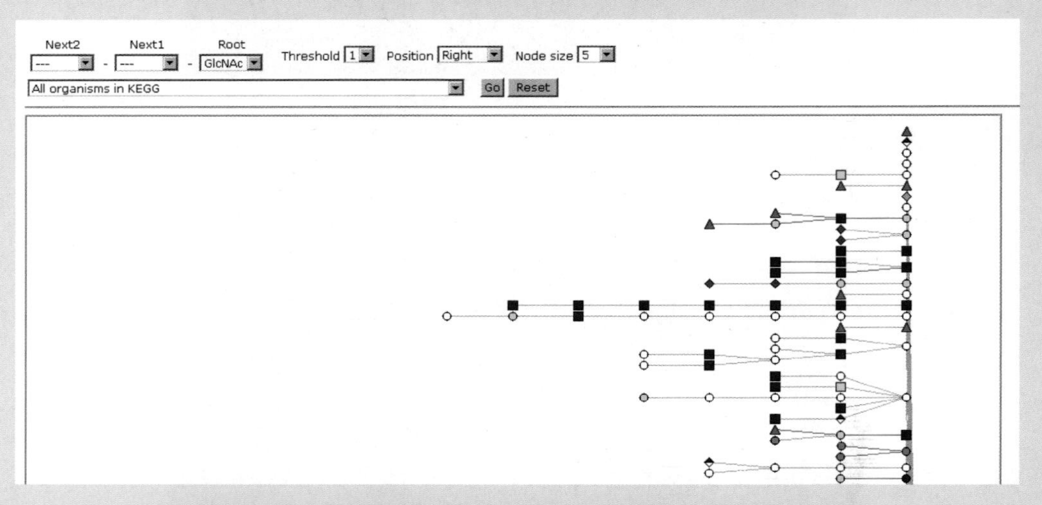

彩图 16－6　KEGG GLYCAN composite structure map 的搜索界面

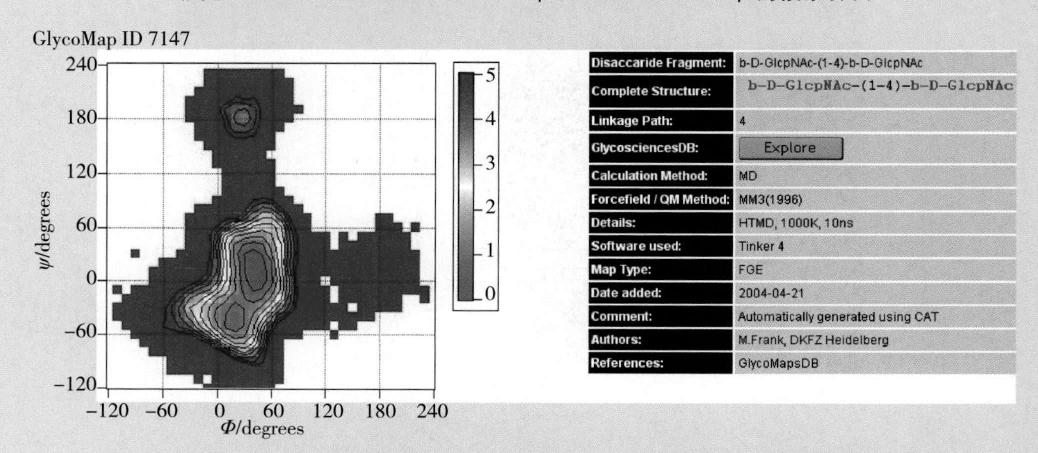

彩图 16－7　GlycoMaps DB 对两个 **β**-D-GlcNAc 单糖形成的构象图的研究